Schule für Mathematik, Informatik, Logistik und Erfolg

SMILE ist eine Abkürzung für die Begriffsreihenfolge ‚Schule, Mathematik, Informatik, Logistik und Erfolg‘. Diese Begriffsfolge soll den Anwenderkreis von Mathematik-Lernenden, -Studierenden und praktisch arbeitenden Personen verknüpfen, die sich für Mathematik interessieren und diese vertieft verstehen und anwenden wollen.

Der Autor war schon früh von der Frage geleitet, wie sich das ‚Abstraktum‘ Mathematik ins praktische Leben einfügt. Die Antwort fand er unmittelbar in seiner Berufspraxis. Auf Grund seiner langjährigen Erfahrung fiel es ihm leicht zu erkennen, daß es nur die Mathematik war, die jene Werkzeuge und Strukturen lieferte, einen sonst unmöglichen Transfer zu ermöglichen. In vielen logistischen Arbeitsabläufen zeigten sich Situationen, die er genau dieser Fragestellung zuordnen konnte. Aus diesem Grund hat er die Buchreihe ins Leben gerufen.

Die Buchreihe SMILE spannt in diesem Zusammenhang einen Bogen zwischen praktischer Arbeit und den daraus hervorgehenden theoretischen Erfordernissen. Sie besteht aus einem Kompaktband sowie einem mathematischen Vertiefungsband und einem extra entwickelten Software-Prototyp. Dieser Prototyp ist individuell in Python programmierbar und steht als kostenloser Download bereit. Ergänzt wird diese Software durch eine Bedienungsanleitung sowie eine zweiteilige technische Dokumentation. Die Dokumentation beinhaltet alle notwendigen Kenntnis-Grundlagen, die zur Anwendung der Programmiersprache Python und damit zur Erstellung des Prototyps erforderlich sind. Für alle Bände sind zusätzliche Übungsbücher inkl. Lösungen erhältlich.

SMILE wurde im Rahmen von Projektwochen, AGs und Vorlesungen an Schule und Hochschule erfolgreich vermittelt. Die Buchreihe richtet sich an Lehrer, Lehrende an Hoch- und technischen Fachschulen sowie an Berufseinsteiger der IT-Logistik-Entwicklung und -Beratung. Darüber hinaus sollte die Buchreihe für jene Anwender interessant sein, die das Thema ‚Digitalisierung in der Logistik‘ für sich vertiefen und in diesem Zusammenhang ‚Mathematik‘ als nachvollziehbaren Problemlöser verwenden wollen.

Erfolg kennt eine Lösung: **SMILE**‘!

Sven Wirsing

SMILE - Vertiefungsband Mathematik für die Logistik

Algebra, Analysis und Zahlentheorie in der praktischen Anwendung

Sven Wirsing
Logistik IT-Beratung
Brandt & Partner
Eberbach, Baden-Württemberg, Deutschland

ISSN 3004-8478   ISSN 3004-8486 (electronic)
Schule für Mathematik, Informatik, Logistik und Erfolg
ISBN 978-3-662-72677-8   ISBN 978-3-662-72678-5 (eBook)
https://doi.org/10.1007/978-3-662-72678-5

Die Deutsche Nationalbibliothek verzeichnet diese Publikation in der Deutschen Nationalbibliografie; detaillierte bibliografische Daten sind im Internet über https://portal.dnb.de abrufbar.

Springer Vieweg ist ein Imprint der eingetragenen Gesellschaft Springer-Verlag GmbH, DE und ist ein Teil von Springer Nature.
Die Anschrift der Gesellschaft ist: Heidelberger Platz 3, 14197 Berlin, Germany

Wenn Sie dieses Produkt entsorgen, geben Sie das Papier bitte zum Recycling.

Für meinen Freund
Erhard
***

Freundschaft
Freundschaft auf Land
mit dem Rad an der Hand
die Ostseeküste entlang
im höchsten Gang.
Mit dem Floß erbaut von eigener Hand
im Wasser und nicht am Land
zwischen Rand und Rand
das Floß eine Sandbank fand.
Kanufahrten in der Natur
Entspannung pur und Leben im Nun
nur einfache Dinge tun
das Feuer zeigte unsere Spur.
Das ist Freundschaft pur.

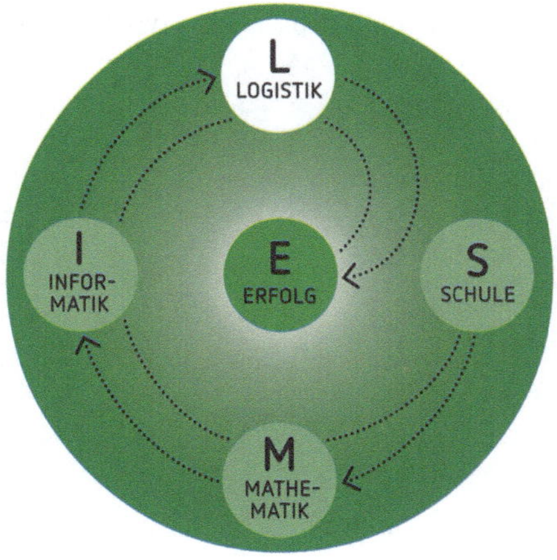

SMILE ist eine Abkürzung für die Begriffsreihenfolge ‚Schule, Mathematik, Informatik, Logistik und Erfolg‘. Diese Begriffsfolge soll den Anwenderkreis von Mathematik-Lernenden, -Studierenden und praktisch arbeitenden Personen verknüpfen, die sich für Mathematik interessieren und diese vertieft verstehen und anwenden wollen.

Der Autor war schon früh von der Frage geleitet, wie sich das ‚Abstraktum‘ Mathematik ins praktische Leben einfügt. Die Antwort fand er unmittelbar in seiner Berufspraxis. Auf Grund seiner langjährigen Erfahrung fiel es ihm leicht zu erkennen, daß es nur die Mathematik war, die jene Werkzeuge und Strukturen lieferte, einen sonst unmöglichen Transfer zu ermöglichen. In vielen logistischen Arbeitsabläufen zeigten sich Situationen, die er genau dieser Fragestellung zuordnen konnte. Aus diesem Grund hat er die Buchreihe ins Leben gerufen.

Die Buchreihe SMILE spannt in diesem Zusammenhang einen Bogen zwischen praktischer Arbeit und den daraus hervorgehenden theoretischen Erfordernissen. Sie besteht aus einem Kompaktband sowie einem mathematischen Vertiefungsband und einem extra entwickelten Software-Prototyp. Dieser Prototyp ist individuell in Python programmierbar und steht als kostenloser Download bereit. Ergänzt wird diese Software durch eine Bedienungsanleitung sowie eine zweiteilige technische Dokumentation. Die Dokumentation beinhaltet alle notwendigen Kenntnis-Grundlagen, die zur Anwendung der Programmiersprache Python und damit zur Erstellung des Prototyps erforderlich sind. Für alle Bände sind zusätzliche Übungsbücher inkl. Lösungen erhältlich.

SMILE wurde im Rahmen von Projektwochen, AGs und Vorlesungen an Schule und Hochschule erfolgreich vermittelt. Die Buchreihe richtet sich an Lehrer, Lehrende an Hoch- und technischen Fachschulen sowie an Berufseinsteiger der IT-Logistik-Entwicklung und -Beratung. Darüber hinaus sollte die Buchreihe für jene Anwender interessant sein, die das Thema ‚Digitalisierung in der Logistik‘ für sich vertiefen und in diesem Zusammenhang ‚Mathematik‘ als nachvollziehbaren Problemlöser verwenden wollen.

Erfolg kennt eine Lösung: **‚SMILE‘**!

Der vorliegende Band der **SMILE-Reihe** ergänzt und vertieft den Kompaktband im Themengebiet der **Mathematik**. Innerhalb von SMILE spielt die Mathematik mit ihren Werkzeugen, Strukturen und ihrer eigenen Sprache eine entscheidene Rolle. Sie ermöglicht den Transfer logistischer Abläufe der realen Welt in die virtuelle und technische IT-Fachwelt der Informatik. Sie macht die Entwicklung des SMILE-Prototyps, in dem logistische Prozesse IT-seitig durchgeführt werden können, überhaupt erst möglich. Der Prototyp verwendet mittels Programmiersprache Python zahlreiche mathematische Algorithmen, Prüfungen und Resultate, ohne die weder eine Berechenbarkeit logistischer Prozess-Details noch eine zielgerichtete und unzweideutige Programmierung gelingen kann.

Im Kompaktband sind bereits die notwendigen mathematischen Grundlagen, Begriffe und Resultate für obigen Transfer benannt und die Zusammenhänge der Mathematik zur

Logistik und Informatik erläutert. Auf **Beweise** wurde im Kompaktband bewusst verzichtet, um den Rahmen des Buches nicht zu groß zu wählen. Zu diesem Zweck ist dieser **mathematische Vertiefungsband** der SMILE-Reihe entstanden. Mathematische Beweise bilden das Fundament jedes mathematischen Resultats. Ohne Beweis ist kein Ergebnis unzweideutig für Dritte nachvollzieh- und verwendbar. Ohne Beweis fehlt jedem Resultat seine Grundlage sowie lückenlose und fehlerfreie Herleitung. Ohne Beweis kann sich kein Mathematiker mitteilen. Aus diesem Grund werden in diesem Band (fast) alle notwendigen mathematischen Beweise von in SMILE benutzen Resultaten präsentiert.

Einem Beweis geht immer Forschung voraus, innerhalb derer ein Beweis einer mathematischen Fragestellung gefunden worden ist. Diese Zeitspanne kann kurz oder lang sein. Bei ungelösten Problemen dauert sie sogar noch an. Die Mathematik von SMILE basiert auf bereits bekannten und gelösten Fragestellungen. Beweise und ihre zu Grunde liegenden Strukturen und Begriffe können in moderner mathematischer Sprache vermittelt werden. Die Darstellung ist ‚aus einem Guss' aufgebaut und erweitert sich sukzessive mit jedem Themenkomplex. Exemplarisch ist eine Fragestellung aufgenommen, um ebenfalls Einblicke in eine der mathematischen Haupttätigkeit zu geben: dem Forschen.

Eberbach   Sven Wirsing
27 September 2025

Einleitung

Wie beweist man ,etwas'? Was ist ein Beweis? Was ist das zu beweisende ,Etwas'? Diese Fragen müssen u.a. beantwortet werden, um mathematische Beweise überhaupt führen zu können. Ausgangspunkt sind immer mathematische Fragestellungen.

Bei der Wareneingangskontrolle werden Palettenfehler mittels Laser- und Fördertechnik ermittelt. Jeder mögliche Fehler ist mit einem Text und einer Fehlernummer bereits vorab verknüpft. Zu jeder für eine defekte Palette ermittelten Fehlernummer wird ihre sog. Zweierpotenz berechnet. Alle auf diese Weise bestimmten Zweierpotenzen werden summiert. Das Ergebnis ist der Paletten-Fehlercode. Wieso benötigt man zu dieser Formulierung Mathematik und mathematische Beweise?

Das Mathematik ,im Spiel' ist, wird schon an den Worten ,Zweierpotenz' und ,aufsummieren' deutlich. Es ist doch gar kein Problem zu lösen, oder doch? An dieser Stelle muss geklärt werden, was die verwendeten Begriffe bedeuten. Ein Aufsummieren deutet auf das Bilden einer Summe hin. Was wird summiert? Zahlen und genauer natürliche Zahlen würden Sie korrekterweise sagen. Was sind natürliche Zahlen, die vermutlich jedem aus der Schule bekannt sind? Wie kann man diese Zahlen ,aufsummieren = addieren'? Wie bildet man zu einer natürlichen Zahl ihre Zweierpotenz? Letzte Frage führt zur Multiplikation natürlicher Zahlen. Was ist die Multiplikation? Ist das Rechenergebnis einer Summe von Zweierpotenzen natürlicher Zahlen erneut eine natürliche Zahl? Oder rechnet man zu diesem Zweck bereits in einem anderen Zahlbereich mit neu zu defi nierenden Zahlen? Existieren natürlichen Zahlen? Offenbar sind unter natürlichen Zahlen ,Null' und ,Eins' in einem Sinne eindeutig bestimmt. Anderenfalls verdienen sie es nicht, ein Symbol zugeordnet zu bekommen. In welchem Sinne ist diese und ebenfalls eine Eindeutigkeit ,der' natürlichen Zahlen gegeben?

Diese Fragen werden mathematisch durch exakte Begriffe, Definitionen, Axiome und Resultate beantwortet werden. Das Beantworten vollzieht sich mittels der Sprache der Mathematik und Beweisen. Zur Formulierung mathematischer Begriffe und Resultate bedient man sich der mathematischen Logik und der Mengenlehre. Ein Resultat ist eine

"

mathematische Aussage, die entweder ‚wahr‘ oder ‚falsch‘ ist. Ein Beweis klärt nachvollziehbar und unzweideutig diesen Wahrheitsgehalt auf. In den meisten Fällen wird eine Aussage als wahr bewiesen. Beweise können auf verschiedene Arten durchgeführt werden. Es gibt direkte Beweise, indirekte Beweise, Widerspruchsbeweise, Beweisprinzipien wie die vollständige Induktion etc. Beweise gehorchen einer Struktur. Daß eine der aufgeführten Beweisarten eine Aussage als wahr identifi ziert, ist ebenfalls mittels Logik nachvollziehbar.

Kehren wir zur Wareneingangskontrolle zurück. Im weiteren logistischen Ablauf müssen Mitarbeiter fehlerhafte Paletten bearbeiten. Zu diesem Zweck soll der Fehlercode verwendet werden. Dieser ist nur ‚eine‘ natürliche Zahl! Wie können Mitarbeiter an dieser einen Zahl erkennen, welche Paletten-Fehler ursprünglich ermittelt worden sind? Mathematik hilft weiter ...!

Das Konzept der ‚b-adischen Zahlentwicklung‘ bietet eine Lösung. Im Kontext der Paletten-Fehler ist der Spezialfall der Binärzerlegung (der Fall $b = 2$) anwendbar. Jede natürlich Zahl lässt sich auf genau eine Weise als Summe von Zweierpotenzen schreiben. Wie hilft diese mathematische Aussage weiter und wie kann man sie beweisen und in der Informatik praktisch verwenden? Durch die Existenz der Binärzerlegung ist sichergestellt, Fehlercodes als Summe von Zweierpotenzen schreiben zu können. Die dabei auftretenden Exponenten der Zweierpotenzen sind die ursprünglichen Fehlernummern. Hat man diese ermittelt, kann über eine Datenbanktabelle innerhalb der Informatik auf die zugehörigen Fehlertexte zugegriff en werden. Gibt es weitere Zweierpotenzdarstellungen? Das würde bedeuten, daß aus einem Fehlercode je nach Zweierpotenz-Darstellung unterschiedliche ursprüngliche Fehlernummern ermittelbar wären. In diesem Fall wäre eine Rekonstruktion der Fehlernummern nicht eindeutig möglich. Die Antwort ist zu verneinen, und daß dies der Fall ist, muss mathematisch bewiesen werden. Ebenso hilft der vorgelegte Beweis weiter, die Berechnung der Zweierpotenz-Darstellung durchzuführen. Würde die Mathematik nur die reine Existenz und Eindeutigkeit einer Binärdarstellung beweisbar machen, hilft diese Erkenntnis im praktischen Kontext zunächst nicht weiter. Aber es existiert sogar ein Algorithmus, mit dessen Hilfe die Binärdarstellung berechnet werden kann. Beweismethode ist das ‚Teilen mit Rest‘. Was sind Teilen und Rest? Mittels Mengenlehre kann der Begriff des Teilens durch Relationen begrifflich gefasst werden. Zur Formulierung des Restes ist die Anordnung natürlicher Zahlen nützlich. Manerkennt, auf welcher fundamentaler Ebene die Mathematik arbeiten muss. Daß die Binärzerlegung schließlich durch sukzessives Teilen mit Rest ermittelt werden kann und eindeutig ist, liegt an der Eindeutigkeit und Existenz beim Teilen mit Rest. Diese mathematische Aussage muss ebenfalls formuliert und bewiesen werden. Zu diesem Zweck erweisen sich innerhalb der natürlichen Zahlen die vollständige Induktion und das Maximumsprinzip als hilfreiche Werkzeuge = Beweismethoden.

In ähnlicher Weise spielen weitere mathematische Axiome, Begriffe, Strukturen, Resultate und deren Beweise in den Folgekapiteln ebenfalls eine entscheidende Rolle.

Competing Interests Der/die Autor*in hat keine relevanten Interessenskonflikte im Zusammenhang mit dieser Publikation.

Materialien

Unter Springer Link sind folgende **Python-Programme** im Dateiformat PY als Ergänzung zum Vertiefungsband kostenlos downloadbar.

 i Bubblesort-Algorithmus.py – Bubblesort-Algorithmus zum Ausführen
 ii Bucketsort-Algorithmus.py – Bucketsort-Algorithmus zum Ausführen
 iii Hashing.py – Hashing-Befehl zum Ausführen für die Konsole
 iv Insertion-Algorithmus.py – Insertionsort-Algorithmus zum Ausführen
 v kartesisches Produkt in Python.py – kartesisches Produkt von Mengen zum Ausführen
 vi Logikverwendung bei der Chargenprüfung.py – Teil einer Subroutine zur Chargenprüfung
 vii Logikverwendung bei der Platzfindung.py – Teil einer Subroutine zur Platzfindung
 viii Mengenverwendung bei der Chargenpruefung.py – Teil einer Subroutine zur Chargenprüfung
 ix Mergesort-Algorithmus.py – Mergesort-Algorithmus zum Ausführen
 x Potenzmenge als Liste in Python.py – Potenzmenge als Liste zum Ausführen
 xi while-Schleife für das Menü.py – Teil des mainloops aus dem SMILE-Prototypen
 xii XOR-Operator.py – XOR-Operator zum Ausführen
 xiii Zahl aus der b-adischen Zahlentwicklung.py – Zahl aus der b-adischen Zahlentwicklung als Unterroutine.

Inhaltsverzeichnis

Abbildungsverzeichnis

Tabellenverzeichnis

Grundlagen

In diesem grundlegenden Abschnitt wird einerseits die Frage erörtert, was Mathematik ist und welche Faszination sie auf den Autor ausübt. Andererseits werden grundlegende mathematische Konzepte zur Aussagenlogik und Mengenlehre eingeführt, die zum Verständnis mathematischer Denkweisen benötigt werden.

1.1 Mathematik

1.1.1 Was ist Mathematik?

Was ist Mathematik? C. Spannagel hat diese Frage mit seinen Studenten diskutiert. Ergeb-

nisse sind in folgenden Videos einsehbar: und . Auch die Deutsche Mathematiker Vereinigung (DMV) diskutiert diese Frage in einer Reihe von

Vorträgen beginnend mit . Vorwiegend philosophische Aspekte dieser

Fragestellung werden von M. Friedmann und S. Jonas in hervorgehoben.

Dieter Blessenohl schreibt zur Mathematik in seinem Grundlagenbuch zur Algebra in [10]:

Unter allen Fachsprachen ist diejenige der Mathematik am höchsten entwickelt, was nicht bedeutet, daß sie auch die verständlichste ist. Um eine kurze Formel wie z.B.

$$\int_a^b f(x)dx = F(b) - F(a)$$

zu verstehen, bedarf es vieler Vorbereitungen. Auch der Fünf-Worte-Satz 'Alle endlichen Schiefkörper sind kommutativ.'[1] ist nicht vom Alltagsgebrauch der Sprache her zu erschlie-ßen. Wer sich zum Fachmann in dieser Wissenschaft ausbilden will, hat es zuallererst mit dieser unzugänglichen Verschlossenheit der Fachsprache zu tun. Eine weitere Schwierigkeit liegt für den Anfänger in der axiomatisch deduktiven Form, in der ihm Mathematik an der Universität entgegentritt. Warum um alles in der Welt sollte er sich für Gruppen, Ringe, Kör-per, Vektorräume interessieren? Daß Mathematik der Prototyp einer axiomatisch deduktiven Wissenschaft sei, in der aus vorgegebenen Axiomen nach strengen Regeln Folgerungen gezo-gen werden, gehört zu den populären Allerweltsweisheiten und trifft prima vista sicherlich zu. Zumindest ist die zeitgenössische Mathematik so organisiert, und der Gewinn an Klarheit und Durchsichtigkeit, den das axiomatisch deduktive Vorgehen für das Gebäude der Mathematik bringt, kann gar nicht überschätzt werden, weshalb man sie dem Anfänger auch in dieser Form zeigen muss. Lässt man aber als eine vorläufige Definition einmal gelten, Mathematik sei das, was die Mathematiker machen, so zeigt sich schnell, daß die wesentliche Tätigkeit des Mathe-matikers - das, was ihn zum Mathematiker macht - Forschung ist. Die kodifizierte Form, in der Mathematik in Büchern, Aufsätzen und Vorlesungen erscheint, verdankt sich immer schon der Anstrengung, sich anderen mitteilen zu müssen - und zu wollen. Vielleicht hat die Schule Ihnen den Eindruck vermittelt, daß in der Mathematik alles erforscht sei. Sie haben möglicherweise gehört, daß auch die letzten, entlegenen Spezialprobleme (Fermatsche Vermutung, Klassifi-kation der endlichen einfachen Gruppen) kürzlich erledigt worden seien. Nichts ist falscher als dieser Eindruck; das Gegenteil ist der Fall. Die angeblichen Erledigungen werfen mehr Fragen auf, als sie beantworten. Je mehr wir wissen, umso weniger wissen wir, könnte man

---

[1] Ein von Mathematikern benutzter Begriff für Schiefkörper ist auch der des Örpers. Körper sind kommutative Schiefkörper. So könnte man diesen Satz auch zu 'Alle endlichen Schiefkörper sind Körper.' oder auch 'Alle endlichen Örper sind Körper.' umformulieren. Der Gebrauch des Begriffes 'Örpers' ist allerdings nicht soweit verbreitet oder auch eher als amüsante Begriffsbildung unter Mathematikern gesehen. Dies zeigt aber auch, daß Mathematiker alles anderes als trocken, steif und verstaubt sind, wie eine landläufige Meinung ist. Sie sind durchaus auch voller Witz und Kreativität: Was erhalten wir, wenn wir einem Körper seine Kommutativität nehmen? Die Antwort ist doch klar: einen Örper! In der Algebrentheorie nennt man Schiefkörper übrigens auch Divisionsalgebren. Ein prominentes Beispiel sind die Quaternionenalgebren, die von Hamilton entdeckt worden sind.

in übertreibender Zuspitzung sagen. Der grundsätzlich offene und unabgeschlossene Charakter der Mathematik hat beinahe mehr mit ihrem Wesen zu tun als die axiomatisch deduktive Methode. Deshalb ist es so wichtig, im Laufe des Studiums mit mathematischer Forschung in Berührung zu kommen.

Was der Autor unter **'Mathematik versteht'**, wird im folgenden Mindmap wiedergegeben.

Folgend sollen basierend auf obigem Schaubild die für den Autor wesentlichen Merkmale der Mathematik zusammengefasst werden:

- Mathematik entzündet sich an Problemen theoretischer und praktischer Natur.
- Mathematik erforscht Lösungen zu Problemen. Dabei spielen Kreativität, Offenheit, Übung und Aufmerksamkeit eine wichtige Rolle.
- Mathematik gibt Lösungen eine abstrakte Struktur und eine eigene Sprache.
- Mathematik versucht, Muster zu erkennen.
- Mathematik stellt Lösungen nachvollziehbar dar.
- Mathematik stellt Problemlöser zur Wiederverwendung zur Verfügung.
- Mathematik bezieht sich nicht zwangsläufig auf eine praktische Anwendung und hat diese auch nicht primär zum Ziel.
- Mathematik entwickelt scheinbar gelöste Probleme durch abgeleitete Fragestellungen bis hin zu einer Theorie weiter.

Ein Aspekt der Mathematik – wie auch von D. Blessenohl hervorgehoben – ist, daß man sie selbst erleben und betreiben muss, um sie besser verstehen zu können. Dieses Phänomen ist sicherlich bei fast jeder Tätigkeit der Fall. Insbesondere innerhalb der Mathematik bedarf es viel Übung, um verstehen zu können, was Mathematik ist, wie man sie betreibt und anwendet. Aus diesem Grund wird die Frage, was Mathematik ist, nun exemplarisch weitergeführt. Als begleitendes Beispiel wird ein Phänomen bei Brüchen betrachtet, welches im Schaubild 1.1 präsentiert wird. Es wird ebenfalls deutlich, daß ein scheinbar gelöstes Problem neue Fragen aufwerfen kann.

Im Abschnitt 6.1.1.8 wird diese Bruch-Thematik wieder aufgegriffen und weiter analysiert. An dieser Stelle sollen die wesentlichen Punkte aus dem Schaubild geschildert und mit der persönlichen Sichtweise des Autors zur Mathematik in Einklang gebracht werden.

- Mathematik entzündet sich an Problemen theoretischer (und praktischer) Natur. — Warum ist die Summe aus einem positiven Bruch und seinem Kehrbruch $\frac{a}{b} + \frac{b}{a}$ mindestens 2?
- Mathematik erforscht Lösungen zu Problemen. Dabei spielen Kreativität, Offenheit, Übung und Aufmerksamkeit eine wichtige Rolle. — Spielen mit Brüchen, Umstellen von Gleichungen, Ursache: 2te-binomische Formel
- Mathematik gibt Lösungen eine abstrakte Struktur und eine eigene Sprache. — Brüche, Gleichungen, Rechnen im Körper der rationalen Zahlen

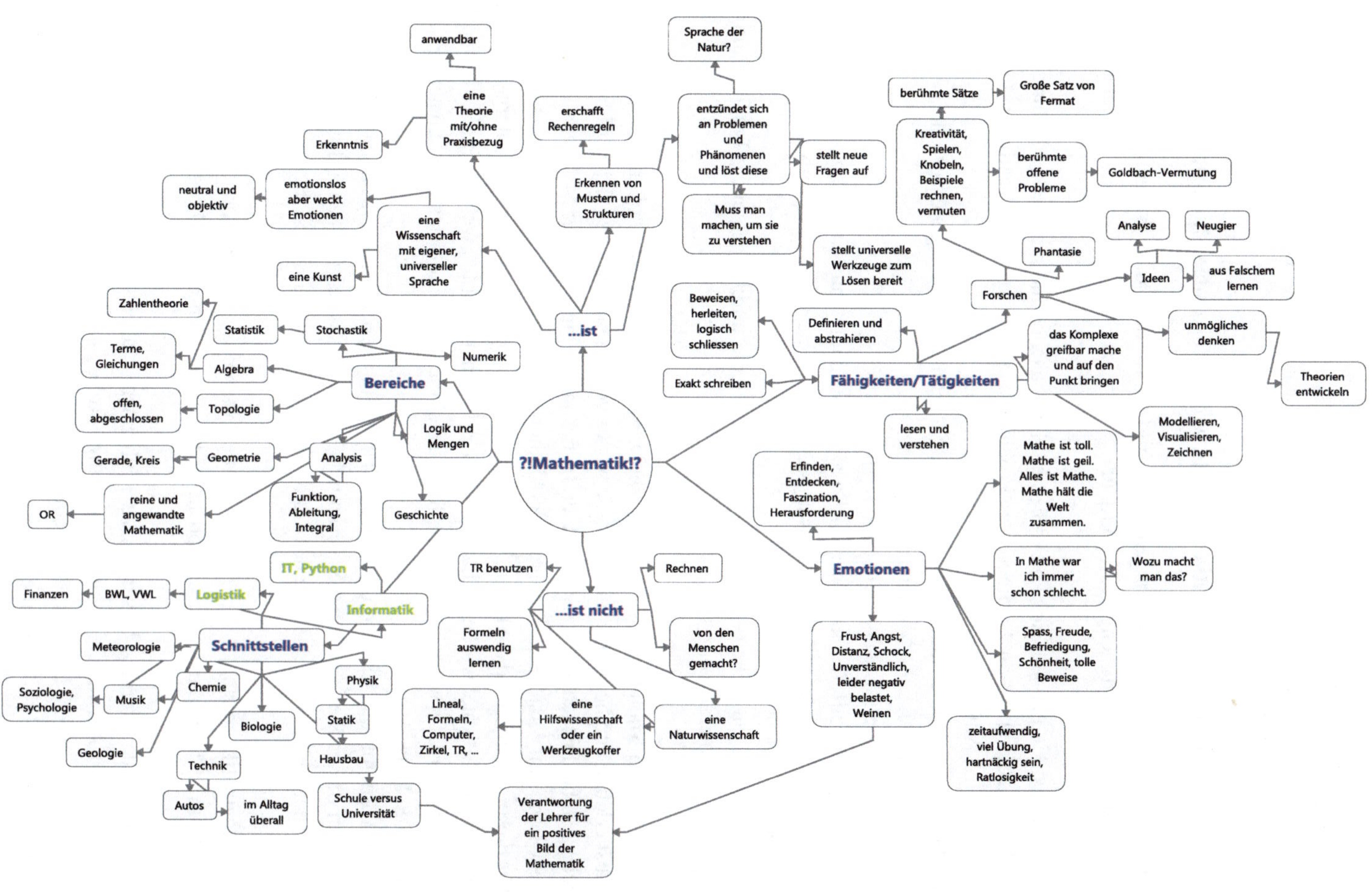

?!Mathematik!?
...ist
...ist nicht
Fähigkeiten/Tätigkeiten
Emotionen
Bereiche
Schnittstellen
Informatik
IT, Python
Logistik
anwendbar
eine Theorie mit/ohne Praxisbezug
Erkenntnis
neutral und objektiv
emotionslos aber weckt Emotionen
eine Wissenschaft mit eigener, universeller Sprache
eine Kunst
erschafft Rechenregeln
Erkennen von Mustern und Strukturen
Sprache der Natur?
entzündet sich an Problemen und Phänomenen und löst diese
stellt neue Fragen auf
Muss man machen, um sie zu verstehen
stellt universelle Werkzeuge zum Lösen bereit
berühmte Sätze
Große Satz von Fermat
Kreativität, Spielen, Knobeln, Beispiele rechnen, vermuten
berühmte offene Probleme
Goldbach-Vermutung
Phantasie
Analyse
Neugier
Ideen
aus Falschem lernen
Forschen
unmögliches denken
Theorien entwickeln
das Komplexe greifbar mache und auf den Punkt bringen
Modellieren, Visualisieren, Zeichnen
Beweisen, herleiten, logisch schliessen
Definieren und abstrahieren
Exakt schreiben
lesen und verstehen
Zahlentheorie
Statistik
Stochastik
Numerik
Terme, Gleichungen
Algebra
offen, abgeschlossen
Topologie
Gerade, Kreis
Geometrie
Analysis
Logik und Mengen
OR
reine und angewandte Mathematik
Funktion, Ableitung, Integral
Geschichte
Finanzen
BWL, VWL
Meteorologie
Soziologie, Psychologie
Musik
Chemie
Geologie
Technik
Autos
im Alltag überall
Physik
Statik
Biologie
Hausbau
Schule versus Universität
TR benutzen
Rechnen
Formeln auswendig lernen
von den Menschen gemacht?
Lineal, Formeln, Computer, Zirkel, TR, ...
eine Hilfswissenschaft oder ein Werkzeugkoffer
eine Naturwissenschaft
Verantwortung der Lehrer für ein positives Bild der Mathematik
Erfinden, Entdecken, Faszination, Herausforderung
Mathe ist toll. Mathe ist geil. Alles ist Mathe. Mathe hält die Welt zusammen.
In Mathe war ich immer schon schlecht.
Wozu macht man das?
Frust, Angst, Distanz, Schock, Unverständlich, leider negativ belastet, Weinen
Spass, Freude, Befriedigung, Schönheit, tolle Beweise
zeitaufwendig, viel Übung, hartnäckig sein, Ratlosigkeit

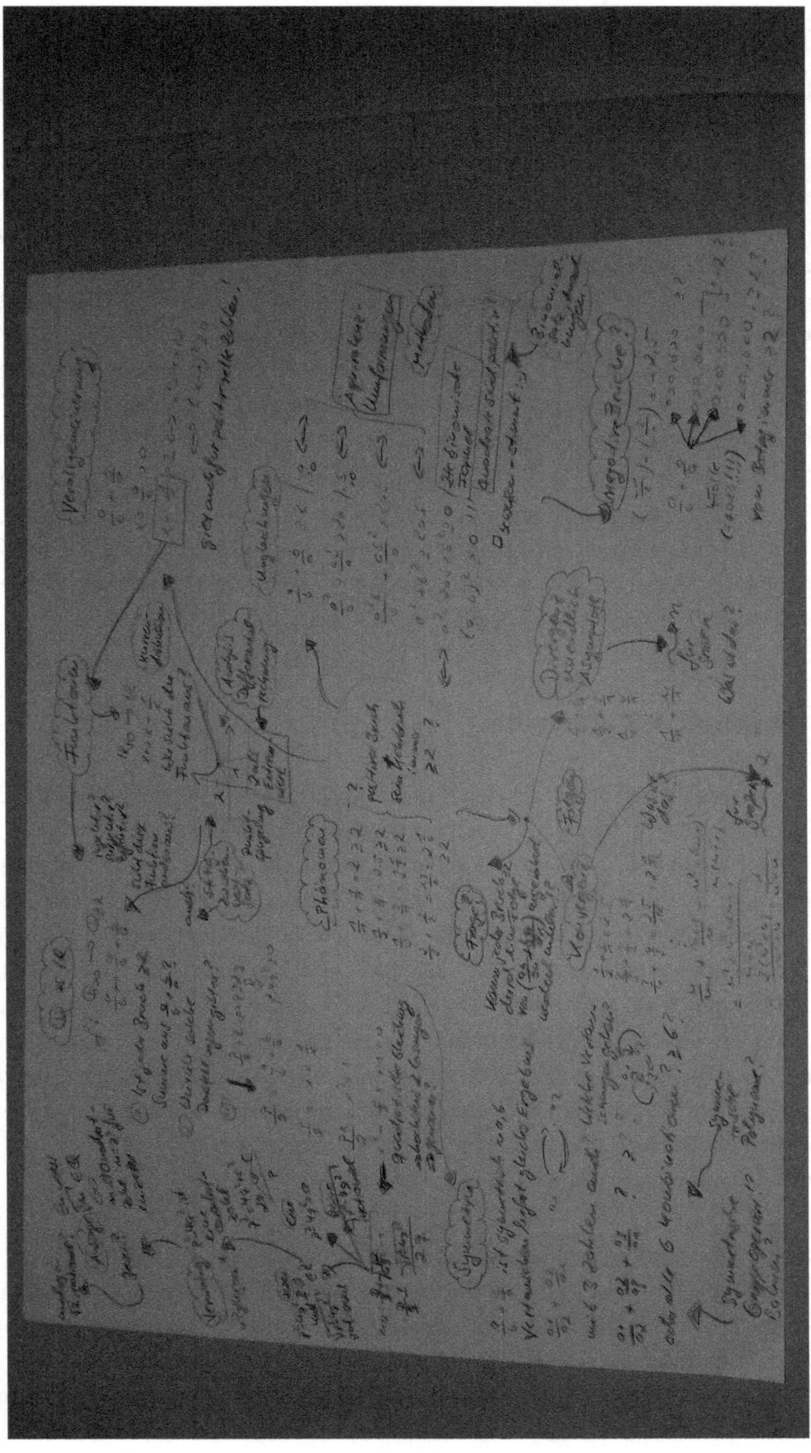

Abb. 1.1 Beispiel zur Mathematik

- Mathematik versucht, Muster zu erkennen. — Gilt die Aussage für Brüche? Ist sie auf andere Zahlen erweiterbar?
- Mathematik stellt Lösungen nachvollziehbar dar. — Beweis auf Basis der 2ten binomischen Formel mittels Äquivalenzumformungen
- Mathematik stellt Problemlöser zur Wiederverwendung zur Verfügung. — 2te-binomische Formel im Werkzeugkasten des Rechnens
- Mathematik bezieht sich nicht zwangsläufig auf eine praktische Anwendung und hat diese auch nicht primär zum Ziel. — Das Problem ist zunächst auf Zahlen beschränkt. Ob seine Lösung im realen Leben eine Anwendung findet, ist innerhalb der Mathematik keine Notwendigkeit. Sie hält aber die Möglichkeit dazu offen.
- Mathematik treibt die scheinbar gelösten Probleme durch abgeleitete Fragestellungen bis hin zu einer Theorie weiter. — Verallgemeinerung auf reelle Zahlen: $x + \frac{1}{x} \geq 2$?, Motivation für Folgen und ihre Konvergenz und Divergenz, z.B. $\frac{n}{n+1} + \frac{n+1}{n}$, Symmetrie $x + \frac{1}{x} = (-x) + \frac{1}{-x}$ und $\frac{a}{b} + \frac{b}{a}$ sind symmetrisch in a, b, Funktionsuntersuchungen zu $x + \frac{1}{x}$, Darstellbarkeit jeder Zahl y als $x + \frac{1}{x}$ führt zu quadratischen Gleichungen inkl. Wurzeln und der pq-Formel und über $\mathbb{Q}$ sogar zu pythagoräischen Tripeln, Umkehrung: pythagoräische Tripel mit Bruch-Kehrbruch-Zahlen erzeugen, Darstellbarkeit jeder Zahl y durch einen Grenzwert einer Folge $(\frac{a_n}{b_n} + \frac{b_n}{a_n})$ über $\mathbb{Q}$.

1.1.2 Faszination Mathematik

Mathematik hat mich persönlich fasziniert und wird mich ebenfalls zukünftig faszinieren. Meine Faszination von Mathematik möchte ich gerne an Sie weitergeben.

Wenn von **Faszination** aus psychologischer Sicht gesprochen wird, ist sie Ergebnis eines Prozesses positiven Wohlbefindens. Es entsteht ein positives Gefühl, daß durch etwas ausgelöst wird. Der Auslöser fesselt Sie, macht Sie glücklich, fröhlich und lebendig. Er begeistert Sie, wirkt anziehend, macht Sie neugierig und fokussiert Ihre Gedanken. Er hat eine besondere Ausstrahlung, wirkt inspirierend und lässt nach diesem Etwas verlangen. Damit ist Faszination auch Grundlage der Innovation. In einigen Fällen erwächst aus Faszination sogar Vertrauen, Sicherheit und Liebe. Sich faszinieren zu lassen, zu wollen und zu können ist sehr individuell. Was den einen fasziniert, löst beim anderen Abneigung aus oder lässt ihn kalt. Mich hat Mathematik auf faszinierende Weise berührt.

In der Schulzeit wurde meine Faszination erstmals geweckt.

- Ich habe Mathematik in ihrer **Anwendbarkeit** kennengelernt. Faszinierend ist, daß ein anderes Schulfach in der Physik von Bedeutung ist und durch Mathematik physikalische Fragen beantwortet werden können. Exemplarisch seien Anwendungen trigonometrischer Funktionen bei Fragestellungen in der schiefen Ebene genannt.
- Mir ist eine wiederkehrende **Struktur** innerhalb der Mathematik aufgefallen: Ausgangsproblem - mathematische Analyse - Definitionen - Formeln und Methoden als Problem-

löser - weitere Anwendungen. Beispielhaft wurde die Steigung einer Tangente in einem Funktions-Punkt analysiert. Das Tangenten-Konzept wurde folgend benutzt, um Extrem- und Wendestellen von Funktionen zu berechnen.

- Anwendungen mathematischer Lösungen sind faszinierend, da eine Methodik ebenfalls ein zunächst fremd erscheinendes Problem lösen kann. Diese **universelle Anwendbarkeit** und **Übertragbarkeit** fasziniert mich. Beispielhaft ist das Ableitungs-Konzept benutzt worden, um eine Dose minimaler Oberfläche bei gegebenen Volumen zu berechnen.

- Das strukturierte und **nachvollziehbare** Aufschreiben mathematischer Fragestellungen wurde geschult. Das für mich Faszinierende daran ist, daß man logische Abfolgen einwandfrei nachvollziehen kann. Es gibt keinen Spielraum für Fehl-Interpretationen, wenn der Aufschreibende exakt formuliert.

- Das Knobeln an Rätsel-Aufgaben bereitet mir Freude. In diesem Zusammenhang habe ich gelernt, **aus Fehlern zu wachsen** und mich **nicht entmutigen** zu lassen. Es gilt, **durchzuhalten, kreativ** im Geiste zu sein und nach **Lösungen** zu suchen. Kennen Sie das tolle Gefühl, eine Lösung gefunden zu haben?

- Für ein exaktes Verständnis fehlten Begriffe und Beweise. Es wurde darauf verwiesen, daß ein derart tiefes Verständnis erst im Studium der Mathematik möglich ist. Diese Frustration und Neugier zugleich haben mich u.a. veranlasst, Mathematik zu studieren. Ich wollte verstehen, welche **Schlussweisen** mathematische Formeln und Konzepte durchdringen.

Im Mathematik-Studium wurde meine Mathematik-Faszination verstärkt.

- Mathematik zu betreiben benötigt **kaum Utensilien**. Mathematik ist eine **günstige** und **nachhaltige** Wissenschaft. Für mich sind faszinierend, daß Mathematik **rein im Geist** abläuft und sie überall und zu jeder Zeit ausgeübt werden kann. Sie ist **zeit- und raumlos**.

- Im ersten Teil meines Studiums habe ich mich an der **klaren Struktur** und **Abstraktion** erfreut. Faszinierend ist, wie 'alles zusammenpasst' und mit welcher Eleganz und Minimalität mit Begriffen jongliert und Beweise durch wundersame **Ideen** durchgeführt werden. Diese Faszination ebnete das Verlangen, selber Ideen zu entwickeln. Ich fragte mich, wie Mathematiker auf diese wunderbaren Beweise und Ideen wohl gekommen sein mögen. Teilweise konnte ich mir diese Frage beim Bearbeiten von **Übungsaufgaben** selbst beantworten. Beim **Forschen** an Fragestellungen zu meiner Diplom- und Doktorarbeit wurde dieser Aspekt dann offenkundiger.

- Bereits zu Beginn des Studiums wurden viele Fragen beantwortet, die in der Schulzeit offen geblieben waren. Aus diesem Grund wurde meine Frustration in **Verstehen** umgewandelt und meine **Neugier** befriedigt. Die Faszination an der Mathematik war nach diesen ersten Erkenntnissen nicht beendet. Im Gegenteil, sie wurde sogar weiter entflammt.

- Im Grundstudium gab es zwei für mich wunderbare Momente, die die Art meiner eigenen Forschung beeinflusst haben. Eine fundamentale algebraische Fragestellung ist die der Lösbarkeit von Polynomgleichungen. Eine mögliche Begriffswelt ist die sog. Körpertheorie. Bei genauerer Analyse kann feststellt werden, daß ebenfalls die sog. Gruppentheorie eine entscheidene Rolle spielt und beide Theorien miteinander verwoben sind. In der Analysis wurde der Hauptsatz der Algebra – Jedes reelle Polynom hat eine Nullstelle in den komplexen Zahlen. – mit analytischen Methoden bewiesen. Was zeigen uns diese beiden Fakten? Mathematik sollte nicht isoliert in ihrem jeweiligen Bereich bearbeitet werden. Es bestehen **Bezüge** innerhalb einer Disziplin, wie etwa zwischen Körper- und Gruppentheorie innerhalb der Algebra. Auch **interdisziplinäre Verbindungen**, wie zwischen Algebra und Analysis, sind vorhanden. Diese Zusammenhänge faszinieren mich bis heute und regen mich dazu an, über den **'Tellerrand zu blicken'** und beim Denken verschiedene **Blickwinkel** einzunehmen.

- Nach dem Grundstudium durfte ich Studienanfänger betreuen, ihre Aufgaben korrigieren und in Übungsstunden besprechen. Faszinierend ist, jungen Menschen etwas beibringen zu dürfen und zu sehen, wie sie im Laufe der Zeit an ihren Aufgaben wachsen und aus Fehlern lernen. **'Mathematik ist ein Klugmacher'**, könnte man überspitzt formulieren. Man lernt zu verstehen und sich Inhalte zu eigen zu machen. Eine gut verwendbare Eigenschaft. Zudem klärt Mathematik auf. **Sie schafft Fakten**, die keiner Spekulation auf Richtigkeit offen lassen.

- Das Forschen an meiner Diplom- und Doktorarbeit zeigte mir, daß man **Fehler** machen muss und darf und beim Analysieren **Irrwege** gehen wird. Man hat die Freiheit, alles zu denken, auch das Undenkbare und jede sich bietende Chance nutzbar zu machen. Man kann sich überall hindenken. Man sollte sensibel und feinsinnig seine Rechnungen und Gedanken betrachten, um ggfs. allgemeingültige Aussagen zu formulieren. Für mich ist es ein überaus faszinierender Moment, wenn eine dieser Aussagen beweisbar und deren Beweis nachvollziehbar ist. Dieser Moment ist unglaublich aufregend und befreiend. Gleichzeitig ist hinter dem **Stolz auf seinen Beweis**, den man durchaus auskosten sollte, eine **Bescheidenheit** sichtbar. Mit der Beantwortung einer Frage tauchen oftmals viele neue Fragen auf. Welchen Fragen sollte man nachgehen? In diesem Zusammenhang habe ich mich immer auf mein Bauchgefühl verlassen. Ich habe mich an der **Schönheit und Eleganz** der Fragen und der Beweisführung vorherigen Ergebnisse orientiert, also quasi an dem, was mich fasziniert!

- Während meines Studiums wurde ich befragt, wozu die Inhalte eines Mathematik-Studiums **praktisch** von Bedeutung sind. Faszinierend an dieser Frage fand ich zum einen, daß ich sie mir selber nie gestellt habe. Der Grund war, daß ich Mathematik an sich faszinierend finde. Ich entgegnete der Frage zunächst mit einer Gegenfrage. Wozu malt ein Maler ein Bild und wozu ist es nützlich? Zum anderen merkte ich an, daß diese Frage in der **Grundlagenforschung** störend ist. Eine Grundlagenforschung darf nicht von nutzbaren oder sogar wirtschaftlichen Anwendungen getrieben sein. Diese Sichtweise belastet die Forschung, führt sie ggfs. in die Irre und ist störend. Es gab genug

Beispiele mathematischer Theorien, die erst später ihre Anwendung fanden. Umgekehrt gibt es Fragen aus der angewandten Mathematik. Diese Themen besitzen per se einen direkten **Anwendungsnutzen**.

- Auf Kongressen war ich einerseits davon fasziniert, an welchen Themen Mathematiker forschen und wie sie denken. Gleichzeitig kippte auch das Bild, Mathematiker seien 'Nerds'. Mathematik ist **kulturverbindennd**. Auf Kongressen nehmen Mathematiker aus verschiedenen Kulturkreisen teil und diskutieren miteinander.
- Mathematik ist fast **überall präsent**. Ohne sie ist unser Alltag fast undenkbar.
- Am Ende des Studiums galt es, den weiteren Lebensweg auszuloten und **Berufsaussichten** zu eruieren. Faszinierend ist, wie begehrt Mathematiker auf dem Arbeitsmarkt sind. Tätigkeitsfelder ergeben sich in der Beratung, in der IT, in der Schule, in der Forschung, in der Finanzwelt etc.

Als Autor mathematischer Bücher ergaben sich zusätzliche Faszinationen.

- Das Aufschreiben von Ideen **befreit** und **ordnet** den Geist. Es wirkt **beruhigend**. Natürlich ist man stolz darauf, sein **eigenes Buch** in den Händen zu halten und darin zu stöbern.
- Ich möchte mich **mitteilen**, damit andere mit meinen Ergebnissen **weiterarbeiten** können. Ggfs. kann man auf diese Weise daran teilhaben, daß eigene **Ideen weitergetragen** werden und wachsen.
- Ich möchte meine Faszination an der Mathematik anderen Menschen zeigen und sie ermutigen, sich mit Mathematik zu befassen. **Aus diesem Grund ist SMILE entstanden!**

1.1.3 Grundlagen der Logik

Die Darstellung basiert auf Inhalten von C. Spannagel in [48], von H. Wuschke in [47] sowie auf den Werken [16] von S. Dreiseitl und [25] von P. Hartmann.

Warum beschäftigt man sich mit **Logik**? Zum einen dient die Logik generell zur **Schärfung** der eigenen sprachlichen Formulierungen. Diese Fähigkeit ist nicht nur im mathematischen Kontext nützlich. Die Logik ist Grundlage der **Formulierung mathematischer Sätzen**, der **Verwendung mathematischer Beweisarten**, der **Strukturierung und Durchführung von exakten mathematischen Beweisen und ihrer Nachvollziehbarkeit**. Die Logik ist ebenfalls **Grundlage des Programmierens**. Dieser Aspekt wird am Beispiel der **Programmiersprache 'Python'** verdeutlicht.

1.1.3.1 Die Aussage

Unter einer (**mathematischen**) **Aussage** A versteht man ein sprachliches Gebilde, das **entweder wahr oder falsch** ist. Diese Eigenschaft nennt man den **Wahrheitswert** der Aussage.

Zur Abkürzung wird w für wahr und falsch für falsch geschrieben. Den Wahrheitswert von A symbolisiert man durch $\omega(A)$.

Von einer Aussage muss zwingend feststehen, ob sie wahr oder falsch ist. Beides zugleich ist nicht erlaubt, ebenso keines von beiden. Zum Beispiel erfüllen die Aussagen 'A: 3 ist ungerade.' und 'B: 4 ist eine Primzahl.' diese Eigenschaft, denn es gelten $\omega(A) = w$ und $\omega(B) = f$. Ebenfalls ist die Aussage 'Es regnet.' heute wahr. Wenn man diese Aussage liest, könnte sie ebenso falsch sein. Die sprachlichen Gebilde 'Hallo.', 'Wie geht es Ihnen?', 'Prima!' und 'Wer bewies den Satz, daß es unendlich viele Primzahlen gibt?' sind keine Aussagen.

1.1.3.2 Operationen auf Aussagen

Es gibt grundlegende Operationen, um aus einer oder mehreren Aussagen neue Aussagen zu erzeugen. Zu diesem Zweck verwendet man **Junktoren**, die Logiksymbole sind. Um die Bedeutung – also den **Wahrheitswert** – der neu gebildeten Aussage festzulegen, werden sog. **Wahrheitstafeln** verwendet. Man definiert mittels einer Wahrheitstafel, unter welchen Bedingungen die neu gebildete Aussage wahr oder falsch ist. Dieses Vorgehen ist eine Festlegung und kann nicht bewiesen werden. Durch die Wahrheitstafel wird die Aussage bzgl. ihres Wahrheitswertes festgelegt und erhält ihre Bedeutung.

Eine Aussage A kann durch den Junktor $\neg$ **negiert** werden. Die negierte Aussage ist $\neg A$. Sprachlich verwendet man den Ausdruck **'nicht A'**. Der Wahrheitswert von $\neg A$ ist dem von A genau gespiegelt, was die Wahrheitstafel 1.1 zeigt. Die Aussagen 'A: 3 ist ungerade.' und 'B: 4 ist eine Primzahl.' sind wahr bzw. falsch. Daher sind ihre negierten Aussagen '$\neg A$: 3 ist gerade.' und '$\neg B$: 4 ist keine Primzahl.' entsprechend falsch bzw. wahr.

Zwei Aussagen A und B können mittels Junktor $\wedge$ **konjugiert** werden. Die konjugierte Aussage ist $A \wedge B$. Sprachlich verwendet man den Ausdruck **'A und B'**. Der Wahrheitswert von $A \wedge B$ lässt sich mit den möglichen Kombinationen der Wahrheitswerte von A und B definieren, was Wahrheitstafel 1.2 zeigt.

Man erkennt, daß die konjugierte Aussage zweier Aussagen genau dann wahr ist, wenn beide ursprünglichen Aussagen wahr sind. Ansonsten ist die konjugierte Aussage als falsch definiert. Diese Festlegung deckt sich mit der Vorstellung. Die Aussage '3 ist ungerade und 4 ist eine Primzahl.' ist folglich falsch, weil die zweite Teilaussage falsch ist.

Tab. 1.1 Aussagen-Negation

$\omega(A)$	$\omega(\neg A)$
w	f
f	w.

Zwei Aussagen A und B können durch den Junktor $\vee$ (vom Lateinischen 'oder') **disjungiert** werden. Die disjungierte Aussage ist $A \vee B$. Sprachlich verwendet man den Ausdruck **'A oder B'**. Der Wahrheitswert von $A \vee B$ ist in Wahrheitstafel 1.3 dargestellt.

Die disjungierte Aussage zweier Aussagen ist genau dann wahr ist, wenn mindestens eine der beiden ursprünglichen Aussagen wahr ist. Ansonsten ist die disjungierte Aussage als falsch definiert. Es handelt sich hierbei um das sog. **'einschließende oder'**, was sprachlich und logisch vom **'entweder ... oder'** unterschieden werden muss. Letzterer Ausdruck ist das sog. **'ausschließende oder'**. Unterschied ist, daß beim 'einschließenden oder' die neue Aussage wahr ist, wenn beide ursprünglichen Aussagen wahr sind. Diese Ausprägung gibt es beim 'entweder ... oder' nicht. Das 'entweder ... oder' wird im Abschnitt 'Python' betrachtet, weil es vorwiegend in der Datenverarbeitung von Bedeutung ist. Die Aussage '3 ist ungerade oder 4 ist eine Primzahl.' ist folglich wahr, weil die erste Teilaussage wahr ist.

Zwei Aussagen können durch eine **Implikation** miteinander verknüpft werden, was durch den Junktor $\Rightarrow$ symbolisiert wird. Die Aussage $A \Rightarrow B$ bedeutet sprachlich: **'wenn A dann B'** oder **'aus A folgt B'**. Die Aussage A wird in diesem Zusammenhang als **Annahme**, **Prämisse** oder **Voraussetzung**, die Aussage B als **Behauptung** oder **Konklusion** betitelt. Viele mathematischen Aussagen sind von dieser Form. Der Wahrheitswert von $A \Rightarrow B$ wird in Tabelle 1.4 definiert.

Betrachte man zum Verständnis der Implikation zunächst den Fall, daß A wahr ist, also z.B. 'A: 3 ist ungerade'. A ist eine wahre Aussage. Damit die Implikation $A \Rightarrow B$ wahr ist, muss die Aussage B wahr sein. Diesen Grundsatz könnte man so interpretieren, daß aus etwas Wahren nur etwas Wahres zu folgern ist. Ist 'B: 4 ist eine Primzahl.', ist die Implikation $A \Rightarrow B$ falsch, da 4 keine Primzahl ist. Die Implikation $A \rightarrow \neg B$ ist dagegen wahr, was sich mit der sprachlichen Intuition deckt.

Schwieriger zu motivieren ist der Fall, daß die Prämisse falsch ist. Unabhängig vom Wahrheitswert der Konklusion ist die Implikation stets wahr. Grundsatz ist, daß aus etwas Falschen alles zu folgern ist. Die Aussage 'Wenn 4 eine Primzahl ist, dann ist 3 ungerade' ist folglich wahr. Auch die Implikation 'Wenn 4 eine Primzahl ist, dann ist 3 gerade' ist wahr. C. Spannagel erklärt dies folgendermaßen. Er fragt, wann jemand bei der Aussage 'Wenn es regnet, habe ich einen Regenschirm dabei.' lügt. Wenn es tatsächlich regnet, muss er seinen Regenschirm dabei haben, ansonsten würde er lügen. Regnet es nicht, ist es völlig unerheblich, ob er seinen Regenschirm dabei hat oder nicht. Also lügt man bei einer

Tab. 1.2 Aussagen-Konjunktion

$\omega(A)$	$\omega(B)$	$\omega(A \wedge B)$
w	w	w
w	f	f
f	w	f
f	f	f.

Tab. 1.3 Aussagen-Disjunktion

$\omega(A)$	$\omega(B)$	$\omega(A \vee B)$
w	w	w
w	f	w
f	w	w
f	f	f

Implikation nur dann, wenn die Prämisse wahr und die Konklusion falsch ist. Nur in diesem Fall ist sie als falsch definiert. Es sei nochmals darauf hingewiesen, daß die Wahrheitswerte (auch allgemein die Semantik genannt) der Implikation nicht bewiesen werden können, sondern sie definiert sind. In mathematischen Texten würde man das Regen-Regenschirm-Beispiel als Rechtfertigung für diese Festlegung verwenden.

Die Implikation regelt innerhalb der Mathematik ebenfalls die Begriffe **'notwendige und hinreichende Bedingung'**. Man betrachte dazu die Implikation 'Ist $p \neq 2$ eine Primzahl, dann ist p eine ungerade natürliche Zahl'. Diese Implikation ist wahr. Aus der Eigenschaft, Primzahl ungleich 2 zu sein, kann gefolgert werden, daß eine ungerade natürliche Zahl vorliegt. Demzufolge ist die Eigenschaft, eine ungerade natürliche Zahl zu sein, notwendig dafür, eine Primzahl ungleich 2 zu sein. Das 'Primzahl ungleich 2-Sein' kann jedoch eine viel stärkere Bedingung als 'eine ungerade natürliche Zahl zu sein' sein. Liegt aber nicht wenigstens eine ungerade natürliche Zahl vor, kann es auch keine Primzahl ungleich 2 sein. Umgekehrt folgert man aber aus der Eigenschaft, 'Primzahl ungleich 2' zu sein, daß eine natürliche ungerade Zahl vorliegt. Deswegen ist die Bedingung 'Primzahl ungleich 2' zu sein hinreichend dafür, eine ungerade natürliche Zahl zu sein. Man ist sich in diesem Fall absolut sicher, daß eine ungerade natürliche Zahl vorliegt. Aus diesem Grund ist bei einer wahren Implikation $A \Rightarrow B$ – was man auch durch $B \Leftarrow A$ ausdrücken kann – die Aussage A hinreichend für B und die Aussage B notwendig für A.

Folgend wird der Junktor **'Äquivalenz $\Leftrightarrow$'** zwischen zwei Aussagen A und B definiert. Sprachlich wird dieses Gebilde durch **'A äquivalent zu B'** oder **'A genau dann, wenn B'** ausgedrückt. In der Mathematik benutzt man Äquivalenzen oft bei Sätzen, die eine Definition anders beschreiben. Es liegt aber weder eine stärkere noch schwächere, sondern

Tab. 1.4 Aussagen-Implikation

$\omega(A)$	$\omega(B)$	$\omega(A \Rightarrow B)$
w	w	w
w	f	f
f	w	w
f	f	w.

eine gleichwertige Bedingung vor. Ein Beispiel: Genau dann ist eine Zahl durch 3 teilbar, wenn die Quersumme in der Dezimaldarstellung der Zahl durch 3 teilbar ist. Beide Aussagen sind absolut gleichwertig (was natürlich eingesehen werden muss). Der Wahrheitswert der Äquivalenz wird durch die Wahrheitstafel 1.5 definiert.

Die Äquivalenz $A \Leftrightarrow B$ ist wahr genau dann, wenn A und B den gleichen Wahrheitswert annehmen.

An dieser Stelle sind alle grundlegenden Operationen $\neg$, $\wedge$, $\vee$, $\Rightarrow$ und $\Leftrightarrow$ und ihre Semantik definiert worden. Mittels dieser Junktoren und Aussagen können **komplexe Aussagen** gebildet werden, wie etwa $A \wedge B \vee C$. Was soll dieser Ausdruck semantisch genau bedeuten? Es ist unklar, ob zunächst $A \wedge B$ gebildet werden soll und anschließend das Resultat mit $\vee C$ ergänzt wird oder A mit dem Ausdruck $B \vee C$ per $\wedge$ verbunden werden soll. Es müssen also – wie bei der Addition und Multiplikation von Zahlen – Regeln aufgestellt werden. Ein einfaches Mittel ist, **Klammern** zu setzen. Bei der Aussage $(A \wedge B) \vee C$ ist ihre Struktur geregelt. Ihr Syntax ist korrekt. Weitere Regeln lauten:

$$\text{Klammern vor } \neg \text{ vor } \wedge \text{ vor } \vee \text{ vor } \Rightarrow \text{ vor } \Leftrightarrow .$$

Zwei Aussagen dürfen nicht direkt nebeneinander stehen. Ebensowenig dürfen zwei Junktoren mit Ausnahme der Negation nacheinander geschrieben werden. Um eindeutige Bildungsregeln von Aussagen zu erhalten, definiert Dreiseitl in [16]:

Definition 1 *(Aussage) Als* **(wohlgeformte) Aussagen** *bezeichnet man jene Zeichenketten, die sich mit den folgenden Regeln bilden lassen:*

(i) Die Zeichen A, B, ... sind **atomare Aussagen.**
(ii) Wenn x und y Aussagen sind, dann sind auch $(\neg x)$, $(x \wedge y)$, $(x \vee y)$, $(x \Rightarrow y)$ und $(x \Leftrightarrow y)$ Aussagen.   ◇

Jede Aussage entsteht durch mehrfache Verknüpfung von Aussagen mittels Junktoren beginnend mit atomaren Aussagen. Jede **zusammengesetzte Aussage** ist durch Klammern strukturiert. Durch diese Regeln ergibt sich ein syntaktisch klarer Aufbau jeder komplexen Aussage.

Tab. 1.5 Aussagen-Äquivalenz

$\omega(A)$	$\omega(B)$	$\omega(A \Leftrightarrow B)$
w	w	w
w	f	f
f	w	f
f	f	w.

1.1.3.3 Beweise durch Wahrheitstafeln und Äquivalenzumformungen

Bisher ist auf den Aufbau = **Syntax** von Aussagen sowie ihrer Bedeutung = **Semantik** = Wahrheitswerte eingegangen worden. Unter welchen Bedingungen sind zwei Aussagen logisch identisch? Diese Frage wird folgend erörtert. Hierzu definiert Dreiseitl in [16] aufbauend auf Definition 1:

Definition 2 *(Äquivalenz von Aussagen) Zwei Aussagen x und y heißen genau dann* **(logisch) gleichwertig,** *wenn ihre Wahrheitswerte für alle Wahrheitswertbelegungen der atomaren Aussagen von x und y gleich sind. In diesem Fall schreibt man $x \leftrightarrow y$.*   ◇

Kurz gesagt: zwei Aussagen sind äquivalent, wenn ihre Wahrheitstafeln übereinstimmen. Dieser Aspekt wird an einigen Beispielen verdeutlicht.

Beispiel 1 Äquivalenz durch zwei Implikationen Seien A, B zwei Aussagen. Es soll eingesehen werden, daß

$$A \leftrightarrow B \text{ logisch äquivalent zu } (A \Rightarrow B) \wedge (B \Rightarrow A) \text{ ist.}$$

Dazu wird die Wahrheitstafel 1.6 betrachtet.

Um also zu zeigen, daß zwei Aussagen A und B logisch äquivalent sind, können alternativ die beiden Implikationen $A \Longrightarrow B$ und $B \Longrightarrow A$ bewiesen werden. Beide Aussagen sind logisch gleichwertig. Dieses Prinzip wird in vielen mathematischen Beweisen benutzt. Man spricht in diesem Zusammenhang auch vom **Auflösen einer Äquivalenz durch Implikationen.** Exemplarisch betrachte man für drei natürliche Zahlen a, b, c die beiden Aussagen 'A: Die Zahlen a, b, c sind aufeinanderfolgend.' und 'B: Mindestens eine der Zahlen a, b, c ist durch 3 teilbar.'. Sind A und B logisch äquivalent? Das ist nicht der Fall. Zum Nachweis genügt es zu zeigen, daß die Implikation $B \Longrightarrow A$ falsch ist, was die nichtaufeinanderfolgenden Zahlen $a = 3, b = 6, c = 9$ beweisen.

Implikationen durch Kontraposition Seien A, B zwei Aussagen. Es soll gezeigt werden, daß

Tab. 1.6 Aussagen-Äquivalenz durch Implikationen

$\omega(A)$	$\omega(B)$	$\omega(A \Rightarrow B)$	$\omega(B \Rightarrow A)$	$\omega((A \Rightarrow B) \wedge (B \Rightarrow A))$	$\omega(A \Leftrightarrow B)$
w	w	w	w	w	w
w	f	f	w	f	f
f	w	w	f	f	f
f	f	w	w	w	w.

$$A \Rightarrow B \text{ logisch äquivalent zu } \neg B \Rightarrow \neg A \text{ ist.}$$

Dazu wird ebenfalls ein Beweis mittels Wahrheitstafel 1.7 geführt.

Zur weiteren Übersichtlichkeit könnte man zudem die Wahrheitswerte von $\neg A$ und $\neg B$ mit in die Wahrheitstafel eintragen. Die bewiesende logische Gleichwertigkeit wird bei mathematischen Beweisen benutzt und nennt sich **Kontraposition**. Statt die Implikation $A \Rightarrow B$ zu zeigen, beweist man die umgekehrte Implikation $\neg B \Rightarrow \neg A$. Ein Beispiel wird beim Beweis des ersten **Gesetzes von De Morgan** gegeben.

doppelte Verneinung Sei A eine Aussage. Es gilt

$$A \leftrightarrow \neg(\neg A),$$

was in Wahrheitstafel 1.8 gezeigt wird. Sprachlich kann folglich die Dopplung **'nicht-nicht'** aus Aussagen entfernt werden. Die Aussage 'Es stimmt nicht, daß keine der Zahlen a, b, c durch 3 teilbar ist.' ist gleichwertig zu 'Mindestens eine der Zahlen a, b, c ist durch 3 teilbar.'.

Komplementarität Sei A eine Aussage. Es ist für eine mathematische Aussage A definiert, daß sie entweder wahr oder falsch ist. Demzufolge ist die Aussage

$$A \vee (\neg A) \text{ immer wahr}$$

und die Aussage

$$A \wedge (\neg A) \text{ immer falsch.}$$

Ersteres nennt man eine **Tautologie** und letzteres einen **Widerspruch** oder **Kontradiktion**. Der zugehörige Nachweis findet sich in Tafel 1.9.

Die Aussage 'Heute esse ich ein Brot oder auch nicht.' ist immer wahr. Hingegen ist die Aussage 'Heute esse ich ein Brot und heute esse ich kein Brot.' immer falsch. In mathematischen Beweisen tritt der Widerspruch oftmals in Beweisen mittels Fallunterscheidungen auf. In diesem Zusammenhang zeigt man, daß bei Annahme eines Falles dieser doch nicht erfüllt ist. Damit kann dieser Fall nicht eingetreten sein und wird vernachlässigt.

Tab. 1.7 Kontraposition

$\omega(A)$	$\omega(B)$	$\omega(A \Rightarrow B)$	$\omega(\neg B \Rightarrow \neg A)$
w	w	w	w
w	f	f	f
f	w	w	w
f	f	w	w.

Tab. 1.8 doppelte Verneinung

$\omega(A)$	$\omega(\neg A)$	$\omega(\neg(\neg A))$
w	f	w
f	w	f.

Tab. 1.9 Komplementarität

$\omega(A)$	$\omega(\neg A)$	$\omega(A \vee (\neg A))$	$\omega(A \wedge (\neg A))$
w	f	w	f
f	w	w	f.

Erstes Gesetz von De Morgan Für zwei Aussagen A, B sind die Aussagen

$$\neg(A \wedge B) \text{ und } (\neg A) \vee (\neg B)$$

logisch gleichwertig, was Tafel 1.10 zeigt. Der Negations-Junktor dreht das $\wedge$ zu $\vee$ um und zieht sich vor jede atomare Aussage. Es sei ein vegetarisches Beispiel betrachtet. Es ist die Implikation 'Wenn ich Brot esse, dann ist kein Fleisch und kein Ei auf ihm.'. Durch Anwendung des ersten Gesetzes von De Morgan sowie der Kontraposition der Implikation kann eingesehen werden, daß die Aussage gleichwertig zu 'Ist Fleisch oder Ei auf einem Brot, dann esse ich es nicht.' ist.

Auflösung einer Implikation Eine Implikation lässt sich auch durch eine Negation und dem oder-Junktor gleichwertig ausdrücken. Seien A, B Aussagen. Es wird

$$(A \Rightarrow B) \leftrightarrow ((\neg A) \vee B)$$

in Tafel 1.11 bewiesen.

Die Aussage 'Wenn ich krank bin, dann gehe ich zum Arzt.' ist folglich gleichwertig zu 'Ich bin gesund oder ich gehe zum Arzt.'.

Tab. 1.10 De Morgan I

$\omega(A)$	$\omega(B)$	$\omega(A \wedge B)$	$\omega(\neg(A \wedge B))$	$\omega(\neg A)$	$\omega(\neg B)$	$\omega((\neg A) \vee (\neg B))$
w	w	w	f	f	f	f
w	f	f	w	f	w	w
f	w	f	w	w	f	w
f	f	f	w	w	w	w.

Die Gesetze aus den Beispielen 3, 5 und 6 benutzt man bei sog. **Widerspruchsbeweisen** innerhalb der Mathematik. Man möchte für zwei Aussagen die Implikation $A \Rightarrow B$ zeigen. Sei Aussage A als wahr vorausgesetzt. Man nimmt an, daß B falsch ist. Also muss $\neg B$ wahr sein. Folglich gilt die Aussage $A \wedge (\neg B)$. Führt diese zu einem Widerspruch – was man mit $\not\downarrow$ symbolisiert –, ist sie nicht wahr. Ihre Verneinung muss wahr sein, da eine mathematische Aussage entweder wahr oder falsch ist. Die Verneinung der Aussage ist $\neg(A \wedge (\neg B))$. Diese Aussage ist nach dem ersten Gesetz von De Morgan und der doppelten Verneinung logisch gleichwertig zu $(\neg A) \vee B$. Wegen Beispiel 6 ist diese Aussage zudem logisch äquivalent zu $A \Rightarrow B$.

Ein sehr bekanntes Beispiel ist in diesem Zusammenhang die Irrationalität von Wurzeln der Form $\sqrt{p}$, wobei p eine Primzahl ist. Die Aussage ist: 'Wenn p eine Primzahl ist, dann ist $\sqrt{p}$ irrational.'. Ein möglicher Beweis ist, für eine Primzahl p anzunehmen, daß $\sqrt{p}$ nicht irrational = rational ist. Diese Annahme führt man zu einem Widerspruch, weswegen $\sqrt{p}$ doch irrational ist. Der Beweis wird in diesem Buch an anderer Stelle geführt.

Der Umgang mit Wahrheitstafeln ist grundlegend. Er kann bei komplexen Aussagen undurchsichtig und unübersichtlich werden. Stattdessen kann man die Gleichwertigkeit zweier Aussagen auch auf Basis bereits bewiesender logischer Gleichwertigkeiten durch sog. **Gleichwertigkeit-** oder **Äquivalenzumformungen** zeigen. Dieses Prinzip wird am

zweiten Gesetz von De Morgan $(\neg(A \vee B)) \leftrightarrow ((\neg A) \wedge (\neg B))$

mittels des ersten Gesetzes von De Morgan und der doppelten Verneinung gezeigt:

$$\neg(A \vee B)_{doppelte\,Verneinung}$$
$$\leftrightarrow \neg((\neg(\neg A)) \vee (\neg(\neg B)))_{De\,Morgan\,I}$$
$$\leftrightarrow \neg(\neg(\neg A \wedge \neg B))_{doppelte\,Verneinung}$$
$$\leftrightarrow \neg A \wedge \neg B.$$

Im folgenden Satz werden weitere wichtige Regeln der Logik zusammengefasst, die als Rechenübung durch Äquivalenzumformungen und Wahrheitstafeln nachgewiesen werden mögen.

Tab. 1.11 Auflösung einer Implikation

$\omega(A)$	$\omega(B)$	$\omega(A \Rightarrow B)$	$\omega(\neg A)$	$\omega(\neg A \vee B)$
w	w	w	f	w
w	f	f	f	f
f	w	w	w	w
f	f	w	w	w.

Satz 1 *(Gesetze der Aussagenlogik) Seien A, B, C Aussagen. Es gelten die folgenden Regeln:*

(i) **Kommutativgesetze**: $(A \vee B) \leftrightarrow (B \vee A)$, $(A \wedge B) \leftrightarrow (B \wedge A)$

(ii) **Assoziativgesetze**: $((A \vee B) \vee C) \leftrightarrow (A \vee (B \vee C))$, $((A \wedge B) \wedge C) \leftrightarrow (A \wedge (B \wedge C))$

(iii) **Distributivgesetze**: $(A \vee (B \wedge C)) \leftrightarrow ((A \vee B) \wedge (A \vee C))$, $(A \wedge (B \vee C)) \leftrightarrow ((A \wedge B) \vee (A \wedge C))$

(iv) **Absorptionsgesetze**: $(A \vee (A \wedge B)) \leftrightarrow A$, $(A \wedge (A \vee B)) \leftrightarrow A$

(v) **Idempotenzgesetze**: $(A \vee A) \leftrightarrow A \leftrightarrow (A \wedge A)$

(vi) **Neutralitätsgesetze**: $(A \wedge w) \leftrightarrow A \leftrightarrow (A \vee f)$

(vii) **Invarianzgesetze**: $(A \wedge f) \leftrightarrow f$, $(A \vee w) \leftrightarrow A$. $\diamond$

1.1.3.4 Quantoren und Prädikate

Im vorherigen Paragraphen sind grundlegende Eigenschaften der Aussagenlogik dargestellt worden. Ist die Aussage $A(t) : 5 \cdot t + 1 > 6$ wahr oder falsch? Ihr Wahrheitswert hängt von der Variablen t ab. Ist t eine reelle Zahl, ist $A(t)$ wahr genau dann, wenn $t > 1$ gilt. Des Weiteren konnte man bisher ebenfalls keine Aussagen der Form 'Für alle natürlichen Zahlen n gilt $n \leq n^2$.' oder 'Es existiert ein Bruch $\frac{a}{b}$, so daß $a \leq b$ gilt.' oder sogar 'Es gibt genau eine gerade Primzahl.' logisch korrekt aufschreiben. Diese Themen werden folgend betrachtet.

Den Ausdruck A(x) bezeichnet man als **Prädikat** oder **Aussageform**, das/die mit Hilfe der **Variablen** t gebildet wird. Das Prädikat $A(t)$ ist (normalerweise) weder wahr noch falsch. Es wird bei einer **Variablenbelegung** von t wahr oder falsch. Zum Beispiel ist der Ausdruck prim(x) ein Prädikat, das ausgesprochen 'x ist eine Primzahl.' lautet. Ebenso ist $teilen(n, m)$ ein Prädikat in zwei Variablen, das 'n teilt m.' lautet.

Für die Wortlaute **'Für alle'**, **'Es existiert'** und **'Es gibt genau ein'** führt man Symbole innerhalb der Logik ein. Sie werden **Quantoren** genannt.

$$\forall, \exists \text{ und } \exists!.$$

Das Prädikat $prim(x)$ bedeutet, daß x eine Primzahl ist genau dann, wenn für alle Teiler y von x gilt: $y = 1$ oder $y = x$. Um diese Aussage mit Hilfe von Prädikaten und Quantoren auszudrücken, benötigt man zunächst das Teilen $teilen(y, x)$. Es bedeutet, daß ein Element z existiert, so daß $x = yz$ gilt. In Quantoren-Schreibweise gilt:

$$teilen(y, x) := \exists z : x = yz.$$

In diesem Zusammenhang wurde der **Existenz-Quantor** benutzt, um das Prädikat $teilen(y, x)$ zu definieren. Folgend kann die Prim-Eigenschaft mittels **All-Quantor** notiert werden.

$$prim(x) := \forall y : teilen(y, x) \Rightarrow (y = 1 \vee y = z).$$

Die berühmte **'Goldbach'sche Vermutung'** lautet, daß jede gerade Zahl grösser gleich 4 Summe zweier Primzahlen ist:

$$\forall x : (teilen(2, x) \wedge 2 < x) \Rightarrow (\exists prim(x) \wedge \exists prim(y) : x = y + z).$$

Der All-Quantor hilft, obige Aussage kompakt, präzise und übersichtlich zu schreiben. Ebenso kann sie dadurch formal verifiziert werden. Der Autor hält es für sinnvoll, immer eine sprachliche Fassung einer derart komprimierten und komplexen Aussage zu notieren.

Quantoren und Aussageformen kann man negieren:

(i) $\neg(\forall x : A(x))$ ist gleichwertig zu $\exists x : \neg A(x)$

(ii) $\neg(\exists x : A(x)$ ist gleichwertig zu $\forall x : \neg A(x)$.

Man erkennt, wie sich bei einer Negation die Quantoren umdrehen und der Negationsjunktor zur Aussageform strebt. Die Verneinungen der Aussagen 'Für alle natürlichen Zahlen n gilt $n \leq n^2$.' und 'Es existiert ein Bruch $\frac{a}{b}$, so daß $a \leq b$ gilt.' sind demnach 'Es gibt eine natürliche Zahl n, so daß $n > n^2$ gilt.' und 'Für alle Brüche $\frac{a}{b}$ gilt $a > b$.'.

1.1.3.5 Logische Hintergründe zu Beweisarten

In diesem Paragraphen werden die **logischen Grundlagen** für die im nächsten Abschnitt genauer betrachteten **mathematischen Beweisprinzipien** dargestellt. Seien n eine natürliche Zahl, A, B, A_1, ..., A_n Aussagen, C eine als wahr vorausgesetzte Aussage und $F(x)$ eine Aussageform.

(i) **direkter Beweis:** Ein direkter Beweis kann auf verschiedene Arten und in verschiedenen Kontexten durchgeführt werden:

- A ist wahr: Es wird **direkt** die Aussage A bewiesen. Beispiel: $7 = 5 + 2 > 5$.
- $A \Rightarrow B$ ist wahr: Mit **Hilfe der Aussage** A wird die Aussage B bewiesen. Beispiel: 'Ist p eine ungerade Primzahl, gilt $p \geq 3$.'.
- $A \Leftrightarrow B$ ist wahr: Eine **Äquivalenz der Aussagen** A und B wird durch **Äquivalenzumformungen** oder durch **zwei Implikationen** bewiesen. Als Beispiel sei die Äquivalenz 'Eine Primzahl p ist genau dann ungerade, wenn sie mindestens 3 ist.' angeführt.
- $\forall x : F(x)$ ist wahr: In diesem Fall soll eine **Allaussage** bewiesen werden. Dazu muss für jedes x die Aussage $F(x)$ hergeleitet werden. Exemplarisch ist die Aussage 'Für alle reellen Zahlen x gilt $x + \frac{1}{x} \geq 2$.' aufgeführt. Man spricht von einer **Auflösung des Allquantors** $\forall$. Die Aussage muss für alle x gezeigt werden. Im Beweis wählt man ein beliebiges x, um $F(x)$ nachzuweisen.
- $\exists x : F(x)$ ist wahr: Es muss die **Existenz** eines x nachgewiesen werden, für das $F(x)$ gilt. Das **Postulat von Bertrand** sagt etwa aus, daß für eine beliebige Zahl n

es immer eine Primzahl p gibt, so daß $n \leq p < 2n$ gilt. In diesem Kontext muss die Existenz einer solchen Primzahl nachgewiesen werden. Diese Aussage ist tatsächlich beweisbar. Die Existenzaussage, daß zwischen zwei aufeinanderfolgenden natürlichen Quadratzahlen n^2 und $(n+1)^2$ immer eine Primzahl liegt, ist bis heute unbewiesen und als **Legendre-Vermutung** bekannt.

(ii) **Gegenbeispiel:** $\exists x : \neg F(x)$ ist wahr: Es könnte sein, daß die Legendre-Vermutung falsch ist. Dazu muss nur eine natürliche Zahl n angegeben werden, so daß zwischen n^2 und $(n+1)^2$ keine Primzahl liegt. Als weiteres Beispiel sei die Aussage 'Für alle natürlichen Zahlen n ist die Wurzel aus n – in Zeichen $\sqrt{n}$ – rational.' betrachtet. Diese Aussage ist falsch, denn für $n = 2$ ist $\sqrt{2}$ irrational.

(iii) **Widerspruchsbeweis:** Es wird der älteste bekannte Widerspruchsbeweis der Mathematik betrachtet. Er zeigt, daß $\sqrt{2}$ **irrational** ist. Die Aussage sei mit A abgekürzt. C sei die als bereits bewiesende Eigenschaft von Brüchen bezeichnet, daß ein Bruch $\frac{a}{b}$ derart dargestellt werden kann, daß die Zahlen a und b teilerfremd sind. Der Beweis nimmt $\neg A$ an und folgert, daß es einen derartigen Bruch $\frac{a}{b}$ mit teilerfremden Zahlen a, b gibt, die sich folgend als nicht teilerfremd erweisen. Demnach wird aus $\neg A$ die Aussage $\neg C$ gezeigt. Diese Aussage ist falsch, da C wahr ist. Demzufolge kann die Annahme $\neg A$ nicht richtig sein. A muss wahr sein, da A eine mathematische Aussage ist, die entweder wahr oder falsch ist! $(\neg A \Rightarrow \neg C) \wedge C$ ist logisch gleichwertig (Auflösung der Implikation) zu $(A \vee \neg C) \wedge C$. Diese Aussage ist äquivalent (Distributivgesetz) zu $(A \wedge C) \vee (C \vee \neg C)$. Letztere Aussage ist gleichwertig ($C \vee \neg C$ ist eine Tautologie also gleichwertig zu 'wahr') zu $A \wedge C$, was wegen der Wahrheit von C gleichwertig zu A ist (siehe Beispiele 1 und Satz 1).

(iv) **Kontraposition:** $A \Rightarrow B$ ist gleichwertig zu $\neg B \Rightarrow \neg A$ (siehe Beispiele 1 oder auch beim Widerspruchsbeweis)

(v) **direkter Existenzbeweis:** $\exists x : F(x)$ **konstruktiv** bewiesen: In diesem Zusammenhang wird direkt ein x angegeben, so daß $F(x)$ wahr ist (siehe direkter Beweis).

(vi) **indirekter Existenzbeweis:** $\exists x : F(x)$ **nicht konstruktiv** bewiesen: Ein $F(x)$ erfüllendes x wird nicht direkt angegeben, sondern seine Existenz indirekt nachgewiesen. Als Beispiel sei angegeben, daß unendlich-dimensionale Vektorräume über Körpern Basen besitzen. Im Beweis wird keine Basis konstruiert, sondern deren Existenz über das Lemma von Zorn indirekt (als maximales Element einer Kette) erschlossen.

(vii) **Äquivalenzumformung:** Man betrachte zwei Aussagen A, B, die man als logisch äquivalent einsehen möchte. Zu diesem Zweck führt man Äquivalenz-Umformungen durch, wie bei den Beispielen 1 vollzogen. Diese Umformungen ändern den logischen Wahrheitswert der umgeformten Aussage nicht ab. Ziel ist es, ausgehend von A mittels Äquivalenz-Umformungen zu B zu gelangen.

(viii) **Ringschluss:** Ein Ringschluss kann angewendet werden, wenn man von mehreren Aussagen $A_1, ..., A_n$ ihre Gleichwertigkeit einsehen möchte. Eigentlich ist zu beweisen, daß $\forall i, j : A_i \Leftrightarrow A_j$ erfüllt ist. Stattdessen kann man wie in einem Ring die

Implikationen $A_1 \Rightarrow A_2 \Rightarrow \ldots \Rightarrow A_n \Rightarrow A_1$ herleiten. Dieses Vorgehen ist logisch gleichwertig und wird im Anschluss an diese Liste bewiesen.

Seien die Aussagen 'A_1: Eine Zahl n ist durch 3 teilbar.', 'A_2: Die Quersumme von n ist durch 3 teilbar.' und 'A_3: Es gibt eine Zahl m mit $n = 3m$.' betrachtet. Sie sind paarweise äquivalent. Der Ringschluss $A_1 \Rightarrow A_2 \Rightarrow A_3 \Rightarrow A_1$ kann diese Äquivalenz ebenfalls nachweisen.

Der Ringschluss sollte nicht mit dem sog. **Zirkelschluss** verwechselt werden, bei dem fälschlicherweise die Wahrheit der Behauptung im Beweis verwendet wird. Dieses Vorgehen ist logisch unsinnvoll.

(ix) **Symmetrieargument:** Es sei exemplarisch der **Kosinussatz** für beliebige Dreiecke mit den Seiten a, b, c und den Winkeln α, β, γ betrachtet. Seine Aussage sind die drei Beziehungen $a^2 = b^2 + c^2 - 2bc\,cos(\alpha)$, $b^2 = a^2 + c^2 - 2ac\,cos(\beta)$ und $c^2 = b^2 + a^2 - 2ba\,cos(\gamma)$. Nachdem man die erste Identität $a^2 = b^2 + c^2 - 2bc\,cos(\alpha)$ bewiesen hat und sich mit dem Beweis der zweiten Aussage $b^2 = a^2 + c^2 - 2ac\,cos(\beta)$ beschäftigt, merkt man, daß der Beweis ganz analog zur ersten Aussage geführt werden kann. Dieser Umstand deutet immer auf ein Symmetrieargument hin. Man kann den Beweis der ersten Aussage geschickt durch Umbenennung der Winkel und Seiten **wiederverwenden**. Analoges gilt für die dritte Beziehung $c^2 = b^2 + a^2 - 2ba\,cos(\gamma)$. Allgemein ist A gleichwertig zur Aussage $A_1 \wedge A_2 \wedge \cdots \wedge A_n$. Man beweise, daß A_1 wahr ist und benutze Aussage A_1 durch geschickte Umformulierung zum direkten Beweis der Aussagen A_2 bis A_n. Damit ist ebenfalls A als wahr erkannt.

Beim Ringschluss ist die Reihenfolge der Aussagen $A_1 \Rightarrow A_2 \Rightarrow \ldots \Rightarrow A_n \Rightarrow A_1$ unerheblich, solange alle Aussagen im Ringschluss erscheinen und in der Aussagen-Kette das erste und das letzte Kettenglied identisch sind. Diese Variation des Ringschlusses kann durch ein Symmetrieargument eingesehen werden.

(x) **Allaussage:** $\forall x : F(x)$ ist wahr: siehe direkte Beweise

(xi) **Existenzaussage:** $\exists x : F(x)$ ist wahr: siehe direkte Beweise

(xii) **Eindeutigkeitsaussage:** $\exists! x : F(x)$ ist wahr: In diesem Kontext ist nicht nur die Existenz eines x zu zeigen, für das $F(x)$ erfüllt ist. Das Element x muss sogar noch **unzweideutig** sein. Als Beispiel seien die natürlichen Zahlen betrachtet. Das Element 1 erfüllt die Eigenschaft $1 \cdot n = n = n \cdot 1$ für alle anderen natürlichen Zahlen n. Es verhält sich **neutral** bzgl. der Multiplikation. Ist e ein weiteres derart neutrales Element, gilt mit der Neutralität von 1 die Aussage $1 \cdot e = e$. $1 \cdot e = 1$ ist ebenfalls wahr, da e neutral ist. Damit ist $1 = e$ gezeigt. Das Element 1 ist **einzigartig mit dieser Eigenschaft.**

(xiii) **vollständige Fallunterscheidung:** Es sei die Aussage 'Ist p eine ungerade Primzahl, gibt es eine natürliche Zahl n mit $p = 4n + 1$ oder $p = 4n + 3$.'. betrachtet. Im Beweis dieser Aussage kann man p durch 4 mit Rest teilen. Daraus ergeben sich vier Fälle, da als Rest 0, 1, 2 oder 3 vorliegen kann. Es müssen alle vier Fälle weiter betrachtet werden. In den Fällen, daß der Rest gleich 0 oder 2 ist, führt man diese zu einem Widerspruch. Daher bleiben nur die zwei Fälle aus der Behauptung übrig.

Allgemein ist $(A_1 \vee ... \vee A_n) \Rightarrow B$ gleichwertig zu $\forall i : A_i \Rightarrow C$, was im Anschluss an diese Liste bewiesen wird und die logische Grundlage für das Beweisprinzip der vollständigen Fallunterscheidung bildet.

Den Ringschluss kann man mittels vollständiger Induktion nachweisen. Offenbar ist die paarweise Äquivalenz stärker als der Ringschluss, da beim Ringschluss nur gewisse Implikationen bewiesen werden. Folgend wird die Umkehrung gezeigt. Für $n = 1$ ist die Aussage wahr. Für ein $n - 1$ sei die Aussage wahr. Man betrachte n Aussagen $A_1, ..., A_n$. Die ersten $n - 1$ Aussagen sind bereits per Induktion entsprechend äquivalent. Sei A_i eine der Aussagen $A_1, ..., A_{n-1}$. Dann gilt $A_i \Rightarrow A_{n-1} \Rightarrow A_n \Rightarrow A_1 \Rightarrow A_i$. Aus diesem Grund sind A_i und A_n ebenfalls logisch äquivalent.

Die vollständige Fallunterscheidung kann man ebenfalls mittels vollständiger Induktion beweisen. Für $n = 1$ ist die Aussage offenbar wahr. Für $n = 2$ benutzt man das Auflösen der Implikation, das Gesetz von De Morgan und das Distributivgesetz (siehe Beispiele 1 und Satz 1). Demnach ist $(A_1 \vee A_2) \Rightarrow B$ logisch gleichwertig zu $\neg(A_1 \vee A_2) \wedge B$. Nach dem Gesetz von De Morgan ist diese Aussage logisch gleichwertig zu $(\neg A_1 \wedge \neg A_2) \vee B$, die gleichwertig (nach dem Distributivgesetz) zu $(\neg A_1 \vee B) \wedge (\neg A_2 \vee B)$ ist. Diese Aussage kann mittels Auflösung der Implikation als logisch gleichwertig zu $(A_1 \Rightarrow B) \wedge (A_2 \Rightarrow B)$ erkannt werden. Beim Induktionsschluss betrachte man $(A_1 \vee ... \vee A_{n-1}) \vee A_n$ und führe diesen allgemeinen Fall mittels Induktion auf den bereits bewiesenden Fall $n = 2$ zurück.

Das folgende Schaubild fasst die vorgestellten Grundlagen zur Logik zusammen.

1.1.3.6 Logik und Python

Logische Ausdrücke werden ebenfalls beim Programmieren in Python und im SMILE-Prototyp verwendet. Nachstehende Beispiele verdeutlichen diese Verwendung. In diesem Kontext werden u.a. folgende Python-Schlüsselwörter benutzt: FOR, PRINT, LEN, IF, DEF und RETURN.

Python-Quellcode 1.1 Logikverwendung bei der Chargenpruefung

```python
#
#Unterprogramm Chargenpruefung
#fuer Beispiel 2
#
def pruefchargeneu(material,charge,split):
    toSelect12 = db.matstamm.select({'Material':material})
    for row in toSelect12:
        split00 = row['Split00']
    initial=len(toSelect12)
    print(initial)
    if initial == 0:
        return 'Material_unbekannt', 'Fehler'
    alphabet = set('ABCDEFGHIJKLMNOPQRSTUVWXYZabcdefghijklmnopqrstuvwxyz0123456789')
    for c in charge:
        test = c in alphabet
        if test == False:
            return 'Chargenalphabet', 'Fehler'
    j = len(charge)
    if j > 10:
        return 'Chargenlaenge', 'Fehler'
```

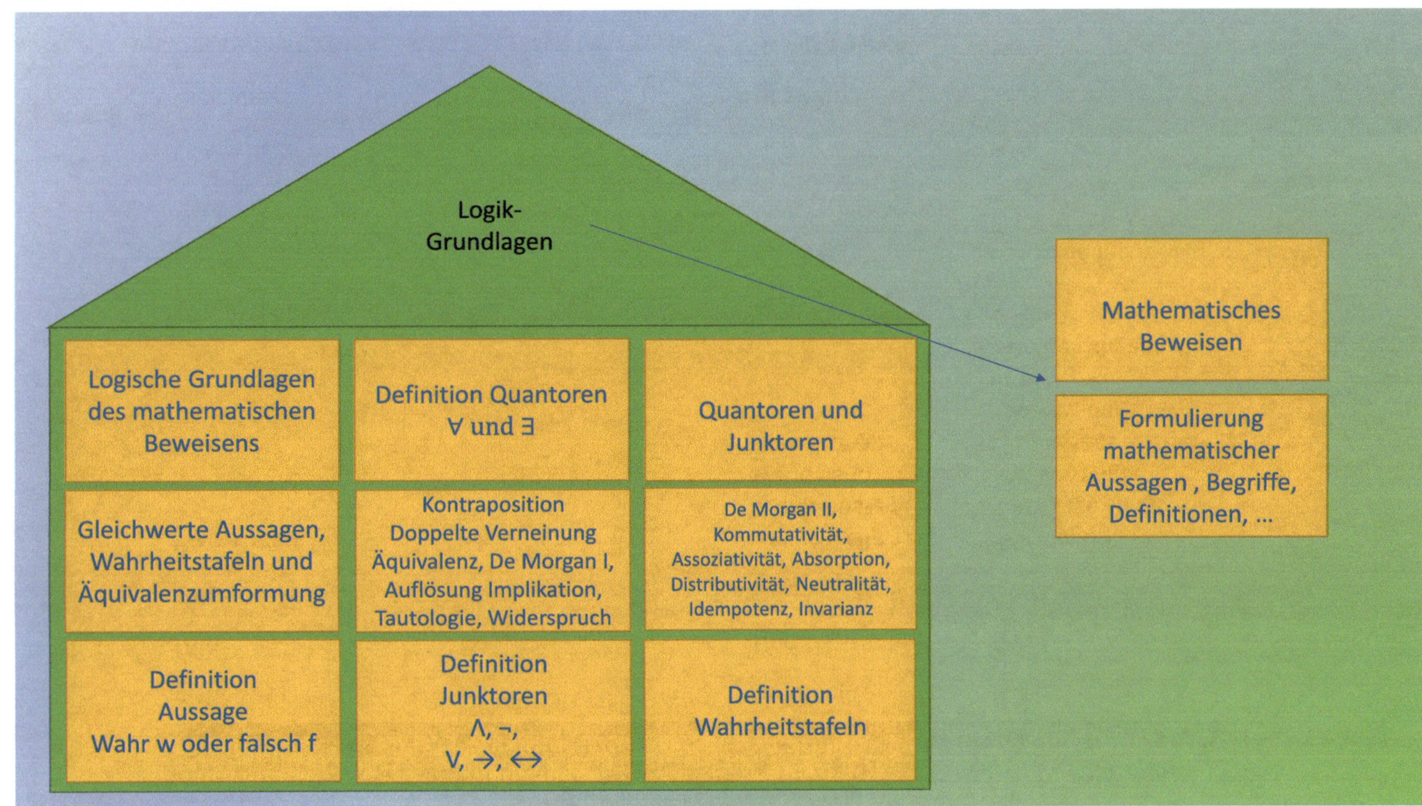

Logik-
Grundlagen

Logische Grundlagen des mathematischen Beweisens

Definition Quantoren ∀ und ∃

Quantoren und Junktoren

Gleichwerte Aussagen, Wahrheitstafeln und Äquivalenzumformung

Kontraposition Doppelte Verneinung Äquivalenz, De Morgan I, Auflösung Implikation, Tautologie, Widerspruch

De Morgan II, Kommutativität, Assoziativität, Absorption, Distributivität, Neutralität, Idempotenz, Invarianz

Definition Aussage Wahr w oder falsch f

Definition Junktoren ∧, ¬, ∨, →, ↔

Definition Wahrheitstafeln

Mathematisches Beweisen

Formulierung mathematischer Aussagen , Begriffe, Definitionen, …

Mathematik sprachlich	Mathematik Symbol	Python sprachlich	Python Operator/Schleife
nicht	$\neg$	Nicht	Not
Und	$\wedge$	Und	And
Oder	$\vee$	Oder	Or
Wenn, dann	$\rightarrow$	Ähnlichkeiten zu: Wenn Aussage wahr, dann Anweisung	If-Schleife: If Aussage=True: Anweisungen Elif Aussage = True: Anweisungen Else: Anweisungen
Genau dann, wenn	$\leftrightarrow$	N/A	N/A
Für alle	$\forall$	Für alle	For-Schleife For x in Sequenz: Anweisungen
Es existiert	$\exists$	N/A	N/A
Gleichheit	$=$	Ist gleich	==
Ungleichheit	$\neq$	Ist nicht gleich	!=

```python
einzahl = set('0123456789')
for s in split:
    element = s in einzahl
if element == False:
    return 'Splitalphabet', 'Fehler'
i = len(split)
if i != 2:
    return 'Splitlaenge', 'Fehler'
if split != '00':
    erp = charge + split
if split == '00' and split00 == 'JA':
    erp = charge + split
if split == '00' and split00 == 'NEIN':
    erp = charge
k = len(erp)
if k > 10:
    return 'ERP-Chargenlaenge', 'Fehler'
toSelect13 = db.chargstamm.select({'ERP_Charge':erp})
initial=len(toSelect13)
if initial != 0:
    return 'ERP-Charge_vorhanden', 'Fehler'
return 'OKAY', erp
#
```

Python-Schlüsselwörter sind innerhalb des **Unterprogramms** u.a. !=, ELIF und PRINT.
Mit dem Punkt wird eine **Methode** der Form Klasse.Methode aufgerufen. Man erkennt die
Verwendung von **Gleichheit** – in Python '==' –, **Ungleichheit** – in Python '!=' –, **und** –
in Python 'and' –, **wenn...dann** – in Python 'if...else' – und **'for'**. Im nächsten Beispiel,
das ein Teilausschnitt aus der Unterroutine 'Platzfindung' darstellt, wird der logische Ausdruck **'oder'** – in Python 'or' – verwendet. Weitere verwendete Python-Schlüsselwörter sind
innerhalb dieses Unterprogramms u.a. ELSE, ELIF und PRINT.

Python-Quellcode 1.2 Logikverwendung bei der Platzfindung

```python
...
for row3 in toSelect3:
        if kuel == 'JA':
                temp = int(row3['Temperatur'])
                if temp < vonTemp or temp > bisTemp:
                        #Platz wird nicht genommen
                        print('Platz_',row3['Platz'],'wird_wegen
_______________Temperaturverletzung_verworfen.')
                        ja = ''
                else:
                        #Platz wird genommen
                        ja = 'X'
                        print('Platz_',row3['Platz'],'wird_in_mögliche_Plätze_übernommen.')
        else:
                #Platz wird genommen
                ja = 'X'
                print('Platz_',row3['Platz'],'wird_in_mögliche_Plätze_übernommen.')
        #freie Kapazität ermitteln
        frei = 0
        if row3['Kapazitaet'] == 'unbegrenzt':
                print('unbegrenter_Platz')
                frei = highvalue
        else:
                frei = int(row3['Kapazitaet'])-int(row3['aktAnzahl'])
        #Platz in Liste mit freier Kapazität, wenn ja gsetzt ist
        if ja == 'X':
                liste.append((row3['Platz'],frei))
                print('Platz_',row3['Platz'],'_hat_freie_Kapazität_',frei)
...
```

Neben den angesprochen **Schleifen 'for' und 'if...elif...else'** gibt es zum logischen Strukturieren ebenfalls die **while-Schleife**. Diese wird im SMILE-Prototyp für den Aufbau des Menüs verwendet.

Python-Quellcode 1.3 while-Schleife für das Menü morekeywords

```python
def mainloop():
    #------------------------------------------------

    #------------------------------------------------
    #Hauptroutine der Menücodes
    #------------------------------------------------
    print()
    print('LVS-Simulation_SMILE')
    print()
    user=input('Willkommen!_Wie_heißen_Sie?_')
    print()
    answer=''
    while answer!='ENDE':
        print('Übersicht_möglicher_Aktionen')
        print()
        db.codes.show()
        print()
    ...
```

Solange der User nicht den Befehl 'ENDE' eingibt, bleibt das Programm **'aktiv'**. Ansonsten wird es **'beendet = terminiert'**. Wie bereits erwähnt, ist der mathematische Ausdruck 'oder' das **'einschließende oder'**. Das bedeutet, daß eine Aussage der Form 'A oder B' genau dann wahr ist, wenn A, B oder beide Aussagen A und B wahr sind. In Python wird zu diesem Zweck der logische Operator **'or'** benutzt. Sprachlich verwendet man oftmals das **'exklusive oder'**, das **'entweder...oder'** meint. In der Logik wird zu diesem Zweck die Bezeichnung XOR verwendet. Der logische Operator **'XOR'** ist durch Wahrheitstafel 1.12 definiert.

In diesem Zusammenhang ist der Fall, daß beide Aussagen wahr sind, mit dem Wahrheitswert 'f' definiert. Man überlegt sich, daß für beliebige Aussagen A und B die Aussage

$$A \, XOR \, B \text{ gleichwertig zu} (A \wedge \neg B) \vee (\neg A \wedge B)$$

ist, was in Tafel 1.13 bewiesen ist.

Aus diesem Grund könnte man in Python den logischen 'XOR'-Operator auch folgendermaßen definieren:

Python-Quellcode 1.4 XOR-Operator

Tab. 1.12 XOR

$\omega(A)$	$\omega(B)$	$\omega(A \, XOR \, B)$
w	w	f
w	f	w
f	w	w
f	f	f

Tab. 1.13 XOR II

$\omega(A)$	$\omega(A \wedge \neg B)$	$\omega(B \wedge \neg A)$	$\omega((A \wedge \neg B) \vee (B \wedge \neg A))$	
w	w	f	f	f
w	f	w	f	w
f	w	f	w	w
f	f	f	f	f.

```
def xor(x,y):
    return (x and not y) or (not x and y)

if xor(1==1, 2==2) == True:
    print('XOR')
else:
    print('nicht XOR')
```

Das Ergebnis ist in diesem Fall 'nicht XOR', da beide Aussagen wahr sind.

1.1.4 Grundlegende mathematische Beweisprinzipien

1.1.4.1 Beweisbegriff

Im vorherigen Abschnitt wurden Aussagen analysiert, die bereits als wahr oder falsch erkannt sind. Einzusehen, ob Aussagen tatsächlich wahr oder falsch sind, ist Gegenstand eines mathematischen Beweises. Dabei werden mittels Axiomen und bereits als wahr erkannte Aussagen neue Aussagen als wahr oder falsch identifiziert. Die Herleitung des Wahrheitsgehaltes nennt man **Beweis**. Sie muss fehlerfrei und nachvollziehbar sein. Sehr viele Beweise beschäftigen sich mit der Richtigkeit einer Aussage. Es gibt auch das Gegenteil, nämlich die Falschheit einer Aussage zu zeigen. So könnten sich Aussagen nach einer langen Forschungsphase letztendlich als falsch erweisen. Auch diese Erkenntnis ist für andere Mathematiker interessant, die sich mit demselben Fragenkomplex beschäftigen.

Ein Beispiel mag dies verdeutlichen. Der italienische Mathematiker Giuseppe Peano (1858 bis 1932) hat im Jahre 1891 definiert, daß die Grundprinzipien der natürlichen Zahlen auf folgenden fünf Axiomen beruhen:

  (i)   Axiom 1: 0 ist eine Zahl.

  (ii) Axiom 2: Jede Zahl hat genau einen Nachfolger.

 (iii) Axiom 3: 0 ist nicht Nachfolger einer Zahl.

 (iv) Axiom 4: Jede Zahl ist Nachfolger höchstens einer Zahl.

  (v) Axiom 5: Von allen Mengen, die die Zahl 0 und mit der Zahl n auch deren Nachfolger n' enthalten, ist die Menge der natürlichen Zahlen die kleinste.

Daß 0 eine Zahl ist, sagt Axiom 1 aus. Es wird als wahr angenommen und muss nicht bewiesen werden. Es soll im Folgenden aus den Axiomen bewiesen werden, daß 1 und 0 verschieden sind.

Es werden zunächst Herleitungen vorgestellt, die $1 \neq 0$ nicht-nachvollziehbar beweisen. Eine erste Argumentation ist etwa folgende: Die Symbole 1 und 0 sind verschieden. Demzufolge können sie nicht gleich sein. Was ist an dieser Schlussfolge falsch? Man benutzt das zu Beweisende für den Beweis. Es liegt ein sog. **Zirkelschluss** vor. Es soll eingesehen werden, daß 1 und 0 verschieden sind. Aufgrund einer verschiedenen visuellen Darstellung ergibt sich nicht zwangsläufig auch mathematisch ein Unterschied. Dazu betrachte man z.B. $(-1)^2$ und 1.

Ein zweiter Beweisversuch könnte lauten: Ich habe ein Computerprogramm geschrieben. Dieses überprüft zu zwei Zahlen, ob sie gleich oder verschieden sind. Für die Zahlen 0 und 1 ermittelt das Programm den Wert 'falsch'. Beweise sollen **nachvollziehbar** sein. Kann ein Computerprogramm das leisten?

Ein weiterer Beweis ist folgender: Wäre $1 = 0$, so auch $1 + 1 = 0$, $1 + 1 + 1 = 0$, $1 + ... + 1 = 0$ usw. Dann wäre jede natürliche Zahl genau mit Null identisch $\frac{1}{2}$. Dieser Beweis hat das Problem, daß er zu diesem Zeitpunkt nicht nachzuvollziehen ist, da weder die Addition $+$ noch die Aussage $1 + ... + 1 = 0$ vorher bewiesen worden ist. Grundlegend liegt eine gute **Beweisidee** vor.

Schließlich sei ein **Gegenbeweis** von John Hush in [QR-Code] betrachtet. Es gilt

$$0$$
$$= 0 + 0 + ...$$
$$= (1 - 1) + (1 - 1) + ...$$
$$= 1 + (-1 + 1) + (-1 + 1) + ...$$
$$= 1 + 0 + 0 + 0 + ...$$
$$= 1.$$

Also gilt $1 = 0$. Wo steckt der Fehler? Das Vorgehen sieht auf den ersten Blick sehr einleuchtend aus. Das Problem sind allerdings die **Punkte**. Sind es unendlich viele? Was bedeutet eigentlich eine unendliche Summe von Zahlen? Ist das überhaupt definiert? Man erkennt, daß man mit **Unendlichkeiten** sehr vorsichtig umgehen muss. Mathematik ist eine sehr exakte Wissenschaft und verlangt **scharfe und eindeutige Begriffe**. Punkte zu verwenden, ist immer gefährlich!

Ein möglicher korrekter Beweis: Es wird 1 als Nachfolger der 0 definiert. Das wurde bisher in keinem der Beweise erwähnt. Es muss klar sein, welche Objekte genau betrachtet werden. Nach Axiom 1 ist 0 eine Zahl, die wegen Axiom 1 genau einen Nachfolger besitzt.

Diesen Nachfolger nennt man 1. Damit ist 1 eine Zahl und gleichzeitig sogar ein Nachfolger (nämlich der 0). Wegen Axiom 3 ist 0 kein Nachfolger. Im Fall $1 = 0$ wäre gezeigt, daß 0 doch ein Nachfolger ist. Diese Aussage steht im Widerspruch zu Axiom 3½. Damit kann 1 nicht mit 0 identisch sein. Sonst wäre ein Axiom verletzt, welches grundlegend als wahr angenommen ist.

Eine ganz wesentliche Eigenschaft von **Axiomen** ist die sog. **Widerspruchsfreiheit**. Es ist durchaus denkbar, daß man durch einen mathematischen Beweis eine Aussage herleitet, die sowohl wahr als auch falsch ist. Dann wäre das Axiomensystem nicht sinnvoll. Dazu ein Beispiel: Aus den Peano-Axiomen wurde hergeleitet, daß 1 und 0 verschieden sind. Hätte man als Axiom 6 festgelegt, daß der Nachfolger der Null wieder Null ist, läge eine derartige Situation vor. Deswegen ist es auf keinen Fall sinnvoll, diese Aussage als Axiom zu formulieren. Man erkennt, daß man sehr feinsinnig auf das Wesentliche reduziert bei der Formulierung und Wahl der Axiome sein muss. Aber wie kann man sich sicher sein, daß durch die Peano-Axiome oder durch andere Axiome nicht solche Widersprüche entstehen? Das ist in der Tat ein sehr schwieriges Problem, welches von **David Hilbert** erforscht wurde und unter Namen **'Hilbert's Programm'** bekannt ist. Viele Mathematiker haben nach Hilbert sein Programm erweitert und modifiziert. Sie konnten in vielen Bereichen der Mathematik und Logik die **Widerspruchsfreiheit von Axiomensystemen** beweisen. Dieses Thema soll nicht weiter vertieft werden. Stattdessen wird ein weiterer Baustein, der bei mathematischen Fragestellungen notwendig ist und oft mit Axiomen verwechselt wird, hervorgehoben werden.

Im Gegensatz zu einem Axiom, welches eine wahr angenommene Aussage darstellt, ist eine **Definition** eine Festlegung, was unter einem konkreten Symbol, einer Abkürzung oder einem abstrakten Objekt zu verstehen ist. Etwa ist definiert, daß 1 der Nachfolger der 0 ist. Später wird z.B. festgelegt, was eine injektive Funktion ist. Eine Definition kann man nicht beweisen. Eine Definition ist auch keine wahre oder falsche Aussage. Möchte man einsehen, daß ein konkretes Objekt der Definition genügt, ist ein Beweis notwendig. An einer konkreten Funktion lässt sich zeigen, ob sie injektiv ist oder auch nicht. Die Schnittmenge zweier Mengen A, B wird durch $A \cap B$ symbolisiert und durch $\{x \mid x \in A \text{ und } x \in B\}$ als Menge definiert. Diese Definition lässt sich nicht beweisen. Von zwei konkreten Mengen kann man auf Basis dieser Definition die Schnittmenge berechnen.

Die Begriffe 'Axiom und Definition' sind in jeder Beweisführung unerlässlich. Sie geben dem mathematischen Beweis eine Struktur und werden durch weitere Strukturelemente ergänzt.

1.1.4.2 Beweisstruktur

Im vorherigen Abschnitt wurde bereits ein mathematischer Beweis durchgeführt: 1 und 0 sind verschieden. Dazu sind die Peano-Axiome verwendet und zuvor definiert worden, was überhaupt unter dem Symbol 1 zu verstehen ist. Anschließend ist die Aussage $1 \neq 0$ aus den Axiomen durch logische Schlussfolgerungen hergeleitet worden.

Dies zeigt die grundlegende **Struktur einer Beweisführung**:

(i)   Es sind **Axiome** definiert, die als wahr angenommen werden.

(ii) Es sind ggfs. weitere **wahre Aussagen** bekannt, die zuvor aus den Axiomen hergeleitet worden sind.

(iii) Es ist **eine Aussage zu beweisen**. Zu diesem Zweck wurden bereits alle notwendigen **Symbole, Abkürzungen, Begriffe** etc. durch **Definitionen** eingeführt.

(iv) Es wird die **Aussage formuliert**, die zu beweisen ist. Am Anfang steht das Wort 'Satz' gefolgt von einer optionalen **Benennung des Satzes** (z.B. Satz ($0 \neq 1$) oder Satz (Eins ungleich Null)). Ist der Satz bereits an anderer Stelle bewiesen worden, kann man diesen Sachverhalt durch **Nennung des Urhebers und Jahres** sowie der **Quelle** erwähnen. Ein Beispiel: Satz (unendlich viele Primzahlen, Euklid, 300 v. Chr., Euklids Elemente).

(v)   Der Beweis beginnt mit dem Wort **'Beweis:'**.

(vi) Durch logisches Schließen und unter Zuhilfenahme der Axiome und den bereits bewiesenden Aussagen wird die Aussage **hergeleitet**. Dieser Teil ist **mathematisches Forschen**.

(vii) Der Beweis wird abgeschlossen. Mathematiker verwenden den Wortlaut **'qed'**, aus dem Lateinischen 'quod erat demonstrandum'. Das bedeutet **'was zu beweisen war'**. In diesem Buch wird zu diesem Zweck folgendes Zeichen verwendet: $\diamond$.

Umfangreichere Beweise werden in **kleinere Teilbeweise** aufgeteilt. Zu diesem Zweck verwendet man andere Bezeichnungen als das Wort 'Satz'.

(i)   **Bemerkung**: kleinere Schlüsse, einfache Rechenregeln, Erläuterungen zu einer Definition

(ii) **Proposition**: eine Schlussweise, die für den Satz nützlich ist

(iii) **(Haupt-)Lemma**: der Hauptgedanke oder die Idee des Beweises, die oft auch an anderer Stelle Verwendung findet

(iv) **Hilfssatz**: oftmals gleichgestellt zum Lemma.

Diese Inhalte werden nach dem gleichen Muster wie Sätze dargestellt und bewiesen. Sie stehen beim Beweis des eigentlichen Satzes als wahre Aussagen zur Verfügung. Außerordentlich wichtige und bedeutende Sätze werden in der Mathematik besonders hervorgehoben. Bezeichnung wie **Theorem, Main Theorem, Hauptsatz und Fundamentalsatz** sind gebräuchlich. Ob eine Aussage sich in eine dieser 'Kategorien' einordnen lässt, ist meist subjektiver Natur und obliegt der Einschätzung des Autors.

Aus bewiesenen Resultaten lassen sich oftmals weitere Resultate auf sehr einfachen Wege durch nur wenige Schlüsse oder sogar direkt durch Spezialisierung der Aussageparameter ableiten. Sie werden **'Folgerung'** oder **'Korollar'** genannt.

Um ein mathematisches Ergebnis zu illustrieren, verwenden Mathematiker den Ausdruck **'Beispiel'**. Dieses zeigt dem Leser an einem konkreten Objekt, was der bewiesene Satz im Kontext des Beispiels aussagt. Oft wird erst durch Beispiele die wahre Kraft des Satzes deutlich. Möchte man Grenzen des Satzes ausloten, kann dies ebenfalls durch Beispiele erfolgen. Meist wird innerhalb dieser Beispiele eine Voraussetzung des Satzes verletzt, so daß der Satz nicht mehr anwendbar ist. Oftmals kann folgend gezeigt werden, daß innerhalb dieser Beispiel auch die Kern-Aussage des Satzes nicht mehr richtig ist. Einige Mathematiker verwenden aus diesem Grund auch den Wortlaut **'Abspiel'**.

Es soll ein Beispiel zur obigen Begriffswelt betrachtet werden. Es ist der Beweis des Satzes, daß es unendlich viele Primzahlen gibt. Dazu müssen die natürlichen Zahlen axiomatisiert und die Primzahlen unter den natürlichen Zahlen definiert werden. Eine wichtige Teilbehauptung, welche man als Proposition ansehen kann, ist die, daß jede natürliche Zahl ungleich Eins von einer Primzahl geteilt wird. Diese Proposition wird beim Beweis des Satzes benutzt.

1.1.4.3 Beweisarten

Es gibt verschiedene Arten zur Durchführung mathematischer Beweise. Die oft verwendeten werden folgend erläutert und durch Beispiele illustriert. Die notwendigen logischen Grundlagen sind bereits im Abschnitt 'Logische Hintergründe zu Beweisarten' dargestellt und die Beweisarten benannt worden.

direkter Beweis Bei dieser Variante wird eine Aussage der Form 'aus Aussage A folgt Aussage B' bewiesen. Es ist eine Implikation $A \longrightarrow B$. Es kann auch nur Aussage B zu beweisen sein, ohne daß eine weitere Voraussetzung A vorliegt. Als Beispiel sei der Satz 3 aufgeführt, bei dem die Aussage (i) unter der Voraussetzung einer beliebigen Menge und zwei beliebigen Teilmengen durch direktes Nachrechnen bewiesen wird. Man beweist durch logisches Schließen 'direkt', daß Aussage B wahr ist.

Gegenbeispiel Ebenso direkt kann man einen scheinbar richtigen mathematischen Satz als falsch enttarnen. Zu diesem Zweck muss man nur ein Beispiel anführen, so daß der mathematische Satz falsch ist. Wenn man beispielsweise behauptet, daß je zwei Mengen disjunkt sind (also keine gemeinsamen Elemente besitzen), liegt eine mathematische Aussage vor. Allerdings wird direkt hinter Definition 4 ein Beispiel für zwei nicht disjunkte Mengen angegeben. Also ist diese Aussage falsch. Das Beispiel nennt man ein 'Gegenbeispiel'. Gegenbeispiele scheinen auf den ersten Blick nicht zielführend zu sein: weit gefehlt! Es gibt mathematische Aussagen, von denen sehr lange nicht bekannt war, ob sie wahr oder falsch sind. Es haben sich viele Mathematiker an ihrem Beweis versucht. Erst durch die Angabe eines Gegenbeispiels wird dieses Vorhaben gestoppt bzw. in andere Richtungen gelenkt. Dabei kann das Gegenbeispiel komplex sein. Es kann den Mathematiker sogar auf eine korrigierte und beweisbare Fassung des als falsch erkannten Satzes hinführen.

indirekter Beweis durch einen Widerspruchsbeweis In diesem Zusammenhang soll erneut eine Aussage der Form 'aus Aussage A folgt Aussage B' bewiesen werden. Dazu nimmt man die Voraussetzung A als gegeben an. Sie kann innerhalb der Beweisführung benutzt werden. Es ist Aussage B zu zeigen. Im Beweis wird allerdings angenommen, daß Aussage B falsch ist. Durch logisches Schließen kann im Folgenden eine Aussage eingesehen werden, von der bereits bekannt ist, daß sie falsch ist. Deswegen kann die Annahme nur falsch gewesen sein. Aussage B muss wahr sein. Bei Widerspruchsbeweisen formuliert man die Beweisführung im Konjunktiv. 'Angenommen, Aussage B wäre falsch. Dann würde aus Aussage A folgen, daß $1 = 0$ gilt. Das ist ein Widerspruch $\frac{\ell}{}$.' Als Beispiel für eine derartige Formulierung sei Satz 2 im Fall 2 genannt. Es gibt weitere Beispiele von Widerspruchsbeweisen, wie etwa die Irrationalität der Wurzel aus 2 oder, daß es unendlich viele Primzahlen gibt.

indirekter Beweis durch Kontraposition Möchte man die Implikation 'aus Aussage A folgt Aussage B' beweisen, kann die dazu aussagenlogisch äquivalente Implikation 'aus Aussage nicht B folgt Aussage nicht A' bewiesen werden. Beide Implikationen sind logisch gleichwertig. Als Beispiel sei die Aussage 'Ist a^2 eine ungerade Zahl, ist a eine ungerade Zahl.' angeführt. Es wird stattdessen die Aussage 'Ist a eine gerade Zahl, ist a^2 eine gerade Zahl.' bewiesen.

Äquivalenz Die einfachste Form des Äquivalenzbeweises ist, die Gleichwertigkeit zweier Aussagen A und B zu zeigen. Dieses Verfahren wurde bereits beim Beweis des Satzes 2 verwendet. Dabei wird der Beweis in zwei Teile aufgeteilt. Es sind die Implikationen 'aus A folgt B' und die umgekehrte Implikation nachzuweisen. Jede einzelne Implikation könnte durch einen Widerspruchsbeweis oder durch Kontraposition hergeleitet werden. In Satz 3 ist eine andere Variante angewendet worden. Es wird mittels Äquivalenzumformungen von Aussage A zu B gleichwertig umgeformt. Bei beiden Methoden erweisen sich die Aussagen als logisch äquivalent.

Komplizierter ist die Beweisführung, wenn von vielen Aussagen gezeigt werden soll, daß sie logisch äquivalent sind. Zu diesem Zweck gibt es einen Trick, der sich Ringschluss nennt und Beweise erheblich verkürzen kann. Man ordnet die Aussagen in einer beliebigen Reihenfolge und beweist, daß aus der ersten die zweite Aussage, aus der zweiten die dritte Aussage usw. bis aus der vorletzten die letzte und aus der letzten wieder die erste Aussage folgt. Man beweist die Implikationen quasi 'im Kreis', was dem Verfahren seinen Namen verleiht.

direkter Existenzbeweis Eine Existenzaussage ist zu beweisen. In diesem Zusammenhang ist ein Objekt anzugeben, für das eine bestimmte Aussage gilt. Das Objekt ist konkret anzugeben. Im Abschnitt zur Mengenlehre wird z.B. bewiesen, daß es eine leere Menge gibt. Der Beweis erfolgt konstruktiv und direkt, indem eine leere Menge notiert wird.

indirekter Existenzbeweis Im Gegensatz zum direkten Existenzbeweis wird beim indirekten Existenzbeweis die Existenz eines Objektes nicht durch Angabe eines konkreten Objektes, sondern durch mathematisches Schließen bewiesen. Die berühmte Aussage von Euklid, daß unendlich viele Primzahlen existieren, wird nicht durch Angabe unendlich vieler Primzahl hergeleitet. Der Beweis erfolgt indirekt, in dem man einen Widerspruchsbeweis für endlich viele Primzahlen durchführt.

Eindeutigkeitsbeweis Ein Eindeutigkeitsbeweis zeigt eine Aussage, die ein Objekt, eine Struktur etc. als eindeutig identifizieren soll. Im Bereich der Mengenlehre wird etwa gezeigt, daß eine leere Menge eindeutig bestimmt ist. Je zwei leere Mengen sind gleich. Beim Teilen einer Zahl mit Rest durch eine Zahl wird in Satz 14 bewiesen, daß der Rest und auch der Dividend eindeutig bestimmt sind: DIVund MOD. Deswegen erfolgt nach einem Eindeutigkeitsbeweis oftmals eine Definition innerhalb der Mathematik. Erst durch den Eindeutigkeitsbeweis kann dem unzweideutigen Objekt ein Symbol und ein Name verliehen werden. Wenn etwa die bekannte Zahl π nicht in einem bestimmten Sinn eindeutig bestimmt wäre, könnte man nicht von **der** Zahl π im bestimmten Artikel reden.

Allaussage Eine Allaussage ist eine Aussage, daß für alle Elemente einer bestimmten Menge oder von bestimmter Art eine Aussage wahr ist. Zum Nachweis wählt man sich ein beliebiges Element dieser Menge und zeigt folgend, daß die zugehörige Aussage wahr ist. Dieses Vorgehen wird auch **Auflösung des Allquantors** genannt. In Satz 2 wird etwa bewiesen, daß für alle Kuratowski-Paare die erste und zweite Komponente eindeutig bestimmt sind.

vollständige Induktion Die vollständige Induktion ist ein spezielles Beweisverfahren für Allaussagen ganzer Zahlen. Es gibt Varianten der vollständigen Induktion.

Variante I: Originalversion Statt die Aussage für alle natürlichen Zahlen einzeln zeigen zu müssen (etwa in Form einer Allaussage oder eines direkten Beweises), bedient man sich dem Induktionsprinzip. Man zeigt, daß für einen sog. **Startwert** die Aussage gilt – der **Induktionsanfang**. Anschließend nimmt man an, die Aussage sei für eine beliebige natürliche Zahl oberhalb des Startwertes wahr und beweist die Aussage für seinen Nachfolger – der **Induktionsschritt**. Das **Induktionsprinzip** besagt, daß man auf diese Weise die Aussage für alle ganzen Zahlen ab dem Startwert bewiesen hat. Das Beweisprinzip wird z.B. in Satz 14 angewendet.

Variante II: starke Induktion In diesem Zusammenhang beginnt man ebenfalls, die Aussage für einen konkreten Startwert zu zeigen – der Induktionsanfang. Anschließend nimmt man im Induktionsschritt zu einem beliebigen Wert ab dem Startwert an, daß die Aussage für alle natürlichen Zahlen vom Startwert bis zu dieser beliebig gewählten Zahl wahr sei. Folgend zeigt man die Aussage für den Nachfolger dieser Zahl. Der Wortlaut suggeriert, daß das Prinzip stärker als die Originalversion ist. Das ist nicht der Fall. Beide Verfahren sind gleichwertig.

Beide Varianten werden nicht nur bei Aussagen verwendet, bei denen der Bezug zu ganzen Zahlen direkt zu sehen ist. Ein Beispiel für diese Offenkundigkeit wäre etwa, daß die Summe der ersten n ungeraden Zahlen genau n^2 ist. Oftmals liegt der Bezug indirekt vor und zeigt sich erst durch eine geschickte Umformulierung der zu beweisenden Aussage. In der linearen Algebra gibt es viele Aussagen zu sog. endlich-dimensionalen Vektorräumen. Wie kann für derartige Objekte eine vollständige Induktion durchführen? Es wird die endliche Dimension des Vektorraums verwendet. Sie ist eine natürliche Zahl. Man formuliert Aussagen etwa folgendermaßen: 'Für alle natürlichen Zahlen n gilt: Ist V ein n-dimensionaler Vektorraum, dann gilt...' Dieses feinsinnige Anwenden wird u.a. auch mit großem Erfolg bei Beweisen innerhalb der endlichen Gruppentheorie eingesetzt. Dabei wird der Bezug zu den natürlichen Zahlen durch die sog. Gruppenordnung – die Anzahl der Gruppenelemente – hergestellt. Durch die Gruppenordnung liegt eine natürliche Zahl vor, die in einem Induktionsbeweis verwendet werden kann.

Die vollständige Induktion wird ebenfalls zur Definition von mathematischen Symbolen benutzt. Ein Beispiel ist die Fakultäts-Definition. Man definiert $0! := 1$ und $n! := n(n-1)!$ für alle natürlichen Zahlen n. Durch diese Vorgehensweise ist die Fakultät $n!$ für alle natürlichen Zahlen inkl. 0 eindeutig definiert. Das Prinzip, bei der die Definition auf dasselbe zu definierende Objekt zurückgreift, nennt man Rekursion. Weitere Beispiele sind etwa rekursiv definierte Folgen oder das Summen- und Produktzeichen $\sum$ und $\prod$.

Es gibt weitere Varianten der Induktion, wie etwa Vorwärtsinduktion, Rückwärtsinduktion, transfinite und strukturelle Induktion. Diese werden in diesem Werk nicht betrachtet.

der kleinste Verbrecher oder auch minimales Gegenbeispiel Diese Methode nutzt eine weitere Eigenschaft natürlicher Zahlen aus. Jede Teilmenge natürlicher Zahlen besitzt ein Minimum. Durch dieselbe Umformulierung (wie bei der vollständigen Induktion für Vektorräume und Gruppen beispielhaft dargestellt) kann auch sie für andere mathematische Probleme als Beweistechnik angewendet werden. Man möchte für unendlich viele Zahlen beweisen, daß eine bestimmte Aussage gilt. Dazu nimmt man an, daß dies nicht der Fall ist. Die Aussage ist folglich für die unendlich vielen Zahlen falsch. Man betrachte die Menge der Zahlen, für die die Aussage falsch ist. Diese Menge besitzt ein Minimum. Es ist der sog. **kleinste Verbrecher** oder das **minimale Gegenbeispiel**. Man versucht mittels kleinstem Verbrecher, einen Widerspruch herzuleiten. Oftmals ist der Widerspruch, daß es doch einen kleineren Verbrecher gibt oder aber, daß der Verbrecher in Wahrheit gar kein Verbrecher ist. Im Beweis kann benutzt werden, daß die Aussage bereits für alle Zahlen unterhalb des kleinsten Verbrechers wahr ist.

vollständige Fallunterscheidung In einer vollständigen Fallunterscheidung wird der Beweis in mehreren möglichen Fällen durchgeführt. Dieses Verfahren wird z.B. im Beweis des Satzes 14 und für Satz 2 benutzt. Der Beweis führt durch logisches Schließen zu einer Situation, bei der mehrere **Verzweigungs-Möglichkeiten** vorliegen. In allen Fällen muss der Beweis weitergeführt werden. Es könnten theoretisch mehr als nur zwei Fälle sein. Bei jedem Fall könnte es wieder weitere Unterfälle geben. Es entsteht eine Kaskade oder ein **Baum von Möglichkeitspfaden**. Es muss jeder Weg von der Quelle zu möglichen Zielpunkten betrachtet und bewiesen werden. Auf diese Weise ist die vollständige Fallunterscheidung abgeschlossen und der Beweis beendet.

Symmetrieargument Ein Symmetrieargument vereinfacht einen Beweis. Im Beweis des Satzes 3 wird dieses Verfahren benutzt. Es muss gezeigt werden, daß für je zwei Mengen S, T die Mengen $S \cup T$ und $T \cup S$ identisch sind. Dazu wird zunächst für zwei beliebige Mengen S, T beweisen, daß $S \cup T$ eine Teilmenge von $T \cup S$ ist. Es muss per Definition der Mengengleichheit ebenfalls die Inklusion $(T \cup S) \subseteq (S \cup T)$ bewiesen werden. Vertauscht man jedoch die Rollen von S, T in der bereits bewiesenden Inklusion, erhält man die zu beweisende ohne weiteren Beweis. Falls man nicht direkt auf dieses Argument stösst, merkt man beim Beweisen, daß derselbe Schluss verwendet worden ist. Er kann auf ein allgemeingültigeres Resultat oder auf ein Symmetrieargument hindeuten.

Man erkennt, daß es viele verschiedene Möglichkeiten für den Beweis einer mathematischen Aussage gibt. Deswegen kann es auch komplett unterschiedliche Beweise für eine konkrete Aussage geben. Selbst bei dem gleich gewählten Beweisverfahren können verschiedene Ideen zur Durchführung des Beweises eingesetzt werden. Es gibt folglich nicht nur einen Beweis für eine Aussage. Ein berühmtes Beispiel ist der Satz von Pythagoras: . Es kann sogar sinnvoll sein, weitere Beweise zu einer Aussage finden zu wollen. Insbesondere beim Vorliegen langer und schwer verständlicher Beweise, die nur wenige Experten verstehen, ist diese Suche hilfreich. Oftmals ergeben sich durch neue Ansätze sogar erstaunliche Bezüge oder neue Theorien. Auch vergleichen Mathematiker Beweise und erfreuen sich an ihrer Eleganz. Das ist natürlich ein rein subjektiver Aspekt und nur nachvollziehbar, wenn man sich mit mathematischen Beweisen auseindersetzt oder sie selbst durchführt und entdeckt. Das 'Buch der Beweise' ist dieser Eleganz und Schönheit von Beweisen gewidmet (siehe [1]).

In einigen mathematischen Texten werden sog. Vermutungen von erkannten Phänomenen ausgesprochen, die aber nicht oder nur in Sonderfällen bewiesen werden (können). An geeigneter Stelle wird die Überschrift **'Vermutung'** benutzt und ein Titel verwendet. Es gibt in der Mathematik eine Reihe von berühmten Vermutungen. Ein Beispiel ist die über 300 Jahre alte **Goldbach-Vermutung**: Jede natürliche Zahl grösser als zwei lässt sich als Summe zweier Primzahlen schreiben. Eine Vermutung kann tatsächlich als wahr erkannt werden. Es reicht jedoch ein Gegenbeispiel aus, um sie als falsch zu 'enttarnen'. Offenbar handelt es sich bei derartig lange ungeklärten mathematischen Problemen um sehr schwierige Fragestellungen, obwohl ihre eigentliche Aussage sehr leicht verständlich ist. Es könnte allerdings noch einen weiteren Grund geben, warum die Lösung des Problems noch nicht entdeckt worden ist. **Kurt Gödel** hat mit seinen **Unvollständigkeitssätzen** bewiesen, daß es auf Basis geeigneter Axiome Aussagen gibt, von denen man mit Hilfe eben dieser Axiome nicht entscheiden kann, ob diese Aussagen wahr oder falsch sind. Bei einer noch nicht bewiesenden Vermutung könnte man also genau eine solch unentscheidbare Fragestellung vorliegen haben.

Es mag den Anschein haben, daß das Beweisen innerhalb der Mathematik ganz einfach ist. Man wählt ein Beweisverfahren aus, führt einige Definitionen und Symbole ein, kombiniert einige wahre Aussagen und der Beweis ist fertig. Das mag als generelle Struktur zum Aufschreiben eines Beweises tatsächlich stimmen. Der ganze Witz steckt allerdings in dem geschickten Kombinieren bekannter wahrer Aussagen und vor allem in dem Entdecken neuer Lösungsansätze. Genau hier setzt **mathematisches Forschen** ein, das zeitlich immer vor dem Aufschreiben stattfindet. Das Forschen erfordert beim Forschenden viel Phantasie, Kreativität, Erfahrung, Wissen und Beharrlichkeit. Man versucht, den genialen Moment mit einem freien Geist zu finden. Forschen erfordert viel Übung, viel Zeit, viel Mut und undenkbare Wege zu gehen. Das Berechnen von Beispielen ist das Handwerkszeug des Forschenden. Er sucht nach Mustern, allgemeinen Gesetzmäßigkeiten und neuen Ideen. Forschen ist keineswegs schematisch und vorgegeben.

Folgende Schaubilder fassen die Grundlagen des Beweisens zusammen. Dabei wird auch ein sog. **Beweisgraph** dargestellt. Er zeigt, wie verwendete Begriffe, Axiome, Lemmata, Bemerkungen etc. im Beweis zusammenhängen.

1.1.5 Grundlegende Einsichten in der Mengenlehre

1.1.5.1 Der Begriff der Menge

Die Mengenlehre wurde von **Georg Cantor** in den Jahren 1874 bis 1897 begründet. Statt des Begriffs 'Menge' benutzte er zu Beginn Wörter wie 'Inbegriff' oder 'Mannigfaltigkeit'. Von **Mengen** und **Mengenlehre** sprach er erst später. 1895 formulierte er folgende **Mengendefinition** (siehe [49] und [12]):

> **'Unter einer Menge versteht man jede Zusammenfassung M von**
>
> **bestimmten wohlunterscheidbaren Objekten m unserer Anschauung**
>
> **oder unseres Denkens (welche die Elemente von M genannt werden) zu**
>
> **einem Ganzen.'**

Cantor lässt nicht alle, sondern nur bestimmte wohlunterscheidbaren Objekte unserer Anschauung und unseres Denkens zur Mengenbildung zu. Diese Einschränkung ist wesentlich, da eine unbegrenzte Mengenbildung sofort **Antinomien** (= logische Widersprüche), wie die Russellsche, zur Folge hätte. Auf Antinomien wird im weiteren Verlauf eingegangen.

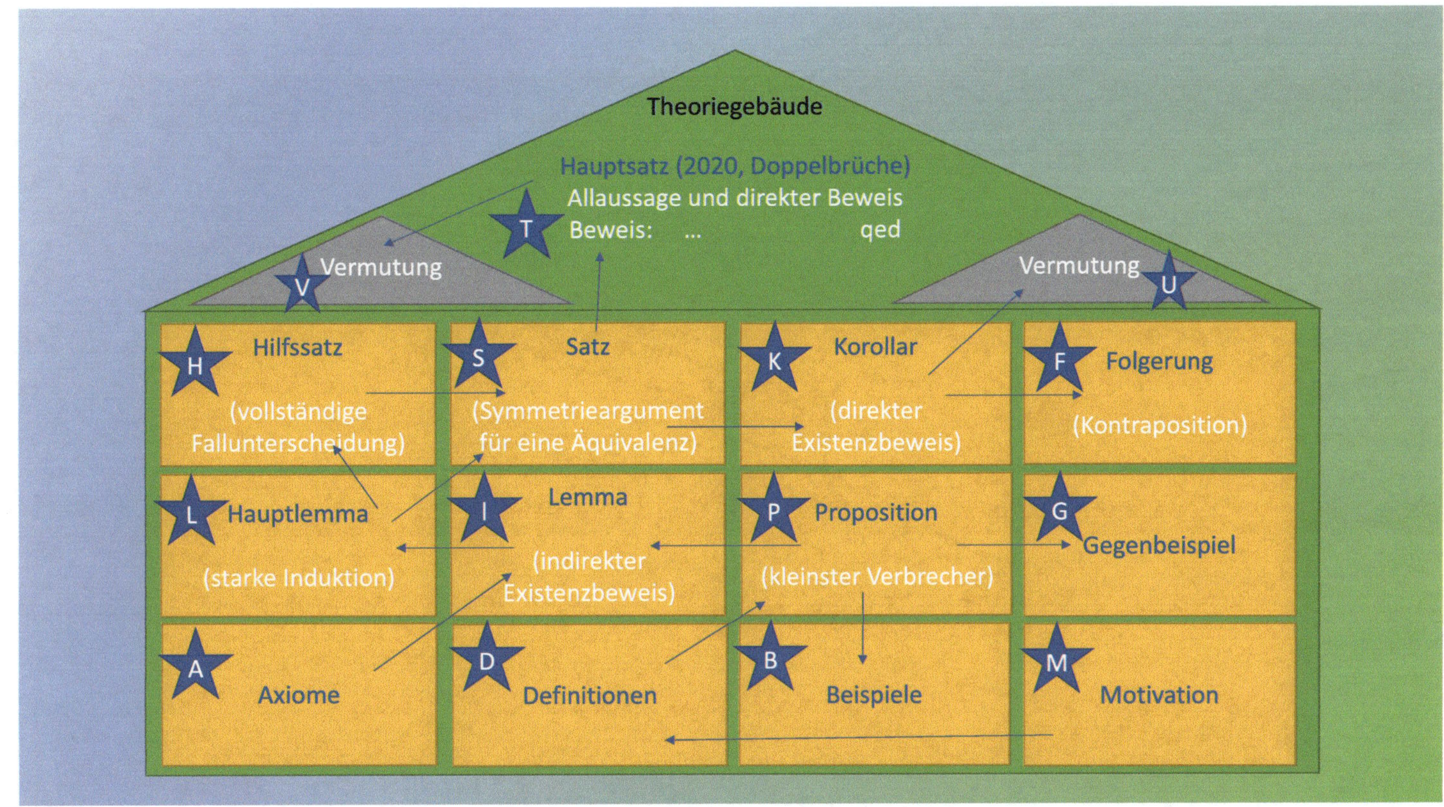

Theoriegebäude
Hauptsatz (2020, Doppelbrüche)
Allaussage und direkter Beweis
Beweis: ... qed
T
V Vermutung
U Vermutung
H Hilfssatz
(vollständige Fallunterscheidung)
S Satz
(Symmetrieargument für eine Äquivalenz)
K Korollar
(direkter Existenzbeweis)
F Folgerung
(Kontraposition)
L Hauptlemma
(starke Induktion)
I Lemma
(indirekter Existenzbeweis)
P Proposition
(kleinster Verbrecher)
G Gegenbeispiel
A Axiome
D Definitionen
B Beispiele
M Motivation

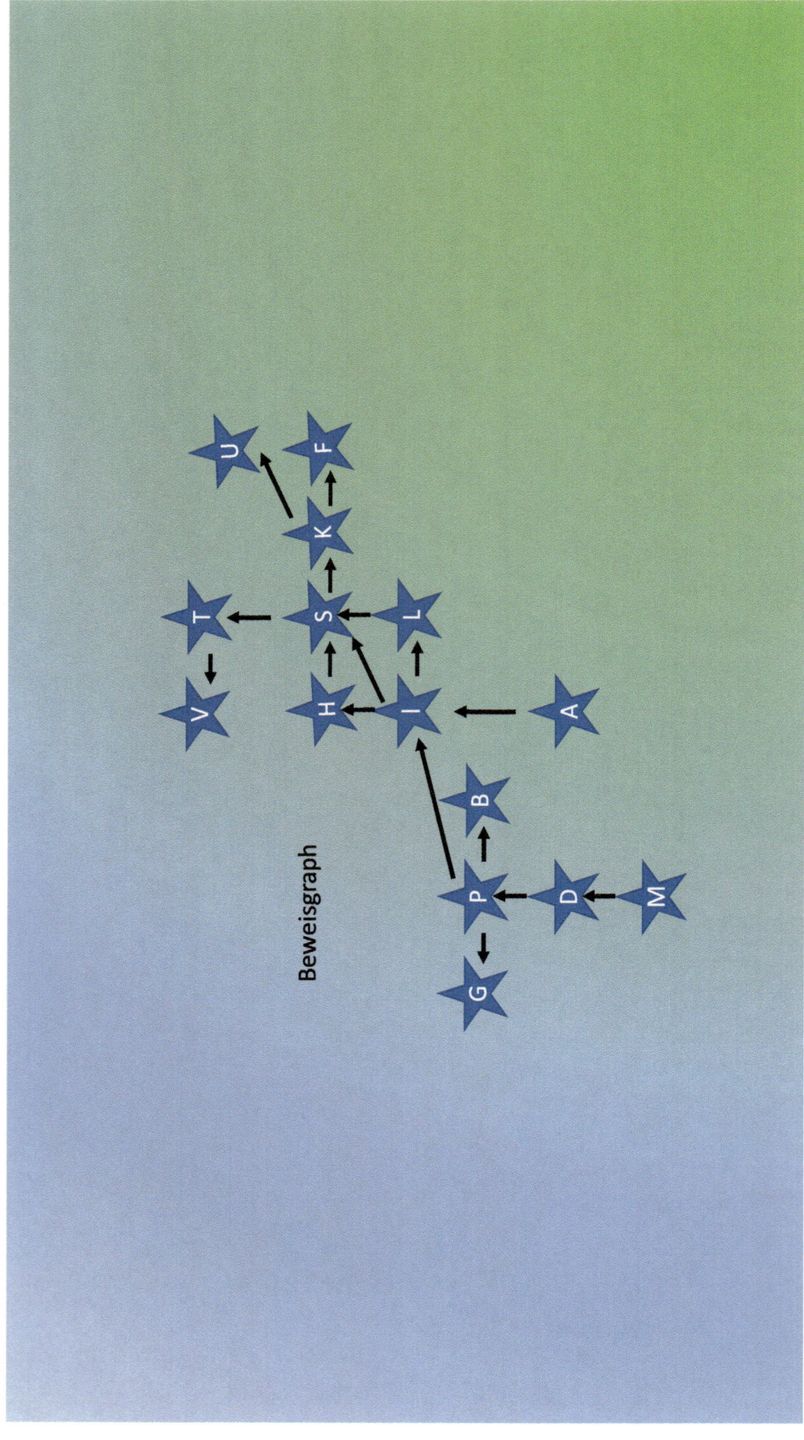
Beweisgraph
U
F
K
T
S
L
V
H
I
A
B
P
D
M
G

Die **Mengenlehre** und die zugehörigen Mengensymbole bilden eines der mathematischen Fundamente. Bei genauerer Betrachtung lassen sich viele mathematischen Probleme, Definitionen und Resultate auf Basis von Mengen beschreiben. Aus diesem Grund ist es unerlässlich, sich mit der Mengenlehre auseinanderzusetzen. Die folgenden Ausführungen basieren auf [16], Kapitel 1 sowie [25], Kapitel 3 und auf [49]. Zur Mengendefinition können diverse Ansätze verwendet werden.

(i) direktes Hinschreiben der Elemente der Menge in geschweiften Klammern, etwa $A :=$ $\{2, 4, 6, 8\}$

(ii) direktes Hinschreiben der Elemente der Menge in geschweiften Klammern mit Punkten, etwa $B := \{1, \ldots, 10\}$

(iii) Beschreibung der Elemente durch Aussagen in geschweiften Klammern, etwa $C :=$ $\{x \mid 1 \leq x \leq 10\}$ oder auch
$D := \{x \mid x \; ist \; eine \; natuerliche \; Zahl \; kleiner \; oder \; gleich \; 10, \; x \; ist \; ungerade\}$

(iv) Verwendung von Termen, wie etwa $G := \{2x \mid 1 \leq x \leq 4\}$

(v) Benutzung von Symbolen, wie etwa $E := \mathbb{N}$

(vi) Verwendung von Formulierungen, wie etwa F ist die Menge der natürlichen Zahlen unterhalb von 10, die durch 4 teilbar sind

(vii) Benutzung von Existenz-Formulierungen, wie etwa: Sei H eine Menge von Elementen, die aus den Mengen $\{1, 2, 3\}$, $\{1, 2, 4\}$ und $\{1, 2, 5\}$ ein beliebiges Element auswählt (H ist in diesem Kontext natürlich nicht eindeutig bestimmt.).

Objekte von Mengen werden **Elemente** genannt. Die Zahl 2 **ist ein Element** von A symbolisiert durch $2 \in A$. 3 **ist kein Element** von A, was durch $3 \notin A$ ausgedrückt wird. Ein Objekt kann entweder zu einer Menge gehören oder nicht. Beide Eigenschaften gleichzeitig oder gar keine von beiden sind nicht erlaubt. Elemente von Mengen sind **ungeordnet**. Exemplarisch sind die Mengen $A = \{2, 4, 6, 8\}$ und $\{2, 6, 4, 8\}$ identisch. Ziel von Mengen ist es, Objekte ungeordnet zusammenzufassen. **Wiederholungen** sind erlaubt, so daß A ebenfalls mit der Menge $\{2, 2, 4, 6, 6, 2, 8, 2\}$ übereinstimmt.

Eine **Teilmenge** einer Menge ist ebenfalls eine Menge. Ihre Elemente sind ausgewählte der sie umfassenden Menge = **Obermenge**. Formal gilt für zwei Mengen M und T, daß T eine Teilmenge von M ist, wenn für alle $t \in T$ auch $t \in M$ gilt. Das Teilmengen-Sein wird durch $T \subseteq M$ symbolisiert. Die Menge $\{2, 4\}$ ist eine Teilmenge von $A = \{2, 4, 6, 8\}$. Die Obermenge A ist nicht mit der Teilmenge $\{2, 4\}$ identisch.

Zwei Mengen N, M heißen **gleich** – in Zeichen $N = M$ –, wenn sowohl $N \subseteq M$ als auch $M \subseteq N$ gelten. Um zu zeigen, daß zwei Mengen gleich sind, müssen immer genau zwei **Inklusionen** bewiesen werden. Sind A und G identisch? Zum Beweis ist einerseits einzusehen, daß jedes der Elemente aus A die Form $2x$ für ein $1 \leq x \leq 4$ besitzt. Andererseits muss jedes Element der Form $2x$ für ein $1 \leq x \leq 4$ eines der vier Elemente aus A sein. A und G sind tatsächlich identisch.

Möchte man zeigen, daß zwei Mengen verschieden sind, reicht es aus zu zeigen, daß entweder die eine keine Teilmenge der anderen oder vice versa ist. Zwei **ungleiche** Mengen M, N symbolisiert man durch $M \neq N$. Möchte man ausdrücken, daß M eine **echte Teilmenge** von N ist – eine Teilmenge, die nicht ganz N ist –, schreibt man dafür $M \subset N$.

Es gibt eine Menge, die Teilmenge jeder Menge ist. Es ist die **leere Menge** $\emptyset = \{\}$. Warum ist die Bezeichnung gerechtfertigt? Das würde bedeuten, daß es nur genau eine leere Menge gibt. Man definiert als eine leere Menge eine Menge ohne Elemente. Folgend kann gezeigt werden, daß eine leere Menge Teilmenge jeder Menge ist. Aus diesem Grund enthalten sich zwei leere Mengen gegenseitig und sind nach Definition der Mengengleichheit identisch. Sei L eine leere Menge und M eine beliebige Menge. Es muss gezeigt werden, daß $L \subseteq M$ gilt. Dazu ist die folgende Aussage zu beweisen:

$$\forall l : l \in L \longrightarrow l \in M.$$

Sei l ein Element der Menge L. Es muss bewiesen werden, daß die Implikation

$$l \in L \longrightarrow l \in M$$

wahr ist. Da aber die Annahme $l \in L$ falsch ist, ist die gesamte Implikation nach den Gesetzen der Aussagenlogik wahr. Damit ist bewiesen worden, daß es höchstens eine leere Menge gibt. Da die konkret angegebene Menge $\{\}$ leer ist, muss es die eindeutig bestimmte leere Menge sein. Sie verdient das Symbol $\emptyset$.

1.1.5.2 Mengenoperationen

In diesem Abschnitt werden grundlegende Mengenoperationen definiert und an Beispielen erklärt. Teilmengen können zu einer neuen Menge zusammenfasst werden.

Definition 3 *(Potenzmenge) Sei M eine Menge. Die* **Potenzmenge** *von M ist die Menge aller Teilmengen von M und wird durch $P(M)$ symbolisiert.*

$$P(M) := \{T \mid T \subseteq M\}.$$

◇

Sei M eine Menge. Insbesondere sind $\emptyset$ und M Teilmengen von M: $\emptyset \in P(M)$ und $M \in P(M)$. Es werden exemplarisch die Potenzmengen für $M := \{1\}$, $N := \emptyset$ und $O := \{1, 2\}$ bestimmt. Die Teilmengen von M sind genau $\emptyset$ und $\{1\}$. Es gilt $P(M) = \{\emptyset, \{1\}\}$. $P(M)$ besteht aus zwei Elementen. Die leere Menge besitzt nur die leere Menge als Teilmenge. Folglich gilt $P(N) = P(\emptyset) = \{\emptyset\}$. Aus diesem Grund ist die Potenzmenge der leeren Menge nichtleer, sondern enthält die leere Menge als einziges Element. Für die Potenzmenge von O müssen alle Teilmenge von $\{1, 2\}$ bestimmt werden. Diese können aus keinem Element, nur $\emptyset$, aus genau einem Element, $\{1\}$ und $\{2\}$, und aus genau zwei Elementen, nur $\{1, 2\}$ selbst, bestehen. Die Potenzmenge von O enthält folglich 4 Elemente.

Die Betrachtung der Potenzmenge benötigt nur eine Ausgangsmenge. Bei folgenden Definitionen sind bereits zwei Mengen notwendig.

Definition 4 *(Vereinigung, Schnitt, Disjunktheit, Differenz, Komplement) Seien M, N Mengen. Die* **Schnittmenge** *von M und N ist die Menge*

$$M \cap N := \{s \mid s \in M \text{ und } s \in N\}.$$

Die Schnittmenge $\cap$ ist die Menge der Objekte, die sowohl in M als auch in N enthalten sind. Man sagt, daß M und N **disjunkt** *sind, wenn $M \cap N = \emptyset$ gilt. In diesem Fall besitzen N und M kein gemeinsames Element.*

Die **Vereinigungsmenge** *von M und N ist definiert durch*

$$M \cup N := \{v \mid v \in M \text{ oder } v \in N\}.$$

Die Vereinigungsmenge $\cup$ ist die Menge der Objekte, die in M oder in N enthalten sind. Die Vereinigung $M \cup N$ ist **disjunkt**, *wenn M und N disjunkt sind. Eine disjunkte Vereinigung wird durch $M \,\dot\cup\, N$ notiert.*

Die **Differenzmenge** $\setminus$ *von M und N definiert man durch*

$$M \setminus N := \{d \mid d \in M \text{ und } d \notin N\}.$$

Sie ist die Menge der Objekte, die in M, aber nicht in N enthalten sind. Eng verknüpft mit der Differenzmenge ist der Begriff des Komplements. Ist M eine Teilmenge von N, wird das **Komplement** *von M in N definiert durch*

$$(M_N)^c := \{e \mid e \in N \text{ und } e \notin M\} \,(= N \setminus M).$$

◇

Zu obigen Definitionen folgen einige Beispiele. Es werden die Mengen $A := \{2, 4, 6, 8\}$, $B := \{1, \ldots, 10\}$, $C := \{x \mid 1 \leq x \leq 10\}$,
$D := \{x \mid x \text{ ist eine natuerliche Zahl kleiner oder gleich } 10, x \text{ ist ungerade}\}$, $G := \{2x \mid 1 \leq x \leq 4\}$ und $E := \mathbb{N}$ verwendet. F ist die Menge der natürlichen Zahlen unterhalb von 10, die durch 4 teilbar sind und H eine Menge von Elementen, die aus den Mengen $\{1, 2, 3\}$, $\{1, 2, 4\}$ und $\{1, 2, 5\}$ ein jeweils beliebiges Element auswählt.

Die Schnittmenge von A mit $\{1, 2, 3\}$ ist genau $A \cap \{1, 2, 3\} = \{2\}$. Folglich sind beide Mengen nicht disjunkt. D ist die Menge der Zahlen $1, 3, 5, 7, 9$. A und D sind disjunkt: $A \cap D = \emptyset$. Daher ist die Vereinigung von A und D ebenfalls disjunkt. Diese Vereinigung ist genau $B = C$. $F = \{4, 8\}$ ist eine Teilmenge von A. Das Komplement von F in A ist $F_A{}^c = \{2, 6\} = A \setminus F$. F besitzt ebenfalls ein Komplement in B. Für dieses gilt

$F_B{}^c = \{1, 2, 3, 5, 6, 7, 9, 10\} = B \setminus F$. Was ist $H \setminus A$? Das Ergebnis hängt von der Wahl von H ab. Es entsteht eine Teilmenge von $\{1, 3, 5\}$. Jede Teilmenge von $\{1, 3, 5\}$ ist ein Ergebnis.

Zum Verständnis von Relationen und Funktionen ist der Begriff des geordneten Paares von fundamentaler Bedeutung. Mit ihm kann dann das sog. kartesische Produkt zweier Mengen definiert werden. Folgende Definition geht auf den polnischen Mathematiker Kazimierez Kuratowski (1896 - 1980) zurück, die er im Jahre 1922 veröffentlicht hat.

Definition 5 *(geordnetes Paar, kartesisches Produkt) Seien M, N Mengen. Sind $m \in M$ und $n \in N$, wird das* **(geordnete Kuratowski-)Paar** *von n und m definiert durch*

$$(n; m) := \{\{n\}, \{n, m\}\}.$$

Das **(kartesische) Produkt** *von M und N ist die Menge aller Paare von Elementen von M und N:*

$$M \times N := \{p \mid \exists m \in M, \exists n \in N : p = (m; n)\}.$$

$\diamond$

Das kartesische Produkt von $\{1, 2\}$ mit $\{2, 3\}$ ist genau $\{(1; 2), (1; 3), (2; 2), (2; 3)\}$. Umgekehrt ist das Produkt von $\{2, 3\}$ mit $\{1, 2\}$ genau $\{2; 1), (2; 2), (3; 1), (3; 2)\}$. Es ist zu erkennen, daß bei der Produktbildung die Reihenfolge der beiden verwendeten Mengen relevant ist. Bei Paaren ist ebenfalls die Reihenfolge von Bedeutung, weshalb man von einem geordneten Paar spricht. Folgender fundamentaler Satz zeigt diesen Aspekt.

Satz 2 *(Fundamental-Eigenschaft geordneter Paare) Seien M, N Mengen, $m, \hat{m} \in M$ und $n, \hat{n} \in N$. Folgende Aussagen sind äquivalent:*

(i) $(m; n) = (\hat{m}; \hat{n})$
(ii) $m = \hat{m}$ *und* $n = \hat{n}$.

Beweis Es gelte (ii). In diesem Fall sind die Aussagen $m = \hat{m}$ und $n = \hat{n}$ wahr. Durch Einsetzen von $m = \hat{m}$ und $n = \hat{n}$ ergibt sich $(m; n) = (\hat{m}; n) = (\hat{m}; \hat{n})$.

Sei im Folgenden die Aussage (i) wahr. Dann gilt $(m; n) = (\hat{m}; \hat{n})$. Per Definition erhält man

$$(\star)\{\{m\}, \{m, n\}\} = \{\{\hat{m}\}, \{\hat{m}, \hat{n}\}\}.$$

Der Beweis wird mittels Fallunterscheidung durchgeführt.

Fall 1 Es sei $m = n$.

In diesem Fall besteht die Menge $\{\{m\}, \{m, n\}\}$ nur aus dem Element $\{m\}$. Wegen der Mengengleichheit $(\star)$ muss $\{\{\hat{m}\}, \{\hat{m}, \hat{n}\}\}$ ebenfalls einelementig sein. Es kann $\hat{m} = \hat{n}$

abgeleitet werden. Wegen $(\star)$ erhält man $\{\{m\}\} = \{\{\hat{m}\}\}$. Folglich müssen die Elemente beider Mengen identisch sein. Das bedeutet $\{m\} = \{\hat{m}\}$. Aus diesem Grund sind ebenfalls m und $\hat{m}$ identisch. Es ist bewiesen worden, daß alle Elemente $m, n, \hat{m}, \hat{n}$ gleich sind. Damit ist der Beweis in diesem Fall abgeschlossen.

Fall 2 Es sei $m \neq n$.

In diesem Fall enthält die linke Menge obiger $(\star)$-Bedingung genau zwei Elemente. Damit muss auch die rechte Menge 2 Elemente enthalten. Folglich gilt $\hat{m} \neq \hat{n}$. Die Elemente der linken und rechten Seite in $(\star)$ sind Mengen. Sie bestehen aus einem bzw. zwei Elementen. Wiederum aus $(\star)$ erhält man, daß die einelementigen bzw. zweielementigen Mengen identisch sein müssen. Deswegen gelten $\{m\} = \{\hat{m}\}$ und $\{m, n\} = \{\hat{m}, \hat{n}\}$. Aus der ersten Mengengleichheit folgt $m = \hat{m}$. Demzufolge wird die zweite Mengengleichheit zu $\{\hat{m}, n\} = \{\hat{m}, \hat{n}\}$. Es ist n ein Element von $\{\hat{m}, \hat{n}\}$. Das Element n kann nicht mit $\hat{m}$ identisch sein. Anderenfalls wäre $n = \hat{m} = m$ erfüllt, was in diesem Fall ausgeschlossen worden ist $\frac{1}{2}$. Also muss $n = \hat{n}$ gelten. Damit ist der Beweis auch in diesem Fall erbracht. $\diamond$

Mengen kann man durch verschiedene Diagramme veranschaulichen. Verwiesen wird in diesem Zusammenhang – ebenso wie zu weiteren Hintergründen zum polnischen Mathematiker Kuratowski – auf die folgenden Quellen:

Mengendiagramme:  Kazimierz Kuratowski:

1.1.5.3 Mengengesetze

Nachdem der Mengenbegriff und grundlegende Mengenoperationen definiert worden sind, werden Mengen und Operationen aus zwei verschiedenen Blickwinkeln in Beziehung gesetzt. Zu diesem Zweck dienen einerseits Monoide als algebraische Struktur mit Homomorphismen zum Strukturvergleich und andererseits Mengenalgebren mittels zweier Verknüpfungen.

Im Folgenden werden zunächst Mengengesetze bzgl. der Mengen-Vereinigung aufgelistet, die im Kontext der Potenzmenge einer Menge dargestellt sind. In nachfolgender Begriffswelt ist die Potenzmenge einer beliebigen Menge M ein idempotentes Monoid mit neutralem Element $\emptyset$ und Mengen-Vereinigung als Verknüpfung der Elemente = Teilmengen von M.

Satz 3 *(Mengengesetze zu $\cup$) Sei M eine Menge. Es gelten folgende Mengengesetze bzgl. $\cup$ auf $P(M)$:*

(i) **Abgeschlossenheit:** $\forall S, T \in P(M) : S \cup T \in P(M)$

(ii) **Assoziativität:** $\forall S, T, U \in P(M) : (S \cup T) \cup U = S \cup (T \cup U)$

(iii) **Kommutativität:** $\forall S, T \in P(M) : S \cup T = T \cup S$

(iv) **Neutralität:** $\forall S \in P(M) : S \cup \emptyset = S = \emptyset \cup S$

(v) **Idempotenz:** $\forall S \in P(M) : S \cup S = S.$

Beweis Alle Aussagen sind Mengengleichheiten und müssen durch zwei Inklusionen nachgewiesen werden.

ad(i): Seien $S, T \in P(M)$ und $v \in S \cup T$. Dann gilt $v \in S \subseteq M$ oder $v \in T \subseteq M$. In beiden Fällen gilt also $v \in M$. Damit ist $S \cup T$ eine Teilmenge von M.

ad(ii): Seien $S, T, U \in P(M)$ und $x \in M$. Diese Aussage wird durch eine Äquivalenzumformung gezeigt:

$$x \in (S \cup T) \cup U$$
$$\Longleftrightarrow x \in (S \cup T) \text{ oder } x \in U$$
$$\Longleftrightarrow x \in S \text{ oder } x \in T \text{ oder } x \in U$$
$$\Longleftrightarrow x \in S \text{ oder } x \in (T \cup U)$$
$$\Longleftrightarrow x \in S \cup (T \cup U).$$

Es ist bewiesen, daß $x \in (S \cup T) \cup U$ genau dann gilt, wenn $x \in S \cup (T \cup U)$ erfüllt ist. Daher gilt $(S \cup T) \cup U = S \cup (T \cup U)$.

ad(iii): Seien $S, T \in P(M)$. Sei $x \in S \cup T$. Es gilt $x \in S$ oder $x \in T$. Man erhält $x \in T$ oder $x \in S$. Folglich ist für alle $S, T \in P(M)$ bewiesen, daß $S \cup T \subseteq T \cup S$ gilt. Wendet man diese Aussage auf alle Mengen T, S an – also auch mit vertauschten Rollen der Mengen S und T –, erhält man durch ein Symmetrieargument ohne einen weiteren mengentheoretischen Beweis führen zu müssen die Aussage 'Für alle $T, S \in P(M)$ gilt $T \cup S \subseteq S \cup T$.'. Insgesamt ist per Definition der Mengengleichheit die Aussage (i) vollständig bewiesen.

ad(iv): Sei $S \in P(M)$. Wegen der Aussage (iii) muss nur $S \cup \emptyset = S$ gezeigt werden. Sei $s \in S$. Es gilt $s \in S$ oder $s \in \emptyset$, da der erste Teil der oder-Aussage wahr ist. Folglich ist $S \subseteq S \cup \emptyset$ wahr. Sei $s \in S \cup \emptyset$. Dann gilt $s \in S$ oder $s \in \emptyset$. Im ersten Fall ist $s \in S$ bewiesen worden. Der zweite Fall $s \in \emptyset$ tritt nie ein, da er falsch ist. Diese Schlussweise zeigt $S \cup \emptyset \subseteq S$. Insgesamt ist $S = S \cup \emptyset$ bewiesen.

ad(v): Sei $S \in P(M)$ und $s \in S$. Es gilt $s \in S$ oder $s \in S$. Folglich ist $s \in S \cup S$ hergeleitet. Ist umgekehrt $s \in S$ oder $s \in S$ erfüllt, gilt in beiden Fällen $s \in S$. Damit ist ebenfalls $S \cup S \subseteq S$ bewiesen. Insgesamt ist Aussage (v) hergeleitet. $\diamond$

Im weiteren Verlauf zeigt sich, daß mittels dieser Rechengesetze die Potenzmenge $P(M)$ mit der Operation (auch Verknüpfung genannt) $\cup$ ein sog. **kommutatives idempotentes Monoid** mit neutralem Element $\emptyset$ ist. Die Operation $\cup$ erhebt die Potenzmenge zu einer algebraischen Struktur, in der die Mengengesetze zu den definierenden Eigenschaften eines kommutativen idempotenten Monoids uminterpretiert werden. Man könnte analoge Gesetze für die Operation $\cap$ – also der **Schnittmengenbildung** – beweisen. Stattdessen werden zunächst einige Eigenschaften zur **Differenzmengenbildung** $\setminus$ betrachtet.

Satz 4 *(Mengengesetze zu* $\setminus$*) Sei M eine Menge. Es gelten folgende Mengengesetze bzgl.* $\setminus$ *auf* $P(M)$*:*

- *(i)* **Abgeschlossenheit***:* $\forall S, T \in P(M) : S \setminus T \in P(M)$
- *(ii)* **Selbstinversität***:* $\forall S \in P(M) : M \setminus (M \setminus S) = S$
- *(iii)* **Homomorphie I (De Morgansche Regel I)***:* $\forall S, T \in P(M) : M \setminus (S \cup T) = (M \setminus S) \cap (M \setminus T)$

Beweis

ad(i): Seien $S, T \in P(M)$ und $d \in S \setminus T$. Es gilt $s \in S \subseteq M$. Demzufolge ist $S \setminus T$ eine Teilmenge von M.

ad(ii): Sei $S \in P(M)$. Per Äquivalenzumformung wird gezeigt:

$x \in M \setminus (M \setminus S)$
$\Longleftrightarrow x \in M$ und $x \notin (M \setminus S)$
$\Longleftrightarrow x \in M$ und nicht $(x \in M$ und $x \notin S)$
$\underset{De\,Morgan\,fuer\,Aussagen}{\Longleftrightarrow} x \in M$ und $(x \notin M$ oder $x \in S)$
$\underset{Distributivgesetz\,fuer\,Aussagen}{\Longleftrightarrow} (x \in M$ und $x \notin M)$ oder $(x \in M$ und $x \in S)$
$\underset{erster\,Teil\,nie\,wahr}{\Longleftrightarrow} x \in M$ und $x \in S$
$\underset{S \in P(M)}{\Longleftrightarrow} x \in S.$

ad(iii): Seien $S, T \in P(M)$. Sei $x \in M \setminus (S \cup T)$. Es gilt $x \in M$ und $x \notin S \cup T$. Es muss gezeigt werden, daß $x \in (M \setminus S) \cap (M \setminus T)$ wahr ist. Wäre $x \in S$, müsste x ebenfalls in $S \cup T$ enthalten sein, da $S \subseteq S \cup T$ gilt.$\lightning$ Also gilt $x \in M \setminus S$. Mittels $T \subseteq S \cup T$ folgt ebenso $x \in M \setminus T$.

Sei $x \in (M \setminus S) \cap (M \setminus T)$. Es wird angenommen, daß $x \in S \cup T$ gelte. Folglich wäre $x \in S$ oder $x \in T$. Im ersten Fall wäre $x \in S$ im Widerspruch zu $x \in M \setminus S$. Analog kann der zweite Fall nicht eintreten $\lightning$. $\diamond$

Sei

$$\gamma : P(M) \longrightarrow P(M), T \mapsto M \setminus T.$$

Die Selbstinversität in Satz 4 bedeutet, daß die Hintereinanderausführung von γ mit sich selbst die identische Abbildung id auf $P(M)$ ist. Im Kapitel zur Chargenschnittstelle zeigt sich, daß γ eine sog. **bijektive** Abbildung ist. Das **De Morgansche Gesetz I** schreibt sich mit γ wie folgt:

$$\forall S, T \in P(M) : (S \cup T)\gamma = (S\gamma) \cap (T\gamma).$$

Diese Rechenregel entpuppt sich im weiteren Verlauf als sog. **Homomorphiegesetz**. Folglich ist γ ein bijektiver Homomorphismus zwischen den algebraischen Strukturen

$(P(M); \cup)$ und $(P(M); \cap)$. Es wird bewiesen werden, daß sich damit die Eigenschaften von $(P(M); \cup)$ auf $(P(M); \cap)$ übertragen lassen und daß die Umkehrabbildung von γ, die wegen obiger Selbstinversität ebenfalls γ ist, ebenfalls ein **Monoidisomorphismus** ist. Das Übertragen der Eigenschaften auf $(P(M); \cap)$ führt zum analogen Ergebnis wie Satz 3, der aber keinen erneuten Beweis erfordert, was die ganze Kraft der algebraisch-strukturellen Sichtweise offenbart.

Satz 5 *(Mengengesetze zu $\cap$) Sei M eine Menge. Es gelten folgende Mengengesetze bzgl. $\cap$ auf $P(M)$:*

   (i) **Abgeschlossenheit**: $\forall S, T \in P(M) : S \cap T \in P(M)$
  (ii) **Assoziativität**: $\forall S, T, U \in P(M) : (S \cap T) \cap U = S \cap (T \cap U)$
 (iii) **Kommutativität**: $\forall S, T \in P(M) : S \cap T = T \cap S$
 (iv) **Neutralität**: $\forall S \in P(M) : S \cap M = S = M \cap S$
  (v) **Idempotenz**: $\forall S \in P(M) : S \cap S = S$ $\diamond$

Daß die Umkehrung von γ auch ein Homomorphismus ist, führt ohne weiteren Beweis zum zweiten De Morganschen Gesetz:

Satz 6 *(zweites De Morgansches Gesetz) Sei M eine Menge. Es gilt das folgende Mengengesetz bzgl. \ auf $P(M)$:*

 (i) **Homomorphie II - De Morgansche Regel II**: $\forall S, T \in P(M) : M \setminus (S \cap T) = (M \setminus S) \cup (M \setminus T)$. $\diamond$

Die zweite Sichtweise auf die Mengengesetze ist die Sichtweise einer Struktur mit zwei Operationen, die sich distributiv zueinander verhalten. Im späteren Verlauf wird für derartige Strukturen der Begriff **'Ring'** bzw. **'Algebra'** eingeführt werden. In den natürlichen Zahlen gelten für die Multiplikation und Addition die Distributivgesetze $(a+b) \cdot c = a \cdot c + b \cdot c$ und $c \cdot (a+b) = c \cdot a + c \cdot b$. Ähnlich lässt sich die Potenzmenge $P(M)$ unter den Operationen $\cup$ und $\cap$ betrachten:

Satz 7 *(Distributivgesetze zwischen $\cup$ und $\cap$) Sei M eine Menge. Es gelten die folgenden Mengengesetze bzgl. $\cap$ und $\cup$ auf $P(M)$:*

 (i) **Distributivität I**: $\forall S, T, U \in P(M) : S \cap (T \cup U) = (S \cap T) \cup (S \cap U)$.
(ii) **Distributivität II**: $\forall S, T, U \in P(M) : S \cup (T \cap U) = (S \cup T) \cap (S \cup U)$.

Beweis Beide Aussagen folgen aus den entsprechenden Distributivgesetzen der Aussagenlogik. Seien $S, T, U \in P(M)$.

ad(i): Es gilt:

$$x \in S \cap (T \cup U)$$
$$\Longleftrightarrow x \in S \text{ und } x \in T \cup U$$
$$\Longleftrightarrow x \in S \text{ und } (x \in T \text{ oder } x \in U)$$
$$\Longleftrightarrow (x \in S \text{ und } x \in T) \text{ oder } (x \in S \text{ und } x \in U)$$
$$\Longleftrightarrow x \in S \cap T \text{ oder } x \in S \cap U$$
$$\Longleftrightarrow x \in (S \cap T) \cup (S \cap U).$$

ad(ii): Es gilt:

$$x \in S \cup (T \cap U)$$
$$\Longleftrightarrow x \in S \text{ oder } x \in T \cap U$$
$$\Longleftrightarrow x \in S \text{ oder } (x \in T \text{ und } x \in U)$$
$$\Longleftrightarrow (x \in S \text{ oder } x \in T) \text{ und } (x \in S \text{ oder } x \in U)$$
$$\Longleftrightarrow x \in S \cup T \text{ und } x \in S \cup U$$

pagination

$$\Longleftrightarrow x \in (S \cup T) \cap (S \cup U). \qquad \diamond$$

Die Grundlagen zur Mengenlehre werden im folgenden Schaubild zusammengefasst:

1.1.5.4 Mengen und Python

Python stellt eine Reihe von Operationen und Methoden für Mengenänderungen bereit. Einige sind in obigen Tabellen zusammengestellt. Im SMILE-Prototyp werden ebenfalls Mengen benutzt wie bspw. im folgenden Unterprogramm:

Python-Quellcode 1.5 Mengenverwendung bei der Chargenpruefung

```python
#-----------------------------------------------------------
#Unterprogramm Chargenpruefung
#fuer Beispiel 2
#-----------------------------------------------------------
def pruefchargeneu(material,charge,split):
    toSelect12 = db.matstamm.select({'Material':material})
    for row in toSelect12:
        split00 = row['Split00']
    initial=len(toSelect12)
    print(initial)
    if initial == 0:
        return 'Material_unbekannt', 'Fehler'
    alphabet = set('ABCDEFGHIJKLMNOPQRSTUVWXYZabcdefghijklmnopqrstuvwxyz0123456789')
    for c in charge:
        test = c in alphabet
        if test == False:
            return 'Chargenalphabet', 'Fehler'
    j = len(charge)
    if j > 10:
        return 'Chargenlaenge', 'Fehler'
    einzahl = set('0123456789')
    for s in split:
        element = s in einzahl
    if element == False:
        return 'Splitalphabet', 'Fehler'
    i = len(split)
    if i != 2:
        return 'Splitlaenge', 'Fehler'
```

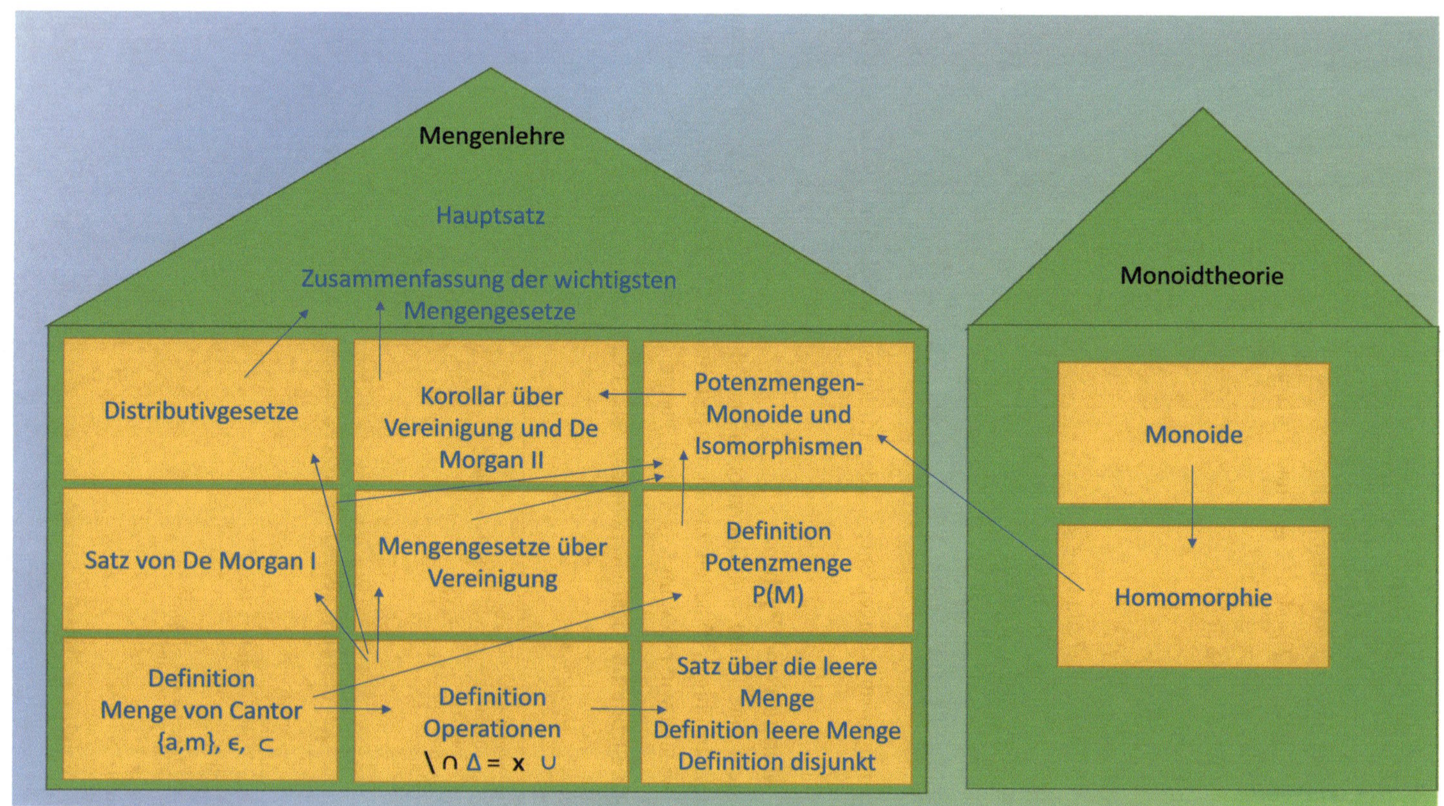
Mengenlehre
Hauptsatz
Zusammenfassung der wichtigsten Mengengesetze
Distributivgesetze
Korollar über Vereinigung und De Morgan II
Potenzmengen-Monoide und Isomorphismen
Satz von De Morgan I
Mengengesetze über Vereinigung
Definition Potenzmenge P(M)
Definition Menge von Cantor {a,m}, ∈, ⊂
Definition Operationen \ ∩ Δ = x ∪
Satz über die leere Menge
Definition leere Menge
Definition disjunkt
Monoidtheorie
Monoide
Homomorphie

Mathematik sprachlich	Mathematik Symbol	Python sprachlich	Python Operator	Python Methode
Mengendefinition	$A=\{a,b,c\}$	Mengendefinition	A={a,b,c} direkt A=set([a,b,c]) aus sortierter Liste A=set(‚abc') aus String	
Element-Sein Nicht Element-Sein	$a\epsilon A$ $x\neg\epsilon A$	Element-Sein Nicht Element-Sein	a in A = True x in A = False	
Die leere Menge	$A=\{\}$	Die leere Menge	A={}	
Schnittmenge	$A\cap B$	Schnittmenge	A&B	A.intersection(B)
Vereinigungsmenge	$A\cup B$	Vereinigungsmenge	A|B	A.union(B)
Differenzmenge	$A\backslash B$	Differenzmenge	A-B	A.difference(B)
Teilmenge	$B\supset A$	Teilmenge	A<=B	A.issubset(B) B. issuperset(A)
Gleichheit	$A=B$	Gleichheit	A==B oder A is B	
Ungleichheit	$A\neq B$	Ungleichheit	A!=B oder A is not B	
Disjunktheit	$A\cap B=\emptyset$	Disjunktheit		A.isdisjoint(B)

Python sprachlich	Python Operator	Python Methode
Element hinzufügen		set.add(element)
Menge leeren		Clear(set)
Eine Kopie der Menge		Copy(set)
Ein Element entfernen		set.discard(element)
Ein beliebiges Element wählen (und von set entfernen)		set.pop()
Schleife über Menge	For x in set: Do things…	
Anzahl der Elemente		len(set)
Maximum der Menge		max()
Minimum der Menge		min()
Sortieren der Menge		sorted()
Summe aller Elemente der Menge		sum()

```
if split != '00':
    erp = charge + split
if split == '00' and split00 == 'JA':
    erp = charge + split
if split == '00' and split00 == 'NEIN':
    erp = charge
k = len(erp)
if k > 10:
    return 'ERP-Chargenlaenge', 'Fehler'
toSelect13 = db.chargstamm.select({'ERP_Charge':erp})
initial=len(toSelect13)
if initial != 0:
    return 'ERP-Charge_vorhanden', 'Fehler'
return 'OKAY', erp
#------------------------------------------------------------
```

Der **set-Befehl** definiert **Mengen** in Python. Im Unterprogramm können auf diese Weise das Chargen- und Splitalphabet als Menge festgelegt werden. Das **Element-Sein** wird mittels **in-Befehl** definiert und dient im Unterprogramm zur Prüfung, ob eine vom Anwender eingegebene Charge mit Split den jeweiligen Alphabeten genügt.

Abschließend soll auf zwei Mengenkonstruktionen eingegangen werden, die nicht in obigen Schaubildern enthalten sind: die Potenzmenge und das kartesische Produkt. Um Paare und damit auch das **kartesische Produkt** in Python zu definieren, kann man sich der Tupel-Konstruktion bedienen.

Python-Quellcode 1.6 kartesisches Produkt in Python morekeywords

```
ATB=set()
A={1,2,3}
B={2,3,4}
for a in A:
    for b in B:
        ATB.add((a,b))
print (ATB)
```

Das Resultat ist $(1, 2), (3, 2), (1, 3), (3, 3), (1, 4), (2, 3), (2, 2), (3, 4), (2, 4)$. Tupel respektieren die Reihenfolge.

Zur Abbildung der **Potenzmenge** in Python ist eine mathematische Vorüberlegung notwendig. Sei A eine Menge. Ist $A = \emptyset$, besteht die Potenzmenge von A aus einem Element: $P(\emptyset) = \{\emptyset\}$. Sei folgend A nichtleer und a ein beliebiges Element aus A. Ist T eine Teilmenge von A, enthält T das Element a oder nicht (exklusives oder). Im zweiten Fall ist T eine Teilmenge der kleineren Menge $A \setminus \{a\}$. Im ersten Fall ist $T \setminus \{a\}$ eine Teilmenge von $A \setminus \{a\}$, und es gilt $T = (T \setminus \{a\}) \cup \{a\}$. Hätte man bereits alle Teilmengen der kleineren Menge $A \setminus \{a\}$ ermittelt, könnte man aus dieser folglich alle Teilmengen von A ableiten. Die zugehörige Berechnung ist ein **rekursiver Verdopplungsprozess**. Die Teilmengen von A sind diejenigen Teilmengen von $A \setminus \{a\}$ ergänzt um die Mengen, die aus der Vereinigung aller Teilmengen von $A \setminus \{a\}$ mit $\{a\}$ entstehen.

Diese Schlussweise kann ebenfalls verwendet werden, um mittels vollständiger Induktion die Anzahl der Elemente in der Potenzmenge von A zu ermitteln. Ist A eine Menge bestehend aus n Elementen, enthält $P(A)$ exakt 2^n Elemente.

Die Vorüberlegung erlaubt es, in Python eine **rekursive Funktion** – also eine Funktion, die sich selbst aufruft – zu definieren. Die rekursive Funktion ermittelt die Potenzmenge. Als Liste ausgegeben kann folgender Python-Code genutzt werden:

Python-Quellcode 1.7 Potenzmenge als Liste in Python

```
L=set()
M={1,2,3}
def potenzmenge(A):
    if A == set():
        return [set()]
    a=A.pop()
    P=potenzmenge(A)
    H=[]
    for X in P:
        Y=X.union({a})
        H.append(X)
        H.append(Y)
    return(H)
print(potenzmenge(L))
H=potenzmenge(M)
print(H)
```

Python-Schlüsselwörter sind im obigen Programm u.a. DEF, IF, RETURN, PRINT, [], ==, { }und PRINT. Das Resultat für M ist

$$P(M) = [set(), \{1\}, \{2\}, \{1, 2\}, \{3\}, \{1, 3\}, \{2, 3\}, \{1, 2, 3\}].$$

Für L ist es genau $[set()]$, wobei $set()$ die leere Menge ist. Die Funktion 'potenzmenge' wählt mit der **Pop-Funktion** ein Element aus der Menge A aus, das mit a benannt sei. A wird mittels Pop-Funktion um a reduziert. Es erfolgt ein rekursiver Aufruf der Funktion für die kleinere, um das Element a reduzierte Menge. An dieser Stelle ist es wichtig, obige mathematische Vorüberlegung miteinzubeziehen. Es werden alle Teilmengen von A ermittelt, in dem alle Teilmengen von $A \setminus \{a\}$ berechnet werden. Zudem werden alle diese berechneten Teilmengen um $\{a\}$ erweitert. Initialisiert man die Rekursion mit der leeren Menge, definiert man auf diese Weise einen Algorithmus zur Berechnung der Potenzmenge einer Menge.

2.1 Mathematik

2.1.1 Theoretischer Hintergrund

2.1.1.1 Natürliche Zahlen
2.1.1.1.1 Die Peano-Axiome

Die **Menge der natürlichen Zahlen** ist eine der ersten mathematischen Konstrukte, mit denen man sich bereits im Kindergarten und in der Grundschule auseinandersetzt. Auslöser ist in vielen Fällen das Zählen gleichartiger ganzer Dinge. Erst vergleichsweise spät haben sich Mathematiker um exakte Definitionen und Resultate zu natürlichen Zahlen bemüht. 1898 stellte **Peano** seine Axiomatik zu den natürlichen Zahlen auf. Ergänzt wird sie durch Ergebnisse von **Dedekind** zur Eindeutigkeit der natürlichen Zahlen basierend auf seinem **Rekursionssatz**. Die Darstellung folgt dem Werk [44] von Rautenberg sowie Videos von C. Spannagel (siehe z.B. [45]).

Die **Peano-Axiome** lauten:

Axiome 1 *(Peano, 1889)*

(i) 0 ist eine natürliche Zahl.

(ii) Jede natürliche Zahl n hat genau eine natürliche Zahl $v(n)$ als Nachfolger.

(iii) 0 ist kein Nachfolger einer natürlichen Zahl.

(iv) Je zwei unterschiedliche natürliche Zahlen besitzen unterschiedliche Nachfolger.

(v) Ist X eine Menge, die die Zahl 0 enthält und mit jeder natürlichen Zahl $x \in X$ auch deren Nachfolger $v(x) \in X$, beinhaltet X jede natürliche Zahl. ◇

Ziel der Peano-Axiome ist, eine **'Perlen-Kette'** von Zahlen beginnend bei der Zahl Null ohne Schleifen, Abzweigungen, Wiederholungen und parallele Ketten zu definieren. Das

© Der/die Autor(en), exklusiv lizenziert an Springer-Verlag GmbH, DE, ein Teil von Springer Nature 2026

S. Wirsing, *SMILE - Vertiefungsband Mathematik für die Logistik*,
Schule für Mathematik, Informatik, Logistik und Erfolg,
https://doi.org/10.1007/978-3-662-72678-5_2

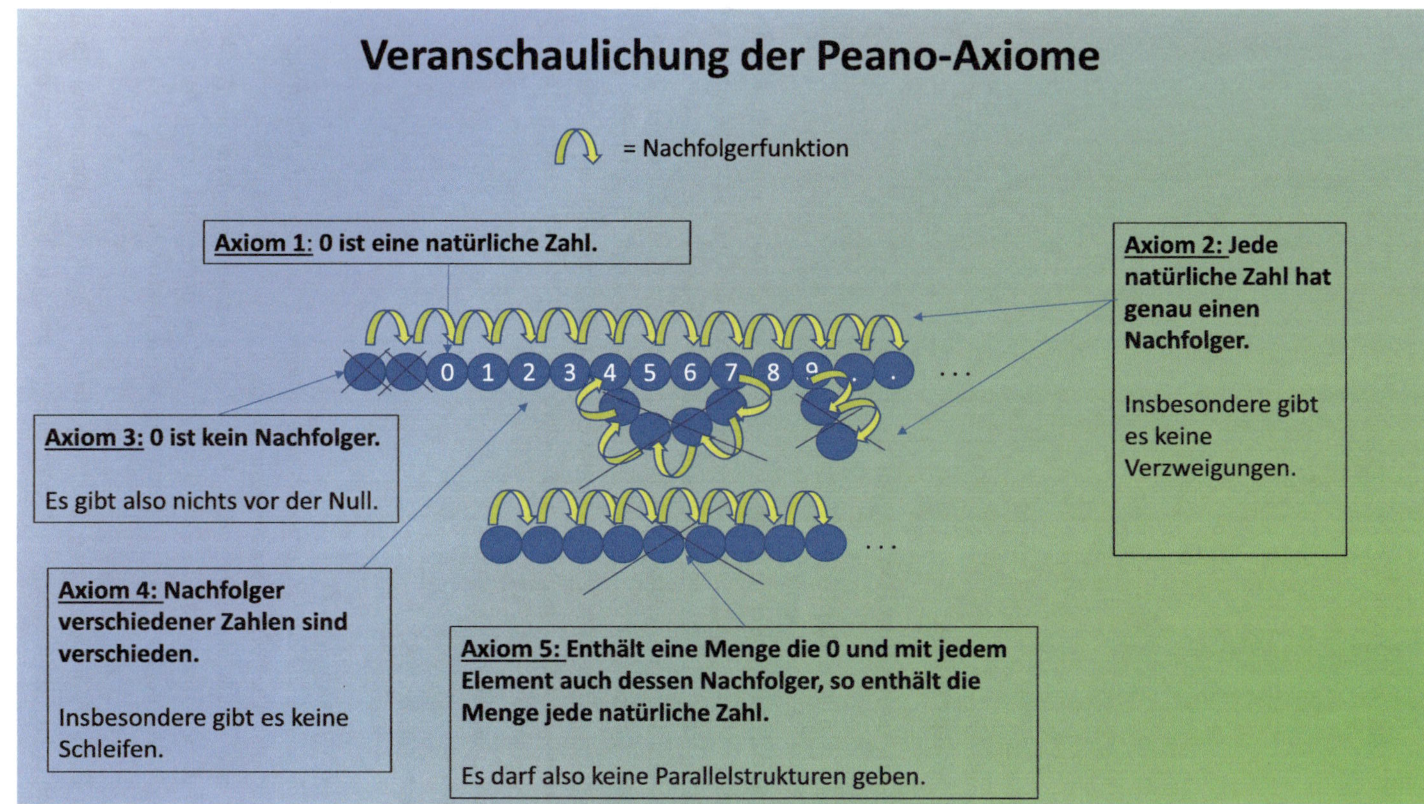
Veranschaulichung der Peano-Axiome

= Nachfolgerfunktion

Axiom 1: 0 ist eine natürliche Zahl.

Axiom 2: Jede natürliche Zahl hat genau einen Nachfolger.

Insbesondere gibt es keine Verzweigungen.

Axiom 3: 0 ist kein Nachfolger.

Es gibt also nichts vor der Null.

Axiom 4: Nachfolger verschiedener Zahlen sind verschieden.

Insbesondere gibt es keine Schleifen.

Axiom 5: Enthält eine Menge die 0 und mit jedem Element auch dessen Nachfolger, so enthält die Menge jede natürliche Zahl.

Es darf also keine Parallelstrukturen geben.

0 1 2 3 4 5 6 7 8 9

vorherige Schaubild mag dies verdeutlichen. Rautenberg definiert statt der Peano-Axiomen im Werk [44] zur Axiomatik der natürlichen Zahlen den Begriff der **Zählreihe**.

Definition 6 *(Zählreihe) Ein Paar* $(N; v)$ *nennt man Zählreihe, wenn* N *eine Menge mit ausgezeichnetem Element* 0 *und* v *eine Funktion – genannt die* **Nachfolgerfunktion** *– von* N *nach* N *sind, so daß folgende Regeln gelten:*

(i) $\forall n \in N : 0 \neq v(n)$ *(0 ist kein Nachfolger)*

(ii) $\forall m, n \in N : n \neq m \Rightarrow v(m) \neq v(n)$ *(v ist injektiv)*

(iii) $\forall T \subseteq N : ((0 \in T) \wedge (\forall t \in T : v(t) \in T)) \Rightarrow N = T.$

Ist $n \in N$, *so ist* n *der* **Vorgänger** *(siehe (ii), daher eindeutig bestimmt) von* $v(n)$ *– dem* **Nachfolger** *von* n. *Die Elemente einer Zählreihe werden natürliche Zahlen genannt.*   ◇

Das fünfte Peano-Axiom heißt **Induktionsaxiom**. Es liefert die Begründung für die Beweistechnik der **vollständigen Induktion** für Aussagen über natürliche Zahlen. Das Verfahren wird an folgender Aussage verdeutlicht.

Bemerkung 1 Sei $(N; v)$ eine Zählreihe. Durch vollständige Induktion soll eingesehen werden, daß 0 das einzige Element aus N ohne Vorgänger ist und, daß für jede natürliche Zahl n mit existentem Vorgänger m die natürlichen Zahlen n und m verschieden sind. Dazu wird für alle natürlichen Zahlen n gezeigt, daß $n = 0$ gilt oder es eine natürliche Zahl $m \neq n$ gibt, so daß $v(m) = n$ erfüllt ist.

Idee ist, die zu zeigende Aussage als Menge von natürlichen Zahl mit den zu zeigenden Eigenschaft zu definieren. Es sei

$$T := \{n \mid n \in N, n = 0 \vee \exists m \neq n : v(m) = n\}$$

definiert. T ist eine Teilmenge der natürlichen Zahlen, die die Null enthält. Sei $t \in T$. Per Induktionsannahme gilt $t = 0 \vee \exists m \neq t : v(m) = t$. Im Induktionsschritt muss gezeigt werden, daß $v(t) \in T$ erfüllt ist. Mittels Induktionsaxiom folgt daraus die Aussage $T = N$. Folglich ist die Behauptung für alle natürlichen Zahlen wahr.

Wegen $t \in T$ gilt $t = 0$ oder es existiert ein $m \neq t$ mit $v(m) = t$. Es folgt eine Fallunterscheidung. Im ersten Fall sei $t = 0$. Es muss gezeigt werden, daß $x := v(0)$ in T enthalten ist. Wegen des ersten Peano-Axioms gilt $0 \neq v(0) = x$. Da der zweite Teil der die Elemente definierenden Aussage für $v(0)$ erfüllt ist, erhält man $v(0)$ in T. Sei folgend $t \neq 0$. Ebenfalls existiere ein $m \neq t$ mit $v(m) = t$. Es muss bewiesen werden, daß $v(t)$ in T enthalten ist. Es gilt $v(m) = t$. Aus diesem Grund gilt $v(v(m)) = v(t)$, da v eine Funktion ist. Der Definition von T folgend muss nur noch eingesehen werden, daß $v(m) \neq v(t)$ erfüllt ist. Folgend ist wieder der zweite Teil der die Elemente aus T definierenden oder-

Aussage erfüllt. Per Induktionsannahme gilt $m \neq t$. Aus dem vierten Peano-Axiom ergibt sich $v(m) \neq v(t)$. $\diamond$

2.1.1.1.2 Dedekind's Rekursionssatz und die Isomorphie von Zählreihen

In diesem Paragraphen wird die **Eindeutigkeit von Zählreihen** bewiesen. Sie erlaubt es, von **den** natürlichen Zahlen im bestimmten Artikel zu reden. Als Beweismittel dient der sog. **Rekursionssatz von Dedekind**. Der Rekursionssatz ist ebenfalls Grundlage für sog. **rekursive Definitionen**.

In Vorbereitung wird für eine Menge M der **Durchschnitt** über M definiert durch

$$\bigcap M := \{x \mid \forall m \in M : x \in m\}.$$

Zudem benötigt man den Begriff der **Funktion**, auf den im nächsten Kapitel vertieft eingegangen wird. Eine Funktion ist eine spezielle sog. **Relation**. Seien A, B Mengen. Eine Relation R zwischen A und B ist eine Teilmenge der Paarmenge $A \times B$. Ist ein Paar $(a; b)$ in R enthalten, schreibt man statt $(a; b) \in R$ ebenfalls $a R b$. Man sagt, daß a in Relation mit b bzgl. R steht. Ist speziell $A = B$ erfüllt, spricht man von einer Relation auf A. Als **Umkehrrelation** definiert man

$$R^{-1} := \{(b; a) \mid (a; b) \in R\}.$$

Eine Funktion (auch Abbildung oder Zuordnung genannt) f zwischen A und B ist eine Relation zwischen A und B, die folgende Eigenschaften erfüllt:

(i) Für alle $(a; b), (\hat{a}; \hat{b}) \in f$ folgt aus $a = \hat{a}$ schon $b = \hat{b}$. – **Rechtseindeutigkeit**
(ii) Für alle $a \in A$ existiert ein $b \in B$, so daß $(a; b) \in f$ gilt. – **Linkstotalität**

Ist ein Paar $(a; b)$ in f enthalten, schreibt man statt $(a; b) \in f$ bzw. statt $a f b$ auch $f(a) = b$ oder $b = af$ und nennt b den **Funktionswert** von f an der Stelle a. a wird **Urbild** von $b = f(a)$ genannt. Die Menge A heisst **Definitions-** und die Menge B **Wertemenge** von f. f wird durch

$$f : A \longrightarrow B, a \mapsto f(a)$$

deklariert. Man beachte, daß jedem Element $a \in A$ genau ein Element $f(a) \in B$ zugeordnet wird. Die **Bildmenge** von f ist

$$Bild(f) := \{b \mid b \in B, \exists a \in A : b = f(a)\}.$$

Satz 8 *(Rekursionssatz von Dedekind, 1888) Seien $(N; v)$ eine Zählreihe mit ausgezeichnetem Element 0, A eine Menge, $a \in A$ und $F : N \times A \longrightarrow A$ eine Funktion. Dann existiert genau eine Funktion $f : N \longrightarrow A$, so daß $f(0) = a$ und für alle $n \in N$ die Identität $f(v(n)) = F(n, f(n))$ gilt.*

Beweis **Eindeutigkeitsbeweis:** Seien f, $\hat{f}$ zwei Funktionen, die beide obige Identität erfüllen. Zwei Funktionen sind genau dann gleich, wenn sie jedem Element des Definitionsbereiches den gleichen Funktionswert zuordnen. Es muss folglich gezeigt werden, daß für alle $n \in N$ die Aussage $f(n) = \hat{f}(n)$ gilt. Der Beweis wird mittels vollständiger Induktion erschlossen. Per Definition von f, $\hat{f}$ gilt $f(0) = a = \hat{f}(0)$. Sei $n \in N$, und es gelte $f(n) = \hat{f}(n)$. Dann gilt $f(v(n)) = F(n, f(n)) = F(n, \hat{f}(n)) = \hat{f}(v(n))$.

Existenzbeweis: Sei f der mengentheoretische Durchschnitt aller Teilmengen P von $N \times A$, die folgende Eigenschaften besitzen:

(i) $(0; a) \in P$

(ii) Für alle $n \in N$, $y \in A$ folgt aus $(n; y) \in P$ schon $(v(n), F(n; y)) \in P$.

Die Eigenschaften (i) und (ii) sind insbesondere für f gültig. Es werden folgend drei Aussagen bewiesen, wobei die letzte die eigentliche Behauptung zeigt. Die erste Aussage ist

(a)   Für alle $y \in A$ folgt aus $(0; y) \in f$ schon $y = a$.

Beweis von (a): Sei $y \in A$, und es gelte $(0; y) \in f$. Es sei angenommen, daß $y \neq a$ erfüllt sei. Dann gilt auch $(0; a) \neq (0; y)$. Man betrachte $P := f \setminus \{(0; y)\}$. Wegen $y \neq a$ ist (i) für P erfüllt. Da 0 kein Nachfolger ist, gilt (ii) ebenfalls für P. Es ergibt sich $f \subseteq P$ und damit $(0; y) \notin f$, was einen Widerspruch erzeugt $\lightning$. Folgend wird gezeigt:

(b)   Für alle y, $y' \in A$, $n \in N$ folgt aus $(v(n); y') \in f$ und $(n; y) \in f$ schon
$$y' = F(n; y).$$

Beweis von (b): Seien $n \in N$, y, $y' \in A$, und es gelte $(v(n); y') \in f$ und $(n; y) \in f$. Es sei angenommen, daß $y' \neq F(n; y)$ erfüllt sei. Es gelten (i) und (ii) ebenfalls für $P := f \setminus \{(v(n); y')\}$. Folglich gelten $f \subseteq P$ und $(v(n); y') \notin f$, was ein Widerspruch ist $\lightning$. Schliesslich wird erschlossen, daß

f eine Funktion ist.

Per Definition einer Funktion muss gezeigt werden, daß es zu jedem $n \in N$ genau ein $y \in A$ existiert, so daß $(n; y) \in f$ gilt. Der Nachweis erfolgt per vollständiger Induktion. Wegen (i) und (a) ist die Aussage für $n = 0$ erfüllt. Sei $n \in N$ und y dasjenige Element aus A, so daß $(n; y) \in f$ gilt. Wegen (ii) ist $(v(n), F(n; y)) \in f$ erfüllt. Aus Teil (b) kann gefolgert werden, daß es nur genau ein $y' \in A$ gibt, so daß $(v(n); y') \in f$ gilt. Dieses unzweideutige Element ist $y' = F(n; y)$. Bezeichnet man nun dasjenige $y \in A$ mit $(n; y) \in f$ wie üblich mit $f(n)$, besagt (i) für f genau $f(0) = a$. Teil (ii) zeigt $y = f(n) \Rightarrow f(v(n)) = F(n; y)$. Diese Aussage ist äquivalent zu $f(v(n)) = F(n, f(n))$. Damit ist f eine Funktion. $\diamond$

Korollar 1 *(Isomorphiesatz von Dedekind, 1888) Seien $(N; v)$ und $(\hat{N}; \hat{v})$ zwei Zählreihen mit ausgezeichneten Elementen 0 und $\hat{0}$. Dann gibt es eine bijektive Abbildung $f : N \longrightarrow \hat{N}$, so daß $f(0) = \hat{0}$ und für alle $n \in N$ die Regel $f(v(n)) = \hat{v}(f(n))$ gilt.*

Beweis Es soll der Rekursionssatz 8 verwendet werden. Sei $F : N \times \hat{N} \longrightarrow \hat{N}$ definiert durch $(n; m) \mapsto \hat{v}(m)$. Nach dem Rekursionssatz gibt es genau eine Funktion $f : N \longrightarrow \hat{N}$, so daß $f(0) = \hat{0}$ und $f(v(n)) = \hat{v}(f(n))$ für alle $n \in N$ gelten. Mittels eines Symmetrieargumentes gibt es ebenso eine Funktion $g : \hat{N} \longrightarrow N$, so daß $g(\hat{0}) = 0$ und $g(\hat{v}(n)) = v(g(n))$ für alle $n \in \hat{N}$ erfüllt sind. Es wird bewiesen, daß f und g invers zueinander sind. Der Teil hinter der Definition 18 zeigt die Bijektivität von f und g. Wiederum aus Symmetriegründen genügt es zu zeigen, daß $fg = id_N$ gilt (denn dann gilt auch $gf = id_{\hat{N}}$). Diese Aussage zeigt man per vollständiger Induktion. Es gilt $g(f(0)) = g(\hat{0}) = 0$. Sei $n \in N$, und es gelte $g(f(n)) = n$. Es ist $g(f(v(n))) = g(\hat{v}(f(n))) = v(g(f(n)) = v(n)$.$\diamond$

Den Isomorphiesatz veranschaulicht nachfolgendes Schaubild:

Es wurde gezeigt, daß es bis auf Isomorphie höchstens eine Zählreihe gibt. Es verbleibt die Frage nach der **Existenz einer Zählreihe** zu klären. Hat man die Existenz geklärt, kann man etwas ungenau von den natürlichen Zahlen reden und ihnen das Symbol $\mathbb{N}$ zuweisen. Für die Menge der natürlichen Zahlen ohne Null verwendet man das Symbol $\mathbb{N}$. Man definiert

$$1 := v(0) \text{ als den eindeutig bestimmten Nachfolger der Null,}$$

$$2 := v(1) \text{ als den der Eins,}$$

$$3 := v(2)$$

usw. Mit Hilfe dieser Definitionen und der Aussage von Bemerkung 1 sind alle Zahlen $0, 1, 2, \dots$ paarweise verschieden. Insbesondere gilt $1 \neq 0$.

John von Neumann hat 1925 eine mengentheoretische Konstruktion der natürlichen Zahlen angegeben. Seine Zählreihe ist definiert als der Schnitt aller Mengen, die die leere Menge als Element und mit jedem Element x auch $x \cup \{x\}$ enthält. Derartige Mengen werden **induktive Mengen** genannt. Die Zählreihe von John von Neumann ist demnach der Durchschnitt aller induktiven Mengen. Daß auf diese Weise überhaupt eine Menge definiert wird, ist nicht klar. Selbst die Existenz einer induktiven und damit auch einer unendlichen Menge ist nicht an sich gegeben. Deshalb ist diese Existenz der Inhalt des sog. **Unendlichkeitsaxioms** der Mengenlehre, erstmals publiziert von **Ernst Zermelo** im Jahre 1908. Das Unendlichkeitsaxiom ist eines der Axiome der sog. **Zermelo-Fraenkel-Mengenlehre (ZF)**. Selbst das Unendlichkeitsaxiom genügt nicht, um Zählreihen zu definieren. Dafür wird zusätzlich noch das sog. **Aussonderungsaxiom** benötigt. Es besagt informell, daß alle Teilklassen von Mengen ebenfalls Mengen sind. Deswegen ist der Schnitt aller induktiven Mengen wieder eine Menge.

John von Neumann definiert nun auf der kleinsten induktiven Menge $0 := \emptyset$ und als Nachfolger eines Elementes n das Element $n \cup \{n\}$. Demnach ist

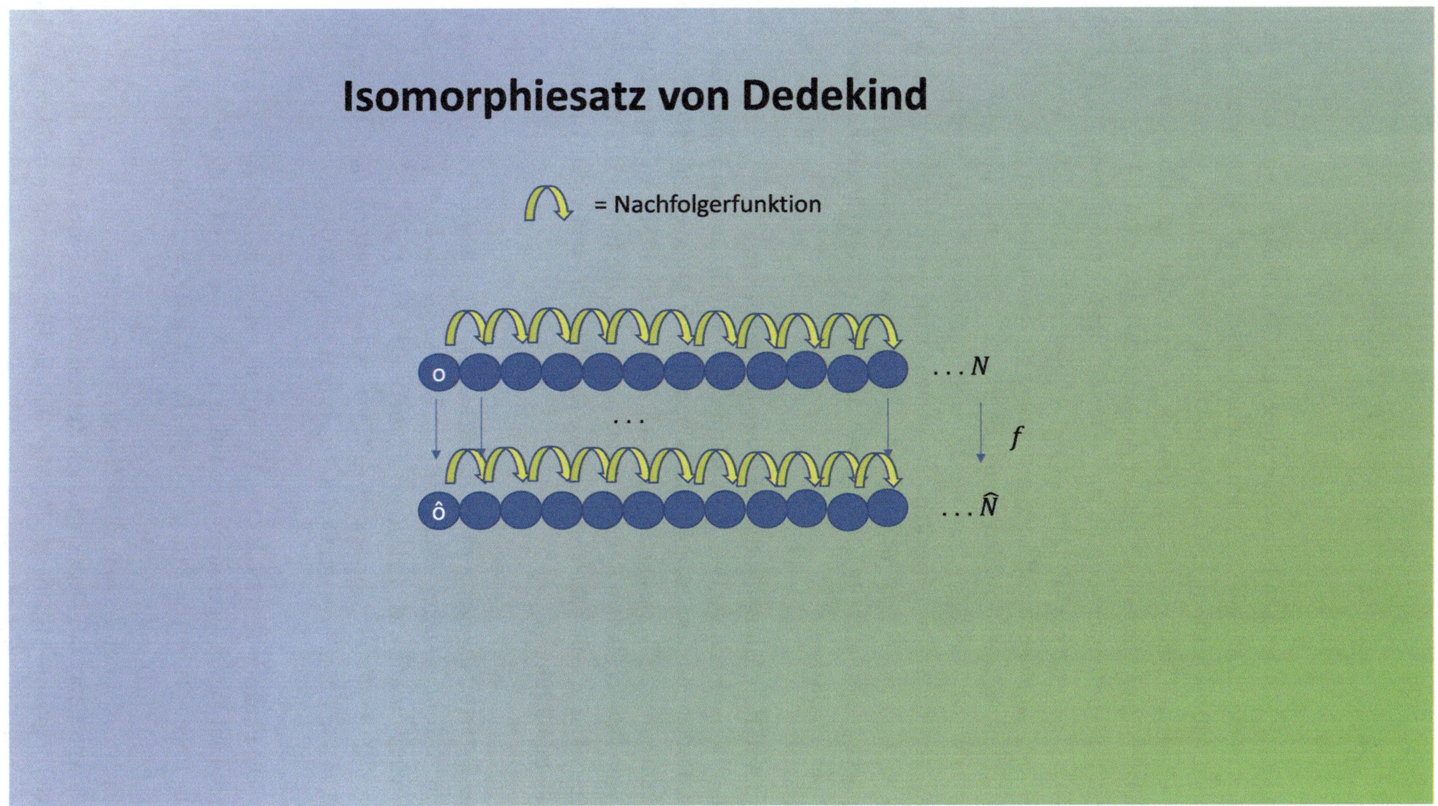
Isomorphiesatz von Dedekind
= Nachfolgerfunktion
o
...N
...N̂
ô
f

$$0 := \emptyset$$
$$1 := \emptyset \cup \{\emptyset\} = 0 \cup \{0\},$$
$$2 := 1 \cup \{1\}$$

usw. Die leere Menge kann kein Nachfolger sein, da alle Nachfolger nicht-leer sind. Per Definition ist diese Zählreihe als Schnitt induktiver Mengen ebenfalls induktiv. Es verbleibt einzusehen, daß die Nachfolgerfunktion injektiv ist. Zuerst wird per vollständiger Induktion für alle n gezeigt: Sind $y \in x \in n$, dann ist $y \in n$. Man sagt, daß n **transitiv** ist. Diese Eigenschaft ist gleichbedeutend mit der Aussage, daß jedes Element von n auch Teilmenge von n ist. Das ist trivialerweise für $n = \emptyset$ erfüllt. Sei folgend n transitiv. Es wird gezeigt, daß auch $n \cup \{n\}$ transitiv ist: Denn ist $x \in n \cup \{n\}$, gilt $x \in n$ oder $x = n$. Für $x = n$ ist $x \subseteq n \cup \{n\}$. Im anderen Fall ist $x \in n$, also $x \subseteq n$ und damit auch $x \subseteq n \cup \{n\}$. Seien n, m in der von Neumann-Zählreihe, und es gelte $n \cup \{n\} = m \cup \{m\}$ sowie $n \neq m$. Dann sind $n \in m$ und $m \in n$ gültig. Aus der Transitivität folgt $n \in n$. Es wird per vollständiger Induktion gezeigt, daß $n \notin n$ gelten muss. Damit kann nur der Fall $x = n$ erfüllt sein. Es gilt $\emptyset \notin \emptyset \cup \{\emptyset\}$. Sei $n \notin n$. Wäre $v(n) \in v(n)$, müsste entweder $v(n) = n$ – was $n \notin n$ widerspricht $\frac{\ell}{}$ – oder aber $v(n) \in n$ gelten, was wegen $n \in v(n)$ und der Transitivität erneut $n \notin n$ widerspricht $\frac{\ell}{}$.

2.1.1.1.3 Addition, Multiplikation und ihre Rechengesetze

In diesem Paragraphen werden die **Addition und Multiplikation** natürlicher Zahlen auf Basis des Dedekindschen Rekursionssatz eingeführt und grundlegende Rechenregeln bewiesen. Grundlage ist ein Vorlesungsskript von F. Loose (siehe [43]). Anfänglich wird eine Folgerung zum Dedekindschen Rekursionssatz hergeleitet, die für die Definition der Addition und Multiplikation – aber auch für rekursive Definitionen – bedeutsam ist. Gegenstand sind sog. **Selbstabbildungen**.

Korollar 2 *(Selbstabbildungen) Sei A eine Menge, $a \in A$ und $F : A \longrightarrow A$ eine Funktion (eine sog. Selbstabbildung). Dann existiert genau eine Funktion $f : \mathbb{N} \longrightarrow A$, so daß $f(0) = a$ und für alle $n \in \mathbb{N}$ die Regel $f(v(n)) = F(f(n))$ gilt.*

Insbesondere gibt es zu jedem $m \in \mathbb{N}$ genau eine Funktion $f_m : \mathbb{N} \longrightarrow \mathbb{N}$, so daß $f_m(0) = m$ und für alle $n \in \mathbb{N}$ die Regel $f_m(v(n)) = v(f_m(n))$ gilt.

Beweis Die Funktion $\hat{F} : \mathbb{N} \times A \longrightarrow A$ wird definiert durch $(n; x) \mapsto F(x)$. Dann existiert – basierend auf Satz 8 – genau eine Funktion $f : \mathbb{N} \longrightarrow A$, so daß $f(0) = a$ und für alle $n \in \mathbb{N}$ die Regel $f(v(n)) = \hat{F}(n, f(n))$ gilt. Es gilt bereits per Definition für alle $n \in \mathbb{N}$ die Aussage $\hat{F}(n, f(n)) = F(f(n))$.

Der Zusatz ist durch $F := v$, $A := \mathbb{N}$ und $a := m$ erfüllt. $\diamond$

Dieser Spezialfall des Dedekindschen Rekursionssatzes wird durch das folgende **kommutative Diagramm** visualisiert. Es zeigt, daß die Hintereinanderausführungen der Funktionen $v\,f$ und $f\,F$ identisch sind.

$$\begin{array}{ccc} \mathbb{N} & \xrightarrow{\;f\;} & A \\ {\scriptstyle v}\Big\downarrow & {\scriptstyle F}\Big\downarrow & \\ \mathbb{N} & \xrightarrow{\;f\;} & A \end{array}$$

Auf Basis von Korollar 2 kann folgend die **Addition natürlicher Zahlen** definiert werden.

Definition 7 *(Addition natürlicher Zahlen) Für alle $m, n \in \mathbb{N}$ definiert man*

$$m + n := f_m(n)$$

, wobei $f_m : \mathbb{N} \longrightarrow \mathbb{N}$, so daß $f_m(0) = m$ und für alle $n \in \mathbb{N}$ die Regel $f_m(v(n)) = v(f_m(n))$ gilt (siehe Korollar 2). Die Verknüpfung

$$+ : \mathbb{N}_0 \times \mathbb{N}_0 \longrightarrow \mathbb{N}_0, \; (n; m) \mapsto n + m$$

nennt man **Addition**. *Für alle $n, m \in \mathbb{N}_0$ heißt*

$$n + m$$

die **Summe** *von n und m sowie n, m die* **Summanden** *dieser Summe.*   ◇

Bemerkung 2 *(Nachfolgerfunktion und Addition)* In dieser Bemerkung werden die Nachfolgerfunktion und die Addition in Verbindung gebracht. Sei $n \in \mathbb{N}_0$. Es soll eingesehen werden, daß

$$v(n) = n + 1$$

gilt. Es sei daran erinnert, daß per Definition $1 = v(0)$ erfüllt ist. Sei $n \in \mathbb{N}_0$. Mittels Korollar 2 folgt $n + 1 = n + v(0) = f_n(v(0)) = v(f_n(0)) = v(n)$.

   Folglich lässt sich die Definition der Addition für $m, n \in \mathbb{N}_0$ auch folgendermaßen beschreiben:

$$m + 0 = m \text{ und } m + (n + 1) = (m + n) + 1.$$

Das ist eine rekursive Definition.   ◇

Im folgenden Satz werden grundlegende **Gesetzmäßigkeiten der Addition** bewiesen.

Satz 9 *(Rechengesetze der Addition) Die natürlichen Zahlen $\mathbb{N}_0$ bilden mit der Addition $+$ ein* **kommutatives Monoid** *mit neutralem Element 0:*

(i) Für alle $n, m \in \mathbb{N}_0$ gilt $n + m \in \mathbb{N}_0$. – **Abgeschlossenheit der Addition**

(ii) Für alle $n \in \mathbb{N}_0$ gilt $n + 0 = n = 0 + n$. – **Neutralität der Null**

(iii) Für alle $n, m \in \mathbb{N}_0$ gilt $n + m = m + n$. – **Kommutativgesetz der Addition**

(iv) Für alle $n, m, p \in \mathbb{N}_0$ gilt $(n + m) + p = n + (m + p)$. – **Assoziativgesetz der Addition**

Des Weiteren gelten folgende Rechenregeln:

(a) Für alle $n, m, k \in \mathbb{N}_0$ gilt $n+k = m+k$ genau dann, wenn $n = m$ gilt. – **Kürzungsregel der Addition**

(b) Für alle $n, m \in \mathbb{N}_0$ gilt $n + m = 0$ genau dann, wenn $n = m = 0$ gilt. – **Nullsummenfreiheit**

(c) Für alle $n, m \in \mathbb{N}_0$ gilt $n + m = 1$ genau dann, wenn $(n; m) = (1; 0)$ oder $(n; m) = (0; 1)$ gilt.

Beweis ad (i): Diese Aussage gilt per Definition der Addition sowie wegen Korollar 2.

ad (ii): Per Definition der Addition und wegen Korollar 2 gilt für alle $n \in \mathbb{N}_0$ bereits $n + 0 = f_n(0) = n$. Die andere Gleichheit – $0 + n = n$ – beweist man per vollständiger Induktion. Wie bereits erwähnt gilt $0 + 0 = 0$. Sei nun $n \in \mathbb{N}_0$, und es gelte $0 + n = n$. Dann gilt wegen der Induktionsannahme, wegen Bemerkung 2 und nach Korollar 2 die Gleichungskette

$0 + (n + 1)$
$= f_0(n + 1)$
$= f_0(\nu(n))$
$= \nu(f_0(n))$
$= \nu(n) = n + 1$.

ad (iii): Das Kommutativgesetz verbleibt als Übung.

ad (iv): Das Gesetz wird bei festen $n, m \in \mathbb{N}_0$ mit vollständiger Induktion mit der Variablen $p \in \mathbb{N}_0$ bewiesen. Es gilt wegen (ii) die Gleichung $(n + m) + 0 = n + m = n + (m + 0)$. Sei nun $p \in \mathbb{N}_0$, und es gelte bereits $(n + m) + p = n + (m + p)$. Dann gilt mit Hilfe von Korollar 2, Bemerkung 2 und der Induktionsannahme die Gleichungskette

$(n + m) + (p + 1)$
$= (n + m) + \nu(p)$
$= \nu((n + m) + p)$
$= \nu(n + (m + p))$
$= n + \nu(m + p)$
$= n + (m + \nu(p))$
$= n + (m + (p + 1))$.

ad (a): Die Rückrichtung der Äquivalenz folgt aus der Funktionseigenschaft der Addition. Die andere Implikation (unschön formuliert 'Hinrichtung') zeigt man per vollständiger Induktion nach k bei festem n und m. Der Fall $k = 0$ folgt aus der Neutralität der Null. Sei die Aussage richtig für ein k, und es gelte $n + (k + 1) = m + (k + 1)$. Dann gilt per

Assoziativgesetz auch $(n+k)+1 = (m+k)+1$. Mit der Injektivität der Nachfolgerfunktion erhält man $n + k = m + k$. Durch Anwendung der Induktionsannahme folgt $m = n$.

ad(b): Die Rückrichtung folgt aus der Neutralität der Null. Sei nun $n + m = 0$. Man nehme an, es würde $m \neq 0$ gelten. Durch Anwendung von Bemerkung 1 existiert ein $k \in \mathbb{N}_0$, so daß $m = k + 1$ gilt. Mit Hilfe des Assoziativgesetzes folgt nun $0 = n + m = n + (k + 1) = (n + k) + 1$. Also ist 0 ein Nachfolger, was ein Widerspruch zu den Peano-Axiomen ist $\frac{1}{2}$. Analog oder mit Hilfe eines Symmetrieargumentes (und Anwendung des Kommutativgesetzes) folgt auch $n = 0$.

ad(c): Dieser Teil verbleibt als Rechenübung. $\diamond$

Das folgende Schaubild mag einige dieser Rechengesetze veranschaulichen.

Auf Basis von Korollar 2 und mit Hilfe der Addition (man nutze $a := 0$, $A := \mathbb{N}_0$, $F(n) := n+m$ bei festem m) kann ebenfalls die **Multiplikation natürlicher Zahlen** rekursiv definiert werden.

Definition 8 *(Multiplikation natürlicher Zahlen) Für alle $m, n \in \mathbb{N}$ definiert man*

$$n \cdot m := g_m(n)$$

*, wobei $g_m : \mathbb{N} \longrightarrow \mathbb{N}$ eine Funktion ist, so daß $g_m(0) = 0$ erfüllt ist und für alle $n \in \mathbb{N}$ die Regel $g_m(v(n)) = g_m(n) + m$ gilt. Die Zahlen n, m nennt man die **Faktoren**. Die Abbildung*

$$\cdot : \mathbb{N}_0 \times \mathbb{N}_0 \longrightarrow \mathbb{N}_0, \ (n; m) \mapsto n \cdot m$$

*ist die **Multiplikation**. Für alle $n, m \in \mathbb{N}_0$ heißt*

$$n \cdot m$$

*das **Produkt** von n und m sowie n und m die Faktoren dieses Produktes. Die oben genannten Regeln bzgl. der Funktion $g_m(\cdot)$ lassen sich umschreiben zu $m \cdot 0 := 0$ und $m \cdot (n + 1) := m \cdot n + m$ für alle $n, m \in \mathbb{N}_0$.* $\diamond$

Die Multiplikation $n \cdot m$ ist auf die Addition + zurückgeführt. Es sind bildlich m Pakete der Zahl n aufzuaddieren. Mit Hilfe des **Summenzeichens** kann man die Multiplikation $\cdot$ auch folgendermaßen schreiben:

$$n \cdot m = \sum_{i=1}^{m} a_i,$$

wobei $a_i := n$ für alle $i \in \{1, ..., m\}$ gilt. Es werden folgend grundlegende Rechengesetze der Multiplikation angegeben.

Satz 10 *(Rechengesetze der Multiplikation) Die natürlichen Zahlen $\mathbb{N}_0$ bilden mit der Multiplikation $\cdot$ ein* **kommutatives Monoid mit neutralem Element** 1:

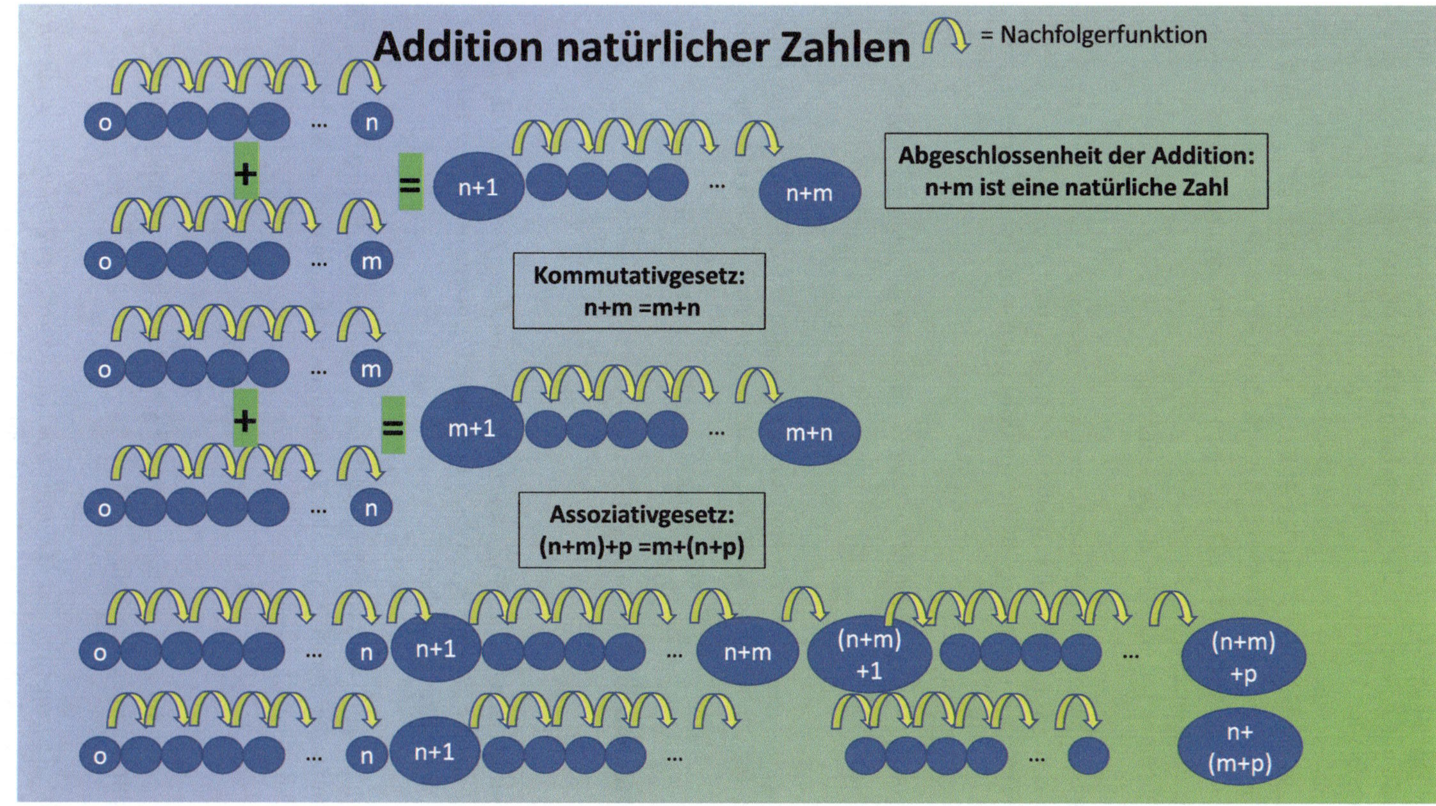

Addition natürlicher Zahlen
= Nachfolgerfunktion
o ... n
+
= n+1 ... n+m
Abgeschlossenheit der Addition: n+m ist eine natürliche Zahl
o ... m
Kommutativgesetz: n+m =m+n
o ... m
+
= m+1 ... m+n
o ... n
Assoziativgesetz: (n+m)+p =m+(n+p)
o ... n n+1 ... n+m (n+m) +1 ... (n+m) +p
o ... n n+1 ... ... n+ (m+p)

(i) Für alle $n, m \in \mathbb{N}_0$ gilt $n \cdot m \in \mathbb{N}_0$. – **Abgeschlossenheit der Multiplikation**

(ii) Für alle $n \in \mathbb{N}_0$ gilt $n \cdot 1 = n = 1 \cdot n$. – **Neutralität der Eins**

(iii) Für alle $n, m \in \mathbb{N}_0$ gilt $n \cdot m = m \cdot n$. – **Kommutativgesetz der Multiplikation**

(iv) Für alle $n, m, p \in \mathbb{N}_0$ gilt $(n \cdot m) \cdot p = n(m \cdot p)$. – **Assoziativgesetz der Multiplikation**

Des Weiteren gelten folgende Rechenregeln.

(a) Für alle $n, m, p \in \mathbb{N}_0$ folgt aus $n \neq 0$ und $nm = np$ schon $m = p$. – **Kürzungsregel der Multiplikation**

(b) Für alle $n \in \mathbb{N}_0$ gilt $n \cdot 0 = 0 = 0 \cdot n$. – **Absorption der Null**

(c) Für alle $n, m \in \mathbb{N}_0$ ist $n \cdot m = 0$ genau dann erfüllt, wenn $n = 0$ oder $m = 0$ gilt. – **Nullteilerfreiheit**

(d) Für alle $n, m, p \in \mathbb{N}_0$ gilt $(n + m) \cdot p = n \dot{p} + m \cdot p$. – **Distributivgesetz**

Beweis ad (i): Diese Aussage ist per Definition der Multiplikation erfüllt.

ad(d): Seien $n, m \in \mathbb{N}_0$. Das Gesetz wird mittels vollständiger Induktion nach p hergeleitet. Für $p = 0$ ergibt sich aus der Definition der Multiplikation sowie der Neutralität der Null: $(n + m) \cdot 0 = 0 + 0 = (n \cdot 0) + (m \cdot 0)$. Im Induktionsschritt schließt man mit dem Kommutativgesetz und dem Assoziativgesetz der Addition sowie der Induktionsannahme und der Definition der Multiplikation:

$$(n + m) \cdot (p + 1)$$
$$= (n + m) \cdot p + (n + m)$$
$$= n \cdot p + m \cdot p + n + m$$
$$= n \cdot p + n + m \cdot p + m$$
$$= n \cdot (p + 1) + m \cdot (p + 1).$$

ad(ii): Es wird zunächst für ein $m \in \mathbb{N}_0$ gezeigt, daß $m \cdot 1 = m$ erfüllt ist. Es gilt mit Hilfe der Neutralität der Null und der Definition der Multiplikation:

$$m \cdot 1 = m \cdot (0 + 1) = m \cdot 0 + m = 0 + m = m.$$

Die Aussage $1 \cdot m = m$ beweist man per vollständiger Induktion. Es gilt mit der Neutralität der Null

$$1 \cdot 0 + 0 = 1 \cdot 0 = 1 \cdot (0 + 0) = 1 \cdot 0 + 1 \cdot 0.$$

Wegen der Kürzungsregel der Addition folgt $0 = 1 \cdot 0$. Den Induktionsschritt erschließt man mit der Induktionsannahme sowie der Definition der Multiplikation:

$$1 \cdot (m + 1) = 1 \cdot m + 1 = m + 1.$$

ad(ii) und (b): Es wird ein $m \in \mathbb{N}_0$ fixiert und das Kommutativgesetz mittels vollständiger Induktion nach n bewiesen. Für $n = 0$ gilt $m \cdot 0 = 0$ per Definition der Multiplikation. Des Weiteren erhält man durch die Neutralität der Null und dem Distributivgesetz

$$0 \cdot m = 0 + 0 \cdot m = (0 + 0) \cdot m = 0 \cdot m + 0 \cdot m.$$

Mit der Kürzungsregel der Addition ergibt sich $0 \cdot m = 0$. Insbesondere hat man zugleich das Absorptionsgesetz gezeigt. Im Induktionsschritt schließt man mit der Induktionsannahme, der Definition der Multiplikation, der Neutralität der Eins sowie dem Distributivgesetz:

$$m \cdot (n + 1) = m \cdot n + m = m \cdot n + 1 \cdot m = (n + 1) \cdot m.$$

ad(iv): Dieser Teil verbleibt als Übung.

ad(c): Seien $n, m \in \mathbb{N}_0$, und es gelte $n \cdot m = 0$. Man nehme $n \neq 0$ an. Dann gibt es ein $k \in \mathbb{N}_0$, so daß $n = k + 1$ gilt (siehe Bemerkung 1). Man erhält mit dem Distributivgesetz und der Neutralität der Eins die Aussage

$$0 = (k + 1) \cdot m = k \cdot m + m.$$

Aus dem Nullsummengesetz folgt insbesondere $k = 0$ und damit – wiederum mit der Neutralität der Null – $n = 1$. Also gilt erneut mittels Neutralität der Eins die Identität $m = 0$. Den anderen Fall – $m \neq 0$ – beweist man durch ein Symmetrieargument und mit Hilfe der Kommutativität der Multiplikation.

ad(a): Es soll eingesehen werden, daß für alle $n, m, p \in \mathbb{N}_0$ aus $n \neq 0$ und $nm = np$ schon $m = p$ folgt. Es werden $n, p \in \mathbb{N}_0$ fixiert und per vollständiger Induktion über $m \in \mathbb{N}$ geschlossen. Ist $m = 0$, muss wegen (b) aus $0 = n \cdot 0 = n \cdot m = np$ auch $p = 0$ gezeigt werden. Wegen $n \neq 0$ gibt es nach Bemerkung 1 ein $a \in \mathbb{N}_0$, so daß $n = a + 1$ gilt. Man erhält mittels Distributivgesetz und Neutralität der Null die Aussage $0 = (a+1)p = ap + p$. Aus der Nullsummenfreiheit folgt $ap = p = 0$. Sei folgend für ein m die Aussage wahr und $n(m + 1) = np$ angenommen. Es muss $p = m + 1$ eingesehen werden. Wäre $p = 0$, würde analog zu oben $nm + n = 0$ und damit $nm = n = 0$ gelten, was ein Widerspruch zu $n \neq 0$ ist $\frac{\iota}{}$. Also gibt es wie oben ein k mit $p = k + 1$. Es können $n(m + 1) = n(k + 1)$ und $nm + n = nk + n$ abgeleitet werden. Aus der additiven Kürzungsregel ergibt sich $mn = nk$. Mittels vollständiger Induktion folgt $m = k$. Daraus ergibt sich $p = k + 1 = m + 1$. $\diamond$

Das folgende Schaubild mag einige der oben genannten Rechengesetze veranschaulichen. Zur Vereinfachung der Darstellung vereinbart man wie üblich die Regel **'Punktrechnung vor Strichrechnung'**. Für $k, m, n \in \mathbb{N}_0$ gilt etwa $k + m \cdot n := k + (m \cdot n)$. Außerdem lässt man das Multiplikationszeichen $\cdot$ meistens weg, wie etwa bei $mn := m \cdot n$.

2.1.1.1.4 Endlichkeit, Mächtigkeit

Bisher ist der Begriff der Endlichkeit sehr intuitiv benutzt worden, etwa bei den Formulierungen 'Seien $a_1, ..., a_n$ endlich viele natürliche Zahlen...' oder 'Sei M eine endliche Menge mit n Elementen.' oder 'Sei M eine endliche Menge der Mächtigkeit n.'. Die Begriffe **'Endlichkeit' und 'Mächtigkeit'** werden nun mit Hilfe der natürlichen Zahlen und bijektiven Funktionen präzisiert.

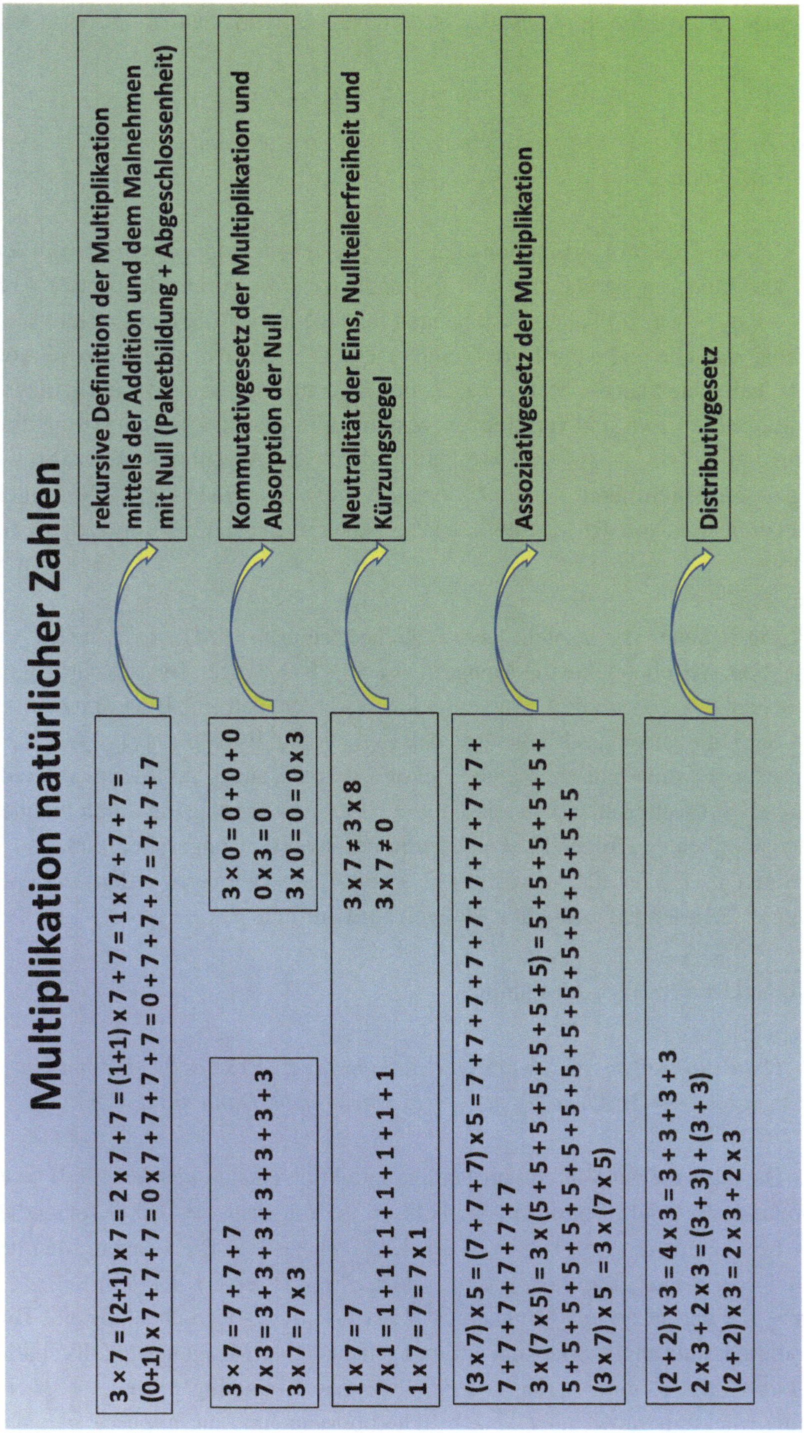

Multiplikation natürlicher Zahlen

$3 \times 7 = (2+1) \times 7 = 2 \times 7 + 7 = (1+1) \times 7 + 7 = 1 \times 7 + 7 + 7 =$
$(0+1) \times 7 + 7 + 7 = 0 \times 7 + 7 + 7 + 7 = 0 + 7 + 7 + 7 = 7 + 7 + 7$

→ rekursive Definition der Multiplikation mittels der Addition und dem Malnehmen mit Null (Paketbildung + Abgeschlossenheit)

$3 \times 7 = 7 + 7 + 7$
$7 \times 3 = 3 + 3 + 3 + 3 + 3 + 3 + 3$
$3 \times 7 = 7 \times 3$

$3 \times 0 = 0 + 0 + 0$
$0 \times 3 = 0$
$3 \times 0 = 0 = 0 \times 3$

→ Kommutativgesetz der Multiplikation und Absorption der Null

$1 \times 7 = 7$
$7 \times 1 = 1 + 1 + 1 + 1 + 1 + 1 + 1$
$1 \times 7 = 7 = 7 \times 1$

$3 \times 7 \neq 3 \times 8$
$3 \times 7 \neq 0$

→ Neutralität der Eins, Nullteilerfreiheit und Kürzungsregel

$(3 \times 7) \times 5 = (7 + 7 + 7) \times 5 = 7 + 7 + 7 + 7 + 7 + 7 + 7 + 7 + 7 +$
$7 + 7 + 7 + 7 + 7 + 7$
$3 \times (7 \times 5) = 3 \times (5 + 5 + 5 + 5 + 5 + 5 + 5) = 5 + 5 + 5 + 5 + 5 +$
$5 + 5 + 5 + 5 + 5 + 5 + 5 + 5 + 5 + 5 + 5 + 5 + 5 + 5 + 5$
$(3 \times 7) \times 5 = 3 \times (7 \times 5)$

→ Assoziativgesetz der Multiplikation

$(2 + 2) \times 3 = 4 \times 3 = 3 + 3 + 3 + 3$
$2 \times 3 + 2 \times 3 = (3 + 3) + (3 + 3)$
$(2 + 2) \times 3 = 2 \times 3 + 2 \times 3$

→ Distributivgesetz

Definition 9 *(Abschnitte, Endlichkeit) Sei* $n \in \mathbb{N}_0$*. Es wird rekursiv der n-te* **Abschnitt** *durch*

$$\underline{0} := \emptyset \quad und \quad \underline{n+1} := \underline{n} \cup \{n+1\}$$

definiert. Eine Menge M heißt **endlich**, *wenn es ein* $n \in \mathbb{N}_0$ *und eine bijektive Abbildung* $\alpha : \underline{n} \longrightarrow M$ *gibt.* $\diamond$

Sei $n \in \mathbb{N}$. Da die Nachfolgerfunktion injektiv ist, besteht die Menge $\underline{n}$ aus den n Elementen $1, ..., n$. Die Menge $\underline{n}$ ist für alle $n \in \mathbb{N}_0$ endlich vermöge der identischen Abbildung $id_n : \underline{n} \longrightarrow \underline{n}, i \mapsto i$. Im Falle $n = 0$ benutzt man die leere Abbildung = leere Menge. Ist M nun eine endliche und nicht-leere Menge und $n \in \mathbb{N}$ sowie α eine bijektive Abbildung $\underline{n} \longrightarrow M$, betrachte man die Menge $1\alpha, ..., n\alpha$. Da α bijektiv ist, ist M genau diese Menge und sämtliche Elemente sind verschieden. Man nutzt in diesem Zusammenhang die Punkt-Darstellung $M = \{m_1, ..., m_n\}$ und sagt, daß M durch den Abschnitt $\underline{n}$ **abgezählt** wird. Für den Begriff der **Mächtigkeit** ist zu überlegen, daß dieses n eindeutig ist. Nur unter dieser Voraussetzung kann von der Mächtigkeit gesprochen werden. Als Vorüberlegung folgende Einsicht:

Bemerkung 3 Seien M eine nicht-leere endliche Menge, $m \in M$, $n \in \mathbb{N}$ und $\alpha : \underline{n} \longrightarrow M$ eine Bijektion. Man betrachte die Menge $L := M \setminus \{m\}$. Wegen Bemerkung 1 gibt es ein $k \in \mathbb{N}_0$, so daß $k + 1 = m$ gilt. Es soll eingesehen werden, daß eine Bijektion ζ von $\underline{k}$ auf L existiert. Sei $s \in \underline{n}$ genau das Element, so daß $s\alpha = m$ gilt. Es ist $\beta : \underline{n} \setminus \{s\} \longrightarrow L, i \mapsto i\alpha$ eine Bijektion. Es muss nur noch eine Bijektion γ von $\underline{k}$ auf $\underline{n} \setminus \{s\}$ definiert werden, um ζ folgend als $\gamma\beta$ festlegen zu können. Ist $s = n$, ist diese Festlegung durch die identische Abbildung möglich. Sei folgend $s \neq n$. Es wird per Induktion eingesehen, daß $s \in \underline{k}$ gilt. Es kann γ durch $j \mapsto j$ für alle $j \in \underline{k}$ mit $j \neq s$ und $s \mapsto n$ definiert werden. Dieser Schluss zeigt zudem: **Teilmengen endlicher Mengen sind endlich.** $\diamond$

Es gilt folgender Satz bzgl. Abschnitte:

Satz 11 *(Eindeutigkeit des Abschnittes für endliche Mengen) Seien M eine endliche Menge,* $n, m \in \mathbb{N}_0$, $\alpha : \underline{n} \longrightarrow M$ *sowie* $\beta : \underline{m} \longrightarrow M$ *Bijektionen. Dann gilt* $n = m$.

Beweis Die Aussage wird durch vollständige Induktion erschlossen. Es gilt $M = \emptyset$ genau dann, wenn $n = 0$ gilt. Somit gilt im Falle $n = 0$ auch $m = 0$. Sei folgend M eine endliche Menge und $\alpha : \underline{n+1} \longrightarrow M$ sowie $\beta : \underline{m} \longrightarrow M$ Bijektionen. Man betrachte $L := M \setminus \{(n+1)\alpha\}$. Dann ist $\gamma : \underline{n} \longrightarrow L, i \mapsto i\alpha$ eine Bijektion. Sei $s \in \underline{m}$ mit $s\beta = (n+1)\alpha$ und $H := \underline{m} \setminus \{s\}$. Dann ist $\delta : H \longrightarrow L, i \mapsto i\beta$ ebenfalls eine Bijektion. Wie vor diesem Satz angemerkt, sind Teilmengen endlicher Mengen ebenfalls endlich. Aus diesem Grund gibt es ein $r \in \mathbb{N}_0$ und eine bijektive Abbildung $\zeta : \underline{r} \longrightarrow H$. Folglich ist $\delta\zeta$ eine Bijektion von $\underline{r}$ auf L. Nach Induktionsannahme muss $n = r$ gelten. Wegen

Bemerkung 3 kann r derart gewählt werden, daß m genau der Nachfolger von r ist. Er ergibt sich $n + 1 = r + 1 = m$.												$\diamond$

Definition und Bemerkung 1 *(Mächtigkeit)* Sei M eine endliche Menge. Das nach Satz 11 eindeutig bestimmte $n \in \mathbb{N}_0$, so daß es eine bijektive Abbildung $\alpha : \underline{n} \longrightarrow M$ gibt, wird die **Mächtigkeit** von M genannt und durch $\mid M \mid$ symbolisiert.

Zwei endliche Mengen M und N heißen **gleichmächtig**, wenn $\mid M \mid = \mid N \mid$ gilt. Diese Tatsache ist äquivalent dazu, daß eine bijektive Abbildung zwischen M und N (und damit vermöge ihrer Umkehrfunktion auch zwischen M und N) existiert, denn: Sei zunächst M gleichmächtig zu N. Dann gibt es ein $n \in \mathbb{N}_0$ und bijektive Abbildungen $\alpha : \underline{n} \longrightarrow N$ sowie $\beta : \underline{n} \longrightarrow M$. Unterhalb von Definition 18 wurde gezeigt, daß die Umkehrfunktion einer bijektiven Abbildung ebenfalls bijektiv ist. Zudem wurde angemerkt, daß die Hintereinanderausführung bijektiver Funktionen bijektiv ist. Folglich ist $\alpha^{-1}\beta$ eine Bijektion von N auf M. Sei folgend $\gamma : N \longrightarrow M$ eine Bijektion. Seien $n, m \in \mathbb{N}_0$ und $\alpha : \underline{n} \longrightarrow N$ sowie $\beta : \underline{m} \longrightarrow M$ Bijektionen (wegen der Endlichkeit von N und M). Aus diesem Grund sind $\alpha\gamma$ und β Bijektionen von $\underline{n}$ bzw. $\underline{m}$ auf M. Nach Definition der Mächtigkeit gilt $n = \mid M \mid = m$.												$\diamond$

Das folgende Schaubild visualisiert den Begriff der Mächtigkeit.

2.1.1.1.5 Anordnung natürlicher Zahlen

Um natürliche Zahlen miteinander zu vergleichen und sie zu ordnen, benötigt man einen sog. **Vergleichsoperator**. Das führt auf den Begriff der **geordneten Menge**, wie etwa im Werk von D. Blessenohl definiert (siehe [10]).

Definition 10 *((halb-)geordnete Menge, (Halb)ordnung, Maximum, Minimum, untere und obere Schranke) Sei M eine Menge. Eine Relation $\leq$ heißt* **Halbordnung** *auf M, wenn folgende Bedingungen erfüllt sind:*

(i) $\leq$ *ist* **reflexiv**, *d.h. für alle $a \in M$ gilt $a \leq a$.*

(ii) $\leq$ *ist* **transitiv**, *d.h. für alle $a, b, c \in M$ folgt aus $a \leq b$ und $b \leq c$ schon $a \leq c$.*

(iii) $\leq$ *ist* **antisymmetrisch**, *d.h. für alle $a, b \in M$ folgt aus $a \leq b$ und $b \leq a$ schon $a = b$.*

Das Paar $(M; \leq)$ nennt man dann eine **halbgeordnete Menge**. *Dieses heißt* **geordnete Menge** *und $\leq_M$ Ordnung auf M, wenn zusätzlich gilt:*

(i) $\leq$ *ist* **total**, *d.h.: $\forall a, b \in M : (a \leq b) \vee (b \leq a)$.*

Eine geordnete Menge heißt **Kette**.

Sind $(M; \leq)$ eine halbgeordnete Menge und $X \subseteq M$, heißt ein Element $s \in M$

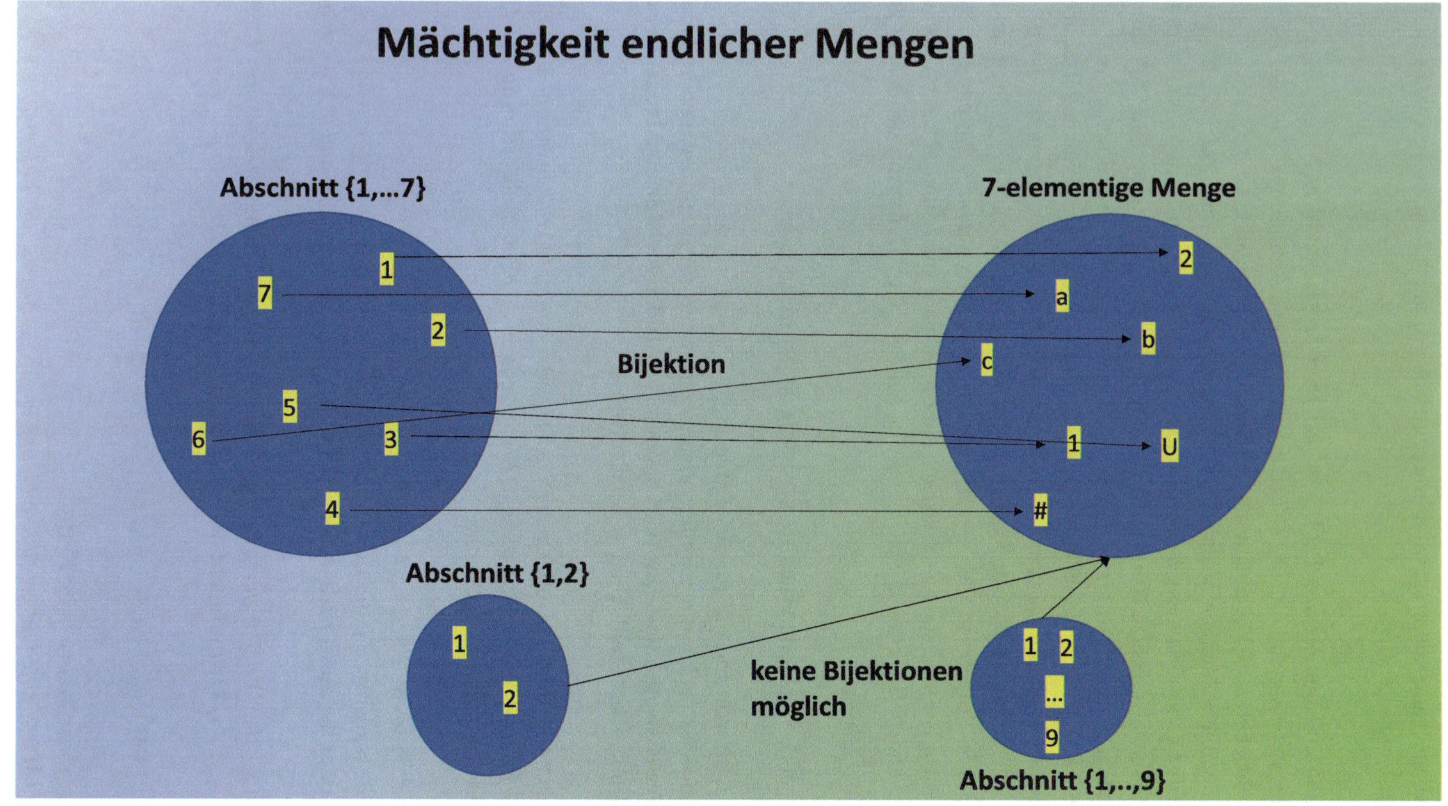

Mächtigkeit endlicher Mengen
Abschnitt {1,...7}
7-elementige Menge
Bijektion
Abschnitt {1,2}
keine Bijektionen möglich
Abschnitt {1,..,9}

*(i)   eine **obere Schranke** von X, wenn gilt:* $\forall x \in X : x \leq s$.
*(ii) ein **Maximum** max von X, wenn gilt:* $(s \in X) \wedge (\forall x \in X : s \leq x)$.
*(iii) eine **untere Schranke** von X, wenn gilt:* $\forall x \in X : s \leq x$.
*(iv) ein **Minimum** min von X, wenn gilt:* $(s \in X) \wedge (\forall x \in X : x \leq s)$.

*Besitzt X eine obere bzw. untere Schranke, heißt X **nach oben bzw. nach unten beschränkt**.
X heißt **beschränkt**, wenn X sowohl nach oben als auch nach unten beschränkt ist. Eine
Kette $(M; \leq)$ heißt **wohlgeordnet** und $\leq$ eine **Wohlordnung** auf M, wenn jede nichtleere
Teilmenge von M ein Minimum besitzt.*   ◇

Bemerkung 4 Sei $(M; \leq)$ eine halbgeordnete Menge und $X \subseteq M$. Besitzt X ein Maximum
bzw. ein Minimum, ist dieses eindeutig bestimmt, denn: Seien m und n zwei Maxima von
X. Da n ein Maximum ist, gilt $n \in X$. Da m ein Maximum von X ist, gilt $x \leq m$ für
alle $x \in X$. Insbesondere gilt $n \leq m$. Analog – oder mittels eines Symmetriargumentes –
wird $m \leq n$ bewiesen. Aus der Antisymmetrie erhält man $n = m$. Einen analogen Schluss
kann für Minima durchgeführt werden. Alternativ dazu wird eine neue Relation $\geq$ durch
$a \geq b := b \leq a$ für alle $a, b \in M$ definiert. Das Paar $(M; \geq)$ ist ebenfalls halbgeordnet. Die
Maxima dieser halbgeordneten Menge entsprechen den Minima von $(M; \leq)$ und vice versa.
Für das **eindeutig bestimmte Maximum bzw. Minimum** von X schreibt man $max(X)$
bzw. $min(M)$.

Daß eine beliebige Kette $(M; \leq)$ wohlgeordnet werden kann, ist nicht unbedingt klar. Daß
diese Eigenschaft wahr ist, wird in der Mathematik durch das sog. **Wohlordnungsaxiom**
verlangt. Dieses Axiom ist äquivalent zum sog. **Auswahlaxiom** (siehe Definition 24). Für
endliche Ketten kann ihr Wohlordnen durch ein Induktionsargument bewiesen werden. ◇

Beispiele 1

(1) Die bekannten Relationen $\leq, \geq, <$ und $>$ werden im Folgenden für die natürlichen
     Zahlen definiert und auf die zuvor definierten Begriffe analysiert. Sie sind Hauptbei-
     spiele von Halbordnungen.
(2) Sei M eine Menge. Auf der Potenzmenge von M wird das **Enthaltensein** $\subseteq$ betrachtet.
     Seien A, B, C Teilmengen von M. Jede Teilmenge ist in sich selbst enthalten: $A \subseteq A$.
     Daher ist das Enthaltensein reflexiv. Zwei Mengen A und B sind genau dann per
     Definition gleich, wenn $A \subseteq B$ und $B \subseteq A$ gelten. Folglich ist $\subseteq$ antisymmetrisch. Ist
     $A \subseteq B \subseteq C$ erfüllt, gilt auch $A \subseteq C$. Das Enthaltensein ist transitiv. Damit ist eine
     Halbordnung auf $P(M)$ definiert. Das Paar $(P(M); \subseteq)$ ist eine halbgeordnete Menge.
     Eine Ordnung liegt nicht vor, wenn M mindestens zwei verschiedene Elemente $a \neq b$
     enthält. Weder $\{a\} \subseteq \{b\}$ noch $\{b\} \subseteq \{a\}$ sind erfüllt.
     Jede Teilmenge X von $P(M)$ ist sowohl nach oben durch M als auch nach unten durch $\emptyset$
     beschränkt. Allerdings muss X nicht unbedingt ein Minimum oder Maximum besitzen,
     wie z.B. für $M = \{1, 2, 3, 4\}$ die Menge $X := \{\{1, 2\}, \{2, 3\}\}$ zeigt. In der Tat ist

beweisbar, daß X genau dann ein Minimum bzw. Maximum besitzt, wenn $\bigcap_{T \in X} T$ bzw. $\bigcup_{T \in X} T$ in X enthalten ist. In diesem Fall bilden diese Mengen das eindeutig bestimmte Minimum bzw. Maximum von X. Im Allgemeinen sind diese Mengen – der Schnitt bzw. die Vereinigung über X – nur die größte untere bzw. kleinste obere Schranke von X.

(3) Es seien die natürlichen Zahl mit der **Teilt-Relation** betrachtet. Es gilt $n \mid m$ genau dann, wenn ein r existiert, so daß $n \cdot r = m$ gilt. Man kann beweisen, daß $(\mathbb{N}; \mid)$ eine halbgeordnete Menge ist. Sie ist nicht total, denn weder ist 2 ein Teiler von 3 noch umgekehrt. 1 ist das Minimum, ein Maximum existiert nicht. Für eine endliche Teilmenge X von $\mathbb{N}$ gilt Abweichendes. In diesem Fall ist 1 ebenfalls eine untere Schranke. Möchte man eine größere untere Schranke finden, ist der sog. **größte gemeinsame Teiler (ggT)** von X zu berechnen. Umgekehrt ist das sog. **kleinste gemeinsame Vielfache (kgV)** der Zahlen aus X eine kleinste obere Schranke. Sie ist kleiner als das Produkt aller Zahlen aus X. ggT bzw. kgV sind zudem die einzig möglichen Kandidaten für ein Minimum bzw. Maximum.

(4) Die **Telefonbuch-Ordnung** oder **lexikographische** Ordnung, nach der die Worte wie etwa 'abba' im Telefonbuch angeordnet sind, ist eine Ordnung. Sie wird im nächsten Kapitel definiert.

(5) Die **Allrelation** auf einer Menge A ist durch $A \times A$ definiert. Diese Relation ist reflexiv und transitiv, aber im Allgemeinen ist sie nicht antisymmetrisch.   ◇

Mit Hilfe der Addition werden folgend vier Relationen auf den natürlichen Zahlen definiert, die als Vergleichsoperatoren dienen.

Definition 11 *(gleich, kleiner-gleich, kleiner, größer-gleich, grösser) Für alle $a, b \in \mathbb{N}_0$ seien definiert:*

(i) $a < b := \exists c \in \mathbb{N} : a + c = b$ – **Kleiner-Relation**

(ii) $a \leq b := \exists c \in \mathbb{N}_0 : a + c = b$ – **Kleiner-Gleich-Relation**

(iii) $a > b := \exists c \in \mathbb{N} : a = b + c$ – **Größer-Relation**

(iv) $a \geq b := \exists c \in \mathbb{N}_0 : a = b + c$ – **Größer-Gleich-Relation**.   ◇

Sind $a, b \in \mathbb{N}_0$ und gilt $a < b$, gibt es per Definition ein $c \in \mathbb{N}$ mit $a + c = b$. Das Element c ist eindeutig bestimmt, denn: Ist $\hat{c} \in \mathbb{N}$ mit $a + \hat{c} = b$, gilt $a + \hat{c} = a + c$. Aus der Kürzungsregel erhält man $c = \hat{c}$. Im Fall $a < b$ kann also das Element c als **Differenz** b-a definiert werden. Dabei ist b der sog. **Minuend** und a der sog. **Subtrahend**. Die **Subtraktion** - kann erst im Abschnitt über die ganzen Zahlen beschrieben werden. Ist $a < b$, existiert ein $c \neq 0$ mit $a + c = b$ und auch (siehe Bemerkung 1) ein $d \in \mathbb{N}_0$ mit $c = d + 1$. Es folgt durch Anwendung des Assoziativ- und Kommutativgesetzes $a + 1 + d = b$. Somit gilt $a + 1 \leq b$. Ist umgekehrt $a + 1 \leq b$, gilt $a + 1 + d = b$ für ein $d \in \mathbb{N}_0$. Es muss

$1 + d \neq 0$ erfüllt sein, denn sonst wäre nach der Kürzungsregel im Fall $1 + d = 0 = 0 + 0$ schon $1 = 0 \, \unicode{x21af}$. Es ist gezeigt worden, daß $a < b$ genau dann gilt, wenn $a + 1 \leq b$ vorliegt. Es werden nun zentrale Eigenschaften dieser Relationen gezeigt.

Satz 12 *(Anordnungssatz der natürlichen Zahlen) Für die natürlichen Zahlen gelten folgende Aussagen:*

- (i)   *Für alle $a, b, c \in \mathbb{N}_0$ gilt genau eine der Aussagen $a < b$, $a = b$ oder $a > b$. –* **Trichotomie**
- (ii) *Für alle $n \in \mathbb{N}$ gilt $\underline{n} = \{x \mid 1 \leq x \leq n\}$ –* **Abschnittsbeschreibung**
- (iii) *Für alle $n, m \in \mathbb{N}$ mit $n < m$ gilt $[n, m] := \underline{m} \setminus \underline{n-1} = \{x \mid n \leq x \leq m\}$ –* **Intervalle in den natürlichen Zahlen**
- (iv) $\leq$ *ist eine Ordnung auf $\mathbb{N}_0$. –* **Ordnungssatz**
- (v) $\leq$ *ist eine Wohlordnung auf $\mathbb{N}_0$. –* **Wohlordnungssatz, Existenz eines Minimums**
- (vi) *Jede nach oben beschränkte Teilmenge natürlicher Zahlen besitzt ein Maximum bzgl. $\leq$. -* **Existenz eines Maximums**
- (vii) *Eine Teilmenge natürlicher Zahlen ist genau dann endlich, wenn sie nach oben beschränkt ist. -* **Beschränktheit**
- (viii) *Jede Teilmenge natürlicher Zahlen ist durch $\leq$ wohlgeordnet. –* **Wohlordnungssatz II**
- (ix) *Für alle $x, y, z, w \in \mathbb{N}_0$ folgen aus $x \leq y$ und $z \leq w$ schon $x + z \leq y + w$ und $xz \leq yw$ und umgekehrt. –* **Monotonie der Addition und Multiplikation**

Beweis Im Beweis werden die Hauptaussagen über die Addition und Multiplikation natürlicher Zahlen benutzt, die in den Sätzen 9 und 10 nachgewiesen worden sind.

ad(i): Seien $a, b, c \in \mathbb{N}_0$. Es wird zunächst gezeigt, daß die drei Aussagen nicht gleichzeitig auftreten können. Aus $a < b$ und $a = b$ folgt, daß es ein $x \in \mathbb{N}$ gibt, so daß $a + x = b$ und $a + 0 = a = b$ gelten. Mit der Kürzungsregel folgt $x = 0 \, \unicode{x21af}$. Im Fall $a > b$ und $a = b$ ergibt sich wegen $b < a$ und $b = a$ dergleiche Fall wie zuvor $\unicode{x21af}$. Sind $a < b$ und $b > a$ erfüllt, gibt es $x, y \in \mathbb{N}$, so daß $a + x = b$ und $b + y = a$ gelten. Es folgt $a + (x + y) = a = a + 0$. Mit der Kürzungsregel erhält man $x + y = 0 = 0 + 0$. Eine erneute Anwendung dieser Aussage führt zu $x = y = 0 \, \unicode{x21af}$.

Daß wirklich alle Fälle auftreten, beweist man durch Induktion nach b bei festgehaltenem a. Sei $b = 0$. Ist $a = 0$, gilt $a = b$. Sei $a \neq 0$. Es gelten $0 + a = a$ und $a \neq 0$. Folglich ist $0 < a$ erfüllt. Wegen $b = 0$ ist demnach $b < a$ gültig.

Der Induktionsschritt von b auf $b + 1$ wird vollzogen. Nach Induktion gilt einer der Fälle $a = b$, $a < b$ oder $b < a$. Ist $a = b$ erfüllt, gilt ebenfalls $a + 1 = b + 1$. Aus $1 \neq 0$ erhält man $a < b + 1$. Sei $a < b$. Per Definition gibt es ein $c \neq 0$ mit $a + c = b$. Daraus ergibt sich $a + (c + 1) = b + 1$. Mittels Kürzungsregel kann $c + 1$ nicht Null sein (denn sonst wären $c = 1 = 0 \, \unicode{x21af}$). Also gilt $a < b + 1$. Sei schließlich $b < a$. Dann gibt es ein $c \in \mathbb{N}$ mit

$b + c = a$. Sei $d \in \mathbb{N}_0$ mit $d + 1 = c$ (siehe Bemerkung 1). Man erhält $(b + 1) + d = a$. Ist $d = 0$, gilt $a = b + 1$. Ist $d \neq 0$, so gilt $b + 1 < a$.

ad(ii) + (iii) Der Beweis dieser Aussagen verbleibt als Übungsaufgabe.

ad(iv): Es muss gezeigt werden, daß $\leq$ die folgenden Eigenschaften besitzt: reflexiv, transitiv, antisymmetrisch und total. Die Totalität ist der Inhalt der Trichotomie aus Teil (i). Seien $x, y, z \in \mathbb{N}_0$. Wegen $x = x$ gilt $x \leq x$. Damit ist $\leq$ reflexiv. Seien $x \leq y$ und $y \leq x$ erfüllt. Dann gelten ($x = y$ oder $x \leq y$) und ($x = y$ oder $x \leq y$). Mittels Distributivgesetz erhält man, daß $x = y$ oder $x < x$ oder ($x < y$ und $y < x$) gelten. Der zweite Fall bedeutet, daß es ein $c \neq 0$ gibt, so daß $x + c = x = x + 0$ gilt. Diese Aussage ist wegen der Kürzungsregel nicht möglich. Im dritten Fall gibt es $c, d \neq 0$, so daß $x + c = y$ und $y + d = x$ gelten. Es folgt $x + (c + d) = y + d = x = x + 0$. Durch zweimalige Anwendung der Kürzungsregel folgt $c = d = 0$. Somit muss $x = y$ gelten. Die Relation $\leq$ ist antisymmetrisch. Es verbleibt, die Transitivität zu zeigen. Es gelten also $x \leq y$ und $y \leq z$. Dann gibt es $c, d \in \mathbb{N}_0$ mit $x + c = y$ und $y + d = z$. Es folgt $x + (c + d) = y + d = z$. Also gilt $x \leq z$.

ad(v): Sei A eine nicht-leere Teilmenge von $\mathbb{N}_0$. Ist $0 \in A$, gilt für alle $a \in A$ wegen $0 + a = a$ die Beziehung $0 \leq a$. Es folgt $0 = min(A)$. Sei $0 \notin A$. Es wird angenommen, daß A kein Minimum besitzt und $B := \{n \mid n \in \mathbb{N}, \forall x \in A : n < x\}$ definiert. Wegen der Annahme gilt folglich $B \cap A = \emptyset$. Da A nicht-leer ist, gilt auch $B \neq \mathbb{N}$. Per vollständiger Induktion ergibt sich $B = \mathbb{N}$, was ein Widerspruch ist $\frac{1}{4}$. Es gilt $0 < x$ für alle $x \in A$, da 0 nicht in A liegt und $0 < x$ für alle $x \in \mathbb{N}$ gilt (denn $0 + x = x$). Es folgt $0 \in B$. Sei $n \in B$. Dann gilt $n < x$ für alle $x \in A$. Nach der Vorüberlegung direkt vor diesem Satz lässt sich $n + 1 \leq x$ für alle $x \in A$ ableiten. Da A kein Minimum besitzt, gilt $n + 1 \notin A$. Folglich ist $n + 1 < x$ für alle $x \in A$ erfüllt. Diese Aussage zeigt $n + 1 \in B$.

ad(vi): Sei $T \subseteq \mathbb{N}_0$, T nach oben beschränkt und $u \in \mathbb{N}_0$ eine obere Schranke für T. Sei $S \subseteq \mathbb{N}_0$ die Menge aller oberen Schranken von T. Nach Teil (v) besitzt S ein Minimum $s := min(S)$. Es wird gezeigt, daß $s \in T$ gilt. Aus diesem Grund gilt $s = max(T)$. Es wird angenommen, daß s nicht zu T gehört. Unter dieser Annahme folgt $s \neq 0$, denn: Ist 0 eine obere Schranke einer nicht-leeren Teilmenge natürlicher Zahlen, muss diese gleich $\{0\}$ sein, da $0 < x$ für alle $x \in \mathbb{N}$ gilt. Nach Bemerkung 1 gibt es ein $r \in \mathbb{N}_0$ mit $s = r + 1$. Aus der Vorüberlegung zu diesem Satz folgt $r < s$. Folglich ist r keine obere Schranke von S, da s die kleinste obere Schranke ist. Demnach gibt es ein $t \in T$ mit $t > r$. Wiederum aus der Vorüberlegung erhält man $t \geq r + 1$. Es wird gezeigt, daß t ein Maximum von T ist. t liegt in T. Sei $x \in T$. Dann ist $x \leq s$, da s eine obere Schranke ist. s liegt nicht in T, also gilt $x < s = r + 1$. Wiederum aus der Vorüberlegung folgt $x \leq r$. Es gilt ebenfalls $r < t$. Aus der Transitivität (siehe (iv)) ergibt sich $x \leq t$.

ad(vii): Sei $T \subseteq \mathbb{N}_0$. Ist T nach oben beschränkt, besitzt T nach (v) und (vi) ein Minimum $m := min(T)$ und ein Maximum $M := max(T)$. Für alle $t \in T$ gilt demnach $0 \leq m \leq t \leq M$. Wegen (iii) ist T eine Teilmenge von $\underline{M}_0$. Dieser Abschnitt von der Mächtigkeit $M + 1$. T ist als eine ihrer Teilmengen ebenfalls endlich. Es muss eingesehen werden, daß jede nicht-leere endliche Teilmenge T von $\mathbb{N}_0$ nach oben beschränkt ist (denn nach unten ist sie wegen der Wohlordnung beschränkt). Dies beweist man per vollständiger Induktion nach der Mächtigkeit von T. Besitzt T nur ein Element, ist dieses ein Maximum von T. Sei $n \in \mathbb{N}$ und T eine endliche Teilmenge natürlicher Zahlen der Mächtigkeit $n + 1$. Sei $\varphi : \underline{n + 1} \longrightarrow T$ eine Bijektion und $t := (n + 1)\varphi$. Wegen Bemerkung 3 ist die Menge $M := T \setminus \{t\}$ von der Mächtigkeit n und besitzt per Induktionsannahme eine obere Schranke x. Folglich gilt $m \leq x$ für alle $m \in M$. Aufgrund der Monotonie von $\leq$, was in (ix) gezeigt wird, ist $m + t$ eine obere Schranke von T. Dieser Schluss zeigt, daß die Summe über alle Elemente der endlichen Menge T eine obere Schranke von T ist.

ad(viii): Diese Aussage folgt aus Teil (v).

ad(ix): Der Beweis verbleibt auch als Übungsaufgabe.   ◇

Die folgenden Grafiken mögen die Resultate dieses Abschnittes verdeutlichen.

2.1.1.1.6 Induktionsbeweise und das Prinzip des kleinsten Verbrechers

Der Abschnitt wird mit Hintergründen zu den Beweisverfahren 'vollständige Induktion' und das 'Prinzip des kleinsten Verbrechers' abgeschlossen (siehe 1.1.4.3).

Es wird zunächst das Prinzip des **kleinsten Verbrechers** erklärt. Diese Methode nutzt die in Satz 12 bewiesene Wohlordnung natürlicher Zahlen aus. Man möchte für eine Menge natürlicher Zahlen (in vielen Fälle für alle) die Gültigkeit einer Aussage beweisen. Dazu nimmt man an, daß die Aussage nicht wahr ist und betrachte die Menge derjenigen Zahlen, für die die Aussage falsch ist. Diese Menge ist folglich nicht-leer und besitzt nach dem Wohlordnungssatz ein Minimum. Dieses Minimum ist der **kleinste Verbrecher** oder das **minimale Gegenbeispiel**. Im Widerspruchsbeweis versucht man in vielen Fällen einen kleineren Verbrecher zu ermitteln oder einzusehen, daß der Verbrecher in Wahrheit gar keiner ist. Im Beweis kann benutzt werden, daß die Aussage bereits für alle Zahlen unterhalb des kleinsten Verbrechers wahr ist. Man erkennt, daß das Beweisprinzip auf dem Wohlordnungssatz und nicht auf dem Prinzip der induktiven Teilmengen beruht.

Als Beispiel sei die Aussage betrachtet, daß jede natürliche Zahl ein Produkt endlich vieler Primzahlen ist. Es soll mit dem kleinsten Verbrecher argumentiert werden. Dazu muss angenommen werden, daß die Aussage falsch ist. Dann ist die Menge

$$VB := \{n \mid n \in \mathbb{N}, n \text{ ist kein Produkt von endlich-vielen Primzahlen}\}$$

nicht-leer und besitzt folglich als Teilmenge der natürlichen Zahlen ein Minimum min. Das Minimum kann keine Primzahl sein, da es sonst Produkt einer Primzahl – nämlich von sich selbst – ist. Ebenso ist das Minimum nicht mit 1 identisch, da es in diesem Fall das Produkt keiner Primzahl wäre. Daher besitzt min echte Teiler. Es sei ein Teiler p von min mit Ko-Teiler l derart gewählt, daß $min = p \cdot l$ gilt und p so klein wie möglich ist. In diesem Zusammenhang nutzt man wiederum aus, daß jede nicht-leere Teilmenge natürlicher Zahlen – die der echten Teiler von min – ein Minimum besitzt. Da jeder Teiler von p ebenfalls ein Teiler von min ist – Transitivität der Teilt-Relation – und p minimal unter den Teiler gewählt ist, muss p eine Primzahl sein. Der Ko-Teiler von min kann kein Verbrecher sein, da er kleiner als min ist. Daher ist der Ko-Teiler Produkt endlich-vieler

Anordnung der natürlichen Zahlen

Thema	Definition	Beispiel 1	Beispiel 2	Beispiel 3
Reflexive Relation R	Va: aRa	1=1 ist wahr	1<1 ist falsch	1 ≥ 1 ist wahr
Transitive Relation R	Va,b,c: aRb ^ bRc -> aRc	1=1=1	1<2<3	1≥2≥3
Antisymmetrische Relation R	V a,b: aRb ^ bRa -> a=b	1=1	2<3 und 3<2	1≥2 und 2≥1
Halbordnung	Reflexiv, transitiv, antisymmetrisch	= ja	< nicht	≥ ja
Totale Relation R	V a,b: aRb v bRa	1=2 ist falsch	1<1 oder 1<1?	1≥2 oder 2≥1?
Ordnung	Halbordnung und total	= nicht	< nicht	≥ ja
Wohlordnung	Ordnung mit Minimums-Existenz für alle Teilmengen	Nicht sinnvoll für =	Min geraden Zahlen = 2	Minimum bzgl. ≥ ist ein Maximum
Minimum von T	V t ε T: min(T) ≤ t, min(T) ε T	Nicht sinnvoll für =	1=min {1,2,3}	3=min{3,2,1}
Maximum von T	V t ε T: max(T) ≥ t, max(T) ε T	Nicht sinnvoll für =	3=max{1,2,3}	1=max{3,2,1}
untere Schranke für T	V t ε T: u ≤ t	Nicht sinnvoll für =	0 für {1,2,3}	4 für {1,2,3}
obere Schranke für T	V t ε T: o ≥ t	Nicht sinnvoll für =	4 für {1,2,3}	4 für {1,2,3}
T beschränkt	Existenz unterer und oberer Schranken	Nicht sinnvoll für =	{1,2,3} beschränkt	{1,2,3} beschränkt

Anordnung der natürlichen Zahlen II

Thema	≤	<	≥	>
Reflexive Relation	TRUE	FALSE	TRUE	FALSE
Transitive Relation	TRUE	TRUE	TRUE	TRUE
Antisymmetrische Relation	TRUE	TRUE	TRUE	TRUE
Halbordnung	TRUE	FALSE	TRUE	FALSE
Totale Relation	TRUE	FALSE	TRUE	FALSE
Ordnung	TRUE	FALSE	TRUE	FALSE
Existenz eines Minimums	TRUE	TRUE	TRUE	TRUE
Wohlordnung	TRUE	FALSE	TRUE	FALSE
beschränkt = endlich	TRUE	TRUE	TRUE	TRUE
Beschränkt = Maximum-Existenz	TRUE	TRUE	TRUE	TRUE
Trichotomie			TRUE	
Intervalle	TRUE	TRUE	TRUE	TRUE
Monotonie bzgl. Addition und Multiplikation	TRUE	TRUE	TRUE	TRUE

Primzahlen. Es folgt, daß auch *min* Produkt dieser endlich-vielen Primzahlen ergänzt um die Primzahl p ist. Daher ist *min* doch kein Verbrecher ℓ.

Folgend werden die Varianten der **vollständigen Induktion erläutert**. Das Peano-Axiom für induktive Teilmengen lautet:

Ist X eine Menge, die die 0 enthält und mit jeder natürlichen Zahl $x \in X$ auch

ihren Nachfolger $x + 1 = \nu(x)$, beinhaltet X jede natürliche Zahl.

Dieses Axiom ist die Basis aller Induktionsbeweisvarianten. Sei $A(n)$ eine Aussageform in Abhängigkeit einer beliebigen natürlichen Zahl $n \in \mathbb{N}_0$. Man möchte einsehen, daß $A(n)$ für alle $n \in \mathbb{N}_0$ wahr ist. Zu diesem Zweck bilde man die Menge

$$X := \{n \mid n \in \mathbb{N}, A(n) = True\}.$$

Um zu zeigen, daß $A(n)$ für alle $n \in \mathbb{N}_0$ wahr ist, muss die Induktivität von X eingesehen werden:

(1) $0 \in X$(was äquivalent zu '$A(0)$ ist wahr.' ist)

(2) Für alle $x \in X$ gilt auch $x + 1 \in X$, was bedeutet: Ist für ein beliebiges $x \in \mathbb{N}_0$ die Aussage $A(x)$ als wahr vorausgesetzt, so ist auch $A(x + 1)$ als wahr einzusehen.

Aus dem Peano-Axiom für induktive Mengen folgt

$$X = \mathbb{N}_0,$$

was gleichwertig dazu ist, daß für alle $n \in \mathbb{N}_0$ die Aussage $A(n)$ wahr ist.

Beispielhaft betrachte man die Aussage, daß für alle $n \in \mathbb{N}_0$ die Aussage $2^n \geq n$ gilt. Es ist $2^0 = 1 \geq 0 = n$. Es sei für ein n die Aussage $2^n \geq n$ erfüllt. Dann ist $2^{n+1} = 2 \cdot 2^n \geq 2 \cdot n = n + n \geq n + 1$.

Eine Variante der Induktion ist, daß $A(n)$ für alle natürlichen Zahlen ab einer **bestimmten Grenze** n_0 wahr ist, also $A(n) = True$ für alle $n \in \mathbb{N}_0$ mit $n \geq n_0$ gilt. In diesem Zusammenhang zeigt man zwei Bedingungen für

$$X := \{n \mid n \in \mathbb{N}_0, n \geq n_0, A(n) = True\} :$$

(1) $n_0 \in X$, was äquivalent zu $A(n_0)$ ist wahr ist.

(2) Für alle $x \in X$ gilt auch $x + 1 \in X$, was bedeutet: Ist für ein beliebiges $x \in \mathbb{N}_0$ mit $x \geq n_0$ die Aussage $A(x)$ als wahr vorausgesetzt, so ist auch $A(x + 1)$ wahr.

Es soll eingesehen werden, daß $A(n)$ für alle $n \in \mathbb{N}_0$ mit $n \geq n_0$ wahr ist. Die Menge der natürlichen Zahlen grösser oder gleich n_0 bezeichnet man auch mit $\mathbb{N}_{\geq n_0}$. Entsprechend definiert man auch $\mathbb{N}_{\leq n_0}$, $\mathbb{N}_{< n_0}$ und $\mathbb{N}_{> n_0}$. Der Beweis der Richtigkeit dieses Verfahrens basiert auf einem Trick. Man betrachte dazu die Menge

$$T := \{n \mid n \in \mathbb{N}_0, A(n_0 + x) = True\}.$$

Wegen (1) gilt $0 \in T$. Sei $t \in T$. Es ist $A(n_0 + t)$ wahr. Sei $x := n_0 + t$. Es gilt $x \in X$, also nach (2) auch $x + 1 \in X$. Folglich ist auch $A(n_0 + t + 1)$ wahr. Damit gilt $t + 1 \in T$. T ist als induktiv erkannt und stimmt mit $\mathbb{N}_0$ überein. Daraus folgt die Behauptung. Für $n_0 = 0$ ergibt sich umgekehrt aus dieser Induktionsvariante die Urversion der Induktion. Beide Verfahren sind äquivalent.

Beispielhaft sei die Aussage bewiesen, daß die Summe der ersten n ungeraden Zahlen genau n^2 ist. Der Induktionsanfang ist bei $n = 1$ (und nicht bei $n = 0$). Die Summe der ersten 1 ungeraden Zahlen ist $1 = 1^2$. Sei die Summe der ersten n ungeraden Zahlen genau n^2, also $n^2 = 1 + 3 + ... + (2n - 1)$. Die nächste ungerade Zahl ist $2n + 1$. Mittels binomischer Formel erhält man $n^2 + 2n + 1 = (n + 1)^2$.

Wichtig bei jedem Induktionsbeweis ist, daß neben dem induktiven Schließen auch immer die Induktionsannahme gezeigt wird. Zur Veranschaulichung sei die offenbar falsche Aussage 'bewiesen', dass $2n + 1$ gerade ist. Im Induktionsschluss sei $2n + 1$ gerade. Es ist $2(n + 1) + 1 = 2n + 2 + 1 = (2n + 1) + 2$. Dieser Ausdruck ist als Summe zweier geraden Zahlen wiederum gerade. Es gelingt der Induktionsschluss. Aber die Annahme wurde nicht gezeigt! Diese ist falsch, da $2 \cdot 0 + 1 = 1$ ungerade ist.

Eine weitere Variante des Induktivbeweises ist die **Abschnittsinduktion**. Sie hat als Ziel zu zeigen, daß für alle $n \in \mathbb{N}_0$ die Aussage $A(n)$ wahr ist. Dazu zeigt man die folgende Aussage:

$$\forall k \in \mathbb{N}_0 : ((\forall l \in \mathbb{N}_{<k} : A(l)) \longrightarrow A(k)).$$

Man setzt also für ein beliebiges Element $k \in \mathbb{N}_0$ voraus, daß für alle echt kleineren Elemente l die Aussage $A(l)$ bereits wahr ist und folgere daraus die Wahrheit von $A(k)$. Dieses Vorgehen ist nur scheinbar eine stärkere Voraussetzung als die Urversion der vollständigen Induktion. Zum Beweis bildet man die Aussageform

$$B(n) := \forall l \in \mathbb{N}_{\leq n} : A(l).$$

Es genügt zu zeigen, daß $B(n)$ für alle $n \in \mathbb{N}_0$ wahr ist. Der Beweis erfolgt durch vollständige Induktion. $B(0)$ ist wahr, weil eine Allaussage über nicht existente Elemente wahr ist. Seien

$k \in \mathbb{N}_0$ und $B(k)$ wahr. Das bedeutet, daß $A(l)$ für alle $l < k + 1$ wahr ist. Folglich ist nach Voraussetzung ebenfalls $A(k + 1)$ wahr. Damit ergibt sich die Gültigkeit von $B(k + 1)$.

Es soll erneut bewiesen werden, daß jede natürliche Zahl ein Produkt endlich vieler Primzahlen ist. Ist die Zahl eine Primzahl, ist nichts zu beweisen. Im anderen Fall sei die Zahl zerlegt in zwei echte Teiler. Per Abschnittsinduktion ist die Behauptung wahr für die beiden Teiler, die kleiner als die Zahl sind. Die Teiler und damit auch die betrachtete Zahl sind folglich Produkt endlich-vieler Primzahlen.

2.1.1.2 Teilbarkeit in den natürlichen Zahlen

Die Zahl 6 lässt sich als Produkt von anderen natürlichen Zahlen schreiben:

$$6 = 1 \cdot 6 = 6 \cdot 1 = 2 \cdot 3 = 3 \cdot 2.$$

Die Faktoren innerhalb dieser Produkte nennt man Teiler. Die Zahlen $1, 2, 3, 6$ sind also Teiler der Zahl 6. Allgemein definiert man:

Definition 12 *(Teilbarkeit, Teiler) Seien n, t natürliche Zahlen. t ist ein* **Teiler** *von n, wenn es eine natürliche Zahl k gibt, so daß*

$$n = t \cdot k$$

gilt. Symbolisiert wird das Teilen durch

$$t \mid n.$$

$\diamond$

Die natürliche Zahl k in der Teilt-Darstellung $n = t \cdot k$ ist eindeutig bestimmt und wird der **Ko-Teiler** (von t bzgl. n genannt), denn: Seien k, l natürliche Zahlen, so daß $n = t \cdot k = t \cdot l$ gilt. Daraus folgt $0 = n - n = t \cdot k - t \cdot l = t \cdot (k - l)$. Wäre $k - l$ nicht Null, könnte man innerhalb der rationalen Zahlen $\mathbb{Q}$ weiterrechnen und erhielte den Widerspruch $0 = \frac{0}{k-l} = \frac{t \cdot (k-l)}{k-l} = t . \frac$. Folglich gelten $k - l = 0$ und $k = l$.

Der eindeutig bestimmte Ko-Teiler – und deshalb erlaubt der Beweis seiner Eindeutigkeit auch von *dem* **Ko-Teiler** zu reden – ist per Definition ebenfalls ein Teiler. Zu jedem Teiler gibt es genau einen Partner – den Ko-Teiler. Es kann viele verschiedene Teiler einer Zahl geben.

Die Teiler der natürlichen Zahl 6 sind genau die natürlichen Zahlen $1, 2, 3, 6$, denn: Ein Teiler ist stets kleiner oder gleich der zu teilenden natürlichen Zahl. Demnach sind nur die natürlichen Zahlen 1 bis 6 als Teiler der Zahl 6 möglich. Die Zahlen 4 und 5 teilen die natürliche Zahl 6 nicht. Es gibt keine natürliche Zahl k, so daß $6 = 4 \cdot k$ oder $6 = 5 \cdot k$ gilt. Anders ausgedrückt: beim Teilen der natürlichen Zahl 6 durch 4 oder 5 verbleibt ein Rest:

$$6 = 1 \cdot 4 + 2 = 1 \cdot 5 + 1.$$

Das **Teilen mit Rest** ist Inhalt des nächsten Abschnitts. Erwähnenswert ist, daß die Teilbarkeit mit der Multiplikation und nicht mit der Addition natürlicher Zahlen verknüpft ist. Inhalt ist, eine Zahl als Produkt und nicht als Summe von Zahlen darzustellen. Eine Summendarstellung gepaart mit einer Produktbildung wird im Abschnitt über die b-adische Zahlentwicklung eine Rolle spielen.

2.1.1.3 Teilen mit Rest

In einigen Fällen ist es sinnvoll, die natürlichen Zahlen um die neutrale Zahl 0 zu erweitern. Man symbolisiert diese Menge durch $\mathbb{N}_0$. Das **Teilen mit Rest** wurde bereits im vorherigen Abschnitt angesprochen. Der zugehörige mathematische Satz wird nun genauer gefasst.

Satz 13 *(Teilen mit Rest) Seien z, b zwei natürliche Zahlen. Dann gibt es genau zwei Zahlen $d, m \in \mathbb{N}_0$, so daß die folgenden zwei Eigenschaften erfüllt sind:*

(i) $0 \leq m \leq b - 1$

(ii) $z = b \cdot d + m$.

Beweis Der Beweis gliedert sich in einen Existenz- und Eindeutigkeitsteil.

Existenz Man betrachte die Menge der Vielfachen der Zahl b, die kleiner oder gleich z sind:

$$V(b \leq z) := \{v \mid \exists d \in \mathbb{N}_0 : v = b \cdot d \leq z\}.$$

Diese Menge ist nichtleer, denn 0 ist in ihr enthalten. Sie ist nach oben durch die Zahl z beschränkt. Also kann sie nur endlich viele Elemente besitzen. Sei v das Maximum der Menge $V(b \leq z)$. Per Definition der Menge $V(b \leq z)$ gibt es eine Zahl $d \in \mathbb{N}_0$, so daß $v = b \cdot d \leq z$ gilt. Man betrachte folgend die Differenz $z - v$. Wegen $v \in V(b \leq z)$ gilt $z - v \geq 0$. Wäre $z - v \geq b$, müsste $v + b \leq z$ und $v + b = b \cdot d + b = b \cdot (d + 1) > v$ erfüllt sein. Diese Aussagen widersprechen der Maximalität von $v \not{} $. Damit gelten für d und $m := v - b$ die Aussagen (i) und (ii).

Eindeutigkeit Seien $d, m \in \mathbb{N}_0$ und $\hat{d}, \hat{m} \in \mathbb{N}_0$ jeweils zwei Zahlen, die die Eigenschaften (i) und (ii) erfüllen. Es muss eingesehen werden, daß $d = \hat{d}$ und $m = \hat{m}$ gelten. Aus der Eigenschaft (ii) folgt $0 = z - z = b \cdot d + m - b \cdot \hat{d} - \hat{m}$. Also gilt $0 = b \cdot (d - \hat{d}) + (m - \hat{m})$. Diese Gleichung wird umformuliert zu $b \cdot (d - \hat{d}) = \hat{m} - m$. Somit sind auch die Beträge dieser Zahlen identisch: $\mid b \cdot (d - \hat{d}) \mid = \mid \hat{m} - m \mid$. Auf der linken Seite der Gleichung ist ein Vielfaches der Zahl b. Wegen (ii) ist der Betrag der rechten Seite derselben Gleichung höchstens $b - 1$ und damit echt kleiner als jedes positive Vielfache von b. Folglich müssen beide Zahlen Null sein. Das bedeutet aber $m = \hat{m}$ und $b \cdot (d - \hat{d}) = 0$. Diese Aussagen führen wegen $b \neq 0$ und der Nullteilerfreiheit zu $d = \hat{d}$.　　　　　$\diamond$

Der Satz erlaubt die Einführung folgender Begriffe:

Definition 13 *(Divisor, Modulus) Seien z, b zwei natürliche Zahlen. Dann gibt es wegen Satz 13 genau zwei Zahlen $d, m \in \mathbb{N}_0$, so daß die folgenden zwei Eigenschaften erfüllt sind:*

(i) $0 \leq m \leq b - 1$
(ii) $z = b \cdot d + m.$

Da m und d eindeutig bestimmt sind, vergibt man Namen und Schreibweisen. Die Zahl d wird **Divisor** *von z bzgl. b genannt – abgekürzt $DIV_b(z)$. Der Wert m wird mit* **Rest** *oder* **Modulus** *betitelt – in Zeichen $MOD_b(z)$. Mittels dieser Schreibweisen gilt wegen (ii) die Formel:*

$$z = b \cdot DIV_b(z) + MOD_b(z).$$

◇

Die bereits erwähnten Darstellungen

$$6 = 1 \cdot 4 + 2 = 1 \cdot 5 + 1$$

sind folglich die einzig möglichen beim Teilen der Zahl 6 durch 4 bzw. 5 mit Rest. Es gelten $DIV_4(6) = 1$, $MOD_4(6) = 2$, $DIV_5(6) = 1$ und $MOD_5(6) = 1$.

Man kann zu einer gegeben Zahl b auch $DIV_b(\cdot)$ und $MOD_b(\cdot)$ als Funktionen von $\mathbb{N}$ nach $\mathbb{N}_0$ auffassen. Diese weisen zu jeder Zahl z den Divisor bzw. den Rest von z beim Teilen durch b aus: $z \mapsto DIV_b(z)$ bzw. $z \mapsto MOD_b(z)$. Das Malnehmen mit b wird durch die Funktion $\cdot_b : \mathbb{N}_0 \longrightarrow \mathbb{N}$, $x \mapsto bx$ definiert. Für eine Menge M sei die identische Abbildung durch $id_M : M \longrightarrow M, x \mapsto x$ festgelegt. Sind A, B zwei Mengen, so sei $A \times B$ die Menge der Paare $(a; b)$, wobei $a \in A$ und $b \in B$ gelten. Sind $\alpha : A \longrightarrow A$ und $\beta : B \longrightarrow B$ zwei Abbildungen, so sei $(\alpha; \beta)$ die Abbildung von $A \times B$ nach $A \times B$ komponentenweise definiert durch $(a; b)(\alpha; \beta) := (a\alpha; b\beta)$ für alle $(a; b) \in A \times B$. Die folgende Graphik mag das Teilen mit Rest mit Hilfe der zuvor dargestellten Funktionen visualisieren.

$$
\begin{array}{ccc}
\mathbb{N} & \xrightarrow{\ id\ } & \mathbb{N} \\[2pt]
{\scriptstyle (DIV_b(\cdot); MOD_b(\cdot))}\Big\downarrow & & \Big\uparrow{\scriptstyle +} \\[2pt]
\mathbb{N}_0 \times \mathbb{N}_0 & \xrightarrow{(\cdot_b; id)} & \mathbb{N}_0 \times \mathbb{N}_0
\end{array}
$$

2.1.1.4 b-adische Zahldarstellung

Um b-adische Zahlentwicklungen beschreiben zu können, benötigt man sog. Potenzen und Summen von Zahlen. Betrachtet man erneut die Zahl 6, können zu dieser Zahl Potenzen durch iteriertes Multiplizieren gebildet werden:

$$6^1 := 6$$
$$6^2 := 6 \cdot 6$$
$$6^3 := 6^2 \cdot 6 = 6 \cdot 6 \cdot 6$$
$$\cdots \quad .$$

Es ist bereits bewiesen worden, daß die Teiler der Zahl 6 genau die Zahlen $1, 2, 3, 6$ sind. Ihre Summe ist $1 + 2 + 3 + 6 = 12 = 2 \cdot 6$. Definiert man $t_1 := 1, t_2 := 2, t_3 := 3, t_4 := 6$, kann $t_1 + t_2 + t_3 + t_4$ gebildet werden. Diese Summe ergibt 12. Das sog. Summenzeichen verkürzt das Notieren einer derartigen Summe.

$$\sum_{i=1}^{4} t_i := t_1 + t_2 + t_3 + t_4.$$

Potenzen und Summen werden nun allgemein für natürliche Zahlen $\mathbb{N}$ eingeführt.

Definition 14 *(Potenzen, Summenzeichen) Seien $a \in \mathbb{N}$, $n, r \in \mathbb{N}$ und $a_1, \ldots, a_r \in \mathbb{R}$.*

(i) Rekursiv wird die n-te **Potenz** *von a definiert durch*

$$a^0 := 1 \quad ,$$
$$a^1 := a \quad und$$
$$a^n := a^{n-1} \cdot a \ .$$

(ii) Die **Summe** *der Zahlen $a_1, \ldots, a_r$ wird durch*

$$\sum_{i=1}^{r} a_i := a_1 + \cdots + a_r$$

symbolisiert. $\diamond$

Den Spezialfall $n = 2$ des Potenzierens – also a^2 – nennt man **Quadrieren** und spricht vom **Quadrat** der Zahl a. Mit Hilfe des Potenzierens und Summierens wird die *b*-**adische Zahlentwicklung** beschrieben. Zunächst werden einige Beispiele betrachtet, bevor allgemeine Definitionen und Resultate formuliert und bewiesen werden. Jedem geläufig sind die Schreibweisen $6, 66, 666$ und 259. Bereits diese Zahlenreihen sind Darstellungen im sog. **Dezimalsystem:**

$$
\begin{aligned}
6 &= 6 \cdot 1 &&= 6 \cdot 10^0, \\
66 &= 6 \cdot 1 + 6 \cdot 10 &&= 6 \cdot 10^0 + 6 \cdot 10^1, \\
666 &= 6 \cdot 1 + 6 \cdot 10 + 6 \cdot 100 &&= 6 \cdot 10^0 + 6 \cdot 10^1 + 6 \cdot 10^2 \ und \\
259 &= 9 \cdot 1 + 5 \cdot 10 + 2 \cdot 100 &&= 9 \cdot 10^0 + 5 \cdot 10^1 + 2 \cdot 10^2.
\end{aligned}
$$

Erkennbar ist, daß die Schreibweise 666 eine Summe von mit **Vorfaktoren** versehenden 10-er Potenzen ist und daß die Vorfaktoren höchstens 9 groß sind. Um derartige Darstellungen geht es im weiteren Verlauf. Dabei werden allgemeiner statt der Zahl 10 – also dem Dezimalsystem – andere sog. **Basen** zugelassen, wie etwa die Basis 2 für das **Binärsystem**. Folgend wird der zentrale Begriff der b-adischen Darstellung definiert. In diesem Zusammenhang werden nur Darstellungen von natürlichen Zahlen betrachtet, da diese für den hier vorgestellten Anwendungsfall ausreichend sind. Für eine natürliche Zahl r ist bereits die Menge der ersten r natürlichen Zahl durch $\underline{r} := \{1, \ldots, r\}$ abgekürzt worden. Die Menge der ersten r natürlichen Zahlen inkl. der 0 sei durch $\underline{r}_0 := \{0, 1, \ldots, r\}$ symbolisiert.

Definition 15 *(b-adische Darstellung) Seien $b \in \mathbb{N}$ mit $b \geq 2$ und $z, r \in \mathbb{N}$. Ein $r + 1$-Tupel $(z_r, \ldots, z_1, z_0)$ heißt eine b-**adische Darstellung von** z, wenn folgende Bedingungen erfüllt sind:*

(i) Für alle $i \in \underline{r}_0$ gilt $0 \leq z_i \leq b - 1$.

(ii) $z = \sum_{i=0}^{r} z_i b^i.$

In diesem Fall wird z ebenfalls in der alternativen Schreibweise $(z_r \ldots z_1 z_0)_b$ notiert. Die Zahl b wird Basis genannt.　　　　　　　　　　　　　　　　　　　◇

Weitere Bezeichnungen werden benötigt. Sind A, B, C Mengen und $f : A \longrightarrow B$, $g : B \longrightarrow C$ zwei Funktionen, können diese **hintereinanderausgeführt** werden. Es entsteht die neue Funktion

$$fg : A \longrightarrow C, x \mapsto (xf)g.$$

Es wird auf das Element x zunächst die Funktion f ausgeführt und der Funktionswert $xf \in B$ gebildet. Auf xf kann die Funktion g angewendet werden. Es gilt $(xf)g$ in C. Ist nun speziell $B = A$, kann beliebig oft f mit sich selbst ausgeführt werden. Man definiert **Potenzen der Funktion** f rekursiv durch

$$f^0 := id_A, \, f^1 := f \text{ und } f^n := (f^{n-1})f$$

für alle $n \in \mathbb{N}$.[1]

Zentrale Einsicht ist, daß eine b-adische Zahldarstellung existiert und eindeutig ist. Zusätzlich kann sogar beschrieben werden, wie eine derartige Zahldarstellung algorithmisch berechnet werden kann. Diese Aussage wird für den Informatik-Teil von Bedeutung sein. Auf dieser Basis ist eine Programmierung möglich. Erstaunlicherweise erschließen sich alle Ergebnisse allein aus den bisherigen Erkenntnissen zum Teilen mit Rest.

---

[1] Statt xf ist auch der Ausdruck $f(x)$ gebräuchlich. Die Hintereinanderausführung von f und g wird auch durch $g \circ f$ symbolisiert.

Satz 14 *(Satz von der b-adischen Zahlentwicklung) Seien $b \in \mathbb{N}$ mit $b \geq 2$ und $z \in \mathbb{N}$. z besitzt genau eine b-adische Darstellung.*

Beweis Der Beweis gliedert sich in einen Existenz- und einen Eindeutigkeitsteil.

Eindeutigkeit Man betrachte eine b-adische Zerlegung von z, etwa $z = \sum_{i=0}^{r} z_i b^i$. Teilt man z durch b mit Rest, sind der Divisor und der Rest nach Satz 13 eindeutig bestimmt. Es gilt

$$z = \sum_{i=0}^{r} z_i b^i = b \cdot \left(\sum_{i=1}^{r} z_i b^{i-1} \right) + z_0.$$

Also gelten $MOD_b(z) = z_0$ und $DIV_b(z) = \sum_{i=1}^{r} z_i b^{i-1}$. Eine erneute Anwendung des Teilen mit Rest auf den Divisor führt zu $z_1 = MOD_b(DIV_b(z))$. Analog ergibt sich $z_2 = MOD_b(DIV_b(DIV_b(z))) = MOD_b(DIV_b^2(z))$. Induktiv kann auf diese Weise

$$z_i = MOD_b(DIV_b^i(z))$$

für alle $i \in \underline{r}_0$ abgeleitet werden. Man kann folglich die Bestandteile jeder b-adischen Darstellung eindeutig durch iteriertes Teilen mit Rest bestimmen. Deshalb sind die Ziffern nach Satz 13 eindeutig bestimmt.

Existenz Als Vorüberlegung wird zunächst gezeigt, daß aus $z \geq b$ die Eigenschaft $DIV_b(z) < z$ folgt. Ist nämlich $z \geq b$, gelten $DIV_b(z) \geq 1$ und – wegen $MOD_b(z) \geq 0$ und $b \geq 2$ –

$$z = DIV_b(z) \cdot b + MOD_b(z) \geq DIV_b(z) \cdot b > DIV_b(z).$$

Ist $z \leq b - 1$, stellt $z = 0 \cdot b + z$ eine b-adische Darstellung von z dar. Man betrachte den Fall $z \geq b$ und teile z durch b mit Rest. Es gilt $z = DIV_b(z) \cdot b + MOD_b(z)$. Nach der Vorüberlegung gilt $DIV_b(z) < z$. Induktiv besitzt bereits $DIV_b(z)$ eine b-adische Zahlzerlegung, etwa $DIV_b(z) = \sum_{i=0}^{r} x_i b^i$ mit geeigneten $r \in \mathbb{N}$ und $0 \leq x_i \leq b - 1$ für alle $i \in \underline{r}_0$. Definiert man $z_0 := MOD_b(z)$ und $z_i := x_{i-1}$ für alle $i \in \underline{r+1}$, erhält man:

$$z = DIV_b(z) \cdot b + MOD_b(z) = \left(\sum_{i=0}^{r} x_i b^i \right) \cdot b + MOD_b(z) = \sum_{i=0}^{r+1} z_i b^i.$$

Folglich ist induktiv eine b-adische Darstellung für z ermittelt worden. $\diamond$

Die Argumentation innerhalb des Existenzbeweis kann verwendet werden, um folgenden Algorithmus zur Berechnung einer b-adischen Darstellung zu definieren:

Algorithmus 1 *(b-adische Zahldarstellung)* Seien $b \in \mathbb{N}$ mit $b \geq 2$ und $z \in \mathbb{N}$. Es wird definiert:

$$z_0 := MOD_b(z).$$

Ist $DIV_b(z) \leq b - 1$, endet der **Algorithmus**. Anderenfalls wird

$$z_1 := MOD_b(DIV_b(z)).$$

definiert. Wende nun das Verfahren erneut auf $DIV_b(DIV_b(z)) = DIV_b^2(z)$ und $DIV_b^i(z)$ für fortlaufende $i \in \mathbb{N}$ an. Das Verfahren endet, wenn es ein $r \in \mathbb{N}$ gibt, so daß $DIV_b^r(z) = 0$ ist. Diese Eigenschaft ist durch die Vorüberlegung im Existenzbeweis zu Satz 14 sichergestellt. Jede Zahl $z \geq b$ erfüllt die Eigenschaft $DIV_b(z) < z$. Demnach werden die Zahlen $DIV_b^i(z)$ für fortlaufende $i \in \mathbb{N}$ immer kleiner, solange sie nicht kleiner gleich $b - 1$ sind. Letzterer Wert muss nach endlich vielen Schritten erreicht werden, da zwischen 0 und z nur endlich viele verschiedene Zahlen existieren. Durch diese Vorschrift sind

$$z_i := MOD_b(DIV_b^i(z))$$

definiert. Es gilt

$$z = (z_r z_{r-1} \ldots z_1 z_0)_b.$$

$\diamond$

Als Beispiele zum Algorithmus 1 werden betrachtet:

(i) Zahl $z = 6$, Basis $b = 10$, $6 = (6)_{10}$:

$$6 = 0 \cdot 10 + 6$$

(ii) Zahl $z = 66$, Basis $b = 9$, $66 = (73)_9$:

$$66 = 7 \cdot 9 + 3$$
$$7 = 0 \cdot 9 + 7$$

(iii) Zahl $z = 666$, Basis $b = 8$, $666 = (1232)_8$:

$$666 = 83 \cdot 8 + 2$$
$$83 = 10 \cdot 8 + 3$$
$$10 = 1 \cdot 8 + 2$$
$$1 = 0 \cdot 8 + 1.$$

Die Umkehrung, aus einer b-adischen Darstellung die (Dezimal-)Zahl zu ermitteln, ist in folgender Bemerkung behandelt:

Bemerkung 5 *(Ermittlung Zahl aus b-adischer Darstellung)* Seien $b \in \mathbb{N}$ mit $b \geq 2$, $z, r \in \mathbb{N}$ und $(z_r \ldots z_1 z_0)_b$ eine b-adische Darstellung von z. Per Definition gilt

$$z = (z_r \ldots z_1 z_0)_b = \sum_{i=0}^{r} z_i b^i.$$

Es müssen Summen von Potenzen von b mit Vorfaktoren berechnet werden. Folgende Beispiele illustrieren obige Berechnungsformel:

$$
\begin{aligned}
(6)_{10} &= & 6 \cdot 10^0 &= & 6 \\
(37)_9 &= & 3 \cdot 9^0 + 7 \cdot 9^1 &= & 66 \\
(2321)_8 &= 2 \cdot 8^0 + 3 \cdot 8^1 + 2 \cdot 8^2 + 1 \cdot 8^3 &= 666 \\
(110000001)_2 &= & 2^0 + 2^2 + 2^8 &= & 259.
\end{aligned}
$$

$\diamond$

Der Abschnitt wird mit einer Übersicht zu bekannten Zahlensystemen beendet, die in Tab. 2.1 dargestellt wird.

2.1.2 Transfer zur Praxis

Die bisherigen mathematischen Erkenntnisse werden verwendet, um das logistische Problem der **Fehlercode-Übermittlung** mathematisch zu lösen. Am Informationspunkt ermittelt das **MFS** (Materialfluss-System) für jede einzulagernde Palette Palettenfehler auf Basis von Lasertechnik. Potentielle **Fehler** sind in Tabelle 2.2 dargestellt.

Das MFS ermittelt zunächst zu jedem ermittelten Fehler die **Fehlernummer**, wie etwa 000 für 'Barcode nicht scannbar', 001 für 'doppelter Barcode existent' und 008 für 'Paletten-Konturenfehler' hinten. Anschließend wird der **Fehlercode** der Palette als $2^{000} + 2^{001} + 2^{008} = 259$ ermittelt (siehe Bemerkung 5). Der Code wird dem **LVS** (Lagerverwaltungssystem) datentechnisch übermittelt. Der Fehlercode muss im LVS wieder in eine **Binärzahl** **zerlegt** werden. Zu diesem Zweck kann der Algorithmus 1 verwendet werden. Im Beispiel muss der **Zerlegungs-Algorithmus** den Fehlercode 259 in eine Binärzahl umwandeln: Zahl $z = 259$, Basis $b = 2$, $259 = (100000011)_2$:

$$
\begin{aligned}
259 &= 129 \cdot 2 + 1 \\
129 &= 64 \cdot 2 + 1 \\
64 &= 32 \cdot 2 + 0 \\
32 &= 16 \cdot 2 + 0 \\
16 &= 8 \cdot 2 + 0 \\
8 &= 4 \cdot 2 + 0 \\
4 &= 2 \cdot 2 + 0 \\
2 &= 1 \cdot 2 + 0 \\
1 &= 0 \cdot 2 + 1.
\end{aligned}
$$

Tab. 2.1 Zahlsysteme

Zahlensystem	Basis	Vorfaktoren	Beispiel	alternative Benennung und Verwendung
Dezimalsystem	10	$0, 1, \ldots 9$	1001	dekadisches System oder Zehnersystem Geld-, Längen- und Gewichtsmessung
Binärsystem	2	$0, 1$	$(1001)_2$	Dualsystem oder Zweiersystem unser Logistik-Beispiel
Ternärsystem	3	$0, 1, 2$	$(1001)_3$	Dreiersystem oder triadisches System russische Computertechnologie
Quaternärsystem	4	$0, 1, 2, 3$	$(1001)_4$	Vierersystem Speicherung der DNSund RNS
Quinärsystem	5	$0, 1, 2, 3, 4$	$(1001)_5$	Fünfersystem ADFGX-Verfahren im 1. Weltkrieg Strukturierung von Wappen (Heraldik)
Senärsystem	6	$0, 1, 2, 3, 4, 5$	$(1001)_6$	Sechsersystem oder Hexalsystem ADFGVX-Verfahren im 1.ten Weltkrieg Passworterzeugung mit der Diceware-Methode
Oktalsystem	8	$0, 1, \ldots 7$	$(1001)_8$	Achtersystem Transpondercode in Flugzeugen Dateizugriffsrechte
Duodezimalsystem	12	$0, 1, \ldots 11$	$(13)_{12}$	Zwölfersystem Gewichtsmessung (Dutzend, Unze) Zählzahlen in Nigeria
Hexadezimalsystem	16	$0, 1, \ldots 15$	$(1001)_{16}$	Hexadekadisches oder 60er System Assembler; Datenverarbeitung
Sexagesimalsystem	60	$0, 1, \ldots 59$	$(111)_{60}$	Hexagesimalsystem oder Sechzigersystem Zeit- und Winkelberechnung

Dem LVS ist ebenfalls obige Fehlercode-Tabelle bekannt. Folglich berechnet das LVS, daß der Fehlercode 259 die Fehler 000, 001 und 008 verschlüsselt. Hintergrund ist, daß nur diese drei Exponenten zur Basis 2 mit Vorfaktoren ungleich Null in der Binärzerlegung des Fehlercodes vorliegen. Am Terminal des Kontrollplatzes werden entsprechende Texte zu den Fehlern angezeigt. Im Beispiel-Fall sind dies

Tab. 2.2 Palettenfehler

Fehlernummer	Fehlertext
000	Barcode nicht scannbar
001	doppelter Barcode existent
002	Barcodedaten fehlerhaft übermittelt
003	Paletten-Konturendaten fehlerhaft übermittelt
004	Paletten-Konturenkontrolle nicht durchführbar
005	Paletten-Konturenfehler links
006	Paletten-Konturenfehler rechts
007	Paletten-Konturenfehler vorne
008	Paletten-Konturenfehler hinten
009	Paletten-Konturenfehler links
010	Links
011	Rechts
012	vordere Kante
013	hintere Kante
014	Höhe nicht ermittelbar
015	Höhe zu groß
016	Gewicht nicht ermittelbar
017	Gewicht zu groß
018	Palettenfuß defekt
019	Palettenfußfreiraum verdeckt.

Barcode nicht scannbar
doppelter Barcode existent
Paletten-Konturenfehler hinten.

Mitarbeiter sollten die angezeigten Fehler beheben und die Palette erneut zum I-Punkt für einen weiteren Einlagerungsversuch transportieren lassen. Der NIO-Platz der Fördertechnik muss angesteuert werden, wenn eine Fehlerbehebung nicht möglich ist oder zu lange dauern würde. Am NIO-Platz wird die Palette zur manuellen Bearbeitung von der automatischen Fördertechnik abgenommen.

Chargenschnittstelle 3

3.1 Mathematik

3.1.1 Theoretischer Hintergrund

3.1.1.1 Relationen und Funktionen

Die Teiler der Zahl 6 sind die Zahlen 1, 2, 3 und 6, in Zeichen 1 | 6, 2 | 6, 3 | 6 und 6 | 6. Folglich besitzen die Zahlenpaare $(1; 6)$, $(2; 6)$, $(3; 6)$ und $(6; 6)$ bzgl. des Teilens | eine Beziehung zueinander. Allgemein gilt für zwei Zahlen a, b die Beziehung 'a teilt b' – in Zeichen $a \mid b$ –, wenn es eine Zahl c gibt, so daß $b = a \cdot c$ gilt. Man sagt, daß das Zahlenpaar $(a; b)$ in Relation bzgl. des Teilens | steht. Definiert man

$$\mid := \{(a; b) \mid a, b \in \mathbb{Z}, \exists c \in \mathbb{Z} : b = a \cdot c\},$$

ist die Schreibweise $a \mid b$ gleichwertig zu $(a; b) \in \mid$. Es gelten $(1; 6)$, $(2; 6)$, $(3; 6)$, $(6; 6) \in \mid$ und $(4; 6)$, $(5; 6) \notin \mid$. Ebenfalls sind $(1; 3)$, $(3; 3) \in \mid$ und $(2; 3) \notin \mid$ erfüllt. Das Teilen kann als Teilmenge von $\mathbb{Z} \times \mathbb{Z}$ aufgefasst werden. Diese Sichtweise führt zur allgemeinen Definition einer Relation.

Definition 16 *(Relation) Seien A, B Mengen. Eine* **Relation** *R zwischen A und B ist eine Teilmenge der Paarmenge A $\times$ B. Ist ein Paar $(a; b)$ in R enthalten, schreibt man statt $(a; b) \in R$ auch $a\,Rb$. Man sagt, daß a in Relation mit b bzgl. R steht. Ist speziell A = B erfüllt, spricht man von einer Relation auf A. Als* **Umkehrrelation** *definiert man $R^{-1} := \{(b; a) \mid (a; b) \in R\}$.* ◇

Die folgende Grafik illustriert den Begriff der Relation.

© Der/die Autor(en), exklusiv lizenziert an Springer-Verlag GmbH, DE, ein Teil von Springer Nature 2026
S. Wirsing, *SMILE - Vertiefungsband Mathematik für die Logistik*, Schule für Mathematik, Informatik, Logistik und Erfolg, https://doi.org/10.1007/978-3-662-72678-5_3

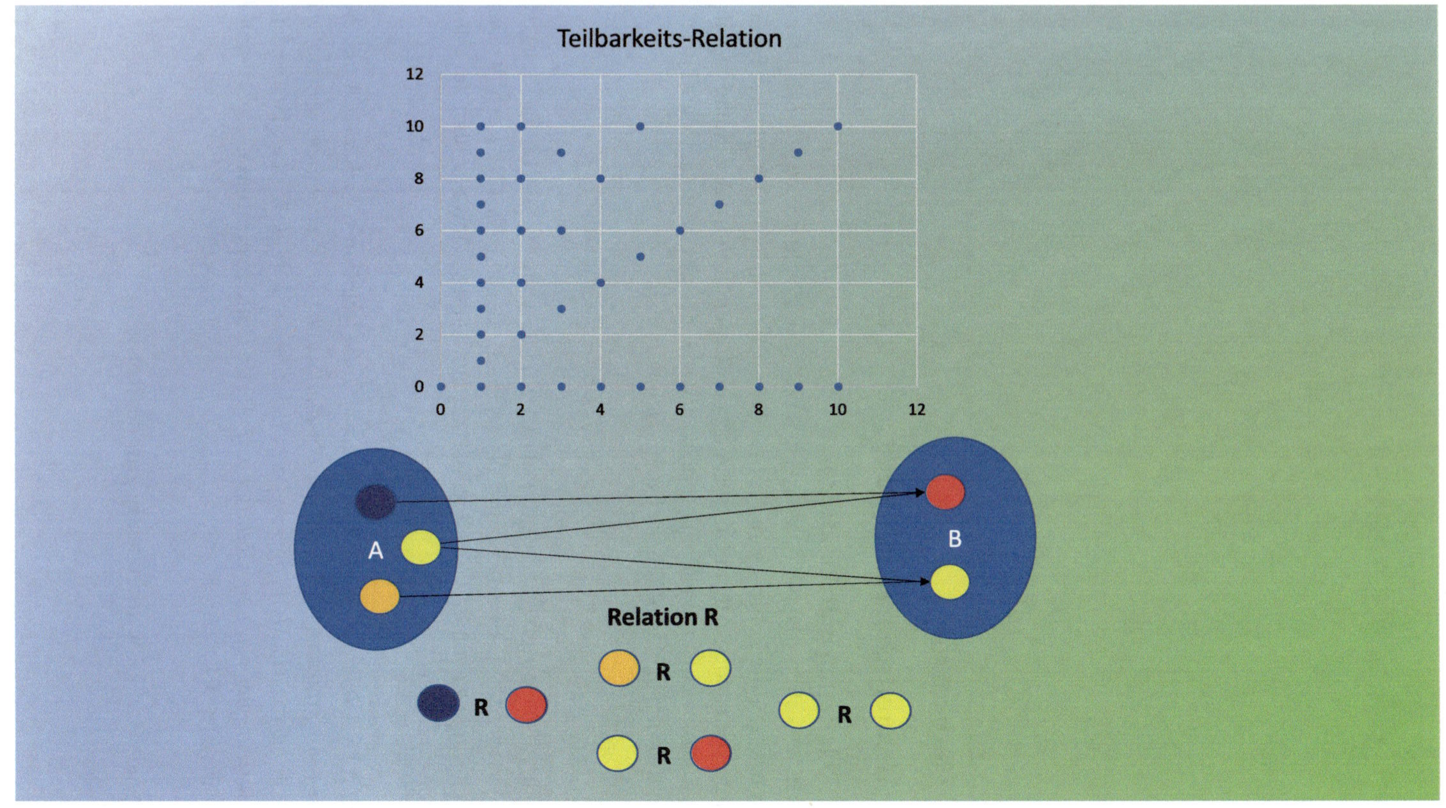

Teilbarkeits-Relation
12
10
8
6
4
2
0
0 2 4 6 8 10 12
A
B
Relation R
R
R
R
R

Für die Relation | gelten 1 | 6 und 1 | 3. Es können also Relations-Paare mit unterschiedlicher zweiten, aber gleicher ersten Komponente existieren. Für jedes Element $z \in \mathbb{Z}$ gilt $(z; 2z) \in |$. Als zweites Beispiel sei für eine reelle Zahl x die Relation

$$\cdot_x := \{(a; b) \mid b = a \cdot x\}$$

betrachtet. $\cdot_x$ ist eine Relation auf $\mathbb{R}$. Die **zweite Komponente** eines Paares aus $\cdot_x$ ergibt sich durch das Malnehmen mit x mit der **ersten Komponente**. Seien $a, \hat{a}$ zwei reelle Zahlen, so daß $a = \hat{a}$ gelte. Dann gilt $a \cdot x = \hat{a} \cdot x$. Anders ausgedrückt: die zweite Komponente ist durch die erste Komponente eindeutig bestimmt. Für jedes Element $r \in \mathbb{R}$ ist die Eigenschaft $(r; xr) \in \cdot_x$ erfüllt. Derartige Relationen nennt man **Funktionen.**

Definition 17 *(Funktion, Abbildung) Seien A, B zwei Mengen. Eine **Funktion** (auch **Abbildung** oder **Zuordnung** genannt) f zwischen A und B ist eine Relation zwischen A und B, die folgende Eigenschaften erfüllt:*

(i) Für alle $(a; b), (\hat{a}; \hat{b}) \in f$ folgt aus $a = \hat{a}$ schon $b = \hat{b}$. – **Rechtseindeutigkeit**
(ii) Für alle $a \in A$ existiert ein $b \in B$, so daß $(a; b) \in f$ gilt. – **Linkstotalität**

*Ist ein Paar $(a; b)$ in f enthalten, notiert man statt $(a; b) \in f$ bzw. statt afb auch $f(a) = b$ oder $b = af$. Man nennt $f(a), af, a \mapsto \dots$ den **Funktionswert** von f an der Stelle a. a wird als **Urbild** von $b = f(a)$ betitelt. Die Menge A heißt **Definitions-** und die Menge B **Wertemenge** von f. f wird auch durch*

$$f : A \longrightarrow B, x \mapsto f(x)$$

*deklariert. In diesem Zusammenhang beachte man, daß jedem Element $a \in A$ genau ein Element $f(a) \in B$ zugeordnet wird. Die **Bildmenge** von f definiert man durch*

$$Bild(f) := \{b \mid b \in B, \exists a \in A : b = f(a)\}.$$

◇

Folgende Grafik illustriert den Funktions-Begriff.

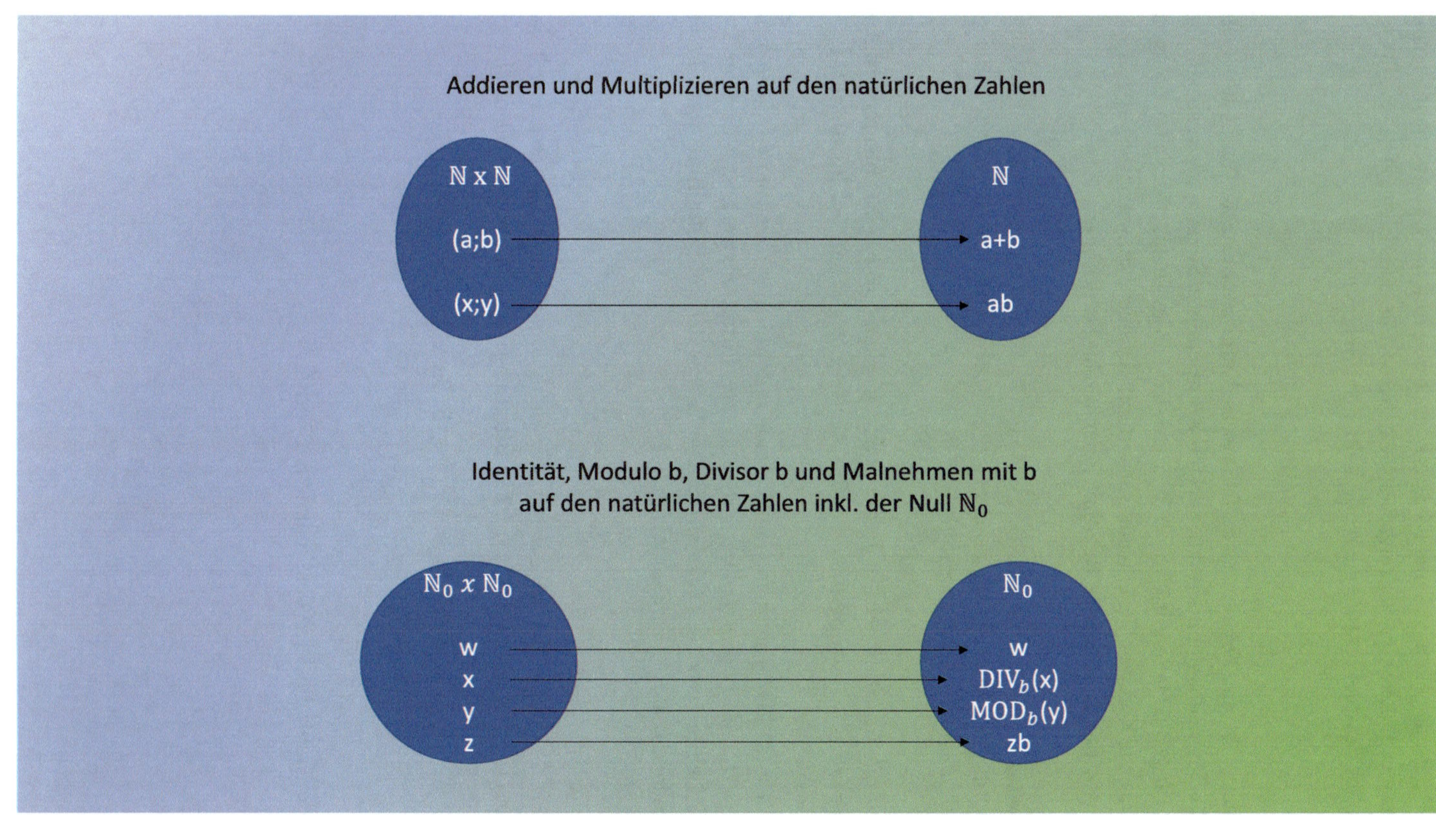

Addieren und Multiplizieren auf den natürlichen Zahlen
$\mathbb{N} \times \mathbb{N}$
(a;b)
(x;y)
$\mathbb{N}$
a+b
ab
Identität, Modulo b, Divisor b und Malnehmen mit b
auf den natürlichen Zahlen inkl. der Null $\mathbb{N}_0$
$\mathbb{N}_0 \times \mathbb{N}_0$
w
x
y
z
$\mathbb{N}_0$
w
$DIV_b(x)$
$MOD_b(y)$
zb

Im Abschnitt über das Teilen mit Rest wurden bereits einige Funktionen vorgestellt.

(i) $+$ auf $\mathbb{N}_0$

(ii) $\cdot$ auf $\mathbb{N}_0$

(iii) $\cdot_b$ auf $\mathbb{N}_0$ für ein $b \in \mathbb{N}_0$

(iv) der Spezialfall $\cdot_0$ auf $\mathbb{N}_0$

(v) der Spezialfall $\cdot_1$ auf $\mathbb{N}_0$

(vi) $\cdot_b$ auf $\mathbb{Q}_0$ für ein $b \in \mathbb{N}_0$

(vii) $DIV_b(\cdot)$ als Funktion auf $\mathbb{N}_0$ für ein $b \geq 2$

(viii) $MOD_b(\cdot)$ als Funktion auf $\mathbb{N}_0$ für ein $b \geq 2$

(ix) $MOD_b(\cdot)$ als Funktion zwischen $\mathbb{N}_0$ und $\underline{b}_0$ für ein $b \geq 2$.

Es werden die Bild- und Urbildmenge untersucht.

Sei $n \in \mathbb{N}_0$. Wegen $n = n + 0$ und $n = n \cdot 1$ gilt $Bild(+) = Bild(\cdot) = \mathbb{N}_0$. Jedes Element der Wertemenge von $+$ und $\cdot$ wird demnach als Funktionswert angenommen. Die Zahl 2 ist sowohl mit $1 + 1$ als auch mit $2 + 0$ identisch. Die Zahl 4 stimmt mit $2 \cdot 2$ und $1 \cdot 4$ überein. Aus diesem Grund gibt es Elemente der Bildmenge, die mehr als nur ein Urbild unter $+$ bzw. unter $\cdot$ besitzen.

Folgend wird die Funktion $\cdot_b$ in den vier aufgelisteten Varianten betrachtet. Das Malnehmen mit 1 ist die Identität. Jedes Element der Wertemenge besitzt unter der Identität genau ein Urbild. Es ist das Element selbst. Das Malnehmen mit Null besitzt als Funktionswert nur den Wert 0. Seine Urbildmenge stimmt mit $\mathbb{N}_0$ überein. Das Malnehmen mit b auf $\mathbb{N}_0$ besitzt als Wertemenge alle Vielfachen von b. Das Element $b + 1$ ist für $b \geq 2$ kein Vielfaches von b. Wäre $b + 1 = v \cdot b$ mit einem Element $v \in \mathbb{N}_0$ darstellbar, würde $(v - 1)b = 1$ erfüllt sein. Ist $v = 0$, wäre $(v-1)b = -b < 1$ ein Widerspruch $\lightning$. Im Fall $v = 1$ wäre $(v-1)b = 0 = 1$ ein Widerspruch $\lightning$. Für $v \geq 2$ würde $(v - 1)b \geq b > 2$ gelten. $\lightning$ Betrachtet man allerdings das Malnehmen auf $\mathbb{Q}_0$, ist $\frac{x}{b}$ ein Urbild für x. In diesem Fall ist die Bildmenge ganz $\mathbb{Q}_0$. Seien $x, y \in \mathbb{Q}_0$ mit gleichen Funktionswerten $xb = yb$. Ein Teilen durch $b \neq 0$ ergibt $x = y$. Jeder Funktionswert besitzt folglich genau ein Urbild.

Abschließend werden die Funktionen MOD_b und DIV_b untersucht. Die Bildmenge der Funktion MOD_b stimmt mit $\underline{b-1}_0$ überein. Je nach Betrachtungsweise besitzt jedes Element der Wertemenge ein Urbild oder auch nicht. Ist $0 \leq x \leq b-1$ ein Funktionswert, ist die Menge aller Urbilder von x genau die Menge $\{z \mid \exists v \in \mathbb{N}_0 : z = vb + x\}$. Diese Menge beinhaltet die um x verschobenen Vielfachen von b und ist unendlich. Sei $n \in \mathbb{N}_0$. Wegen $DIV_b(nb) = n$ besitzt jedes Element aus der Wertemenge ein Urbild. Die Wertemenge ist folglich genau die Bildmenge. Zu einem Element $n \in \mathbb{N}$ ist die Menge aller Urbilder genau

$\{z \mid \exists\, 0 \le x \le b - 1 : z = nb + x\}$. Es sind die um x verschobenen Elemente von nb um ein Element x aus $\underline{b-1}$. Beide Aussagen folgen direkt aus dem Satz des Teilens mit Rest (siehe Satz 13).

Obige Analysen führen auf Eigenschaften von Funktionen.

Definition 18 *(injektiv, surjektiv, bijektiv) Seien A, B Mengen und f eine Funktion zwischen A und B.*

f heißt **surjektiv**, *wenn $B = Bild(f)$ gilt. Diese Aussage ist genau dann erfüllt, wenn es zu jedem Element $b \in B$ mindestens ein Element $a \in A$ gibt, so daß $b = f(a)$ gilt.*

f heißt **injektiv**, *wenn jeder Funktionswert von f genau ein Urbild besitzt. Für alle $a, \hat{a} \in A$ folgt aus $f(a) = f(\hat{a})$ schon $a = \hat{a}$.*

f heißt **bijektiv**, *wenn f sowohl injektiv als auch surjektiv ist.* $\diamond$

In Tab. 3.1 werden Eigenschaften zur Injektivität, Surjektivität und Bijektivität obiger Funktionen zusammengefasst.

Statt von einer injektiven, surjektiven und bijektiven Funktion spricht man von einer **Injektion, Surjektion** und **Bijektion.** Sei $f : A \longrightarrow B$ eine Funktion. Ist f injektiv, ist ihre Umkehrrelation f^{-1} eine Funktion. Sind $(b; a), (b'; a) \in f^{-1}$, gilt $(a; b), (a; b') \in f$. Aus der Injektivität von f folgt $b = b'$. Wegen $(f^{-1})^{-1} = f$ ist mittels erneuter Anwendung dieser Aussage genau dann eine Funktion f injektiv, wenn ihre Umkehrrelation eine injektive Funktion ist. Die **Umkehrfunktion** ist nur auf der Bildmenge von f als Wertemenge definiert. Sie besitzt als Bildmenge die komplette Wertemenge von f. Ist aber f zusätzlich surjektiv, ist f^{-1} auf ganz $B = Bild(f)$ definiert und somit surjektiv (da das Bild von

Tab. 3.1 Beispiele zu Funktionseigenschaften

Relation	Funktion	Injektiv	Surjektiv	Bijektiv
$+$ auf $\mathbb{N}_0$	Ja	Nein	Ja	Nein
$\cdot$ auf $\mathbb{N}_0$	Ja	Nein	Ja	Nein
$\cdot_b$ auf $\mathbb{N}_0$, $b \ge 2$	Ja	Ja	Nein	Nein
$\cdot_0$ auf $\mathbb{N}_0$	Ja	Nein	Nein	Nein
$\cdot_b$ auf $\mathbb{Q}$, $b \ge 2$	Ja	Ja	Ja	Ja
$id_{\mathbb{N}_0} = \cdot_1$	Ja	Ja	Ja	Ja
$MOD_b(\cdot)$ $(b \ge 2)$: $\mathbb{N}_0 \longrightarrow \mathbb{N}_0$	Ja	Nein	Ja	Nein
$DIV_b(\cdot)$ $(b \ge 2)$: $\mathbb{N}_0 \longrightarrow \mathbb{N}_0$	Ja	Nein	Nein	Nein
$DIV_b(\cdot)$ $(b \ge 2)$: $\mathbb{N}_0 \longrightarrow \underline{b-1}_0$	Ja	Nein	Ja	Nein

f^{-1} per Definition ganz A ist). Folglich ist für eine bijektive Abbildung $f : A \longrightarrow B$ ihre Umkehrfunktion $f^{-1} : B \longrightarrow A$ ebenfalls bijektiv. Aus der Definition der Umkehrrelation gilt in diesem Fall zudem $f^{-1}f = id_B$ und $ff^{-1} = id_A$. Sei umgekehrt $g : B \longrightarrow A$ eine Funktion, so daß $fg = id_A$ und $gf = id_B$ gelten. Dann ist f bijektiv, und es gilt $g = f^{-1}$, denn: Bei einer injektiven Hintereinanderausführung von Funktionen ist erstere injektiv. Bei einer surjektiven Hintereinanderausführung ist letztere surjektiv. Weil die Identitäten bijektiv sind, erhält man die Bijektivität von f und g. Wendet man nun f^{-1} auf $fg = id_A$ von links an, ergeben sich wegen $f^{-1}f = id_B$ die Aussagen $f^{-1}fg = id_A g = g$ und $f^{-1}fg = f^{-1}id_A = f^{-1}$. Damit gilt $f^{-1} = g$. Die nächste Grafik illustriert die Begriffe injektiv, surjektiv und bijektiv.

Für den Transfer zur Praxis wird das folgende Resultat über **Erweiterungen** bzw. **Vereinigung von Funktionen** mit disjunkter Werte- und Bildmenge benötigt. Es ist nachfolgend illustriert.

Satz 15 *(Erweiterung von Funktionen) Seien A, B Mengen, $S, U \subseteq A$, $S \cap U = \emptyset$ (S, U sind disjunkt), $T, V \subseteq B$, $T \cap V = \emptyset$ (T, V sind disjunkt), f eine Relation zwischen S und T, g eine Relation zwischen U und V, $a \in A \setminus S$, $b \in B \setminus T$ und $\hat{f} := f \cup g$. Dann gelten folgende Aussagen:*

(i) Genau dann sind f, g Funktionen, wenn $\hat{f}$ eine Funktion zwischen $S \cup U$ und $T \cup V$ ist.

(ii) Sind f, g Funktionen, gilt $Bild(\hat{f}) = Bild(f) \cup Bild(g)$.

(iii) Seien f, g Funktionen und $x \in Bild(\hat{f}) = Bild(f) \cup Bild(g)$. Ist $x \in Bild(f)$ bzw. $Bild(g)$, ist die Menge der Urbilder von x unter $\hat{f}$ genau die Menge der Urbilder von x unter f bzw. unter g.

(iv) Genau dann sind f, g injektive Funktionen, wenn $\hat{f}$ eine injektive Funktion ist.

(v) Genau dann sind f, g surjektive Funktionen, wenn $\hat{f}$ eine surjektive Funktion ist.

(vi) Genau dann sind f, g bijektive Funktionen, wenn $\hat{f}$ eine bijektive Funktion ist.

Speziell gelten diese Aussagen für die Relation $f \cup \{(a; b)\}$ im Spezialfall $g := \{(a; b)\}$.

Beweis ad(i)+(ii): Daß sich die Linkstotalität verträgt, ist offenbar wahr. Die entsprechende Aussage über die Rechtseindeutigkeit ergibt sich aus der Disjunktheit der betrachteten Mengen S, U. Teil (ii) gilt nach Definition von $\hat{f}$.

ad(iii): Sei $x \in Bild(f)$. Angenommen, es würde ein Urbild von $\hat{f}$ in U geben, etwa $u \in U$. Dann wäre $x = \hat{f}(u) = g(u)$ per Definition von $\hat{f}$. Man würde $x \in Bild(f) \cap Bild(g) = \emptyset$ erhalten (denn nach Voraussetzung sind T, V disjunkt).↯ Durch ein Symmetrieargument ergibt sich der zweite mögliche Fall ebenfalls als widersprüchlich.

ad(iv): Wegen (i) muss nur noch eingesehen werden, daß f, g injektiv sind, wenn $\hat{f}$ die vorausgesetzte Eigenschaft besitzt. Haben alle Elemente der Bildmenge von $\hat{f}$ genau

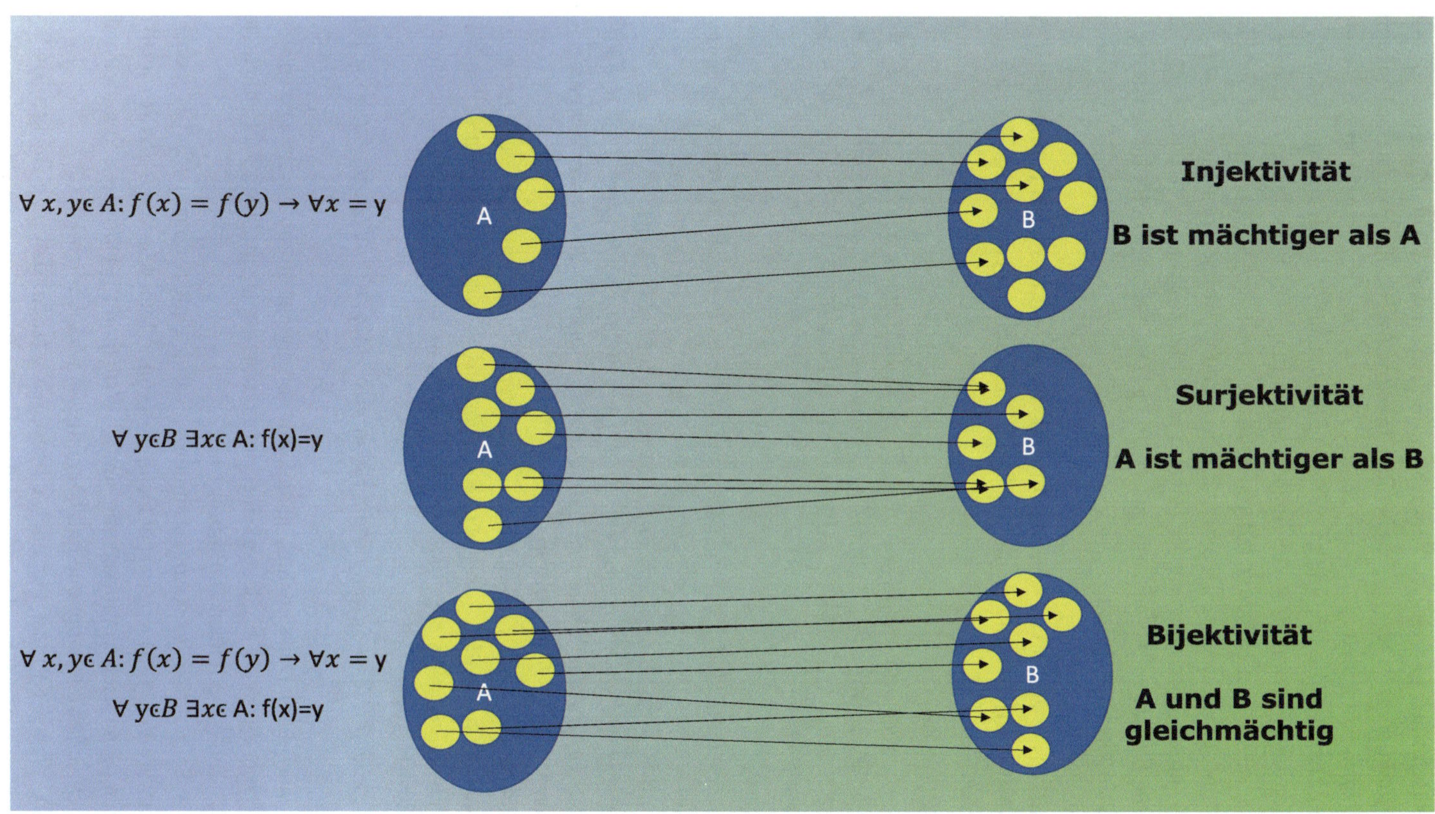

$\forall\, x, y \in A: f(x) = f(y) \rightarrow \forall x = y$
A
B
Injektivität
B ist mächtiger als A
$\forall\, y \in B\ \exists x \in A: f(x)=y$
A
B
Surjektivität
A ist mächtiger als B
$\forall\, x, y \in A: f(x) = f(y) \rightarrow \forall x = y$
$\forall\, y \in B\ \exists x \in A: f(x)=y$
A
B
Bijektivität
A und B sind
gleichmächtig

ein Urbild, besitzen insbesondere die Elemente aus $Bild(f)$ und $Bild(g)$ genau ein Urbild unter $\hat{f}$ (da $Bild(\hat{f}) = Bild(f) \cup Bild(g)$ gilt). Mit Teil (iii) folgt daraus die Injektivität von f und g. Sind umgekehrt f und g injektiv, sei $x \in Bild(\hat{f}) = Bild(f) \cup Bild(g)$. Wiederum aus (iii) ergibt sich die Injektivität von $f \cup g$.

ad(v): Wegen (i) sind f und g genau dann Funktionen, wenn $\hat{f}$ eine Funktion ist. Es gilt $Bild(\hat{f}) = Bild(f) \cup Bild(g)$. Daraus folgt (ii).

ad(vi): Diese Aussage folgt aus den Teilen (i) bis (iii). $\diamond$

Die Vereinigung zweier Funktionen ist eng mit dem Begriff der **Einschränkung** einer Funktion verknüpft. Ist $f : A \longrightarrow B$ eine Funktion und $T \subseteq A$, so sei $f_{|T} : T \longrightarrow B, t \mapsto f(a)$ die Einschränkung von f auf T. Die Einschränkung oder auch **Restriktion** ist fast dieselbe Funktion wie f. Sie agiert in gleicher Weise wie f eingeschränkt auf der Teilmenge T von A. In der Situation der Funktions-Erweiterungen von Satz 15 gelten per Definition $(f \cup g)_{|S} = f$ und $(f \cup g)_{|U} = g$. Neben seiner Anwendung im Praxisabschnitt ist das Ergebnis zur Funktionserweiterung beim Beweis des folgenden Erweiterungsprinzips bedeutsam.

3.1.1.2 Der Entgiftungssatz und das Erweiterungsprinzip

Als Vorbereitung für freie Monoide werden zwei mengentheoretische Resultate vorgestellt. Es sind der sog. **Entgiftungssatz** und das **Erweiterungsprinzip.** Was genau entgiftet und erweitert wird, sollte bei der Anwendung auf freie Monoide deutlich werden. Die Darstellung basiert auf Ausführungen von H. Laue in [40].

Definitionen 1 *Sei M eine Menge. Die* **Vereinigungsmenge** *über M wird durch*

$$\bigcup M := \{x \mid \exists m \in M : x \in m\}.$$

festgelegt. Des Weiteren sei die **Menge der gewöhnlichen Elemente** *von M definiert durch*

$$G(M) := \{x \mid x \in M : x \in M, x \notin x\}.$$

$\diamond$

Für $G(M)$ gelten folgende Eigenschaften.

Proposition 1 *Sei M eine Menge. Es sind folgende Aussagen gültig:*

(i) $G(M) \notin G(M)$
(ii) $G(M) \notin M$.

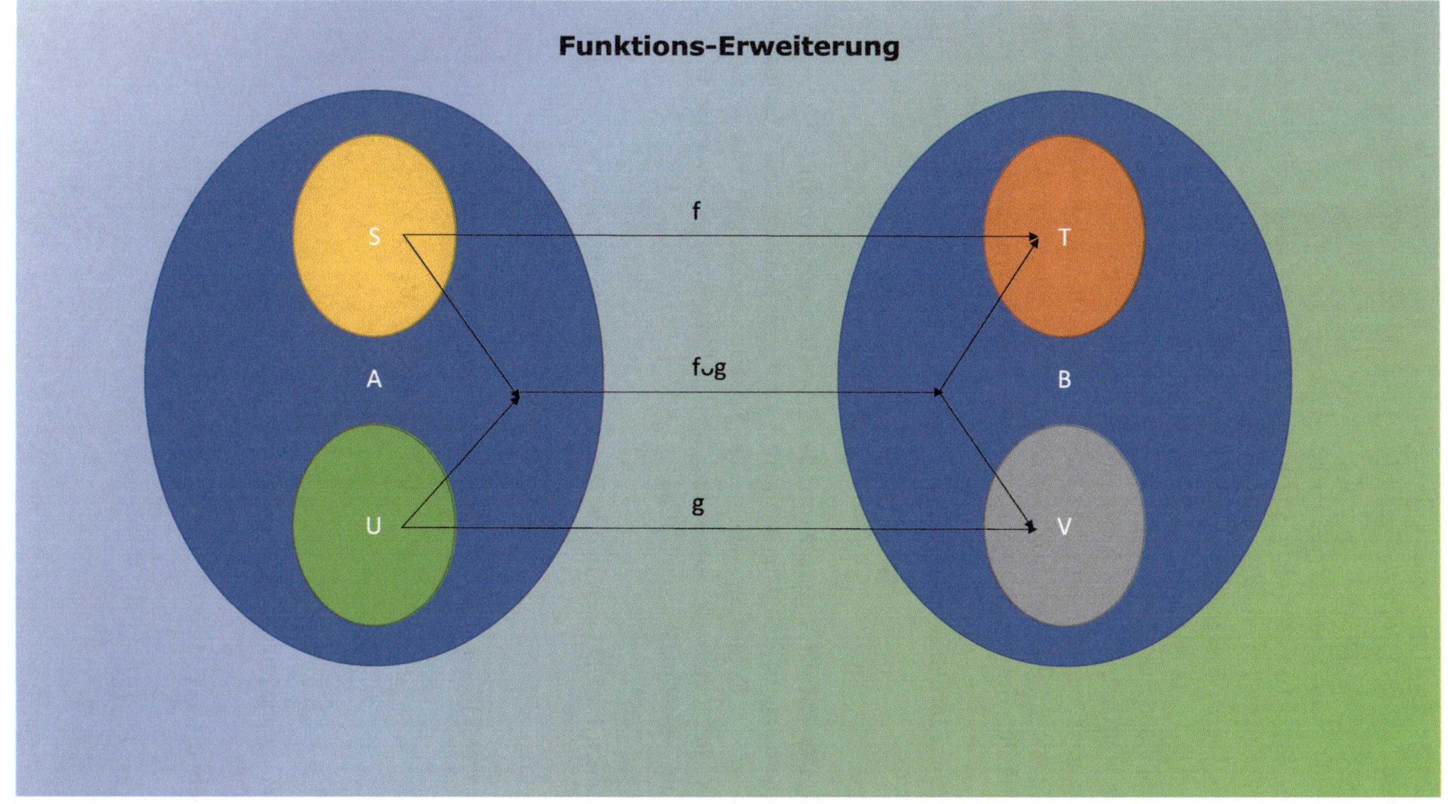

Funktions-Erweiterung
S
A
U
T
B
V
f
f∪g
g

Beweis ad(i): Wäre $G(M)$ in $G(M)$ enthalten, müsste es nach Definition sowohl ein Element von M als auch kein Element von $G(M)$ sein. Somit wäre einerseits $G(M) \in G(M)$ und andererseits $G(M) \notin G(M)$ gezeigt, was ein Widerspruch ist $\nmid$.

ad(ii): Wäre $G(M)$ in M enthalten, würden wegen (i) – wonach $G(M) \notin G(M)$ gilt – beide die Menge $G(M)$ definierenden Eigenschaften von $G(M)$ erfüllt sein. In diesem Fall wäre $G(M)$ doch ein Element von $G(M)$, was (i) widerspräche $\nmid$. Also gilt $G(M) \notin M$. $\diamond$

Mittels obiger Proposition kann der Entgiftungssatz bewiesen werden.

Lemma 1 *(Entgiftungssatz) Seien A, B Mengen, $X := G(\bigcup B)$, $A' := \{\alpha \mid \exists a \in A : \alpha = \{a, X\}\}$ und $f : A \longrightarrow A', a \mapsto \{a, X\}$. Dann ist f eine bijektive Abbildung von A auf A', und es gilt $A' \cap B = \emptyset$.*

Beweis Die Elemente von A' sind sämtlich von der Form $\{a, X\}$ mit $a \in A$. Ist $\{a, X\}$ eines dieser Elemente, gilt $f(a) = \{a, X\}$. Folglich ist f surjektiv. Zum Beweis der Injektivität von f seien $a_1, a_2 \in A$, so daß $\{a_1, X\} = \{a_2, X\}$ gelte. Ist $a_1 = X$ oder $a_2 = X$, gilt $a_2 \in \{a_1\}$ oder $a_1 \in \{a_2\}$. In beiden Fällen ergibt sich $a_1 = a_2$. Also kann $a_1 \neq X$ und $a_2 \neq X$ angenommen werden. Aufgrund der Mengengleichheit $\{a_1, X\} = \{a_2, X\}$ folgt $a_1 = a_2$. Aus diesem Grund ist f injektiv. Es verbleibt zu zeigen, daß $A' \cap B = \emptyset$ erfüllt ist. Angenommen, es gäbe ein Element $a \in A$, so daß $\{a, X\} \in B$ gilt. Es ist X ein Element von $\{a, X\}$. Damit wäre X in der Vereinigungsmenge von B enthalten: $X \in \bigcup B$. Da X mit $G(\bigcup B)$ übereinstimmt, würde $G(\bigcup B) \in \bigcup B$ gelten. Diese Aussage steht im Widerspruch zu Teil (ii) von Proposition 1 $\nmid$. Damit muss $A' \cap B = \emptyset$ gelten. $\diamond$

Der Entgiftungssatz besagt folglich: Zu zwei Mengen A und B mit gemeinsamen Elementen kann eine neue Menge A' so konstruiert werden, daß sie gleichmächtig zu A ist und mit B keine gemeinsamen Elemente besitzt. Kurz gesagt: A wird durch A' von B gleichmächtig entgiftet. Auf Basis des Entgiftungssatzes lässt sich das sog. **Erweiterungsprinzip** beweisen.

Satz 16 *(Erweiterungsprinzip) Sei φ eine injektive Funktion einer Menge B in eine Menge M. Es gibt eine B-enthaltene Menge $\hat{B}$ und eine bijektive Funktion $\hat{\varphi}$ von $\hat{B}$ auf M, so daß $\hat{\varphi}_{|B} = \varphi$ gilt.*

Beweis Man definiere $A := M \setminus B\varphi$. Nach dem Entgiftungssatz (Lemma 1) gibt es eine Menge A', die zu B disjunkt ist und für die eine bijektive Funktion ψ von A' auf A existiert. Die Funktionen φ und ψ erfüllen mit den Wertemengen A' und B sowie den Bildmengen $A = M \setminus B\varphi$ und $B\varphi$ genau die Voraussetzungen des Satzes der Funktions-Erweiterung (siehe Satz 15). Beides sind bijektive Abbildungen. Daher ist ihre Vereinigung $\varphi \cup \psi$ eine bijektive Abbildung von $A' \cup B$ auf $(M \setminus B\varphi) \cup B\varphi = M$. Im Nachgang zu Satz 15 wurde angemerkt, daß $\varphi \cup \psi$ eingeschränkt auf B genau mit φ übereinstimmt. Aus diesem Grund erfüllen $\hat{B} := B \cup A'$ und $\hat{\varphi} := \varphi \cup \psi$ genau die geforderten Eigenschaften. $\diamond$

Die folgende Grafik illustriert den Entgiftungssatz und das Erweiterungsprinzip.

Im Beweis des Erweiterungsprinzips wäre es naheliegend, B durch $M \setminus B\varphi$ zu ersetzen und $\hat{\varphi}$ auf den Elementen außerhalb von B als Identität zu definieren. Unklar ist jedoch, ob B und $M \setminus B\varphi$ disjunkt sind. Aus diesem Grund ist der Entgiftungssatz anzuwenden. Das Erweiterungsprinzip ist eng mit dem sog. **Struktur-Transport** verknüpft. Dazu müssen **Verknüpfungen** definiert werden, die auf Mengen agieren.

Motiviert ist der Begriff der Verknüpfung im Kontext von Chargen durch das Aneinanderreihen von Buchstaben eines Chargen-Alphabets zur LVS-Charge sowie das Verknüpfen von LVS-Charge und LVS-Split zur ERP-Charge. Eine Verknüpfung lässt durch Anwendung auf zwei Objekte ein neues Objekt derselben Sorte entstehen. Weitere Beispiele sind das Addieren oder Multiplizieren von natürlichen Zahlen. In diesem Kontext entsteht aus zwei natürlichen Zahlen eine neue natürliche Zahl. Es ist ihre Summe bzw. ihr Produkt. Das Subtrahieren oder Dividieren zweier natürlichen Zahlen liefert nicht unbedingt wieder eine natürliche Zahl. Aus diesem Grund sind diese beiden Funktionen keine Verknüpfungen auf den natürlichen Zahlen. Auf den ganzen bzw. rationalen Zahlen sind beide Funktionen allerdings wieder Verknüpfungen. Ein Beispiel für eine Verknüpfung aus dem täglichen Leben ist das Mischen von Farben. Aus zwei Farben entsteht durch Mischen erneut eine Farbe.

Definition 19 *(Magma) Sei M eine Menge. Eine Funktion $v : M \times M \longrightarrow M$ nennt man eine* **Verknüpfung** *auf M. Das Paar $(M; \bullet)$ wird* **Magma** *genannt.* $\diamond$

Das Verketten von Zeichen sowie das Addieren und Multiplizieren von Zahlen sind bei mehrmaliger Ausführung von der Beklammerung unabhängig.

$$(0 + 3) + 4 = 3 + 4 = 7 = 0 + 7 = 0 + (3 + 4)$$
$$(1 \cdot 3) \cdot 4 = 3 \cdot 4 = 12 = 1 \cdot 12 = 1 \cdot (3 \cdot 4)$$
$$(WE)G = WEG = W(EG).$$

Aus diesem Grund werden bei derartigen Verknüpfungen die Klammern weggelassen. In diesem Fall heisst die Verknüpfung **assoziativ.** Das Mischen von Farben ist assoziativ. Die Reihenfolge beim Mischen von drei Farben spielt für das Ergebnis keine Rolle. Zudem haben die 0 bzw. 1 bei der Addition bzw. Multiplikation neutrale Wirkung. Bei den Buchstaben ist das leere Wort bzgl. des Verkettens von Worten neutral. Was das leere Wort genau ist, wird im Kontext freier Monoide genauer erläutert. Beim Mischen von Farben ist es schwierig,

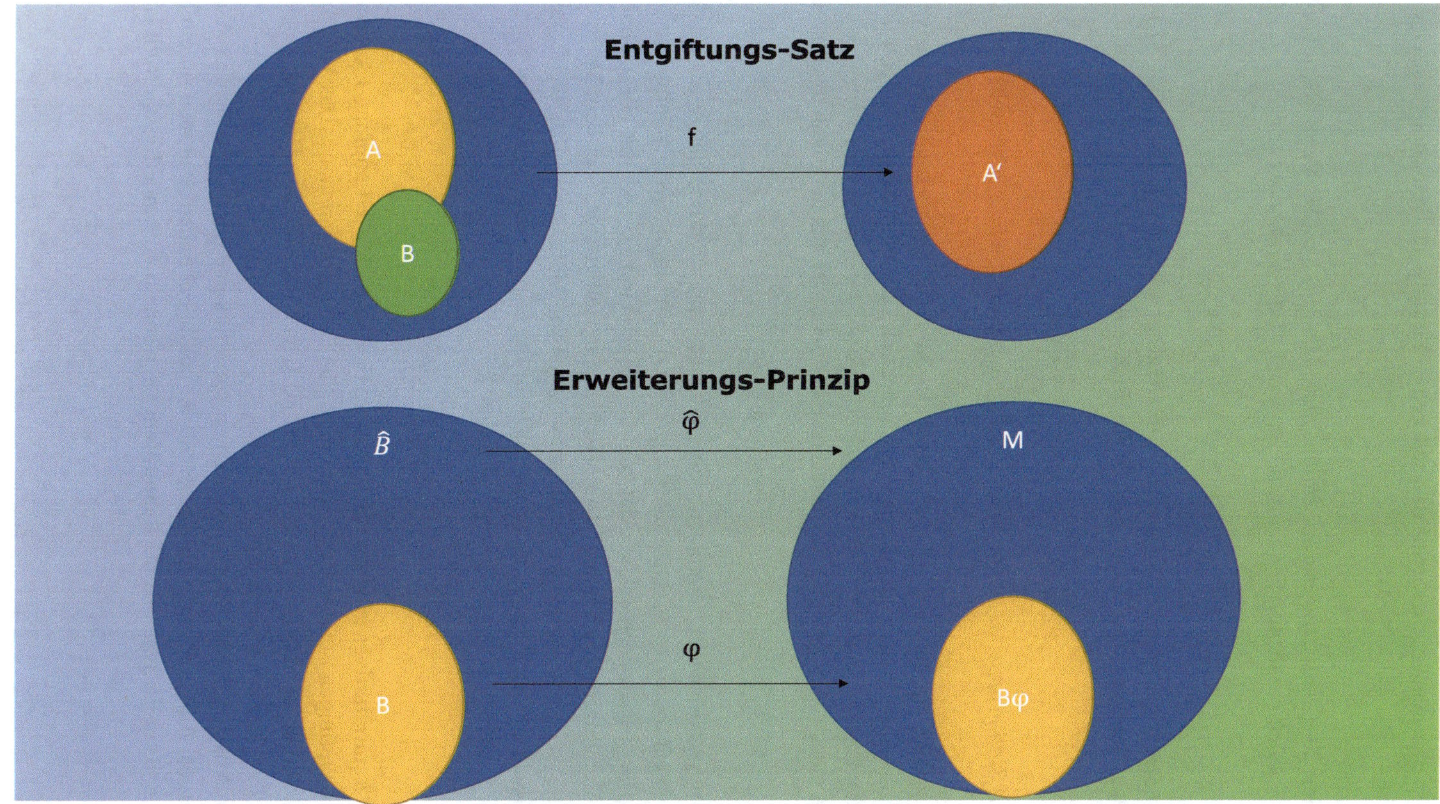
Entgiftungs-Satz
A
B
f
A'
Erweiterungs-Prinzip
$\widehat{B}$
$\widehat{\varphi}$
M
B
φ
Bφ

eine Farbe zu nennen, die beim Mischen keine Wirkung auf keine mitgemischte zweite
Farbe hat.

Definition 20 *(assoziativ, neutral, Halbgruppe, Monoid) Sei $(M; \bullet)$ ein Magma. Die Ver-knüpfung $\bullet$ heißt* **assoziativ,** *falls für alle $a, b, c \in M$ die Bedingung*

$$(a \bullet b) \bullet c = a \bullet (b \bullet c)$$

gilt. Ein derartiges Magma M nennt man eine **Halbgruppe.** *Ein Element $e \in M$ heißt ein* **neutrales Element,** *wenn für alle $a \in M$ die Bedingung*

$$a \bullet e = a = e \bullet a$$

gilt. Eine Halbgruppe M, die ein neutrales Element besitzt, wird als **Monoid** *bezeichnet.* ◇

Die Zahl 0 ist ein neutrales Element bzgl. des Monoids $(\mathbb{N}_0; +)$. Gibt es ein weiteres?
Nein, denn ein Magma besitzt höchstens ein neutrales Element. Sind e, f neutral, gilt per
Definition $e \bullet f = e$, denn f ist neutral. Ebenfalls ist $e \bullet f = f$ wahr, denn e ist neutral.
Folglich muss $e = f$ gelten. Der Beweis ist einer der kürzesten innerhalb der Mathematik:

$$e = e \bullet f = f.$$

In additiv geschriebenen Monoiden – also auf Basis einer Verknüpfung $+$ – wird das neutrale Element mit 0_M oder auch mit 0 abgekürzt. Bei multiplikativer Schreibweise mittels
Verknüpfung $\cdot$ ist es gebräuchlich, das neutrale Element mit 1_M oder mit 1 zu symbolisieren.

Die Menge der Farben ist mit dem Mischen eine Halbgruppe, aber kein Monoid. Beim
Mischen von Farben werden weitere Eigenschaften von Magmen sichtbar. Die Reihenfolge
beim Mischen zweier Farben ist unerheblich für die resultierende Farbe. Gilt für alle Elemente a, b eines Magmas $(M; \bullet)$ die Beziehung

$$a \bullet b = b \bullet a,$$

liegt ein **kommutatives Magma** vor. In diesem Fall heisst die Verknüpfung $\bullet$ **kommutativ.**
Die Verknüpfungen $\cdot$ und $+$ bzgl. natürlicher Zahlen sind kommutativ. Das Verketten von
Buchstaben bei der Erzeugung einer Charge ist i. A. nicht-kommutativ. Die Chargen ABZ111
und BAZ111 sind nicht identisch.

Beim Mischen zweier identischer Farben entsteht keine neue Farbe. Dieser Aspekt ist
bei Chargen, Addieren und Multiplizieren i. A. falsch. Allgemein sagt man für ein Magma
$(M; \bullet)$, daß ein Element $m \in M$ **idempotent** ist, wenn die folgende Regel erfüllt ist:

$$m \bullet m = m.$$

Zur Formulierung des oben erwähnten Struktur-Transports müssen Beziehungen zwischen Magmen erörtert werden. Zu diesem Zweck seien die Monoide $(\mathbb{N}_0; +)$ und $(\mathbb{N}; \cdot)$ sowie die Funktion

$$2^{\cdot} : \mathbb{N}_0 \longrightarrow \mathbb{N}, n \mapsto 2^n$$

betrachtet. Sind $n, m \in \mathbb{N}_0$, gelten die **Potenzregeln**

$$2^{n+m} = 2^n \cdot 2^m \text{ und } 2^0 = 1.$$

Diese Eigenschaften führen auf den Begriff des Homomorphismus.

Definition 21 *(Homomorphismus, Epimorphismus, Monomorphismus, Isomorphismus) Seien $(M; \bullet)$ und $(N; \circ)$ Magmen und $h : M \longrightarrow N$ eine Funktion. h heißt* **Homomorphismus,** *wenn sie mit den Verknüpfungen auf M und N verträglich ist. In diesem Fall gilt für alle $a, b \in M$ gilt die Bedingung*

$$(a \bullet b)h = ah \circ bh.$$

Ist h zusätzlich surjektiv bzw. injektiv bzw. bijektiv, nennt man h einen **Epi- bzw. Mono- bzw. Isomorphismus.** *Sind die Magmen M und N mit einem neutralem Element ausgestattet, etwa e, f und gilt $h(e) = f$ für einen Homomorphismus h, wird h* **unital** *bzw.* **1-treu** *genannt. Im Spezialfall $(M; \bullet) = (N; \circ)$ spricht man auch von* **Endomorphismen** *(statt Homomorphismen) und* **Automorphismen** *(statt Isomorphismen).* ◇

Die Funktion $2^{\cdot} : \mathbb{N}_0 \longrightarrow \mathbb{N}, n \mapsto 2^n$ ist demnach ein unitaler Homomorphismus zwischen den Monoiden $(\mathbb{N}_0; +)$ und $(\mathbb{N}; \cdot)$. Das Bild dieser Funktion ist genau die Menge der Zweier-Potenzen. Aus diesem Grund ist das Potenzieren mit 2 kein Epimorphismus und auch kein Isomorphismus. Leicht zu sehen ist jedoch, daß für je zwei Zahlen $n, m \in \mathbb{N}_0$ mit $n \geq m$ aus $2^n = 2^m$ schon $2^{n-m} = 0$ und damit $n - m = 0$ folgt. Daher ist $2^{\cdot}$ ein Monomorphismus.

Sei $b \in \mathbb{N}$. Das Malnehmen mit b ist ein Homomorphismus auf dem Monoid $(\mathbb{N}_0; +)$. Für alle $x, y \in \mathbb{N}$ gilt $(x + y) \cdot b = x \cdot b + y \cdot b$. Die Funktion ist unital, denn $0 \cdot b = 0$ ist erfüllt. Es wurde bereits bewiesen, daß die Abbildung injektiv, aber für $b \geq 2$ nicht surjektiv ist.

Seien das Mischen m von Farben, die Farbe gelb und die Funktion M_{gelb} – das Mischen mit gelb – betrachtet. Sind a und b zwei Farben, seien $(a\,m\,b)\,m\,gelb$ und $(a\,m\,gelb)\,m\,(b\,m\,gelb)$ analysiert. Letzterer Ausdruck ist wegen der Assoziativität und Kommutativität genau $(a\,m\,b)\,m\,gelb\,m\,gelb$. Da 'gelb' idempotent bzgl. m ist – also $gelb\,m\,gelb = gelb$ gilt – folgt, daß das Mischen mit gelb ein Homomorphismus auf den Farben ist. Er ist nicht surjektiv, da z.B. rot nicht durch Mischen mit gelb entsteht. Ebenfalls ist er nicht injektiv, da das Mischen mit gelb je zwei verschiedene Farben nach dem Mischen wieder verschieden erscheinen lässt.

Das Analogon für Chargen – das Anhängen eines Buchstabens – lässt keinen Homomorphismus entstehen. Betrachtet man das Anhängen mit C und das Wort AB, ist das Wort ABC nicht mit $ACBC$ identisch.

Ein Isomorphismus stellt eine Struktur nur in anderer Form dar. Keine der Elemente verschmelzen oder entstehen neu. Die Struktur ist die gleiche. Die Elemente werden analog miteinander verknüpft. Diese Begriffswelt ist für das Konzept des Struktur-Transports als Ergänzung zum Erweiterungs-Prinzip bedeutsam.

Satz 17 *(Struktur-Transport) Seien die Voraussetzungen des Erweiterungsprinzips (Satz 16) gegeben sowie $\hat{B}$ und $\hat{\varphi}$ wie dort beschrieben. Ist $\cdot$ eine Verknüpfung auf M, so ist*

$$\bullet : \hat{B} \times \hat{B} \longrightarrow \hat{B}, (x; x') \mapsto (x\hat{\varphi} \cdot x'\hat{\varphi})\hat{\varphi}^{-1}$$

eine Verknüpfung auf $\hat{B}$, und $\hat{\varphi}$ ist ein Isomorphismus von $(\hat{B}; \bullet)$ auf $(M; \cdot)$. Ist $\circ$ eine Verknüpfung auf B und φ sogar ein Monomorphismus von $(B; \circ)$ in $(M; \cdot)$, gilt $b \bullet b' = b \circ b'$ für alle $b, b' \in B$.

Beweis Für alle $x, x' \in \hat{B}$ gilt:

$$(x \bullet x')\hat{\varphi} = ((x\hat{\varphi} \cdot x'\hat{\varphi})\hat{\varphi}^{-1})\hat{\varphi} = x\hat{\varphi} \cdot x'\hat{\varphi},$$

da $\hat{\varphi}^{-1}\hat{\varphi} = id_M$ wahr ist. Sind $\circ$ eine Verknüpfung auf B, φ ein Monomorphismus von $(B; \circ)$ in $(M; \cdot)$ und $b, b' \in B$, folgt

$$b \bullet b' = (b\varphi \cdot b'\varphi)\hat{\varphi}^{-1} = (b \circ b')\varphi\hat{\varphi}^{-1} = b \circ b',$$

weil $\hat{\varphi}$ eine Fortsetzung von φ ist. $\diamond$

Die folgenden Grafiken illustrieren die Begriffe Verknüpfung, Homomorphismus und Struktur-Transport.

3.1.1.3 Freie Monoide

Die Worte in diesem Buch sind aus den 26 Groß- bzw. Klein-Buchstaben des lateinischen Alphabets A bis Z bzw. a bis z, den drei Umlauten $Ä, Ö, Ü$ bzw. $ä, ö, ü$ sowie dem Eszett ß zusammengesetzt. Jedes Wort ist eindeutig aus endlich vielen dieser Buchstaben aufgebaut. *Buch* ist aus 4 unterschiedlichen, hingegen *lesen* aus 5 Buchstaben gebildet, wobei 2 dieser Buchstaben identisch mit e sind. Eine Charge ist eine Zusammensetzung aus vordefinierten Zeichen – dem Chargenalphabet –, wobei die Anzahl der zu verwendenden Chargen-Buchstaben begrenzt ist. Die Charge $AFDE411$ ist erlaubt, die Chargen $AB - +)78$ und $ABVFGDDERSDRES31444266$ sind verboten.

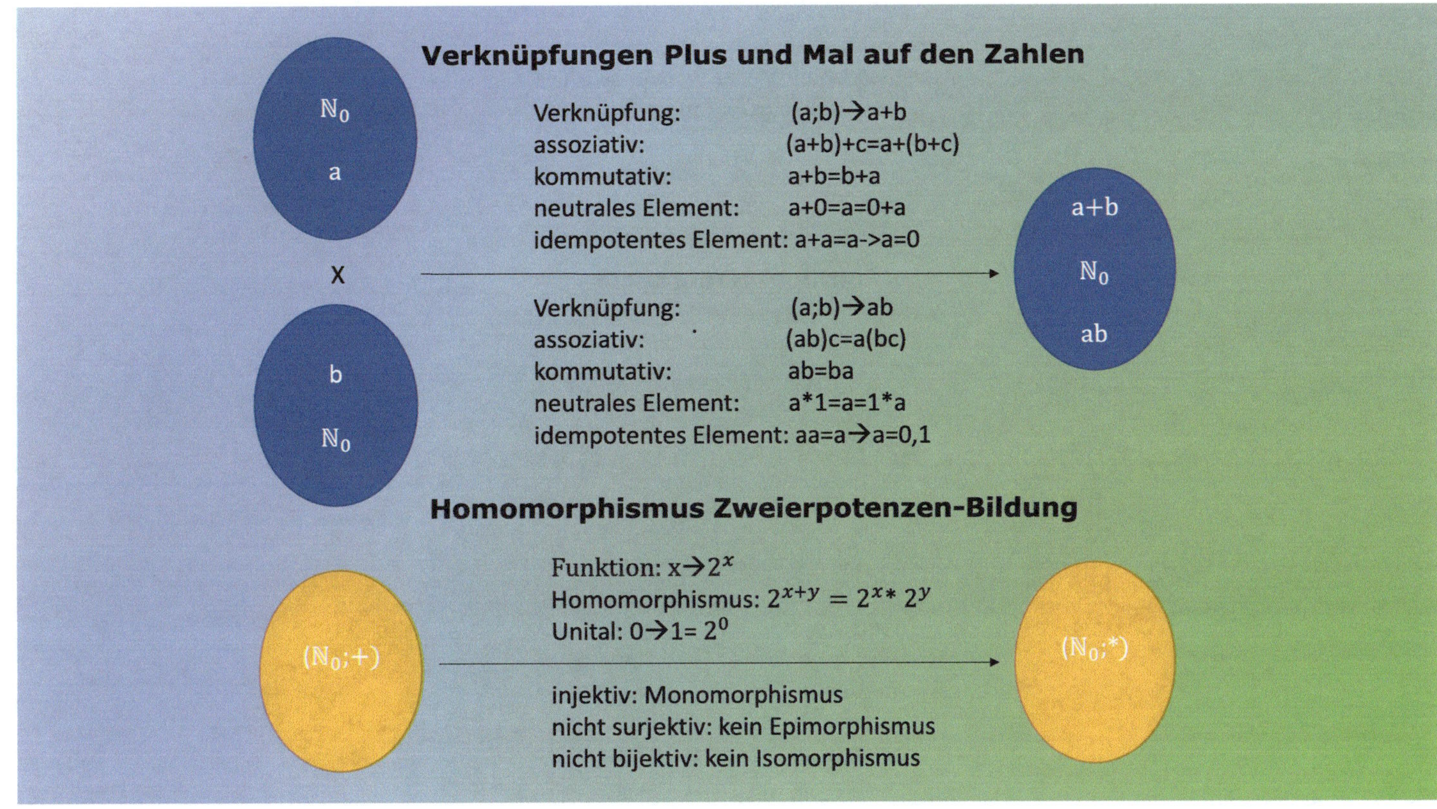

Verknüpfungen Plus und Mal auf den Zahlen
$\mathbb{N}_0$
a
x
b
$\mathbb{N}_0$
Verknüpfung: (a;b)→a+b
assoziativ: (a+b)+c=a+(b+c)
kommutativ: a+b=b+a
neutrales Element: a+0=a=0+a
idempotentes Element: a+a=a->a=0
a+b
$\mathbb{N}_0$
ab
Verknüpfung: (a;b)→ab
assoziativ: (ab)c=a(bc)
kommutativ: ab=ba
neutrales Element: a*1=a=1*a
idempotentes Element: aa=a→a=0,1
Homomorphismus Zweierpotenzen-Bildung
Funktion: x→2^x
Homomorphismus: $2^{x+y} = 2^x * 2^y$
Unital: 0→1= 2^0
$(\mathbb{N}_0;+)$
$(\mathbb{N}_0;*)$
injektiv: Monomorphismus
nicht surjektiv: kein Epimorphismus
nicht bijektiv: kein Isomorphismus

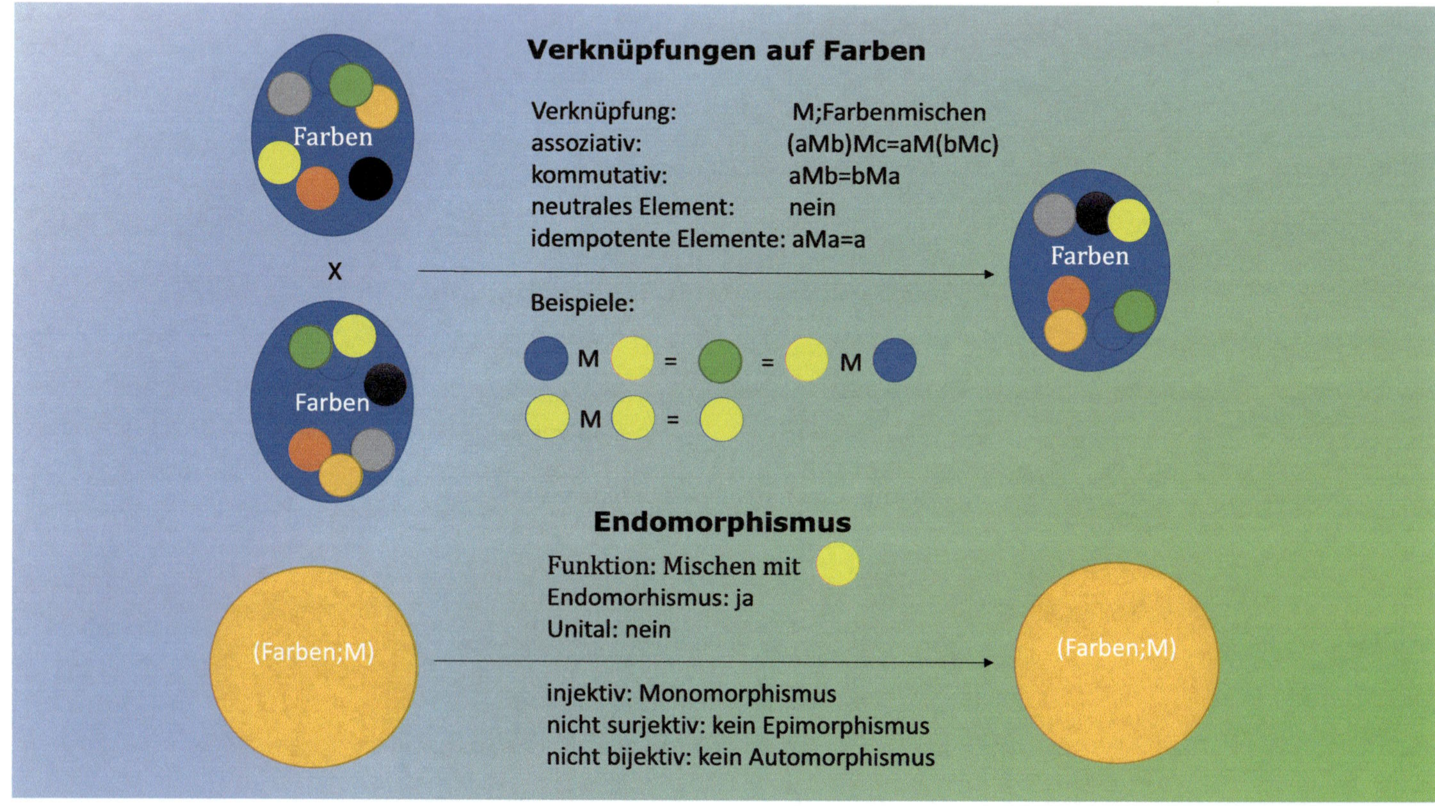

Verknüpfungen auf Farben
Verknüpfung: M;Farbenmischen
assoziativ: (aMb)Mc=aM(bMc)
kommutativ: aMb=bMa
neutrales Element: nein
idempotente Elemente: aMa=a
Farben
X
Farben
Farben
Beispiele:
M   =   =   M
M   =
Endomorphismus
Funktion: Mischen mit
Endomorhismus: ja
Unital: nein
injektiv: Monomorphismus
nicht surjektiv: kein Epimorphismus
nicht bijektiv: kein Automorphismus
(Farben;M)
(Farben;M)

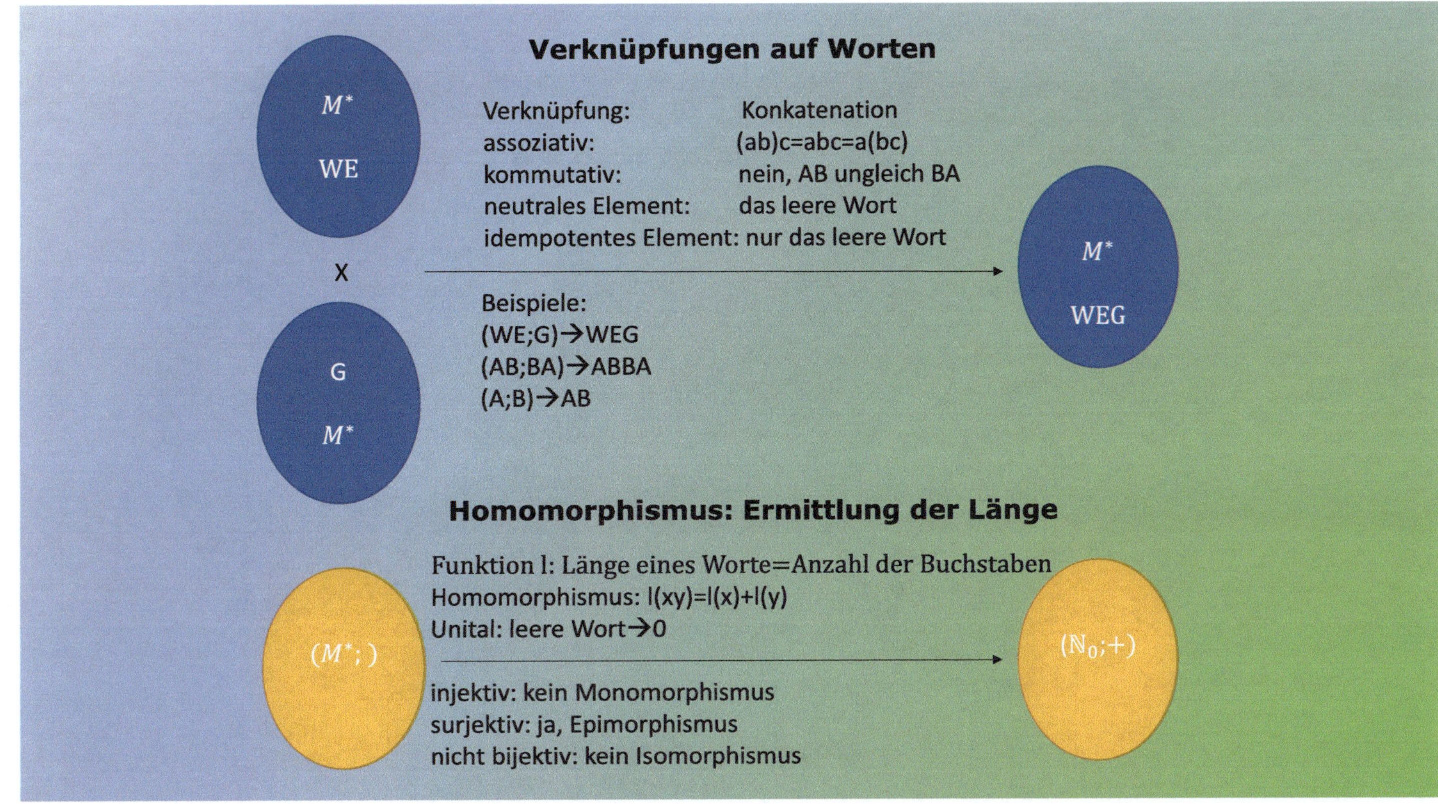

Verknüpfungen auf Worten
M*
WE
X
G
M*
M*
WEG
Verknüpfung: Konkatenation
assoziativ: (ab)c=abc=a(bc)
kommutativ: nein, AB ungleich BA
neutrales Element: das leere Wort
idempotentes Element: nur das leere Wort
Beispiele:
(WE;G)→WEG
(AB;BA)→ABBA
(A;B)→AB
Homomorphismus: Ermittlung der Länge
Funktion l: Länge eines Worte=Anzahl der Buchstaben
Homomorphismus: l(xy)=l(x)+l(y)
Unital: leere Wort→0
injektiv: kein Monomorphismus
surjektiv: ja, Epimorphismus
nicht bijektiv: kein Isomorphismus
$(M^*;)$
$(\mathbb{N}_0; +)$

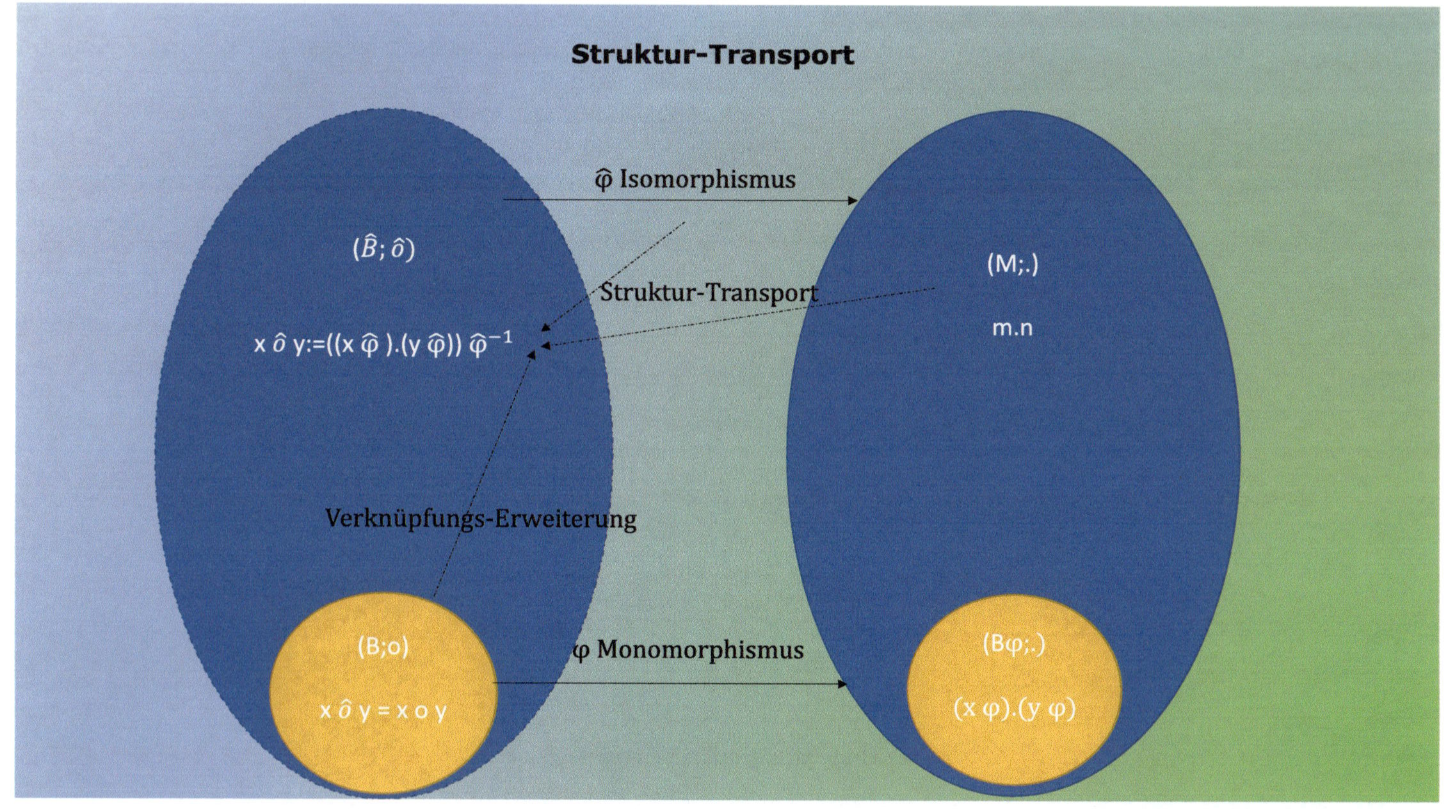

Struktur-Transport
$(\hat{B}; \hat{o})$
$\hat{\varphi}$ Isomorphismus
(M;.)
m.n
Struktur-Transport
$x \hat{o} y := ((x \hat{\varphi}).(y \hat{\varphi})) \hat{\varphi}^{-1}$
Verknüpfungs-Erweiterung
(B;o)
$x \hat{o} y = x \circ y$
φ Monomorphismus
$(B\varphi;.)$
$(x \varphi).(y \varphi)$

Bei jeder Art von **Zeichenketten** – im Bereich der Informatik auch **Strings** genannt – müssen die Atome = Buchstaben bekannt sein, aus denen die Zeichenketten gebildet werden dürfen. Weiterhin muss bekannt sein, ob es eine maximal zu verwendende Länge eines Strings gibt. Beide Thematiken werden zum Anlass genommen, die Begriff Worte, Alphabet und Länge mathematisch genauer zu beschreiben. Insbesondere ist zu klären, in welcher Form Buchstaben miteinander verbunden werden können. Zu diesem Zweck benötigt man den Begriff des **freien Monoids**. Grundlage der Darstellung sind die Ausführungen von H. Laue in [41] und von D. Blessenohl in [8] und [9].

Definition 22 *Seien $(M; \cdot)$ ein Monoid und A eine Teilmenge von M. M heißt* **frei** *über A, wenn es zu jeder Funktion φ von A in ein beliebiges Monoid $(L; \circ)$ genau einen unitalen Homomorphismus $\hat{\varphi}$ zwischen den Monoiden $(M; \cdot)$ und $(L; \circ)$ gibt, so daß $\hat{\varphi}_{|A} = \varphi$ gilt.* $\diamond$

Die Bedingung $\hat{\varphi}_{|A} = \varphi$ bedeutet, daß für alle $a \in A$ die Gleichheit $a\varphi = a\hat{\varphi}$ erfüllt ist. Ist $\iota : A \longrightarrow M, a \mapsto a$ die **natürliche Einbettung** von A in M, kann statt $a\varphi = a\hat{\varphi}$ auch $a\varphi = a\iota\hat{\varphi}$ für alle $a \in A$ geschrieben werden. Folglich sind die Funktionen φ und $\iota\hat{\varphi}id_L$ identisch. **Freiheit** bedeutet, daß folgendes Diagramm kommutativ ist. Es kann statt des direkten unteren Wegs auch einen 'Umweg' im Diagramm durchlaufen werden.

$$
\begin{array}{ccc}
M & \xrightarrow{\hat{\varphi}} & L \\
\iota \uparrow & & \downarrow id \\
A & \xrightarrow{\varphi} & L
\end{array}
$$

Es wird gezeigt, daß es – bis auf Isomorphie – höchstens ein freies Monoid über einer Menge gibt. Bei Funktionen ist der Funktionswert eindeutig bestimmt. Bei Teilern existiert ein eindeutig bestimmter Ko-Teiler. In Kontext freier Monoide ist eine Eindeutigkeit im Gleichheits-Sinn nicht gegeben. Bei Strukturen kann eine derartig universelle Eindeutigkeit nicht erwartet werden. Jede Struktur kann durch Umbenennung ihrer Elemente und entsprechender Strukturübertragung zu einem anderen Objekt der gleichen Sorte transformiert werden. Die transformierten Objekte sind verschieden, aber strukturell identisch. Das bedeutet, daß es einen Isomorphismus zwischen ihnen gibt.

Zum Beweis der Isomorphie freier Monoide ist eine Eigenschaft der Hintereinanderausführung von unitalen Homomorphismen hilfreich. Seien $\alpha : M \longrightarrow N$ und $\beta : N \longrightarrow L$ unitale Homomorphismen und $(M; \cdot)$, $(N; \circ)$ sowie $(L; \bullet)$ Monoide mit neutralen Elementen $1_M, 1_N, 1_L$. Seien $a, b \in M$. Es gilt

$$(a \cdot b)\alpha = (a\alpha) \circ (b\alpha).$$

Es folgt

$$(a \cdot b)\alpha\beta = ((a\alpha) \circ (b\alpha)) = (a\alpha\beta) \bullet (b\alpha\beta).$$

Ebenfalls gilt $1_M\alpha\beta = 1_N\beta = 1_L$. Folglich ist $\alpha\beta$ ein unitaler Monoid-Homomorphismus. Die Umkehrfunktion – falls etwa α ein injektiver Homomorphismus ist – ist ebenfalls ein Homomorphismus, denn es gilt:

$$ab = (a\varphi^{-1}\varphi)(b\varphi^{-1}\varphi) = (a\varphi^{-1}b\varphi^{-1})\varphi.$$

Durch Anwendung von φ^{-1} von rechts auf die Gleichung ergibt sich

$$(ab)\varphi^{-1} = a\varphi^{-1}b\varphi^{-1}.$$

Aus $1_M\varphi = 1_N$ kann durch Anwenden von φ^{-1} von rechts die Identität $1_M = 1_N\varphi^{-1}$ abgeleitet werden.

Satz 18 *(Isomorphie freier Monoide) Seien $(M; \cdot)$, $(L; \bullet)$ zwei über einer Menge A freie Monoide. Dann gibt es einen unitalen Isomorphismus κ von M in L, der die Elemente aus A fix lässt.*

Beweis Es seien die Abbildungen $\alpha : A \longrightarrow L, a \mapsto a$ und $\beta : A \longrightarrow M, a \mapsto a$ betrachtet. Freiheit angewendet auf M und α ergibt die Existenz eines unitalen Homomorphismus $\hat{\alpha} : M \longrightarrow L$, so daß $\hat{\alpha}_{|A} = id_A$ ist. Analog gibt es einen unitalen Homomorphismus $\hat{\beta} : L \longrightarrow M$, so daß $\hat{\beta}_{|A} = id_A$ ist. Folglich sind nach der Vorbemerkung zum Beweis $\hat{\alpha}\hat{\beta}$ und $\hat{\beta}\hat{\alpha}$ unitale Homomorphismen von M nach M bzw. L nach L, die die Elemente von A fix lassen. Die identischen Abbildungen id_M und id_L sind ebenfalls derartige unitale Homomorphismen. Wegen der Eindeutigkeit in der Freiheitsbedingung folgt zwangsläufig $\hat{\alpha}\hat{\beta} = id_M$ und $\hat{\beta}\hat{\alpha} = id_L$. Mit Hilfe der Nachbemerkung zu Definition 18 ergibt sich, daß $\hat{\alpha}$ und $\hat{\beta}$ invers zueinander und damit insbesondere bijektiv sind.   ◇

Es ist gezeigt, daß es – bis auf Isomorphie – höchstens ein über einer Menge freies Monoid gibt. Man sagt, daß zwei über einer Menge freien Monoide **kanonisch isomorph** sind. Folgend wird die Existenz eines freien Monoids mittels **Tupel-Monoid** hergeleitet.

Beispiel 2 *(das Tupel-Monoid)* Sei X eine beliebige Menge. Zu jedem $n \in \mathbb{N}_0$ betrachte man die Menge aller Abbildungen von $\underline{n} := \{k \mid k \in \mathbb{N}, 1 \leq k \leq n\}$ nach X, die mit X^n abgekürzt wird. Die Elemente dieser Menge werden n-**Tupel** genannt. Es gilt $\underline{0} = \emptyset$. Daher folgt $X^0 = \{\emptyset\}$. Ist $n \geq 1$, werden die n-Tupel über X in der Schreibweise $(x_1, ..., x_n)$ notiert. Der Eintrag x_j wird j-**te Komponente** genannt. Man definiert

$$\mathbb{T}(X) := \bigcup_{n \in \mathbb{N}_0} X^n$$

und etabliert auf $\mathbb{T}(X)$ eine Verknüpfung, die **Konkatenation** genannt wird. Zu zwei Tupeln $(x_1, \ldots, x_n)$ und $(y_1, \ldots, y_r)$ über X sei ihre Konkatenation durch

$$(x_1, \ldots, x_n)(y_1, \ldots, y_r) := (x_1, \ldots, x_n, y_1, \ldots, y_r)$$

definiert. Beide Tupel werden schlicht zu einem neuen Tupel aneinandergehängt bzw. verkettet. Ist $f = (x_1, \ldots, x_n)$ ein n-Tupel, wird n oder auch $|f|$ die **Länge** dieses Tupels bezeichnet. Es sei angemerkt, daß die Mengen X^n, $n \in \mathbb{N}_0$ paarweise disjunkt sind, da ihre Elemente = Abbildungen unterschiedliche Definitionsmengen besitzen. Die **leere Abbildung** $\emptyset$ als Element von X^0 erweist sich bei der Konkatenation von Tupeln als neutral. Sind $f = (x_1, \ldots, x_n)$, $g = (y_1, \ldots, y_r)$ und $h = (z_1, \ldots, z_s)$ drei Tupel, so gilt:

$$(fg)h$$
$$= ((x_1, \ldots, x_n)(y_1, \ldots, y_r))(z_1, \ldots, z_s)$$
$$= (x_1, \ldots, x_n, y_1, \ldots, y_r)(z_1, \ldots, z_s)$$
$$= ((x_1, \ldots, x_n, y_1, \ldots, y_r, z_1, \ldots, z_s)$$
$$= (x_1, \ldots, x_n)((y_1, \ldots, y_r, z_1, \ldots, z_s))$$
$$= f(gh).$$

Aus diesem Grund ist die Konkatenation assoziativ und $\mathbb{T}(X)$ ein Monoid mit der Konkatenation als Verknüpfung und neutralem Element $\emptyset$. Es heisst **Tupel-Monoid**. Die Konkatenation wird üblicherweise als Verknüpfung ohne weiteres Symbol angegeben. Besitzt X mindestens zwei verschiedene Elemente $x \neq y$, ist die Konkatenation nicht kommutativ: $(x)(y) = (x, y) \neq (y, x) = (y)(x)$. Die Konkatenation ist mit der Hintereinanderausführung von Abbildungen nicht zu verwechseln.

Es soll eingesehen werden, daß $\mathbb{T}(X)$ ein über X^1 freies Monoid ist. Sei φ eine Abbildung von X^1 in ein Monoid $(M; \bullet)$. Es sei $f\hat{\varphi} := (x_1)\varphi \bullet \ldots \bullet (x_n)\varphi \in M$ definiert. Damit ist $\emptyset\hat{\varphi}$ das leere Produkt in M, also mit dem neutralem Element 1_M von M identisch. Weiterhin gilt $(x)\hat{\varphi} = x\varphi$ für alle $x \in X$. Es folgt:

$$(fg)\hat{\varphi}$$
$$= ((x_1, \ldots, x_n)(y_1, \ldots, y_r))\hat{\varphi}$$
$$= (x_1, \ldots, x_n, y_1, \ldots, y_r)\hat{\varphi}$$
$$= (x_1)\hat{\varphi} \bullet \ldots \bullet (x_n)\hat{\varphi} \bullet (y_1)\hat{\varphi} \bullet \ldots \bullet (y_r)\hat{\varphi}$$
$$= (x_1)\varphi \bullet \ldots \bullet (x_n)\varphi \bullet (y_1)\varphi \bullet \ldots \bullet (y_r)\varphi$$
$$= (f\hat{\varphi}) \bullet (g\hat{\varphi}).$$

Also ist $\hat{\varphi}$ ein unitaler Monoidhomomorphismus, der eingeschränkt auf X^1 genau mit φ übereinstimmt. Ist ψ eine weitere Fortsetzung von φ zu einem unitalen Homomorphismus zwischen $\mathbb{T}(X)$ und M, so gilt

$$f\psi = (x_1, \ldots, x_n)\psi = ((x_1)\ldots(x_n))\psi = (x_1\psi)\bullet\ldots\bullet(x_n\psi) = (x_1\varphi)\bullet\ldots\bullet(x_n\varphi) = f\hat{\varphi}.$$

Es ist gezeigt, daß das Tupel-Monoid frei über X^1 ist.

Das Tupel-Monoid besitzt nach Definition und der Disjunktheit der Mengen X^n, $n \in \mathbb{N}_0$ auch folgende Eigenschaften:

(1) Jedes Tupel ist von der Form $(x_1, \ldots, x_t)$ mit geeigneten $x_1, \ldots, x_t \in X$ und $t \in \mathbb{N}_0$.

(2) Sind $(a_1, \ldots, a_n)$ und $(b_1, \ldots, b_r)$ zwei identische Tupel, so gilt $n = r$ und $a_i = b_i$ für alle $i \in \underline{r}$.

Ist an dieser Stelle bereits die Existenz freier Monoide nachgewiesen? Nein, denn es ist X von X^1 streng zu unterscheiden. Es ist $x \mapsto (x)$ eine Bijektion zwischen X und X^1. Eine unscharfe Schlussweise ist, die Menge X mit X^1 zu identifizieren und das Tupel-Monoid als freies Monoid über X anzusehen. Es bleibt unklar, was diese unscharfe Sprechweise genau bedeutet. Der folgende Satz beantwortet diese Frage. Erneut finden der Entgiftungssatz und der Struktur-Transport ihre Anwendung.   ◇

Satz 19 *(Existenz freier Monoide) Sei X eine Menge. Es existiert ein über X freies Monoid* $X^\star$.

Zusatz *Für alle $w \in X^\star$ gibt es genau ein $n \in \mathbb{N}_0$ und genau n Elemente $x_1, \ldots, x_n \in X$, so daß $w = x_1 \ldots x_n$ gilt.*

Beweis Die Abbildung $g : x \mapsto (x)$ ist eine Bijektion von X auf X^1. Die Menge X^1 ist eine Teilmenge des nach Beispiel 2 über X^1 freien Monoids $\mathbb{T}(X)$ mittels Konkatenation. An dieser Stelle wendet man den Entgiftungs-Satz, das Erweiterungs-Prinzip und den Struktur-Transport an (siehe Satz 17) und erhält ein Monoid $X^\star$, das X enthält und einen Isomorphismus φ von $X^\star$ auf $\mathbb{T}(X)$. Es soll eingesehen werden, daß $X^\star$ frei über $X \subseteq X^\star$ ist. Sei α ein unitaler Homomorphismus von $X^\star$ in ein Monoid $(L; \bullet)$. Folglich ist $g^{-1}\alpha$ eine Abbildung von X^1 nach L. Aus Beispiel 2 erhält man eine eindeutige Fortsetzung β von $g^{-1}\alpha$ ausgehend von $\mathbb{T}(X)$ nach L. Es sei $\hat{\alpha} := \varphi\beta$. Also ist $\hat{\alpha}$ als Hintereinanderausführung von unitalen Homomorphismen (siehe die Vorbemerkung zu Satz 18) selbst ein unitaler Homomorphismus. Weiterhin gilt für alle $x \in X$: $x\hat{\alpha} = x\varphi\beta = (x)\beta = x\alpha$. Somit ist $\hat{\alpha}$ eine Fortsetzung von α zu einem unitalen Homomorphismus. Es verbleibt, dessen Eindeutigkeit zu zeigen. Sei also γ ebenfalls eine Fortsetzung von α zu einem unitalen Homomorphismus von $X^\star$ nach L. Folglich sind $\varphi^{-1}\gamma$ und $\varphi^{-1}\hat{\alpha}$ Fortsetzungen der Abbildung $g^{-1}\alpha$ von X^1 nach L zu unitalen Homomorphismen (siehe wiederum die Vorbemerkung zu Satz 18). Diese Fortsetzungen sind nach Beispiel 2 mittels Freiheit von $\mathbb{T}(X)$ über X^1 eindeutig bestimmt. Aus diesem Grund gilt $\varphi^{-1}\gamma = \varphi^{-1}\hat{\alpha}$. Folgend wende man φ von links auf diese Gleichung an und erhalte wegen $\varphi\varphi^{-1} = id_{X^\star}$ bereits $\gamma = \hat{\alpha}$.

Beweis des Zusatzes: Der Zusatz gilt nach Beispiel 2 im über X^1 freien Monoid $\mathbb{T}(X)$. Sei $w \in X^\star$. Dann gilt $w\varphi \in \mathbb{T}(X)$. Wiederum nach Beispiel 2 gilt in $\mathbb{T}(X)$, daß genau ein $n \in \mathbb{N}_0$ und Elemente $x_1, \ldots, x_n \in X$ existieren, so daß $w\varphi = (x_1, \ldots, x_n) = (x_1) \ldots (x_n)$ erfüllt ist. Wendet man nun den Isomorphismus (nach der Vorbemerkung vor Satz 18) φ^{-1} an, gilt

$$w = (x_1)\varphi^{-1} \ldots (x_n)\varphi^{-1} = x_1 \ldots x_n.$$

Man beachte in diesem Zusammenhang, daß φ das Element x auf (x) für alle $x \in X$ abbildet. Sind nun $r \in \mathbb{N}_0$ und $y_1, \ldots, y_r \in X$ und gilt $w = x_1 \ldots x_n = y_1 \ldots y_r$, wende man den Homomorphismus φ an und erhalte $w\varphi = (x_1) \ldots (x_n) = (y_1) \ldots (y_r)$. Folglich gilt $(x_1, \ldots, x_n) = (y_1, \ldots, y_r)$. Aus der Eindeutigkeit (siehe Beispiel 2) der Darstellung in $\mathbb{T}(X)$ folgen $r = n$ und $x_i = y_i$ für alle $i \in \underline{n}$.   ◇

Der Zusatz zum obigen Satz kennzeichnet den Freiheitsbegriff.

Korollar 3 *(Eindeutigkeit der Darstellung) Sei X eine Menge und $(M; \cdot)$ ein Monoid. Es sind äquivalent:*

(i) M ist frei über X.

(ii) Für alle $w \in M$ gibt es genau ein $n \in \mathbb{N}_0$ und genau n Elemente $x_1, \ldots, x_n \in X$, so daß $w = x_1 \ldots x_n$ gilt.

Beweis (i) nach (ii): Jedes über X freie Monoid ist nach Satz 18 kanonisch isomorph zum in Satz 19 konstruierten Monoid $X^\star$, etwa vermöge eines Isomorphismus φ. In $X^\star$ ist (ii) bereits nach dem Zusatz zu Satz 19 erfüllt. Durch eine analoge Argumentation wie in Satz 19 zeigt man (ii) ebenfalls für M vermöge des Isomorphismus φ.

(ii) nach (i): Sei α eine Abbildung von M in ein Monoid $(L; \bullet)$. Ist $\hat{\alpha}$ eine Fortsetzung von α zu einem unitalen Homomorphismus zwischen M und L, so sei $w \in M$. Nach (i) gibt es genau ein $n \in \mathbb{N}_0$ und genau n Elemente $x_1, \ldots, x_n \in X$, so daß $w = x_1 \ldots x_n$ gilt. Es folgt

$$w\hat{\alpha} = (x_1 \ldots x_n)\hat{\alpha} = (x_1\hat{\alpha}) \bullet \ldots \bullet (x_n\hat{\alpha}) = (x_1\alpha) \bullet \ldots \bullet (x_n\alpha).$$

Des Weiteren muss $1_M\hat{\alpha} = 1_L$ gelten. Daher ist eine Fortsetzung höchstens durch diese Festsetzung möglich. Es muss gezeigt werden, daß durch diese Definition ein unitaler Homomorphismus entsteht. Seien w, z zwei Elemente in M. Wegen (i) gibt es genau zwei Zahlen $n, r \in \mathbb{N}_0$ und genau n bzw. r Elemente $x_1, \ldots, x_n \in X$ bzw. $y_1, \ldots, y_r \in X$, so daß $w = x_1 \ldots x_n$ und $z = y_1 \ldots y_r$ gelten. Es folgt:

$$((x_1 \ldots x_n)(y_1 \ldots y_r))\hat{\alpha} = (x_1 \ldots x_n y_1 \ldots y_r)\hat{\alpha}$$
$$= (x_1\alpha) \bullet \ldots \bullet (x_n)\alpha \bullet (y_1\alpha) \bullet \ldots \bullet (y_r\alpha)$$
$$= (x_1 \ldots x_n)\hat{\alpha} \bullet (y_1 \ldots y_r)\hat{\alpha}. \qquad ◇$$

Definition und Bemerkung 2 *(Worte, Buchstaben, Länge, Alphabet)* Seien X eine Menge und $X^\star$ ein über X freies Monoid. Mit Hilfe der Eigenschaft (ii) aus Korollar 3 wird deutlich, wie die Menge X das Innenleben freier Monoide reguliert. Jedes Element lässt sich eindeutig durch die Elemente aus X durch Konkatenation darstellen. Ist w ein Element von $X^\star$, nennt man w ein Wort über X oder auch kurz ein **Wort**. Die Elemente aus X heißen **Buchstaben.** Die Menge X wird als ein **Alphabet** von M oder auch kurz als ein Alphabet bezeichnet. Das **leere Wort** in $X^\star$ symbolisiert man mit ι. Es ist das bzgl. der **Konkatenation** oder auch Verkettung in $X^\star$ neutrale Element. Die Konkatenation ist die Verknüpfung im freien Monoid $X^\star$, die kein Symbol besitzt. Zu w gibt es nach Korollar 3 genau ein $n \in \mathbb{N}_0$ und genau n Elemente $x_1, \ldots, x_n \in X$, so daß $w = x_1 \ldots x_n$ gilt. Das eindeutig bestimmte Element n nennt man die **Länge** des Wortes w und schreibt $l_X(w)$ oder auch $\mid w \mid$. Für jedes $i \in \underline{n}$ sagt man zu x_i ebenfalls i**-ter Buchstabe** von w. Gebräuchlich ist dafür das Symbol w_i.

Die Länge kann folgendermaßen gedeutet werden. Betrachtet man die Abbildung $x \mapsto 1$ für alle $x \in X$, wobei die 1 als Element des Monoids $(\mathbb{N}_0; +)$ angesehen wird, gibt es genau eine Fortsetzung dieser Abbildung zu einem unitalen Homomorphismus von $X^\star$ nach $(\mathbb{N}_0; +)$. Diese Fortsetzung zählt die Anzahl der Buchstaben jedes Wortes, da sie ein Homomorphismus ist. Die eindeutig bestimmte Fortsetzung ist die oben definierte Längenfunktion. Insbesondere ist die Längenfunktion ein Homomorphismus. Die Längenfunktion ist mit dem gewählten Alphabet verknüpft. Das ist nur scheinbar eine Einschränkung. Sei Y ein weiteres Alphabet von M und $x \in X$. x lässt sich mit Hilfe von Y darstellen, etwa $x = y_1 \ldots y_n$, wobei $n = l_Y(x)$ ist. Es gilt ebenfalls $1 = l_X(x) = l_X(y_1) + \ldots + l_X(y_n)$. Aus diesem Grund müssen $n = 1$ und $x = y_1 \in Y$ erfüllt sein. Diese Argumentation zeigt $X \subseteq Y$. Ein Symmetrieargument beweist $Y \subseteq X$. Es gibt folglich genau ein Alphabet, das exakt aus den Elementen der $(X$-)Länge 1 besteht. $\diamond$

Die folgenden Grafiken fassen die Begriffswelt der freien Monoide an Beispielen zusammen. Die dritte Grafik ist für den Praxis-Transfer im nächsten Abschnitt von Bedeutung.

3.1.2 Transfer zur Praxis

In diesem Abschnitt werden Funktionen und freie Monoide auf **Chargen** angewendet. Anhand des letzten Schaubildes im vorherigen Abschnitt wird der Transfer zur Praxis vorgenommen. Streng genommen ist dieses Schaubild immer pro Material zu verstehen, da eine Charge immer pro Material im Wareneingangsprozess vergeben wird. Zur Übersichtlichkeit ist dieser Sachverhalt im Schaubild nicht zusätzlich dargestellt. Es ist der Indikator q zu beachten. Er bedeutet, daß das Labor im Falle $q = 1$ bzw. $q = 0$ vorgibt, den Split 00 an die LVS-Charge zu konkatenieren. Der **Labor-Indikator** wird bei der Definition der **Schnittstellenfunktion** benötigt.

Freie Monoide – Allgemeines

Objekt	Symbol	Eigenschaft
freies Monoid	X^*	- eindeutige Erweiterung von Abbildungen von X in jedes beliebige Monoid L zu einem unitalen Homomorphismus von X^* nach L - Verkettung oder Konkatenation als Verknüpfung - bis auf Isomorphie eindeutig existent - leeres Wort ist neutral
Wort	$w \in X^*$	- Elemente von X^* - eindeutig darstellbar mit Elementen aus X
Buchstabe	$x \in X$	- Elemente von X - Atome der Worte
Alphabet	X	- Worte der Länge 1 - eindeutig bestimmt: es gibt genau ein Alphabet
i-ter Buchstabe eines Wortes w	w_i	- ist ein Buchstabe aus X - von links in einer Darstellung der i-te
Darstellung eines Wortes w	$w = w_1 \dots w_n$	- eindeutig in Verwendung der Buchstaben aus X - eindeutig in der Länge n
Länge eines Wortes $w = w_1 \dots w_n$	$n = l_X(w) = l(x)$	- eindeutig je Wort - ist ein Homomorphismus - zählt die Anzahl der Buchstaben in einer Darstellung
Tupel-Monoid	$T(X)$	- auf Basis aller endlichen Tupel definiert - frei über X^1

Freie Monoide – Beispiele

Objekt	Symbol	Beispiele
freies Monoid	X^*	- deutsches Alphabet - Chargenalphabet - Buchstaben werden verkettet zu Wörtern ohne Leerzeichen
Wort	$w \in X^*$	- Wort im deutschen Alphabet etwa „ABBA" - Wort im Chargenalphabet etwa „AB113400"
Buchstabe	$x \in X$	- Buchstabe „A" im deutschen Alphabet - Buchstabe „0" im Chargenalphabet
Alphabet	X	- Deutsches Alphabet A bis Z etc. - Chargenalphabet A bis Z und 0 bis 9
i-ter Buchstabe eines Wortes w	w_i	- $w = ABBA\,; w_1 = A, w_2 = B = w_3, w_4 = A$ - $w = AB01\,; w_1 = A, w_2 = B, w_3 = 0, w_4 = 1$
Darstellung eines Wortes w	$w = w_1 \ldots w_n$	- $w = Logistik$ - $w = AZED12300$
Länge eines Wortes $w = w_1 \ldots w_n$	$n = l_X(w) = l(x)$	- $l(Logistik) = 8$ - $l(AZED12300) = 9$
Tupel-Monoid	$T(X)$	- Worte sind Tupel beliebiger endlicher Länge - $w = (L, o, g, i, s, t, i, k)$ - leere Menge ist neutral

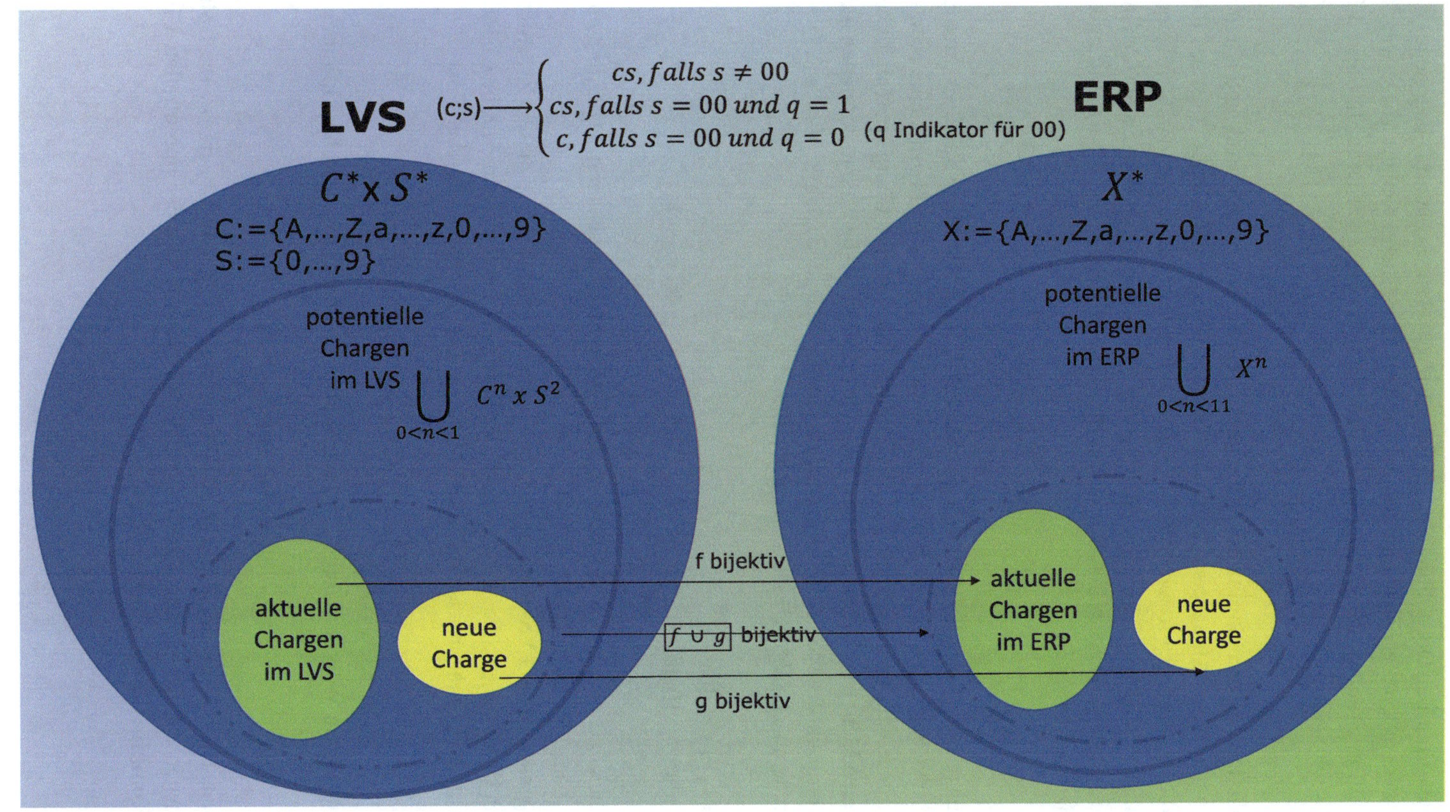
LVS
ERP
$(c;s) \longrightarrow \begin{cases} cs, falls\ s \neq 00 \\ cs, falls\ s = 00\ und\ q = 1 \\ c, falls\ s = 00\ und\ q = 0 \end{cases}$ (q Indikator für 00)
$C^* \times S^*$
$C := \{A,...,Z,a,...,z,0,...,9\}$
$S := \{0,...,9\}$
X^*
$X := \{A,...,Z,a,...,z,0,...,9\}$
potentielle Chargen im LVS $\bigcup_{0<n<1} C^n \times S^2$
potentielle Chargen im ERP $\bigcup_{0<n<11} X^n$
aktuelle Chargen im LVS
neue Charge
aktuelle Chargen im ERP
neue Charge
f bijektiv
$f \cup g$ bijektiv
g bijektiv

Es wird mit der Darstellung der **ERP-Seite** (rechts im Schaubild) begonnen. Zunächst werden die möglichen Zeichen definiert, die bei einer Chargenanlage zu verwenden sind. Das kann je Branche, Firma oder gesetzlicher Bestimmung variieren. In diesem Kontext wird die Menge

$$X := \{A, \dots, Z, a, \dots, z, 0, \dots, 9\}$$

als zulässige Zeichen für die **ERP-Charge** verwendet. Es sind die Groß- und Kleinbuchstaben des deutschen Alphabets sowie die 10 Zahlen 0 bis 9. Die Menge X ist das **Chargen-Alphabet** im Sinne der freien Monoide. Daraus können im freien Monoid $X^\star$ folgend **Worte = Chargen** beliebiger Länge gebildet werden. Nicht alle diese Worte sind für eine ERP-Charge zulässig. Wie erwähnt, ist die Anzahl der Buchstaben einer Charge auf maximal 10 begrenzt. Deswegen ist

$$\bigcup_{1 \le n \le 10} X^n$$

die Menge aller **potentiellen Chargen im ERP.** In dieser Menge sind existierende und neue ERP-Chargen zu finden. Bereits existierende Chargen sind in grün, eine eventuell neu anzulegende Charge in gelb dargestellt. Eine neu anzulegende Charge darf nicht bereits in der grünen Menge enthalten sein. Der gestrichelte Kreis ist die Menge der **neuen aktuellen Chargen** nach Anlage der gelb-markierten Charge. Für jede Charge $w = w_1 \dots w_n \in X^\star$ müssen demnach folgende Bedingungen gelten:

- $n = l_X(w) \le 10$
- Für alle $i \le 10$ gilt $w_i \in X = \{A, \dots, Z, a, \dots, z, 0, \dots, 9\}$.

Zusätzlich darf eine neu anzulegende Charge nicht bereits existieren. Die grüne und gelbe Menge haben leeren Schnitt.

Folgend wird die **LVS-Seite** beschrieben (links im Schaubild). In diesem Zusammenhang muss nicht nur die Charge, sondern auch der **Split** betrachtet werden. Für die Charge gelten dieselben Bedingungen wie für die ERP-Charge. Das Chargen-Alphabet C ist

$$C := \{A, \dots, Z, a, \dots, z, 0, \dots, 9\} = X.$$

Der Split ist ein Wort der Länge 2, wobei die Buchstaben aus dem **Split-Alphabet**

$$S := \{0, \dots, 9\}$$

stammen. Die **Länge der Charge** ist auf maximal 10 Zeichen begrenzt, die **Splitlänge** muss genau 2 Zeichen lang sein. Demzufolge ist die Menge der **potentiellen Chargen-Split-Kombinationen** gegeben durch:

$$\bigcup_{1 \le n \le 10} C^n \times S^2.$$

In dieser Menge finden sich existierende und neue Chargen-Split-Kombinationen. Bereits **existierende Chargen-Split-Kombinationen** sind in grün, eine eventuell **neu anzulegende Chargen-Split-Kombination** in gelb dargestellt. Wiederum gilt, daß der Schnitt beider Mengen leer ist. Eine neu anzulegende Charge darf noch nicht existieren. Der gestrichelte Kreis ist folglich die Menge der neuen aktuellen Chargen-Split-Kombinationen nach Anlage der gelb-markierten Chargen-Split-Kombination. Für jede Charge $c = c_1 \ldots c_n \in C^\star$ und Split $s = s_1 \ldots s_r \in S^\star$ müssen folgende Bedingungen gelten:

- $n = l_C(c) \leq 10$
- $r = l_S(s) = 2$
- Für alle $i \leq 10$ gilt $c_i \in C = \{A, \ldots, Z, a, \ldots, z0, \ldots, 9\}$
- $s_1, s_2 \in S = \{0, \ldots, 9\}$.

Zusätzlich darf eine neue Charge nicht bereits existieren.

ERP und LVS verbinden diverse Funktionen, die folgend erklärt werden. In diesem Zusammenhang wird auch erörtert, was bei einer neuen Chargenanlage zu beachten ist. Ganz oben im Schaubild wird allgemein die **Schnittstellenfunktion** durch

$$C^\star \times S^\star \longrightarrow X^\star, (c; s) \mapsto \left\{ \begin{array}{l} cs, \ s \neq 00 \\ cs, \ s = 00, q = 1 \\ c \ \ \ s = 00, q = 0. \end{array} \right\}$$

definiert. Zur Definition ist der Labor-Indikator **q** von Bedeutung. Charge und Split werden zu einem Wort konkateniert, solange kein Split = 00 vorliegt und der Labor-Indikator q gleich 0 ist. Die Beispiele $(47; 11) \mapsto 4711$ und $(4711; 00) \mapsto 4711$, falls $q = 0$ ist, zeigen, daß die Schnittstellenfunktion nicht injektiv ist. Diese Eigenschaft führt zu Problemen in der Identifizierung der Charge in der Kommunikation zwischen ERP und LVS. Dieses Problem wird folgend durch weitere Funktionen gelöst. Im unteren Abschnitt der Grafik sind drei Funktionen abgebildet. f ist die Funktion zwischen den bereits existierenden Chargen-Split-Kombinationen und den ERP-Chargen. Diese Funktion muss bijektiv sein, damit die Schnittstelle einwandfrei arbeiten kann. Beide Seiten – ERP und LVS – müssen eindeutig identifizieren können, welche Charge bzw. welche Chargen-Split-Kombination innerhalb der Kommunikation angesprochen wird. Muss im Zuge von Wareneingängen im LVS eine neue Chargen-Split-Kombination angelegt werden, ist diese noch nicht im LVS existent und deren Pendant unter der Schnittstellenfunktion – symbolisiert durch die Funktion g – ebenfalls nicht. g besitzt als Wertemenge nur die neue Chargen-Split-Kombination und als Bildmenge genau das Pendant im ERP. Es können f und g mittels Funktions-Erweiterung vereinigt werden. $f \cup g$ ist eine Bijektion. Dieser Prozess wird bei jeder neuen Chargen-Anlage durchlaufen. f und g unterliegen dabei der Definition der Schnittstellenfunktion. Es müssen obige Regeln zur Länge und zur Benennung eingehalten werden. Es muss ebenfalls geprüft werden, daß das Bild einer neuen Charge nicht bereits existiert. Anderenfalls wäre die Injektivität verletzt. Man nennt diesen Schritt im Fachjargon auch **Prüfung auf**

eine äquivalente Charge. In nachfolgender Tabelle werden die notwendigen Schritte und Prüfungen zur Chargenanlage im Rahmen eines Wareneingangsprozesses zusammengefasst und an Beispielen skizziert.

Chargenanlage

Schritt	Prüfung	Beispiel
Labor-Indikator ermitteln pro Material	$q=0$ oder $q=1$	1,0: okay 9,M,+, , : nicht okay
Split im LVS	genau 2 Zeichen jeweils 0,...,9 zulässig	00, 01, 10, 11, 23: okay 0, H1, , 09O: nicht okay
Charge im LVS	maximal 10 Zeichen, minimal 1 Zeichen jeweils A,...,Z,a,...,z,0,...,9 zulässig	ABBA, 4711, DG5rtTZ1: okay Pö-ß0=, 1234567890, , Ä09opPO: nicht okay
prüfe Chargen-Split-Kombination im LVS	darf nicht bereits angelegt sein	(4711;00) sei angelegt (47;11), (4711;01): okay (4711;00): nicht okay
mögliche ERP-Charge ermitteln	Chargenschnittstellenfunktion ausführen	$q=0$; (4711;00)-> 4711 $q=1$; (47;00)-> 4700 $q=0$: (47;11)-> 4711
prüfe mögliche ERP-Charge	Existenz Länge Buchstaben	4711 darf es nur einmal geben 12345678911: nicht okay Po=98(): nicht okay
lege LVS-Charge-Split an	keine	(47;11)
lege ERP-Charge an	keine	4711
merke ERP-Charge in LVS-Charge-Split als Funktionswert	keine	Attribut mit Wert 4711 in (47;11)

4.1 Mathematik

4.1.1 Theoretischer Hintergrund

In diesem Abschnitt werden folgende Fragen beantwortet:

(i) Was sind ganze Zahlen?

(ii) Wie addiert, subtrahiert und multipliziert man ganze Zahlen?

(iii) Was sind grundlegende Rechengesetze innerhalb der ganzen Zahlen?

(iv) Wie vergleicht man ganze Zahlen?

(v) Wie sortiert man ganze Zahlen der Größe nach?

4.1.1.1 Äquivalenzrelationen und Partitionen

Zur Konstruktion ganzer Zahlen werden Äquivalenzrelationen und Partitionen benötigt. Einige Ausführungen basieren auf dem Werk von D. Blessenohl zur 'Einführung in die moderne Mathematik – Das Werkzeug der Algebra' (siehe [10]).

Definition 23 *(Äquivalenzrelation) Eine Relation R auf einer Menge M heißt* **Äquivalenzrelation,** *wenn folgende Bedingungen gelten:*

(i) *Für alle $a \in M$ gilt aRa. –* **Reflexivität**

(ii) *Für alle $a, b \in M$ folgt aus aRb schon bRa. –* **Symmetrie**

(iii) *Für alle $a, b, c \in M$ folgt aus aRb und bRc schon aRc. –* **Transitivität**

Für Äquivalenzrelationen benutzt man das Symbol $\sim$ statt R. ◇

© Der/die Autor(en), exklusiv lizenziert an Springer-Verlag GmbH, DE, ein Teil von Springer Nature 2026

S. Wirsing, *SMILE - Vertiefungsband Mathematik für die Logistik,*
Schule für Mathematik, Informatik, Logistik und Erfolg,
https://doi.org/10.1007/978-3-662-72678-5_4

125

Beispiele 2 Folgend werden Beispiele aus dem täglichen Leben betrachtet. In einem Mehrfamilienhaus leben Familien in Wohnungen. Man sagt, daß zwei Bewohner dieses Hauses in Relation stehen, wenn sie in derselben Wohnung leben. Jeder Bewohner wohnt mit sich selbst in einer Wohnung, weswegen die Relation reflexiv ist. Wohnt jemand mit einem anderen Bewohner in derselben Wohnung, dann lebt der andere Bewohner auch mit diesem in dergleichen Wohnung. Also ist die Relation symmetrisch. Lebt eine Person mit einer zweiten und diese mit einer dritten in derselben Wohnung, wohnt auch die erste mit der dritten in derselben Wohnung. Daher ist die Relation ebenfalls transitiv. Folglich liegt eine Äquivalenzrelation vor.

Etwas gröber betrachtet kann ebenfalls eine Relation für die Bewohner eines Hauses derart definiert werden, daß sie auf derselben Etage wohnen. Gröber ist sie deswegen, weil die erste Relation eine Teilmenge dieser Relation ist. Zwei Personen, die in derselben Wohnung wohnen, leben auch zwangsläufig auf derselben Etage (Es wird angenommen, daß die Wohnungen nicht etagenübergreifend gebaut sind.). Auf derselben Etage wohnend bedeutet nicht zwangsläufig, in derselben Wohnung zu leben. Mit einer ähnlichen Argumentation kann eingesehen werden, daß diese Relation ebenfalls eine Äquivalenzrelation ist.

Weitet man den Blickwinkel, kann eine ganze Straße und ihre Bewohner in deren Häusern betrachtet werden. Bei dieser Relation gilt, daß zwei Bewohner in Beziehung stehen, wenn sie in demselben Haus dergleichen Straße wohnen. Erneut zeigt sich, daß auf diese Weise eine Äquivalenzrelation definiert wird. Dieses Beispiel kann man fortsetzen, etwa durch die Betrachtung der Bewohner, die in derselben Straße einer Ortschaft, in derselben Ortschaft eines Landkreises, im selben Landkreis eines Bundeslandes und im selben Bundesland eines Staates wohnen. All diese Relationen sind Äquivalenzrelationen. An diesen Beispielen können Äquivalenzklassen und Partitionen verdeutlicht werden.

Folgend werden Beispiele in rein-mathematischen Kontexten untersucht. Man betrachte die Nachfolgerfunktion auf den natürlichen Zahlen: $v : \mathbb{N}_0 \longrightarrow \mathbb{N}_0, n \mapsto n + 1$. Mittels v sagt man, daß zwei natürliche Zahlen $n, m \in \mathbb{N}_0$ in Relation stehen, wenn sie den gleichen Nachfolger und damit den gleichen Funktionswert $v(n) = v(m)$ unter v besitzen. Es sei an die Peano-Axiome erinnert, nach denen v injektiv ist. Also müssen bei identischem Funktionswert $v(n) = v(m)$ bereits die Zahlen n, m identisch sein. Die Relation stimmt folglich mit $\{(n; m) \mid n, m \in \mathbb{N}_0, n = m\}$ überein. Man spricht in diesem Fall von der identischen Relation. Seien $n, m, r \in \mathbb{N}_0$. Es gilt $n = n$. Gilt $n = m$, ist $m = n$ erfüllt. Sind $n = m$ und $m = r$ wahr, ist $n = r$ ableitbar. Also ist die **identische Relation** eine Äquivalenzrelation.

Die Funktion $c_1 : \mathbb{N}_0 \longrightarrow \mathbb{N}_0, n \mapsto 1$ liefert an weiteres Beispiel. Es ist die mit dem Wert 1 **konstante Abbildung.** Erneut sei definiert, daß zwei Elemente in Relation stehen, wenn sie den gleichen Funktionswert (unter c_1) besitzen. Diese Eigenschaft ist für je zwei natürliche Zahlen stets erfüllt. Dementsprechend ist diese Relation eine Äquivalenzrelation. Da in diesem Fall alle Elemente in Relation stehen, spricht man von der **Allrelation.**

Als drittes Beispiel sei die Funktion $\xi : \mathbb{N}_0 \longrightarrow \mathbb{N}_0$ betrachtet, die durch $n \mapsto 1$ bzw. $n \mapsto 0$ definiert ist, falls n gerade bzw. n ungerade ist. Zwei Elemente stehen erneut in Relation, wenn ihre Funktionswerte unter ξ identisch sind. Jedes Element steht mich sich selbst in Relation, da der Funktionswert eindeutig bestimmt ist. Also ist die Relation reflexiv. Seien n und m natürliche Zahlen mit identischem Funktionswert. Dann gilt diese Eigenschaft auch für m und n. Somit ist die Relation symmetrisch. Sind $n, m, r \in \mathbb{N}_0$ und gelten $\xi(n) = \xi(m)$ sowie $\xi(m) = \xi(r)$, ist auch $\xi(n) = \xi(r)$ wahr. Folglich ist die Relation transitiv und damit eine Äquivalenzrelation.

Alle drei Beispiele ordnen sich einem allgemeinen Phänomen für beliebige Abbildungen unter, nämlich daß die sog. **Bildgleichheit** für beliebige Funktionen eine Äquivalenzrelation definiert. Diese Aussage ist innerhalb des vorherigen Beispiel bereits allgemein bewiesen worden, da die Art der Funktion ξ in der Beweisführung keinen Einfluss hatte. Ist $f : A \longrightarrow B$ eine Funktion und definiert man $\sim_f := \{(u; v) \mid u, v \in A, f(u) = f(v)\}$, ist die Menge $\sim_f$ eine Äquivalenzrelation auf A.

Sei n eine beliebige natürliche Zahl ≥ 2. Man betrachte das Teilen mit Rest einer Zahl z durch n, also $z = n \cdot DIV_n(z) + MOD_n(z)$. Ist y eine andere natürliche Zahl, gilt $y = n \cdot DIV_n(y) + MOD_n(y)$. Man definiert, daß z und y in Relation stehen, wenn $MOD_n(z) = MOD_n(y)$ gilt. Diese Eigenschaft ist genau dann der Fall, wenn beim Teilen durch n derselbe Rest entsteht. Eine weitere äquivalente Formulierung ist $n \mid z - y$. (Das Minuszeichen ist zu diesem Zeitpunkt noch nicht eingeführt.) Man sagt, daß z **kongruent** y **modulo** n ist. Da das Restebilden $MOD_n(\cdot)$ bereits als Funktion erkannt worden ist, liegt nach obigen Ausführungen eine Äquivalenzrelation vor. Man spricht in diesem Fall von einer **Kongruenzrelation.** Die Relation ist mit den algebraischen Verknüpfungen $+$ und $\cdot$ verträglich. $\diamond$

Eng mit dem Begriff der Äquivalenzrelation ist die sog. Äquivalenzklasse verknüpft. Dazu betrachtet man zu jedem Element a alle weiteren Elemente, die mit a in Relation stehen.

Definition 24 *(Äquivalenzklasse, Repräsentant, Faktormenge, Repräsentantensystem) Seien M eine Menge und $\sim$ eine Äquivalenzrelation auf M. Für jedes $m \in M$ definiert man die* **Äquivalenzklasse** *von m bzgl. $\sim$ durch $[m]_\sim := \{x \mid x \in M, m \sim x\}$. Das Element m nennt man einen* **Repräsentanten** *oder* **Vertreter** *der Äquivalenzklasse $[m]_\sim$. Ist der Bezug zu $\sim$ eindeutig, schreibt man auch $[m]$. Die Menge aller Äquivalenzklassen von $\sim$ bekommt das Symbol $A/\sim$ und wird* **Faktormenge** *oder* **Quotientenmenge** *der Äquivalenzrelation $\sim$ genannt: $A/\sim := \{T \mid \exists m \in M, T = [m]\}$. Die Faktormenge ist eine Teilmenge der Potenzmenge von M. Wählt man aus jeder Äquivalenzklasse genau ein Element aus und fasst diese Vertreter in einer Menge zusammen, spricht man von einem* **(vollständigen) Vertreter-** *oder* **Repräsentantensystem.** *Eine Teilmenge R von A ist ein Vertretersystem genau dann, wenn sie zu jedem Element T aus $A/\sim$ genau ein $r \in R$ gibt,* *so daß $r \in T$ gilt. Daß ein Vertretersystem existiert, ist keine mathematische Trivialität. Für endliche Mengen M kann diese Aussage mittels vollständiger Induktion bewiesen werden. Für unendliche Mengen ist dieses Resultat tieferliegend. In der ZF-Mengenlehre gibt es das sog.* **Auswahlaxiom,** *das diese Eigenschaft per Axiom verlangt. So einfach diese Forderung auf den ersten Blick erscheinen mag, umso erstaunlicher ist, daß sie sich zu einer ganzen Reihe von nicht-trivial anmutenden Aussagen als äquivalent erweist. Das sind etwa das* **Lemma von Zorn** *und der* **Wohlordnungssatz.** ◇

Äquivalenzklassen erfüllen folgende Eigenschaften:

Proposition 2 *(Eigenschaften von Äquivalenzklassen) Seien M eine Menge und $\sim$ eine Äquivalenzrelation auf M. Es gelten die folgenden Aussagen:*

   (i) Für alle $m, n \in M$ gilt: $m \sim n \longleftrightarrow [m] = [n] \longleftrightarrow n \in [m]$.

  (ii) Für alle $m, n \in M$ gilt: $n \sim m \longleftrightarrow [n] = [m] \longleftrightarrow m \in [n]$.

 (iii) Für alle $m, n \in M$ gilt $[m] = [n]$ oder $[m] \cap [n] = \emptyset$.

Beweis ad(i): Ist $[m] = [n]$ erfüllt, gilt wegen der Reflexivität $n \in [n] = [m]$. Im Falle $n \in [m]$ gilt per Definition $n \sim m$. Gilt $n \sim m$ – und damit auch $m \sim n$ aus Symmetriegründen –, muss $[n] = [m]$ eingesehen werden. Diese Aussage ist eine Mengengleichheit, die mittels zweier Mengeninklusionen zu beweisen ist. Sei $r \in [m]$. Per Definition sind $r \sim m$ und $m \sim n$ wahr. Aus der Transitivität folgt $r \in [n]$. Folglich ist aus $n \sim m$ die Mengeninklusion $[m] \subseteq [n]$ gezeigt worden. Wendet man die bereits gezeigte Inklusion auf $m \sim n$ an, folgt die andere Inklusion per Symmetrieargument. Aus diesem Grund gilt Teil (i).

ad(ii): Diese Aussage folgt aus (i) mittels Symmetrie von $\sim$.

ad(iii): Seien $n, m \in \mathbb{N}_0$, und es gelte $[m] \cap [n] \neq \emptyset$. Sei $r \in [m] \cap [n]$. Aus (i) ergibt sich die Aussage $[r] = [m]$. Mittels Teil (ii) folgt $[r] = [n]$. ◇

Die Aussage (i) bedeutet, daß die Äquivalenz von Elementen gleichwertig mit der Gleichheit von Elementen in $M/\sim$ ist. Daß je zwei Äquivalenzklassen entweder gleich oder disjunkt sind, ist Aussage von Teil (ii). Letztere Eigenschaft führt auf den Begriff der Partition. In der Mengenlehre ist eine **Partition** (auch **Zerlegung** oder **Klasseneinteilung**) einer Menge M eine Menge $P \subseteq P(M)$, deren Elemente nichtleere Teilmengen von M derart sind, daß jedes Element von M in genau einem Element von P enthalten ist. Anders ausgedrückt: Eine Partition einer Menge zerlegt sie in nichtleere paarweise disjunkte Teilmengen. Demnach ist bewiesen worden:

Folgerung 1 *Die Faktormenge einer Äquivalenzrelation auf einer Menge ist eine Partition dieser Menge.*   ◇

Es ist beweisbar, daß man zu jeder Partition einer Menge umgekehrt wieder eine Äquivalenzrelation definieren kann. Darüberhinaus zeigt sich, daß dieser Zusammenhang sogar bijektiv ist. Die Konzepte 'Äquivalenzrelation' und 'Partition' sind in diesem Sinne gleichwertig.

Äquivalenzrelationen bzw. Partitionen können zum **Abzählen endlicher Mengen** verwendet werden. Sei M eine endliche Menge und $\sim$ eine Äquivalenzrelation auf M mit Faktormenge $M/\sim$. Dann ist M disjunkte Vereinigung $\dot{\cup}$ der Elemente aus $M/\sim$. Es ist beweisbar, daß die Mächtigkeit einer disjunkten Vereinigung genau die Summe der einzelnen Mächtigkeiten ist:

$$| M | = \sum_{T \in M/\sim} | T | .$$

Würde man also die Mächtigkeiten der Äquivalenzklassen und deren Anzahl kennen, könnte man auch die Mächtigkeit der Menge M ermitteln. Im Spezialfall, daß alle Äquivalenzklassen sogar gleichmächtig sind, ergibt sich die Formel:

$$\forall T \in M/\sim : | M | = | M/\sim| \cdot | T | .$$

Die folgenden Bilder illustrieren die Begriffe dieses Abschnittes mittels der Beispiele 2.

4.1.1.2 Ganze Zahlen

Zur Darstellung von Temperaturen und Bestandsänderungen benötigt man **ganze Zahlen.** Eine Schwachstelle der natürlichen Zahlen ist, daß sie bzgl. der Addition keine sog. **Gruppe** bilden. Das entscheidene nicht-erfüllte Axiom ist die **Existenz des inversen Elementes** bzgl. der Addition. I.A. gibt es zu einer natürlichen Zahl n keine weitere natürliche Zahl m, so daß $n + m = 0 = m + n$ erfüllt ist. Diese Eigenschaft nur für die Null erfüllt. Nach der Kürzungsregel folgt nämlich aus $n + m = 0 = 0 + 0$ schon $n = m = 0$. Anders ausgedrückt: Die **Einheitengruppe** von $(\mathbb{N}_0; +)$ ist genau die Menge $\{0\}$. Zu diesem Zeitpunkt etwas unformal beschrieben (da nicht genau definiert worden ist, was Gleichungen und Unbekannte sind) ist das **Lösen der Gleichungen** der Form $a + x = b$ (was gleichwertig zu $a \leq b$ ist) in der **Unbekannten** x nicht in den natürlichen, wohl aber in den ganzen Zahlen möglich. Der Aspekt des **Lösens von Gleichungen** ist beim gesamten **Aufbau des Zahlensystems** zentral und spielt in der **Algebra** eine fundamentale Rolle.

Folgend wird die Konstruktion der ganzen Zahlen $\mathbb{Z}$ mit Hilfe der natürlichen Zahlen, der **Paarbildung,** der Äquivalenzrelationen sowie des Erweiterungsprinzips vorgestellt. In diesem Zusammenhang werden ebenfalls Multiplikation, Addition sowie Ordnung natürlicher Zahlen auf ganze Zahlen erweitert. Das Erweiterungsprinzip stellt bei dieser Konstruktion sicher, die natürlichen als Teilmenge der ganzen Zahlen zu etablieren. Der Begriff der natürlichen Zahl wurde damit begründet, daß er vom natürlichen Zählen von Objekten stammt. Warum bezeichnet man eine ganze Zahl als ganz? Die Antwort ist, weil sie noch nicht geteilt

Relation	Grundmenge	Äquivalenzklassen	Repräsentantensystem	Partition
Allrelation	Natürliche Zahlen	Eine: die Menge der natürlichen Zahlen	Die Menge mit dem Element 1	Menge der Äquivalenzklassen
Identitätsrelation	Natürliche Zahlen	Die Mengen mit jeweils einer natürlichen Zahl	Die Menge der natürlichen Zahlen	Menge der Äquivalenzklassen
1 und 0	Natürliche Zahlen	Die Menge der geraden und die Menge der ungeraden Zahlen	Die Menge mit den Zahlen 1 und 2.	Menge der Äquivalenzklassen
Modulo 3	Natürliche Zahlen	Die drei Mengen von natürlichen Zahlen mit Rest 0,1 bzw. 2 beim Teilen durch 3	Die Menge mit den Zahlen 3,4 und 5.	Menge der Äquivalenzklassen
Haus und Wohnungen	Bewohner im Haus	Für jede Wohnung die jeweiligen Bewohner	Aus jeder Wohnung einen Bewohner	Menge der Äquivalenzklassen
Haus und Etagen	Bewohner im Haus	Für jede Etage die jeweiligen Bewohner	Aus jeder Etage einen Bewohner	Menge der Äquivalenzklassen
Straßen und Häuser	Bewohner der Straße	Für jedes Haus die jeweiligen Bewohner	Aus jedem Haus einen Bewohner	Menge der Äquivalenzklassen
Ortschaften und Straßen	Bewohner der Ortschaft	Für jede Straße die jeweiligen Bewohner	Aus jeder Straße einen Bewohner	Menge der Äquivalenzklassen
Landkreise und Ortschaften	Bewohner des Landkreises	Für jede Ortschaft die jeweiligen Bewohner	Aus jeder Ortschaft einen Bewohner	Menge der Äquivalenzklassen
Bundesländer und Landkreise	Bewohner des Bundeslandes	Für jeden Landkreis die jeweiligen Bewohner	Aus jedem Landkreis einen Bewohner	Menge der Äquivalenzklassen
Deutschland und Bundesländer	Bewohner von Deutschland	Für jedes Bundesland die jeweiligen Bewohner	Aus jedem Bundesland einen Bewohner	Menge der Äquivalenzklassen

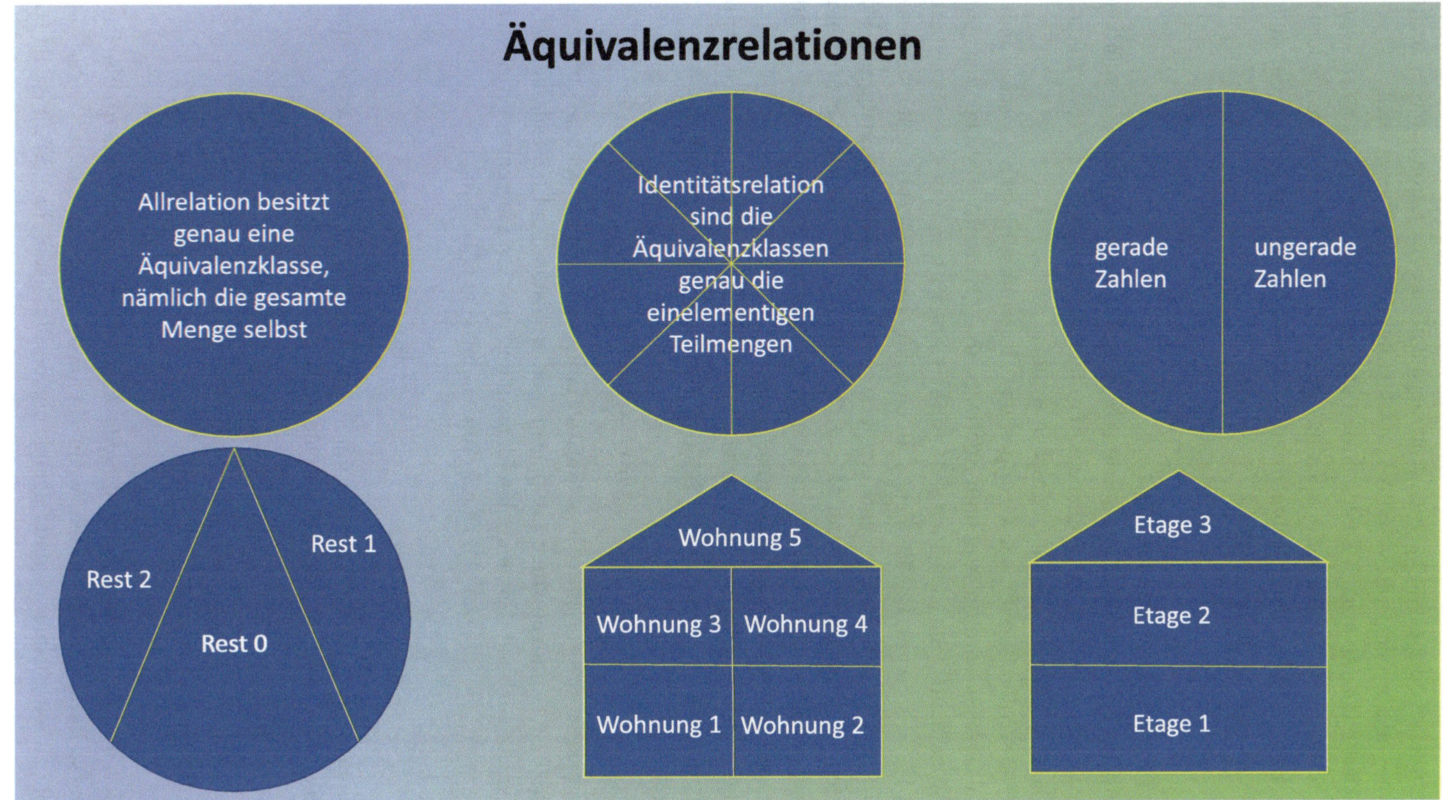

Äquivalenzrelationen
Allrelation besitzt genau eine Äquivalenzklasse, nämlich die gesamte Menge selbst
Identitätsrelation sind die Äquivalenzklassen genau die einelementigen Teilmengen
gerade Zahlen
ungerade Zahlen
Rest 2
Rest 1
Rest 0
Wohnung 5
Wohnung 3
Wohnung 4
Wohnung 1
Wohnung 2
Etage 3
Etage 2
Etage 1

oder zerbrochen oder kaputt ist. Sie ist im Gegenteil zu einer rationalen oder reellen Zahl, wie etwa $\frac{1}{2}$ oder π oder $0, 123456789...$, noch komplett zusammengesetzt.

Die Darstellung zu ganzen Zahlen basiert auf dem Werk 'Basic Algebra 1' von Nathan Jacobson (siehe [30]) sowie auf dem Grundlagenbuch 'Einführung in die moderne Mathematik – Das Werkzeug der Algebra' von Dieter Blessenohl (siehe [10]). Folgende Grafik visualisiert Aspekte ganzer Zahlen.

4.1.1.2.1 Konstruktion ganzer Zahlen

Für natürliche Zahlen wurde mittels Isomorphiesatz 1 die Isomorphie aller natürlichen Zahlensysteme bewiesen. Ein entsprechendes Resultat kann auf Basis universeller Eigenschaften ebenfalls für die ganzen Zahlen eingesehen werden.

Folgend werden Begriffe wie **Gruppen** und **Homomorphismen** zwischen ihnen benötigt. Auf Gruppen wird im Abschnitt **Sortieren und Ordnen** vertiefend eingegangen. Ist M ein Monoid, heißt ein Element $e \in M$ **Einheit** von M, wenn ein $f \in M$ existiert, so daß $e \cdot f = 1_M = f \cdot e$ gilt. Das Element f ist eindeutig bestimmt (was später bewiesen wird) und wird mit e^{-1} betitelt. Die Einheiten fasst man in der **Einheitengruppe** E(M) von M zusammen. M heißt Gruppe, wenn $M = E(M)$ gilt. Ein Monoid nennt man **kommutativ,** wenn je zwei Elemente e und f miteinander vertauschen: $ef = fe$. Eine kommutative Gruppe wird ebenfalls **abelsche Gruppe** genannt.

Sind G, H zwei Gruppen, nennt man eine Abbildung $f : G \longrightarrow H$ einen **Gruppenhomomomorphismus,** wenn sie mit den Verknüpfungen verträglich ist. Für alle $a, b \in G$ muss die Regel

$$(ab)f = (af)(bf)$$

gelten. Injektive bzw. surjektive bzw. bijektive Gruppenhomomorphismus nennt man **Mono- bzw. Epi- bzw. Isomorphismen.** Gruppenhomomorphismus sind nicht nur mit der Verknüpfung, sondern auch mit dem neutralen Element und inversen Elementen verträglich. Es gilt $f(1) = f(1 \cdot 1) = f(1) \cdot f(1)$. Durch Anwendung von $f(1)^{-1}$ folgt

$$f(1) = 1.$$

Des Weiteren gilt $1 = f(1) = f(a \cdot a^{-1}) = f(a)f(a^{-1})$. Daraus erhält man mittels Multiplikation von $f(a)^{-1}$ das gewünschte Resultat

$$f(a^{-1}) = f(a)^{-1}$$

für alle $a \in G$.

Definition und Bemerkung 3 *(universelle Eigenschaft ganzer Zahlen)* Ein Paar $(Z; \iota)$ heißt **Darstellung ganzer Zahlen,** wenn Z eine abelsche Gruppe ist, $\iota : \mathbb{N}_0 \longrightarrow Z$ ein Monoidhomomorphismus ist und folgende universelle Eigenschaft erfüllt ist: Ist $(G; j)$ ein

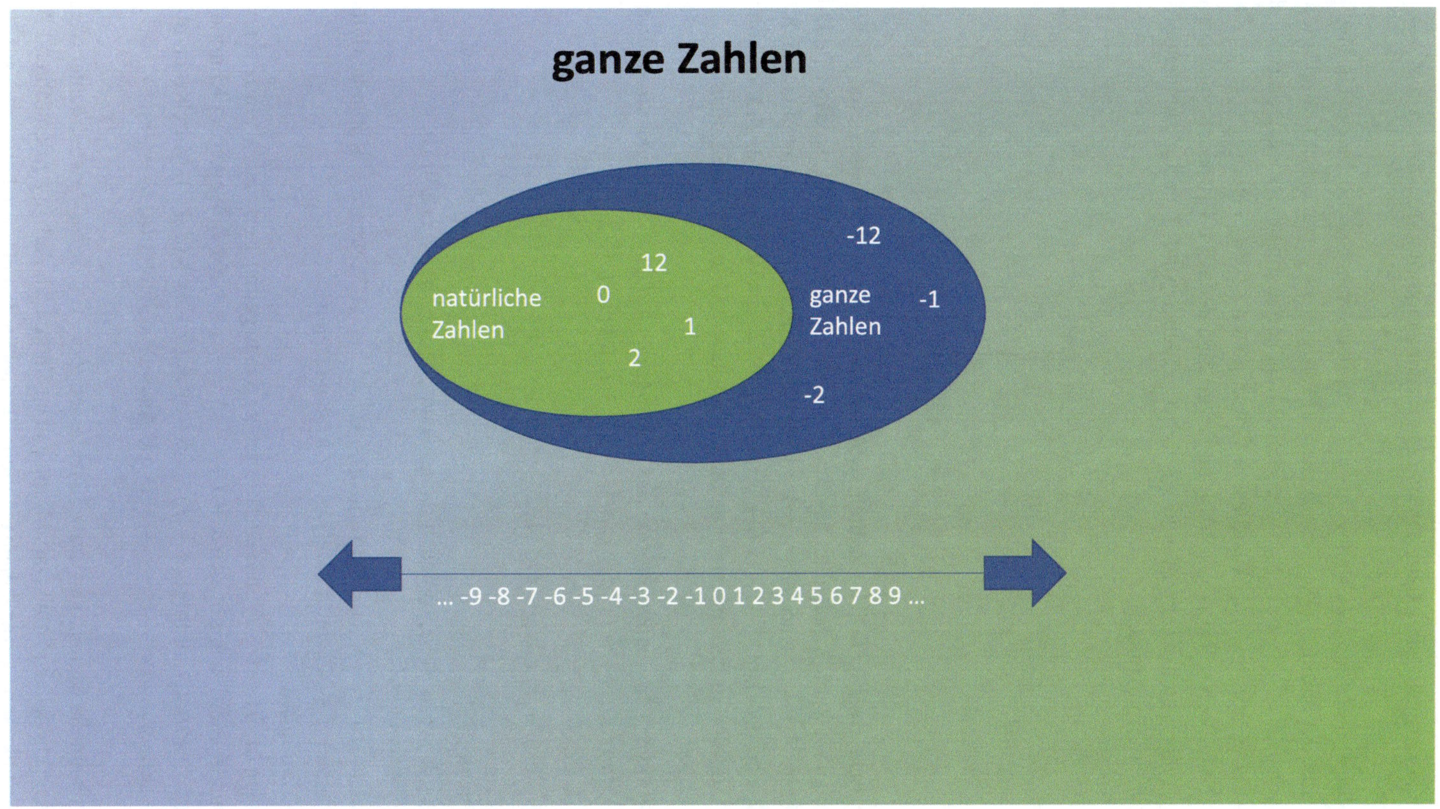

ganze Zahlen
natürliche Zahlen
12
0
1
2
ganze Zahlen
-12
-1
-2
... -9 -8 -7 -6 -5 -4 -3 -2 -1 0 1 2 3 4 5 6 7 8 9 ...

weiteres derartiges Paar, existiert genau ein Gruppenhomomorphismus $f : Z \longrightarrow G$ mit $\iota f = j$.

Es wird folgend gezeigt, daß es bis auf Gruppenisomorphie höchstens ein Paar ganzer Zahlen gibt. Ist nämlich $(Y; j)$ ein weiteres Paar, gibt es genau einen Gruppenhomomorphismus $f : Z \longrightarrow Y$ mit $\iota f = j$ und ebenfalls genau einen Gruppenhomomorphismus $g : Y \longrightarrow Z$ mit $jg = \iota$. Aus diesem Grund gelten $\iota fg = \iota$ und $jgf = j$. Zwischen Y bzw. Z und sich selbst ist die Identität der einzige derartige Gruppenhomomorphismus. Daraus ergeben sich $fg = id$ und $gf = id$. Folglich sind f und g zueinander inverse Gruppenisomorphismen. $\diamond$

$$
\begin{array}{ccc}
G & \xrightarrow{\ id\ } & G \\[1ex]
{\scriptstyle j}\Big\uparrow & & {\scriptstyle f}\Big\uparrow \\[1ex]
\mathbb{N}_0 & \xrightarrow{\ \iota\ } & Z
\end{array}
$$

Möchte man zwei natürliche Zahlen **subtrahieren,** ist ihre **Differenz** eine positive oder negative ganze Zahl. Z. B. gelten $5 - 3 = 6 - 4$ und $3 - 9 = 5 - 11$, so daß eine Differenz auf mehrere Arten geschrieben werden kann. Beide Differenzen könnte man auch folgendermaßen ausdrücken: $5 + 4 = 6 + 3$ und $3 + 11 = 5 + 9$. Diese Ausdrücke können nur mit der Addition in $\mathbb{N}_0$ dargestellt werden. Aus diesem Grund definiert man:

Proposition 3 *(Äquivalenzrelation der Subtraktion) Auf* $\mathbb{N}_0 \times \mathbb{N}_0$ *wird die Äquivalenzrelation* $\sim$ *durch* $(a; b) \sim (c; d) := a + d = b + c$ *definiert.*

Beweis Seien $a, b, c, d, e, f \in \mathbb{N}_0$.

(1) $\sim$ ist reflexiv:
  Es gilt $(a; b) \sim (a; b)$ genau dann, wenn $a + b = a + b$ erfüllt ist.
(2) $\sim$ ist symmetrisch:
  Sei $(a; b) \sim (c; d)$. Dann gilt $a + d = b + c$. Wegen der Kommutativität folgt $c + b = d + a$, womit $(c; d) \sim (a; b)$ bewiesen ist.
(3) $\sim$ ist transitiv:
  Seien $(a; b) \sim (c; d)$ und $(c; d) \sim (e; f)$. Dann gelten $a + d = b + c$ und $c + f = d + e$. Durch Addition ergibt sich $a + d + c + f = b + c + d + e$. Wegen der Kommutativität und Assoziativität folgt $(a + f) + (d + c) = (b + e) + (d + c)$. Mittels Kürzungsregel erschließt man $a + f = c + e$. Diese Aussage bedeutet $(a; b) \sim (e; f)$. $\diamond$

Folglich kann die Menge der Äquivalenzklassen $Z := (\mathbb{N}_0 \times \mathbb{N}_0)/\sim$ betrachtet werden. Es wird eingesehen, daß Z eine Darstellung ganzer Zahlen ist. Auf Z werden folgend Addition und Multiplikation ganzer Zahlen etabliert. Zu diesem Zweck ist naheliegend, auf Z für alle

$a, b, c, d \in \mathbb{N}_0$ als Addition

$$[(a; b)] + [(c; d)] := [(a + c; b + d)]$$

zu definieren. Bei dieser Festlegung taucht ein Problem auf. Die Definition ist mit Hilfe beliebiger Repräsentanten durchgeführt worden. Es könnte sein, daß bei Wahl anderer Repräsentanten als Ergebnis der Addition eine abweichende Äquivalenzklasse entsteht. In diesem Fall wäre die Addition der Äquivalenzklassen nicht eindeutig definiert. Deswegen spricht man davon, die sog. **Wohldefiniertheit** der Addition zeigen zu müssen. Anders ausgedrückt ist zu beweisen, daß die Addition eine Funktion und damit unabhängig von der Wahl der Repräsentanten ist. Seien $e, f, g, h \in \mathbb{N}_0$, und es gelte $(a; b) \sim (e; f)$ sowie $(c; d) \sim (g; h)$. Es muss gezeigt werden, daß $(a + c; b + d) \sim (e + g; f + h)$ gilt. Aus $(a; b) \sim (e; f)$ und $(c; d) \sim (g; h)$ folgt $a + f = b + e$ und $c + h = d + g$. Durch Addition beider Gleichungen ergibt sich $(a + f) + (c + h) = (b + e) + (d + g)$. Mit Hilfe des Kommutativitäts- und Assoziativitätsgesetzes der Addition ist folglich $a + c + f + h = b + d + f + h$ gezeigt. Aus diesem Grund ist die Addition auf Z wohldefiniert.

Lemma 2 *(Existenz ganzer Zahlen) Sei $\iota : \mathbb{N}_0 \longrightarrow Z, a \mapsto [(a; 0)]$. Dann ist $(Z; \iota)$ eine Darstellung ganzer Zahlen und ι injektiv.*

Beweis Mittels komponentenweiser Definition der Addition auf Z auf Basis der Repräsentanten erkennt man, daß die Verknüpfung assoziativ und kommutativ sowie $[(0; 0)]$ neutral ist. Grund ist, daß diese Eigenschaften komponentenweise bereits auf den natürlichen Zahlen erfüllt sind. Aus diesem Grund ist $(Z; +)$ ein kommutatives Monoid. Es wird folgend die Existenz inverser Elemente bewiesen. Seien $a, b \in \mathbb{N}_0$. Dann gilt $[(a; b)] + [(b; a)] = [(a + b; a + b)]$. Diese Äquivalenzklasse stimmt mit $[(0; 0)]$ überein. Mittels $a + b + 0 = a + b + 0$ ergibt sich nämlich die Aussage $(a + b; a + b) \sim (0; 0)$. Wegen $b + a + 0 = b + a + 0$ ist $(b + a; b + a) \sim (0; 0)$ erfüllt. Daraus ergibt sich $[(b; a)] + [(a; b)] = [(b + a; b + a)] = [(0; 0)]$. Folglich ist $[(b; a)]$ das Inverse Element zu $[(a; b)]$. Es ist gezeigt, daß Z mit $+$ eine abelsche Gruppe bildet.

Für alle $a, b \in \mathbb{N}_0$ gilt die Rechenregel $(a + b)\iota = [(a + b; 0)] = [(a; 0)] + [(b; 0)] = (a\iota) + (b\iota)$. Zusätzlich ist $0\iota = [(0; 0)] = 0_Z$ erfüllt. Aus diesen Gründen ist ι ein unitaler Homomorphismus. Aus $[(a; 0)] = [(b; 0)]$ folgt $a + 0 = 0 + b$ und damit $a = b$. Folglich ist ι injektiv.

Es verbleibt, die universelle Eigenschaft von $(Z; \iota)$ nachzuweisen. Sei G eine abelsche Gruppe und $j : \mathbb{N}_0 \longrightarrow G$ ein Homomorphismus. Zu beweisen ist, daß genau ein Gruppenhomomorphismus $f : Z \longrightarrow G$ existiert, so daß $\iota f = j$ gilt. Seien $a, b \in \mathbb{N}_0$. Gibt es einen derartigen Homomorphismus f, folgt unter Ausnutzung der Verträglichkeit mit inversen Elementen bereits

$$f([(a; b)]) = f([(a; 0)] - [(b; 0)]) = f([(a; 0)]) - f([(b; 0)]) = j(a) - j(b).$$

f ist folglich eindeutig durch j festgelegt. Es muss eingesehen werden, daß ein derart definiertes f auch die gewünschten Eigenschaften besitzt. Die Wohldefiniertheit wird folgend bewiesen. Seien $a, b, c, d \in \mathbb{N}_0$ mit $(a; b) \sim (c; d)$. Per Definition ergibt sich $a + d = b + c$, also $j(a + d) = j(b + c)$. Mittels Homomorphieeigenschaft von j erhält man $j(a) + j(d) = j(b) + j(c)$. Durch Umformung kann $j(a) - j(b) = j(c) - j(d)$ abgeleitet werden. f ist wohldefiniert. Wegen $f([(a; 0)]) = j(a) - j(0) = j(a) - 0 = j(a)$ erfüllt f ebenfalls die Eigenschaft $\iota f = j$. Wegen

$$f([(a; b)] + [(c; d)]) = f([a + c; b + d)]) = j(a + c) - j(b + d)$$
$$= j(a) + j(c) - (j(b) + j(d)) = j(a) + j(c) - j(b) - j(d) = j(a) - j(b) + j(c) - j(d)$$

ist f ein Homomorphismus. $\diamond$

Nachfolgendes Bild illustriert die Konstruktion von Z sowie die Inversenbildung, die Addition und die Subtraktion. Die Äquivalenzklassen werden durch Geraden innerhalb des Gitters $\mathbb{N}_0 \times \mathbb{N}_0$ repräsentiert, die sämtlich parallel zur ersten Winkelhalbierenden sind. Diese spezielle Gerade ist das Nullelement. Die rechts neben dem Nullelement liegenden Geraden sind die weiteren natürlichen Zahlen, die Geraden oberhalb vom Nullelement ihre jeweiligen Inversen. All diese Geraden partitionieren das gesamte Gitter. Die Addition der Geraden ist anschaulich dadurch gegeben, daß jeweils genau ein beliebiger Punkt auf jeder Gerade gewählt wird und die beiden Punkte addiert werden. Die Addition kann als Diagonale im durch die beiden Punkte erzeugten Parallelogramm gedeutet werden. Die Gerade, die parallel zur ersten Winkelhalbierenden läuft und den Endpunkt der Diagonalen in diesem Parallelogramm schneidet, ist das Ergebnis der Geraden-Addition. Die Subtraktion ist die Addition mit der inversen Geraden. Klappt man die y-Achse auf Höhe der x-Achse nach links, hat man bereits den **Zahlenstrahl der ganzen Zahlen** veranschaulicht.

Das Schaubildes lässt ein spezielles Repräsentantensystem für die Äquivalenzklassen deutlich werden. Es ist die Menge der Schnittpunkte mit den Koordinatenachsen:

$$Z = \{[(0; a)] \mid a \in \mathbb{N}\} \,\dot\cup\, \{[(0; 0)]\} \,\dot\cup\, \{[(a; 0)] \mid a \in \mathbb{N}\}.$$

Dieser Aspekt kann als **Trichotomie um den Nullpunkt** gedeutet werden. Es gilt $[(0; a)] = -[(a; 0)]$ für alle $a \in \mathbb{N}$. Nach Lemma 2 ist ι injektiv. Wegen $a = b \longrightarrow -a = -b$ sind die Elemente $[(0; a)], [(a; 0)], [(0; b)], [(b; 0)]$ für $a, b \in \mathbb{N}$ mit $a \neq b$ paarweise und vom Nullelement $[(0; 0)]$ verschieden. Zum Beweis der Trichotomie um das Nullelement betrachte man beliebige Elemente $a, b \in \mathbb{N}_0$ sowie die Äquivalenzklasse $[(a; b)]$. Man verwende die Trichotomie in $\mathbb{N}_0$, wonach $a = b$, $a < b$ oder $a > b$ gilt. Im Fall $a = b$ ist $[(a; b)] = [(a; a)] = [(0; 0)]$. Ist $a < b$, existiert ein $c \in \mathbb{N}$ mit $a + c = b$. Es gilt

$$[(a; b)] = [(a; a + c)] = [(a; a)] + [(0; c)] = [(0; 0)] + [(0; c)] = [(0; c)].$$

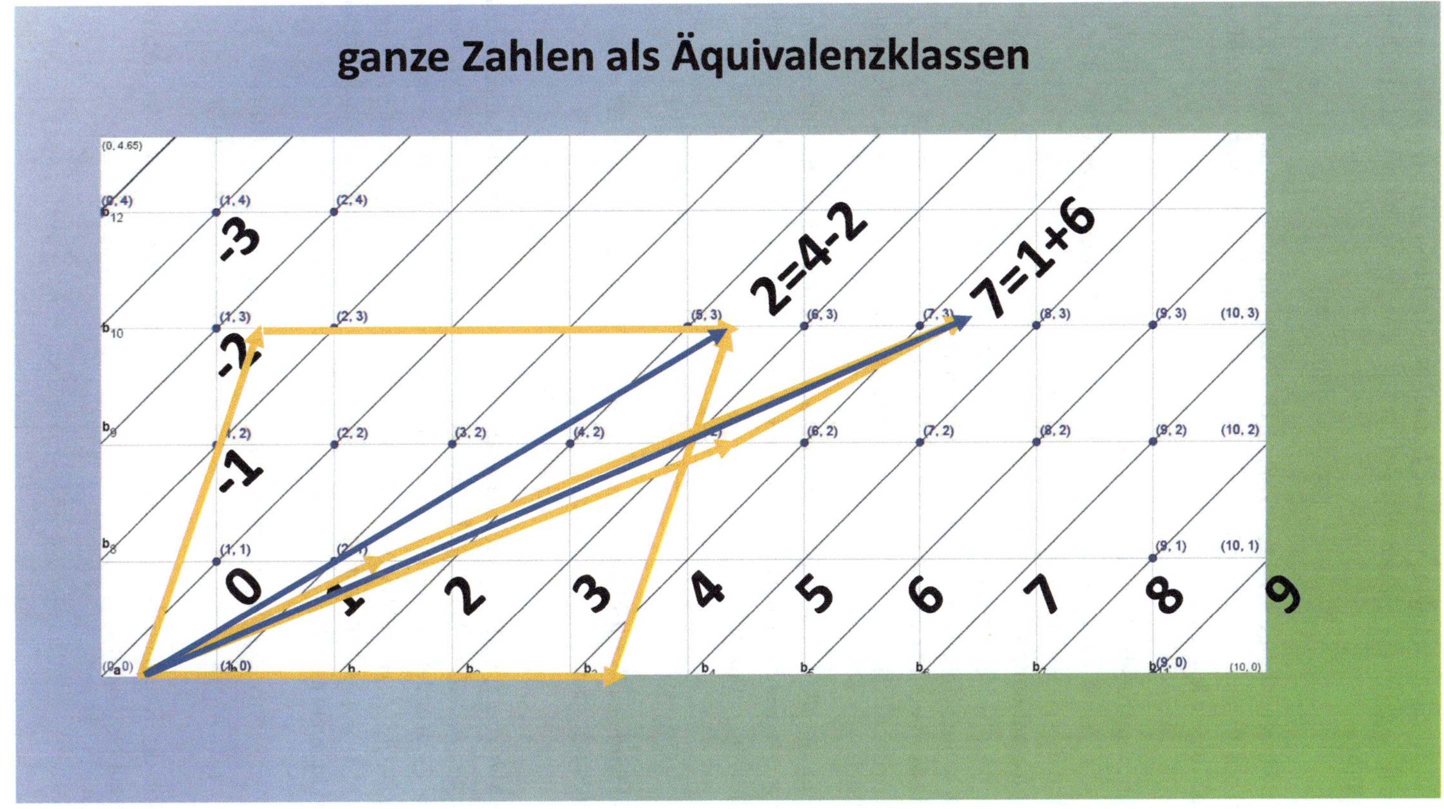

ganze Zahlen als Äquivalenzklassen
2=4-2
7=1+6
-3
-2
-1
0
1
2
3
4
5
6
7
8
9

Analog erhält man im Fall $a > b$ eine Darstellung der Form $[(c; 0)]$ mit $c \in \mathbb{N}$. Setzt man $-N := \{[(0; a)] \mid a \in \mathbb{N}\}$ und $N := \{[(a; 0)] \mid a \in \mathbb{N}\}$, folgt für Z die **trichotomische Darstellung**

$$Z = -N \;\dot\cup\; \{0\} \;\dot\cup\; N,$$

wobei abkürzend $0 = [(0; 0)]$ gesetzt wird. Das Nullelement nennt man **neutral,** die Zahlen $[(a; 0)]$ **positiv** und die Zahlen $[(0; a)] = -[(a; 0)]$ **negativ.** Für natürliche Zahlen wurden folgende Regeln bewiesen:

(1) **Kürzungsregel:** Für natürliche Zahlen a, b, c gilt $a + c = b + c$ genau dann, wenn $a = b$ erfüllt ist. Diese Aussage gilt wegen der Gruppeneigenschaft ebenfalls in Z. Zum Beweis wende man $-c$ auf die Gleichung an.

(2) **Nullsummenregel:** Für natürliche Zahlen a, b gilt $a + b = 0$ genau dann, wenn $a = b = 0$ erfüllt ist. In Z besitzt jedes Element ein Inverses. Aus diesem Grund die Nullsummenregel für die ganzen Zahlen nicht.

(3) **Einssumme:** Für natürliche Zahlen a, b gilt $a + b = 1$ nur für $(a; b) = (1; 0)$ oder $(a; b) = (0; 1)$. In Z löst zu gegebenem a das Element $1 - a$ diese Gleichung.

In Z kann für alle $x, y \in Z$ eine **Subtraktion** definiert werden. Die Subtraktion ist nicht nur für $x \leq y$ wie bei den natürlichen Zahlen möglich. Sind $a, b, c, d \in \mathbb{N}_0$, definiert man die Subtraktion auf Z durch

$$[(a; b)] - [(c; d)] = [(a; b)] + (-[(c; d)]) = [(a; b)] + [(d; c)] = [(a + d; b + c)].$$

Folgend wird eine **Multiplikation** auf Z definiert. Wegen $(a - b)(c - d) = (ac + bd) - (ad + bc)$ legt man

$$[(a; b)] \cdot [(c; d)] := [(ac + bd; ad + bc)]$$

für alle $a, b, c, d \in \mathbb{N}_0$ fest. Es soll eingesehen werden, daß die Multiplikation wohldefiniert ist. Seien $a, b, c, d, e, f, g, h \in \mathbb{N}_0$ mit $(a; b) \sim (e; f)$ und $(c; d) \sim (g; h)$. Dann gelten $a + f = e + b$ und $c + h = g + d$. Es muss eingesehen werden, daß $[(ac + bd; ad + bc)] = [(eg + fh; eh + fg)]$ erfüllt ist, was gleichwertig zu $ac + bd + eh + fg = ad + bc + eg + fh$ ist. Um diese Aussage einzusehen, bedarf es einer Reihe von Rechenoperationen. Dazu benutze man die Formeln $a + f = e + b$ und $c + h = g + d$. Es ergibt sich

$$(a + f)(c + g) + (e + b)(d + h) + (c + h)(a + e) + (g + d)(b + f) =$$
$$(e + b)(c + g) + (a + f)(d + h) + (g + d)(a + e) + (c + h)(b + f).$$

Mit Hilfe der Kommutativ-, Assoziativ- und Distributivgesetze sowie der additiven Kürzungsregel folgt daraus

$$2(ac + bd + eh + fg) = 2(ad + bc + eg + fh).$$

Mittels multiplikativer Kürzungsregel und $2 \neq 0$ ergibt sich daraus die Behauptung. Also ist die Multiplikation wohldefiniert. Für alle $a, b \in \mathbb{N}_0$ gilt

$$[(a; 0)] \cdot [(b; 0)] = [(a \cdot b + a \cdot 0; 0 \cdot b + 0 \cdot 0)] = [(ab; 0)].$$

Aus diesem Grund ist die Multiplikation eine Fortsetzung der Multiplikation der in Z eingebetteten natürlichen Zahlen. Es werden folgend Eigenschaften der Multiplikation auf Z hergeleitet.

Lemma 3 *(Multiplikation ganzer Zahlen) Seien $a, b, c, d, e, f \in \mathbb{N}_0$. Die Multiplikation auf Z erfüllt folgende Eigenschaften:*

    (i) *Die Multiplikation ist* **kommutativ:** $[(a; b)] \cdot [(c; d)] = [(c; d)] \cdot [(a; b)].$

   (ii) *Die Multiplikation ist* **assoziativ:** $([(a; b)] \cdot [(c; d)]) \cdot [(e; f)] = [(a; b)] \cdot ([(c; d)] \cdot [(e; f)]).$

  (iii) $[(1; 0)]$ *ist* **neutral** *bzgl. der Multiplikation:* $[(a; b)] \cdot [(1; 0)] = [(a; b)] = [(1; 0)] \cdot [(a; b)].$

  (iv) $(Z; \cdot)$ *ist ein* **kommutatives Monoid** *mit neutralem Element* $[(0; 0)].$

   (v) *Die Multiplikation ist* **nullteilerfrei:** $[(a; b)] \cdot [(c; d)] = [(0; 0)] \leftrightarrow [(a; b)] = [(0; 0)] \vee [(c; d)] = [(0; 0)].$

  (vi) *Die Multiplikation erfüllt die* **Kürzungsregel:** $[(a; b)] \cdot [(e; f)] = [(c; d)] \cdot [(e; f)] \wedge [(e; f)] \neq [(0; 0)] \leftrightarrow [(a; b)] = [(c; d)].$

 (vii) $(Z \setminus \{0\}; \cdot)$ *ist ein* **kommutatives Monoid** *mit neutralem Element* $[(1; 0)].$

(viii) 0 *ist bzgl.* $\cdot$ **absorbierend:** $[(a; b)] \cdot [(0; 0)] = [(0; 0)] = [(0; 0)] \cdot [(a; b)].$

  (ix) *Es gelten* **Distributivgesetze** *bzgl.* $+$ *und* $\cdot$ *auf Z:* $[(a; b)] \cdot ([(c; d)] + [(e; f)]) = [(a; b)] \cdot [(c; d)] + [(a; b)] \cdot [(e; f)]$ *sowie* $([(c; d)] + [(e; f)]) \cdot [(a; b)] = [(c; d)] \cdot [(a; b)] + [(e; f)] \cdot [(a; b)].$

Beweis ad(i)+(ii): Diese Aussagen verbleiben als Rechenübung.

ad(iii): Mittels Neutralität der 1 und Absorption der 0 können $[(1; 0)] \cdot [(a; b)] = [(a; b)]$ und $[(a; b)] \cdot [(1; 0)] = [(a; b)]$ nachgerechnet werden. Also ist $[(1; 0)]$ neutral bzgl. der Multiplikation.

ad(iv): Diese Aussage folgt aus den Teilen (i)-(iii).

ad(v): Es gelte $[(a; b)] \cdot [(c; d)] = [(0; 0)]$. Daraus ergeben sich $(ac + bd; ad + bc) \sim (0; 0)$ und $ac + bd = ad + bc$. Eine Umformung ergibt $(a - b)c + (b - a)d = 0$ und $(a - b)(c - d) = 0$. Aus der Nullteilerfreiheit von $\mathbb{N}_0$ kann $a = b$ oder $c = d$ gefolgert werden. Die oder-Aussage ist äquivalent zu $[(a; b)] = [(0; 0)]$ oder $(c; d)] = [(0; 0)]$.

ad(vi): Diese Aussage wird in Proposition 4 allgemeiner bewiesen, wenn $\cdot$ nullteilerfrei ist (siehe Teil (v)).

ad(vii): Diese Aussage folgt aus den Teilen (v) und (iv).

ad(viii): Diese Aussage wird in Proposition 4 allgemeiner bewiesen.

ad(ix): Diese Aussage verbleibt als Rechenübung.   ◇

4.1.1.2.2 Der Ring ganzer Zahlen

Für ganzen Zahlen $\mathbb{Z}$ wurden u. a. folgende Gesetzmäßigkeiten hergeleitet: $(\mathbb{Z}; +)$ bildet eine abelsche Gruppe, $(\mathbb{Z}; \cdot)$ ist ein kommutatives Monoid und bzgl. $+$ und $\cdot$ gelten die Distributivgesetze $a \cdot (b + c) = ab + ac$ sowie $(a + b) \cdot c = ac + bc$. Allgemein wird definiert:

Definition 25 *(Ring, kommutativer Ring) Ein Tripel* $(R; +; \cdot)$ *heißt* **assoziativer Ring,** *wenn folgende Bedingungen erfüllt sind:*

(i) $(R; +)$ *ist eine abelsche Gruppen mit neutralem Element* 0.

(ii) $(R; \cdot)$ *ist eine Halbgruppe.*

(iii) *Es gelten die Distributivgesetze* $a \cdot (b + c) = ab + ac$ *sowie* $(a + b) \cdot c = ac + bc$ *für alle* $a, b, c \in R$.

Ist $(R; \cdot)$ *sogar eine kommutative Halbgruppe, nennt man* $(R; +; \cdot)$ *oder auch kurz* R *einen* **kommutativen Ring.** *Ist* $(R; \cdot)$ *ein Monoid mit neutralem Element* $1 \neq 0$, *so ist* R *ein* **Ring mit Eins.** *Ein kommutativer Ring mit Eins ist demnach ein Ring, dessen multiplikative Halbgruppe sogar ein kommutatives Monoid mit neutralem Element* $1 \neq 0$ *ist. Oftmals wird die Multiplikation des Ringes nicht ausgeschrieben und stattdessen Ausdrücke der Form* $ac + b \, (a, b, c \in R)$ *verwendet. Gilt für alle* $a, b \in R$ *die Aussage* $ab = 0$ *nur für* $a = b = 0$, *heißt* R **nullteilerfrei.** *Ein kommutativer nullteilerfrei Ring mit Eins wird als* **Integritätsbereich** *betitelt.*   ◇

Aus den bisherigen Erkenntnissen (siehe Lemma 3 und 2) lässt sich folgendes Resultat ableiten:

Satz 20 *(Ring der ganzen Zahlen) Das Tripel* $(\mathbb{Z}; +; \cdot)$ *ist ein Integritätsbereich.*   ◇

Für jeden Ring gelten Gesetzmäßigkeiten, die ggfs. schon in der Schule beim Umgang mit ganzen Zahlen aufgetaucht sind. Es werden folgend einige dieser Basiseigenschaften im Kontext von Ringen bewiesen.

Proposition 4 *(Basiseigenschaften von Ringen) Seien* $(R; +; \cdot)$ *ein Ring und* $a, b, c \in R$. *Es gelten folgende Aussagen:*

(i) $a \cdot 0 = 0 = 0 \cdot a$

(ii) $1 \cdot 0 = 0 = 0 \cdot 1$

(iii) $a(-b) = -ab = a(-b)$

(iv) $ab = (-a)(-b)$

(v) $(-1)(-1) = 1$

(vi) $a + b = a + c \longleftrightarrow b = c$

(vii) *Ist $\cdot$ nullteilerfrei, gilt $(a \neq 0) \rightarrow (ab = ac \longleftrightarrow b = c)$*

(viii) *Ist $\cdot$ nullteilerfrei, gilt $(a \neq 0) \rightarrow (ba = ca \longleftrightarrow b = c)$*

(ix) *Ist R ein Ring mit Eins, gilt $-a = (-1)a = a(-1)$.*

Beweis ad(i): Es gilt $a0 = a(0 + 0) = a0 + a0$. Also ist $a0 = 0$ erfüllt. Analog kann $0a = 0$ bewiesen werden.

ad(ii): Diese Aussage folgt aus Teil (i).

ad(iii): Die Rechnung $ab + a(-b) = a(b - b) = a0 = 0$ zeigt, daß $a(-b)$ das Inverse zu ab bzgl. $+$ ist. Analog kann $a(-b) = -ab$ hergeleitet werden.

ad(iv): Es gilt $(-a)(-b) + (-a)b = (-a)(-b + b) = -a0 = 0$. Also muss $(-a)(-b)$ das Inverse zu $(-a)b$ sein. Wegen Teil (iii) folgt $-ab = (-a)b$. Daher ist das Inverse zu $(-a)b$ genau ab.

ad(v): Diese Aussage ergibt sich aus Teil (iv).

ad(vi): Diese Aussage folgt durch Anwendung von $-a$ bzw. a auf die jeweilige Gleichung.

ad(vii): Aus $ab = ac$ folgt $a(b - c) = 0$. Daraus erhält man $a = 0$ oder $b = c$.

ad(viii): Diese Aussage wird analog zu Teil (vii) bewiesen.

ad(ix): Diese Aussage folgt aus Teil (iii) und der Neutralität von 1. $\diamond$

Die natürlichen Zahlen besitzen i.A. bzgl. der Addition keine Inversen. Diese Schwachstelle ist bei den ganzen Zahlen bzgl. der Multiplikation ebenfalls vorhanden. Seien $a, b, c, d \in \mathbb{N}_0$, und es gelte $[(a; b)] \cdot [(c; d)] = [(1; 0)]$. Es folgt $(ac + bd; ad + bc) \sim (1; 0)$. Damit gelten $ac + bd + 1 = ad + bc$ und $(a - b)(d - c) = 1$. Für natürliche Zahlen x, y kann bewiesen werden, daß genau dann $xy = 1$ gilt, wenn $x = y = 1$ erfüllt ist. Dieses Resultat wird auf die Gleichung $(a - b)(d - c) = 1$ angewendet. In den Fällen $a > b$ und $d > c$ gilt also $a - b = 1 = d - c$. Daraus ergibt sich $[(a; b)] = [(1 + b; b)] = [(1; 0)]$. Der Fall $a < b$ und $d < c$ wird durch die Betrachtung von $(a - b)(d - c) = (b - a)(c - d)$ (Regel $(-x)(-y) = xy$) bewiesen. Aus diesem Grund folgen $a - b = 1$ und $[(a; a + 1)] = [(0; 1)] = -1$. Die anderen beiden Fälle sind widersprüchlich, weil sonst $xy = -1$ mit natürlichen Zahlen x, y gelten würde. Folglich ist bewiesen worden, daß die Menge $\{1, -1\}$ genau die Einheitengruppe der ganzen Zahlen ist.

Die Schwachstelle der Nicht-Existenz von inversen Elementen bzgl. der Multiplikation wird durch die Konstruktion der rationalen Zahlen im nächsten Kapitel bereinigt. In diesem Zusammenhang ist der **Körperbegriff** von Bedeutung. Anders ausgedrückt hat die Gleichung $ax + b = 0$ i.A. keine Lösung in Z. In den rationalen Zahlen $\mathbb{R}$ kann sie jedoch gelöst werden. Im folgenden Bild wird der Aspekt des **Gleichungslösens** visualisiert und auf weitere Zahlbereiche– , $\mathbb{R}$ **reelle** und $\mathbb{C}$ **komplexe Zahlen** – ausgedehnt.

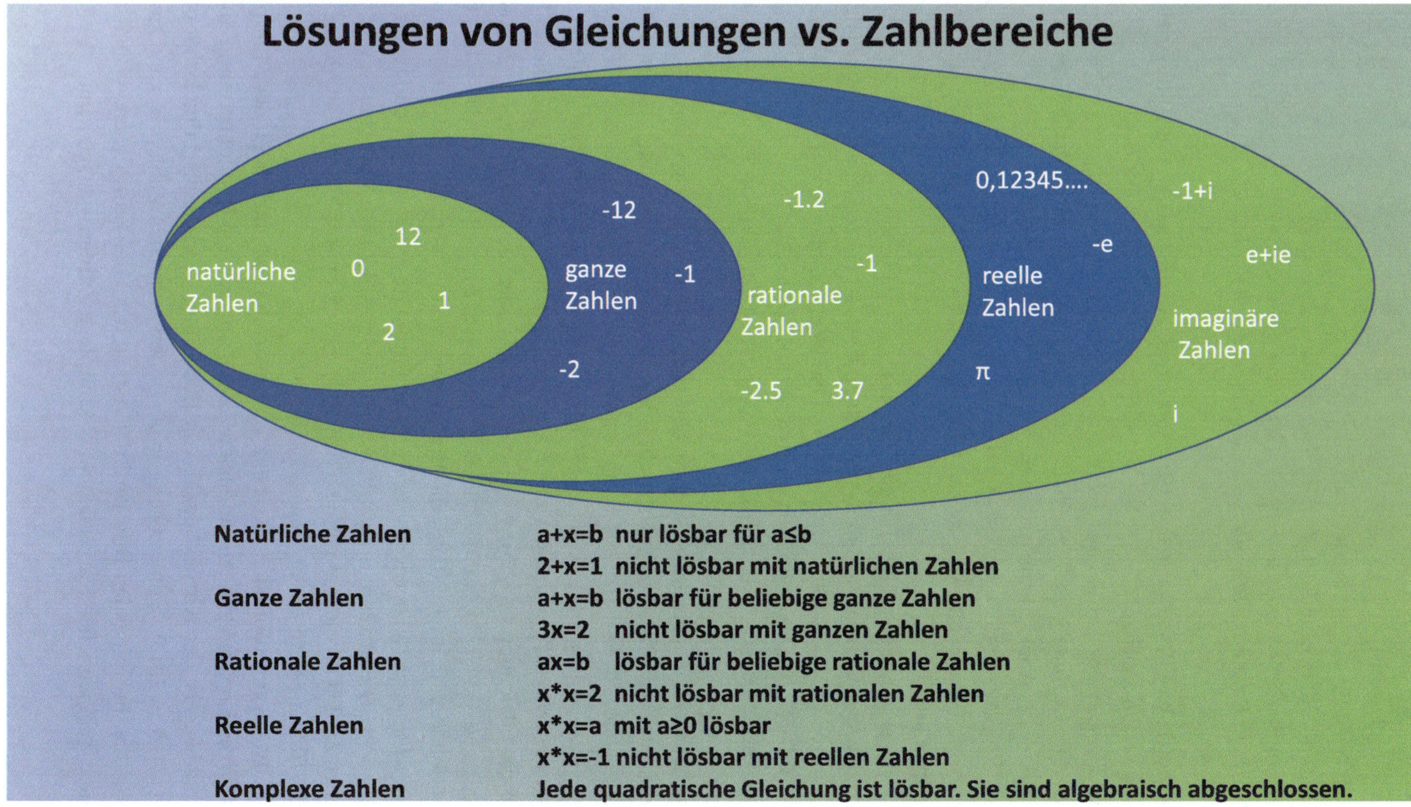

Natürliche Zahlen	a+x=b	nur lösbar für a≤b
	2+x=1	nicht lösbar mit natürlichen Zahlen
Ganze Zahlen	a+x=b	lösbar für beliebige ganze Zahlen
	3x=2	nicht lösbar mit ganzen Zahlen
Rationale Zahlen	ax=b	lösbar für beliebige rationale Zahlen
	x*x=2	nicht lösbar mit rationalen Zahlen
Reelle Zahlen	x*x=a	mit a≥0 lösbar
	x*x=-1	nicht lösbar mit reellen Zahlen
Komplexe Zahlen	Jede quadratische Gleichung ist lösbar. Sie sind algebraisch abgeschlossen.	

4.1.1.2.3 Ordnungsübertragung auf $\mathbb{Z}$

In diesem Abschnitt werden die Ordnung der natürlichen Zahlen inkl. ihrer Eigenschaften auf die ganzen Zahlen übertragen. Wegen $(a - b) \leq (c - d) \leftrightarrow (a + d) \leq (c + b)$ definiert man die Ordnung auf Z folgendermaßen:

Definition und Bemerkung 4 *(Ordnung ganzer Zahlen)* Seien $a, b, c, d \in \mathbb{N}_0$. Es sei $\leq$ auf Z definiert durch

$$[(a; b)] \leq [(c; d)] := (a + d) \leq (c + b).$$

Es muss wieder überlegt werden, daß diese Definition unabhängig vom Repräsentanten ist. Seien also $e, f, g, h \in \mathbb{N}_0$ mit $(a; b) \sim (e; f)$ und $(c; d) \sim (g; h)$. Dies bedeutet $a + f = e + b$ und $c + h = g + d$. Es soll eingesehen werden, daß $(a + d) \leq (c + b)$ genau dann gilt, wenn $(e + h) \leq (g + f)$ erfüllt ist. Dies geschieht durch Äquivalenzumformungen und Anwendung der bereits bewiesenen Kürzungsregeln:

$(a + d) \leq (c + b) \leftrightarrow_{+g}$
$a + d + g \leq c + b + g \leftrightarrow_{d+g=c+h}$
$a + c + h \leq c + b + g \leftrightarrow_{+e}$
$a + c + h + e \leq c + b + g + e \leftrightarrow_{b+e=a+f}$
$a + c + h + e \leq c + a + g + f \leftrightarrow_{a+c\,kuerzen}$
$h + e \leq g + f.$
Es gilt weiterhin

$$[(a; 0)] \leq [(c; 0)] \leftrightarrow a \leq c.$$

Damit ist die Ordnung auf Z eine Fortsetzung der der eingebetteten natürlichen Zahlen. Daß wirklich eine Ordnung vorliegt, wird im Folgenden bewiesen. Es gilt

$$[(a; b)] \leq [(a; b)] \leftrightarrow (a + b) \leq (a + b).$$

Da die rechte Seite erfüllt ist, ist $\leq$ reflexiv auf Z. Nun wird die Antisymmetrie bewiesen. Seien $[(a; b)] \leq [(c; d)]$ und $[(c; d)] \leq [(a; b)]$ erfüllt. Das bedeutet $a + d \leq c + b$ und $c + b \leq d + a$. Aus der Antisymmetrie natürlicher Zahlen bzgl. $\leq$ folgt nun $a + d = c + b$, was gleichbedeutend mit $(a; b) \sim (c; d)$ und damit auch mit $[(a; b)] = [(c; d)]$ ist. Es folgt der Beweis der Transitivität. Seien dazu $[(a; b)] \leq [(c; d)] \leq [(e; f)]$. Dann gelten $a + d \leq b + c$ und $c + f \leq e + d$. Unter Benutzung diverser Regeln für natürliche Zahlen wie Monotonie und Ordnungseigenschaften wird nun umgeformt:

$a + d \leq b + c \rightarrow_{+f}$
$a + d + f \leq b + c + f \rightarrow_{c+f \leq e+d}$
$a + d + f \leq b + e + d \rightarrow_{Monotonie\,mit\,d}$
$a + f \leq b + e.$

Daraus folgt $[(a; b)] \leq [(e; f)]$. Es verbleibt, die Totalität zu beweisen. Diese folgt sofort aus der der natürlichen Zahlen, da $a + d \leq c + b$ oder $c + b \leq a + d$ gilt. Dies ist gleichbedeutend zu $[(a; b)] \leq [(c; d)]$ oder $[(c; d)] \leq [(a; b)]$. Abschließend werden noch analog wie auf den natürlichen Zahlen die folgenden Relationen definiert:

$$[(a; b)] < [(c; d)] :\leftrightarrow (a + d) < (c + b),$$
$$[(a; b)] \geq [(c; d)] :\leftrightarrow (a + d) \geq (c + b) \text{ und}$$
$$[(a; b)] > [(c; d)] :\leftrightarrow (a + d) > (c + b). \qquad\qquad \diamond$$

Die ganzen Zahlen sind vorerst nur mit Z und nicht wie gewohnt mit $\mathbb{Z}$ symbolisiert. Das liegt daran, daß bei der vorgestellten Konstruktion die natürlichen Zahlen $\mathbb{N}_0$ nicht in Z enthalten sind, wohl aber als isomorphe Kopie in der Form $\{[(a; 0)], a \in \mathbb{N}_0\}$. Die Konstruktion von $\mathbb{Z}$ wird nun ergänzt. Dazu benutzt man die Sätze zum Erweiterungsprinzip 16 und Strukturtransport 17, um die Menge Z und die Strukturen $+$ und $\cdot$ auf Z oberhalb von $\mathbb{N}_0$ zu etablieren. Dazu ist es wichtig, daß ι injektiv ist und die Addition und Multiplikation auf Z auf Basis von $\mathbb{N}_0\iota$ fortsetzt. Die bijektive Abbildung $\psi : \mathbb{Z} \to Z$ aus dem Strukturtransport ist demnach sowohl mit $+$ als auch mit $\cdot$ verträglich: $(x + y)\psi = (x\psi) + (y\psi)$ und $(x \cdot y)\psi = (x\psi) \cdot (y\psi)$. Eine derartige doppelt-strukturerhaltende Abbildung nennt man einen Ringisomorphismus. Mit Z ist also auch $\mathbb{Z}$ ein Ring, der die gleichen Eigenschaften wie Z besitzt. Alle Rechenregeln von Z gelten also auch postum für $\mathbb{Z}$. Um Eigenschaften über ganze Zahlen zu beweisen, kann also entweder abstrakt in einem Ring gerechnet werden, der die Eigenschaften von Z besitzt. Oder es wird das zu Zeigende direkt in Z mittels Äquivalenzklassen nachgerechnet. Alternativ kann auch $\mathbb{Z}$ benutzt werden. Auch die Ordnungsrelationen $\leq, <, \geq$ und $>$ werden mittels des Ringisomorphismus auf $\mathbb{Z}$ durch $a \leq b := (a\psi) \leq (b\psi)$ für alle $a, b \in \mathbb{Z}$ übertragen. Da ψ mit $\leq, <, \geq$ und $>$ per Definition verträglich ist und diese Relationen auch von $\mathbb{N}_0$ fortsetzt, gelten die bisher bewiesenen Rechenregeln für Z bzgl. dieser Relationen auch für $\mathbb{Z}$. Es wurde bereits die Trichotomie um die 0 bewiesen. Daher setzt man auch in $\mathbb{Z}$ nun $-\mathbb{N} := \{x \mid \exists y \in \mathbb{N} : x = -y\}$. Wegen der Trichotomie in Z gilt nun auch in $\mathbb{Z}$ die trichotomische Darstellung

$$\mathbb{Z} = -\mathbb{N} \,\dot\cup\, \{0\} \,\dot\cup\, \mathbb{N}.$$

Das Nullelement nennt man neutral, die Zahlen $a \in \mathbb{N}$ positiv und die Zahlen $-a, a \in \mathbb{N}$ negativ. Das bedeutet also, daß für eine ganze Zahl z genau eine der Aussagen $x < 0, x = 0$ oder $x > 0$ gilt. Es werden diese Erkenntnisse im folgenden Schaubild zusammengefasst. Nun werden die Rechengesetze bzgl. $\leq$ von $\mathbb{N}_0$ auf $\mathbb{Z}$ übertragen, und zwar in Anlehnung an Satz 12. Man erkennt, daß die Monotonie bzgl. der Multiplikation nicht mehr komplett erfüllt ist: die Anordnung dreht sich durch Multiplikation mit negativen ganzen Zahlen um. Man definiert für $a, b \in \mathbb{Z}$ das Intervall [a,b] durch $\{z \mid z \in \mathbb{Z}, a \leq z \leq b\}$. Entsprechend sind die anderen – aus der Schule bekannten Intervalle –]a,b[,]a,b] und [a,b[definiert. Ersteres

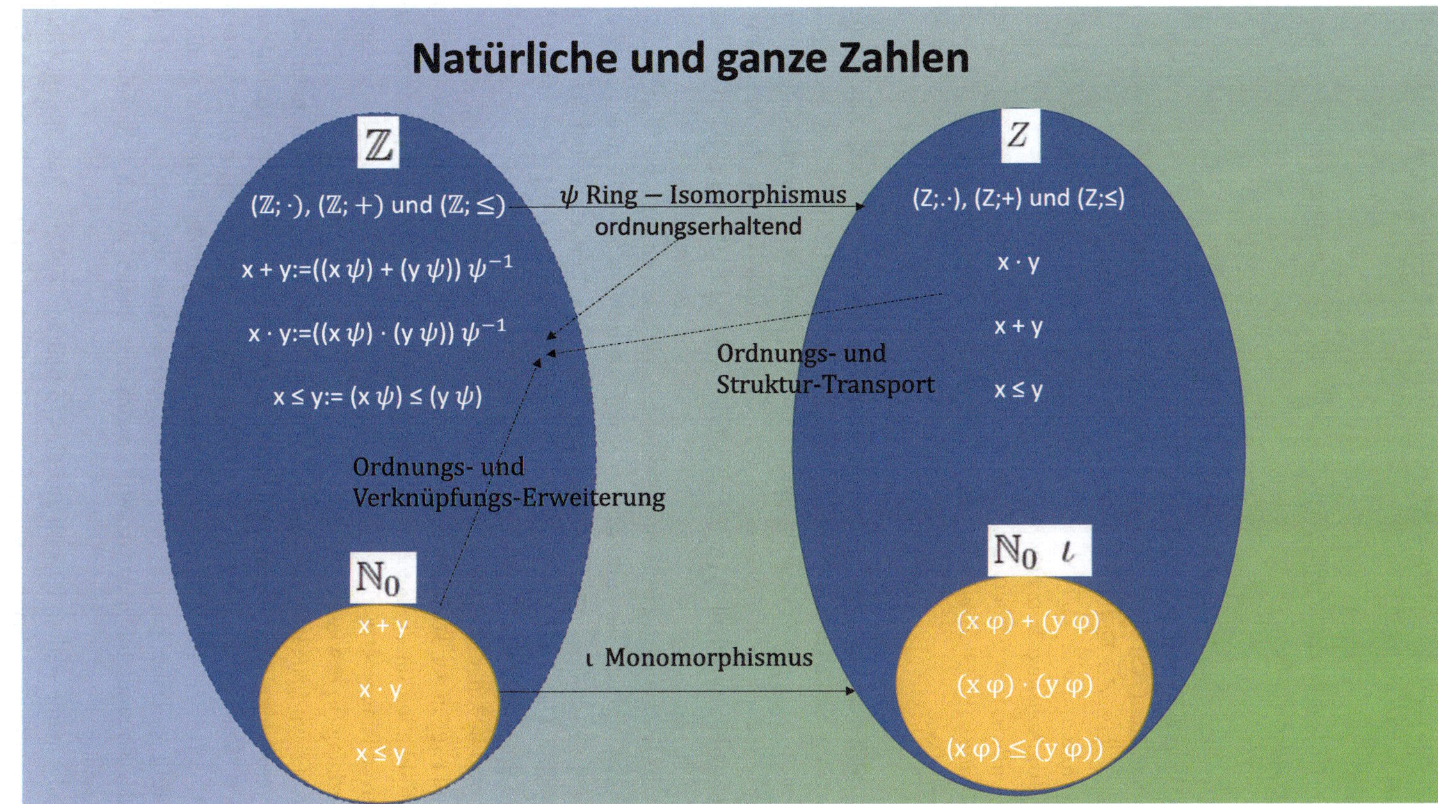

Natürliche und ganze Zahlen
ℤ
(ℤ; ·), (ℤ; +) und (ℤ; ≤)
x + y := ((x ψ) + (y ψ)) ψ⁻¹
x · y := ((x ψ) · (y ψ)) ψ⁻¹
x ≤ y := (x ψ) ≤ (y ψ)
Ordnungs- und Verknüpfungs-Erweiterung
N₀
x + y
x · y
x ≤ y
ψ Ring — Isomorphismus ordnungserhaltend
Ordnungs- und Struktur-Transport
ι Monomorphismus
Z
(Z; ·), (Z; +) und (Z; ≤)
x · y
x + y
x ≤ y
N₀ ι
(x φ) + (y φ)
(x φ) · (y φ)
(x φ) ≤ (y φ))

ergibt sich aus [a,b] durch Weglassen von $\{a, b\}$, beim zweiten bzw. dritten Intervall ist das Element a bzw. b entfernt.

Satz 21 *(Ordnungseigenschaften von $\mathbb{Z}$) Sei $T \subseteq \mathbb{Z}$. Innerhalb von $\mathbb{Z}$ gelten folgende Ordnungseigenschaften:*

(i)   Ist T nach oben beschränkt, besitzt T ein Maximum.

(ii) Ist T nach unten beschränkt, besitzt T ein Minimum.

(iii) Genau dann ist T endlich, wenn T nach oben und nach unten beschränkt ist. Dies ist genau dann der Fall, wenn T in einem Intervall enthalten ist.

(iv) Für alle $a, b, c \in \mathbb{Z}$ gilt das Monotoniegesetz $a \leq b \to a + c \leq b + c$ bzgl. $+$ (auch Translationsinvarianz genannt).

(v)   Für alle $a, b, c \in \mathbb{Z}$ mit $c \geq 0$ gilt das Monotoniegesetz $a \leq b \to ac \leq bc$ bzgl. $\cdot$.

(vi) Für alle $a, b, c \in \mathbb{Z}$ mit $c < 0$ gilt das umgekehrte Monotoniegesetz $a \leq b \to ac \geq bc$ bzgl. $\cdot$.

Beweis ad(iv): Dieses Gesetz wird durch eine Rechnung in Z mittels Äquivalenzklassen nachgewiesen. Seien dazu $a, b, c, d, e, f \in \mathbb{N}_0$, und es gelte $[(a; b)] \leq [(c; d)]$. Dies ist äquivalent zu $a + d \leq b + c$. Durch Addition mit $e + f$ und der Monotonie natürlicher Zahlen folgt nun $a + d + e + f \leq b + c + e + f$. Dies ist durch Nutzung der Assoziativität und Kommutativität äquivalent zu $[(a + e; b + f)] = [(a; b)] + [(e; f)] \leq [(c; d)] + [(e; f)] = [(c + e; d + f)]$.

ad(v): Es wird zunächst in Z mittels Äquivalenzklassen gezeigt, daß für alle $a, b \in \mathbb{Z}$ die Aussage $a \leq b$ genau dann gilt, wenn $0 \leq b - a$ erfüllt ist. Seien dazu $a, b, c, d \in \mathbb{N}_0$. Es gilt $[(a; b)] \leq [(c; d)]$ genau dann, wenn $a + d \leq c + b$ erfüllt ist. Weiterhin ist $-[(a; b)] = [(b; a)]$ erfüllt. Daher ist $[(0; 0)] \leq [(c; d)] - [(a; b)]$ nur für $[(0; 0)] \leq [(c; d)] + [(b; a)] = [(c + b; d + a)]$ wahr. Letzteres ist genau dann richtig, wenn $0 + c + b \leq d + a + 0$ vorliegt.

Nun wird in $\mathbb{Z}$ der allgemeine Fall bewiesen. Seien dazu $a, b, c \in \mathbb{Z}$, $c \geq 0$ und $a \leq b$. Dann sind (wegen der Trichotomie-Zerlegung) $b - a \in \mathbb{N}_0$ und $c \in \mathbb{N}_0$. Aus der Definition der Multiplikation für die natürlichen Zahlen folgt nun $(b - a)c \in \mathbb{N}_0$, und mit Hilfe der distributiven Ringgesetze gilt $bc - ac \in \mathbb{N}_0$. Das heißt aber $bc - ac \geq 0$, woraus mit der Vorbemerkung (v) bewiesen ist.

ad(vi): Es wird zunächst der Spezialfall $c := -1$ bewiesen, der auch in der Schule von besonderem Interesse ist. Dieser wird durch eine Rechnung in Z mittels Äquivalenzklassen hergeleitet. Seien $a, b, c, d \in \mathbb{N}_0$. Es gelten für die Inversen $-[(a; b)] = [(b; a)]$ und $-[(c; d)] = [(d; c)]$. Per Definition ist $[(a, b)] \leq [(c; d)]$ genau dann wahr, wenn $a + d \leq c + b$ erfüllt ist. Daher gilt $[(d; c)] \leq [(b; a)]$ genau dann, wenn $d + a \leq b + c$ erfüllt ist. Wegen der Kommutativität der Addition natürlicher Zahlen ist daher die Aussage (vi) für $c = -1$ richtig.

Der allgemeine Fall ergibt sich aus diesem und aus Teil (v). Aus diesem Grund wird erneut in $\mathbb{Z}$ gerechnet. Seien $a, b, c \in \mathbb{Z}$, $c < 0$ und $a \leq b$. Dann gilt aus dem Spezialfall

$-c > 0$, und mit (v) folgt $a(-c) \leq b(-c)$: Nach den Rechenregeln für Ringe gilt nun $-ac \leq -bc$, und wiederum aus dem Spezialfall erhält man $bc \leq ac$.

ad(i): Es werden zwei Fälle unterschieden. Im ersten Fall gilt $T \cap \mathbb{N}_0 \neq \emptyset$. Dann besitzt dieser Schnitt als nach oben beschränkte Teilmenge natürlicher Zahlen ein Maximum, welches auch ein Maximum für T ist (Trichotomie-Eigenschaft). Im zweiten Fall ist $T \cap \mathbb{N}_0 = \emptyset$. Das bedeutet, daß $T \subseteq -\mathbb{N}$ gilt. Der Spezialfall in (vi) zeigt, daß deshalb $-T := \{s \mid \exists t \in T : s = -t\}$ eine Teilmenge von $\mathbb{N}$ ist. Sie ist nach unten beschränkt und besitzt daher ein Minimum (und zwar wegen der Wohlordnung der natürlichen Zahlen). Aus dem gleichen Spezialfall folgt, daß dieses Minimum ein Maximum für T ist.

ad(ii): Es sei $-T := \{s \mid \exists t \in T : s = -t\}$. Der Spezialfall in (vi) zeigt, daß T genau dann nach unten beschränkt ist, wenn $-T$ nach oben beschränkt ist. Man wende (i) an und erhält für $-T$ ein Maximum. Wiederum nach dem Spezialfall in (vi) ist dieses Maximum ein Minimum für T.

ad(iii): Sei T endlich. Dann besitzt T ein Maximum und ein Minimum, da dies für jede endliche Teilmenge einer geordneten Menge gilt (Induktionsbeweis als Übungsaufgabe). Folglich ist T beschränkt. Beschränkte Teilmengen besitzen nach (i) und (ii) ein Maximum und ein Minimum. Intervalle sind per Definition beschränkt. Liegt eine beschränkte Teilmenge T mit Minimum m und Maximum M vor, so gilt $T \subseteq [m, M]$. $\diamond$

Definition und Bemerkung 5 *(Betrag und Signum)* Auf Basis der Trichotomie der ganzen Zahlen um den Nullpunkt lassen sich zwei weitere Funktionen bzgl. der ganzen Zahlen definieren, zum einen die Betragsfunktion $| \cdot | : \mathbb{Z} \to \mathbb{N}_0$ und zum anderen die Vorzeichen- oder auch Signumsfunktion $\mathrm{sgn}(\cdot) : \mathbb{Z} \to \{-1, 0, 1\}$. Ist $x \in \mathbb{Z}$, so gilt genau eine der Aussagen $x > 0$, $x = 0$ oder $x < 0$. Daher definiert man die Signumsfunktion durch

$$sgn(x) := \begin{cases} 1 & \text{für } x > 0 \\ 0 & \text{für } x = 0 \\ -1 & \text{für } x < 0 \end{cases}$$

und die Betragsfunktion durch

$$| \, x \, | := \begin{cases} x & \text{für } x > 0 \\ 0 & \text{für } x = 0 \\ -x & \text{für } x < 0. \end{cases}$$

Für alle $x \in \mathbb{Z}$ gilt wegen $1 \cdot x = x = (-1)(-x)$ die folgende Rechenregel, die den Zusammenhang zwischen Signum und Betrag herstellt:

$$x = | \, x \, | \cdot sgn(x).$$

Sowohl für die Signums- als auch für die Betragsfunktion gelten weitere Formeln. Für das Signum sind dies:

(i) Für alle $x, y \in \mathbb{Z}$ gilt $sgn(xy) = sgn(x)sgn(y)$. (Signum ist ein Homomorphismus bzgl. $\cdot$.)

(ii) Im Allgemeinen gilt nicht für alle $x, y \in \mathbb{Z}$ die Regel $sgn(x + y) = sgn(x) + sgn(y)$.

(iiii) Für alle $x \in \mathbb{Z}$ gilt $sgn(-x) = -sgn(x)$. (Signum ist eine ungerade Funktion.)

(iv) Für alle $x \in \mathbb{Z}$ gilt $sgn(sgn(x)) = sgn(x)$. (Signum ist idempotent.)

Die Rechenregeln lassen sich mit Hilfe der Trichotomie nachrechnen. Ihr Beweis verbleibt als Übungsaufgabe. Auch für den Betrag gelten einige Rechenregeln:

(i) Für alle $x, y \in \mathbb{Z}$ gilt $|x + y| \leq |x| + |y|$. (Dreiecksungleichung)

(ii) Für alle $x \in \mathbb{Z}$ gilt $|x| = 0$ genau dann, wenn $x = 0$ gilt. (Betrag Null)

(iii) Für alle $x \in \mathbb{Z}$ gilt $|x| \geq 0$. (positive Definitheit)

(iv) Für alle $x, y \in \mathbb{Z}$ gilt $|xy| = |x| \cdot |y|$. (Homogenität)

(v) Für alle $x \in \mathbb{Z}$ gilt $|-x| = |x|$.

Auch diese Rechenregeln verbleiben als Übungsaufgabe. Es sei angemerkt, daß die Betragsfunktion ein Beispiel einer sog. Normfunktion ist, die im Kontext sog. Vektorräume über den reellen oder komplexen Zahlen definiert wird. Mit Hilfe der Betragsfunktion kann eine Abstandsfunktion – und auch dieses Verfahren ist allgemeiner gültig, denn jede Norm führt zu einer Abstandsfunktion oder auch Metrik genannt – definiert werden. Es sei

$$d(\cdot, \cdot) : \mathbb{Z} \times \mathbb{Z} \longrightarrow \mathbb{N}_0, \ (x; y) \mapsto d(x; y) := |x - y| .$$

Mit Hilfe der Rechenregeln für den Betrag lassen sich die Metrik-Eigenschaften nachweisen:

(i) Für alle $x, y, z \in \mathbb{Z}$ gilt $d(x; y) \leq d(x; z) + d(z; y)$. (Dreiecksungleichung)

(ii) Für alle $x, y \in \mathbb{Z}$ gilt $d(x; y) \geq 0$. (positive Definitheit, I)

(iii) Für alle $x, y \in \mathbb{Z}$ gilt $d(x; y) = 0$ genau dann, wenn $x = y$ gilt. (positive Definitheit, II)

(iv) Für alle $x, y \in \mathbb{Z}$ gilt $d(x; y) = d(y; x)$. (Symmetrie)

Auch der Beweis dieser Aussagen verbleibt als Übungsaufgabe.   ◇

Abschließend werden die Ergebnisse über die ganzen Zahlen an der Grafik 4.1 sowie an einem weiteren Schaubild visualisiert:

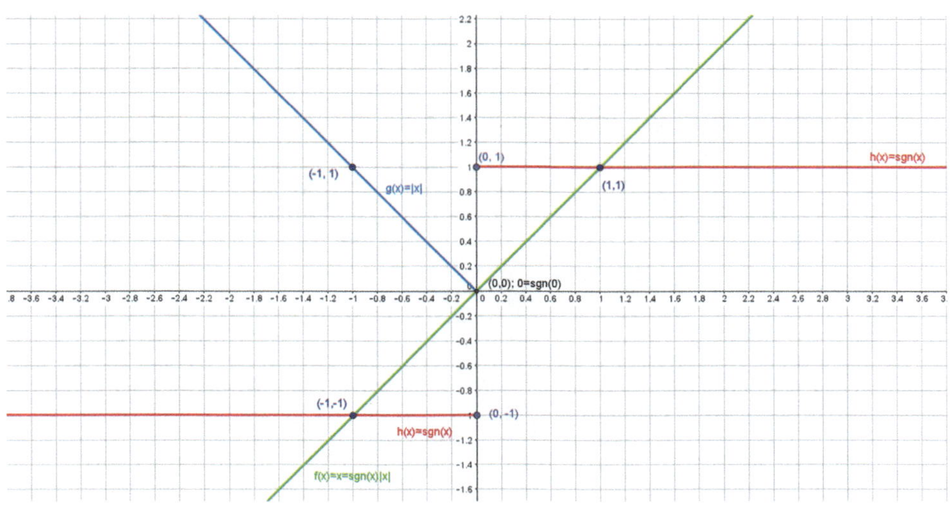

Abb. 4.1 Betrag und Signum

4.1.1.3 Sortieren und Ordnen

Es wird folgend die Menge M der Zahlen 6, 6, 2, 4, 2, 4, 6, 4, 8 betrachtet. Sie stimmt mit $\{4, 6, 2, 8\}$ überein. Bei der Mengendefinition wurde angemerkt, daß mehrfach vorkommende Elemente nicht relevant sind und auch, daß die Reihenfolge der Zahlen keine Rolle spielt. Daher ist das Mengenkonzept für ein Sortieren obiger Zahlenreihe nicht geeignet. Bei den Kuratowski-Paaren $(a; b)$ ist die Reihenfolge relevant. Aus diesem Grund wird bei Paaren von der ersten und zweiten Komponente gesprochen. Allerdings ist das Paar-Konzept auf zwei Elemente beschränkt. Natürlich könnte man auch Paare der Form (2; (4; 4)) usw. betrachten und dann die Beklammerung weglassen. Problem ist, daß der mathematische Ausdruck nicht eindeutig ist, da (2; (4; 4)) und ((2; 4); 4) streng zu unterscheiden sind. Außerdem wird die Schreibweise kompliziert und unübersichtlich. Um eine Liste von Objekten in einer bestimmten Reihenfolge zu erfassen, bei der auch mehrfach vorkommende Objekte beachtet werden können, ist das Konzept des n-Tupels besser geeignet. Es ist bereits im Kapitel zur Chargenschnittstelle im Umfeld freier Monoide benutzt worden (vgl. Beispiel 2).

Die inhaltliche Darstellung basiert erneut auf Ausführungen in 'Basic Algebra 1' von Nathan Jacobson (siehe [30]) sowie auch von Dieter Blessenohl in 'Einführung in die moderne Mathematik – Das Werkzeug der Algebra' (siehe [10]).

Definition 26 *(n-Tupel) Seien M eine Menge und $n \in \mathbb{N}$. Unter einem n-**Tupel über** M wird eine Abbildung*

$$\alpha : \underline{n} \longrightarrow M$$

*verstanden. Die Funktionswerte von α sind $1\alpha, \ldots, n\alpha$. Die Funktion α wird durch $(1\alpha, 2\alpha, \ldots, n\alpha)$ symbolisiert. Zu einem $i \in \underline{n}$ bezeichnet man $i\alpha$ als i-**te Komponente** des n-Tupels*

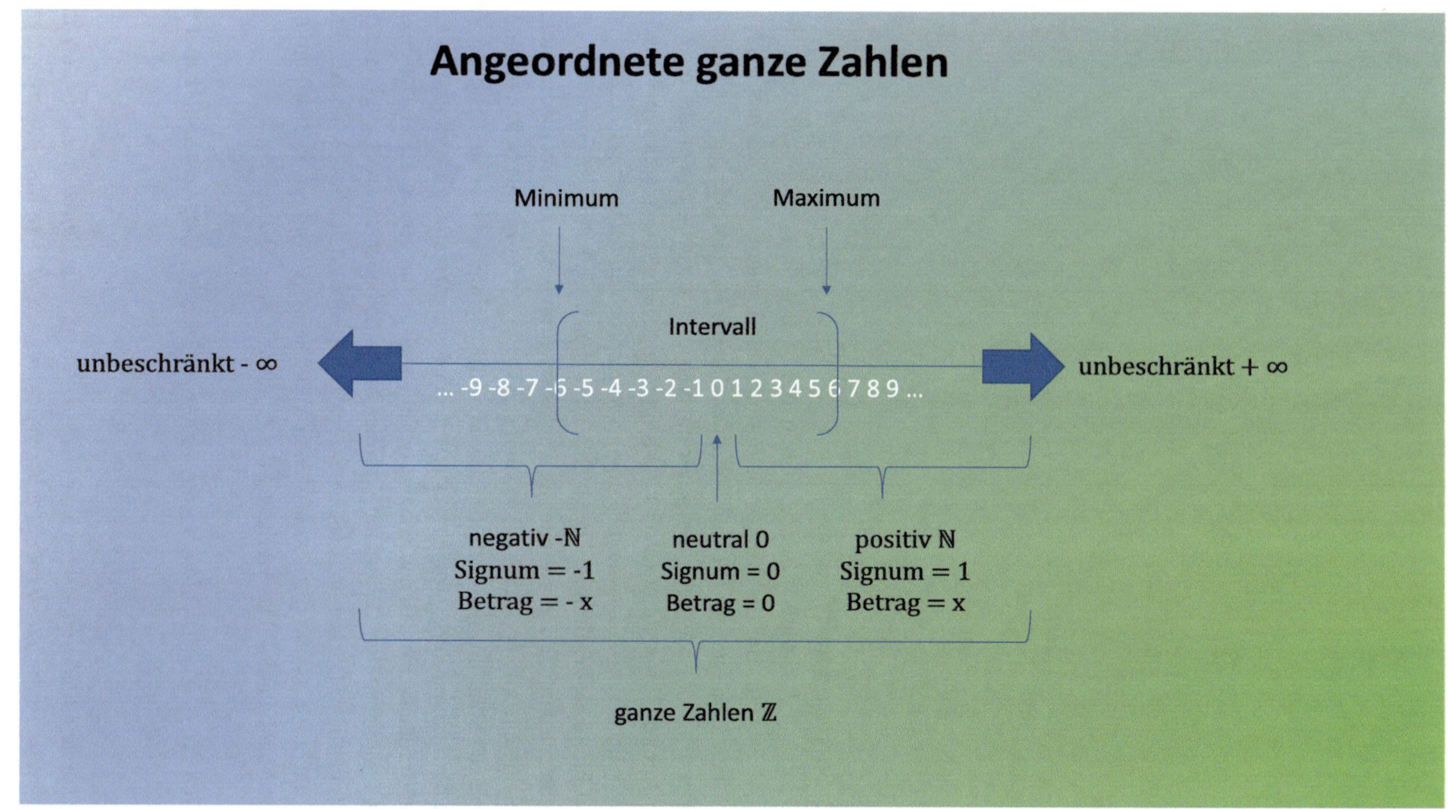
Angeordnete ganze Zahlen
Minimum
Maximum
Intervall
unbeschränkt - ∞
unbeschränkt + ∞
... -9 -8 -7 -6 -5 -4 -3 -2 -1 0 1 2 3 4 5 6 7 8 9 ...
negativ -ℕ
Signum = -1
Betrag = - x
neutral 0
Signum = 0
Betrag = 0
positiv ℕ
Signum = 1
Betrag = x
ganze Zahlen ℤ

$$\alpha = (1\alpha, \ldots, i\alpha, \ldots, n\alpha).$$

n-Tupel über M werden alternativ $(m_1, \ldots, m_n)$ notiert, wobei m_i die i-te Komponente von α für alle $i \in \underline{n}$ ist. Die Werte $1, \ldots, n$ heißen **Indizes,** *ein einzelner ein* **Index.** *Die Menge der n-Tupel über M wird durch M^n symbolisiert.* ◇

Im Ausgangs-Beispiel sollte man demnach das 9-Tupel $(6, 6, 2, 4, 2, 4, 6, 4, 8)$ über $M :=$ $\{4, 6, 2, 8\}$ betrachten. Da n-Tupel nicht injektiv sein dürfen, könnten zwei Funktionswerte gleich sein. Das ist tatsächlich auch im obigen Beispiel der Fall. Die fundamentale Eigenschaft von n-Tupeln ist das Beachten der Reihenfolge.

Bemerkung 6 *(Fundamental-Eigenschaft von n-Tupeln)* Seien A, B Mengen, $m, n \in \mathbb{N}$ und α bzw. β ein m- bzw. n-Tupel über A bzw. B. Genau dann gilt $\alpha = \beta$, wenn $m = n$ erfüllt ist und für alle $i \in \underline{n}$ die Funktionswerte $i\alpha$ und $i\beta$ übereinstimmen:

$$(a_1, \ldots, a_m) = (b_1, \ldots, b_n) \leftrightarrow m = n \wedge \forall i \in \underline{n} : a_i = b_i.$$

Die Funktion α ist per Definition die Menge aller Kuratowski-Paare $\{(1; 1\alpha), \ldots, (n; n\alpha)\}$. Die Abbildung $i \mapsto (i; i\alpha)$ von $\underline{n}$ auf α ist auf Grund der Injektivität der Nachfolgerfunktion sowie der Fundamental-Eigenschaft der Kuratowski-Paare bijektiv. Daher besitzt α die Mächtigkeit m. Also folgt aus $\alpha = \beta$, daß beide Funktionen die gleiche Mächtigkeit besitzen. Daher gilt $n = m$. Da beide Funktionen gleich sind, stimmen auch ihre Funktionswerte überein. Daraus folgt die umgekehrte Implikation der Äquivalenzaussage. ◇

Eine **unsortierte Liste von Objekten** fasst man durch eine Menge zusammen, eine **sortierte Liste** hingegen durch ein n-Tupel. Eine **Sortierung von n nicht unbedingt verschiedenen Objekten** ist demnach ein n-Tupel über der Menge dieser Objekte (oder einer noch größeren Menge, die die Objektmenge umfasst). Das n-Tupel sortiert die Objekte mit Hilfe seiner Komponenten. Es bringt die Objekte in eine Reihenfolge.

Um von einer Sortierung zu einer anderen zu wechseln, also eine sog. **Umsortierung** derselben Objekte vorzunehmen, müssen die Komponenten der Liste gegeneinander ausgetauscht werden. Im Beispiel $(6, 6, 2, 4, 2, 4, 6, 4, 8)$ könnte man etwa die ersten beiden Komponenten vertauschen, was zur selben Sortierung führt. Tauscht man aber die erste und letzte Komponente aus, gelangt man zu der neuen Sortierung $(8, 6, 2, 4, 2, 4, 6, 4, 6)$. Man könnte auch jede Komponente auf den nächsten Platz schieben und die letzte auf den ersten. Ausgehend von $(8, 6, 2, 4, 2, 4, 6, 4, 6)$ ergäbe sich auf diese Art die neue Sortierung $(6, 8, 6, 2, 4, 2, 4, 6, 4)$. Denkbar ist auch – ausgehend von der Sortierung $(6, 8, 6, 2, 4, 2, 4, 6, 4)$ – die Komponenten an der Mitte zu spiegeln. $(2, 4, 6, 4, 4, 6, 8, 6, 2)$ ist das gespiegelte Ergebnis, wobei die mittlere Komponente wegen der ungeraden Anzahl der Komponenten fix bleibt.

Formal beschreibbar ist eine Umsortierung durch folgende Idee. Man Betrachte die letzte Umsortierung, also $(6, 8, 6, 2, 4, 2, 4, 6, 4)$ zu $(2, 4, 6, 4, 4, 6, 8, 6, 2)$. In der Ausgangssortierung setzt man $a_1 := 6, a_2 := 8, a_3 := 6, a_4 := 2, a_5 := 4, a_6 := 2, a_7 := 4, a_8 := 6$ und $a_9 := 4$. Mit diesen Bezeichnungen gilt $(2, 4, 6, 4, 4, 6, 8, 6, 2) = (a_1, \ldots, a_9)$. Die neue Sortierung ist somit $(a_9, a_8, a_7, a_6, a_5, a_4, a_3, a_2, a_1)$. Natürlich ist die neue Sortierung auch von der Form $(b_1, \ldots, b_9)$, da sie 9 Komponenten besitzt, beginnend mit 1 und endend bei 9. Wie ist der Zusammenhang? Offenbar ist $b_i := a_{f(i)}$ für alle $i \in \underline{9}$ für eine geeignete Funktion $f : \underline{9} \longrightarrow \underline{9}$. Die Funktion f kann sogar angegeben werden. Es ist $f(1) = 9, f(2) = 8, f(3) = 7, f(4) = 6, f(5) = 5, f(6) = 4, f(7) = 3, f(8) = 2$ und $f(9) = 1$. Man erkennt, daß f die Zahlen $1, \ldots, 9$ nur in einer neuen Reihenfolge anordnet und keine Zahl vergessen wird. f ist also eine Bijektion auf der Menge $\underline{9}$. Bijektionen werden auch **Permutationen** genannt. Demnach ist eine Umsortierung einer sortierten Liste von n Objekten das Anwenden einer Permutation auf die Indizes. Diese Einsichten werden folgend formalisiert.

Definition 27 *(sortierte Liste, Umsortierung, symmetrische Gruppe) Seien M eine Menge und $n \in \mathbb{N}$. Eine* **sortierte Liste** *der Länge n über M ist ein n-Tupel über M. Sei $L := (l_1, \ldots, l_n)$ eine sortierte Liste der Länge n. Eine* **Umsortierung** *von L ist eine sortierte Liste*

$$L \bullet f := (l_{f(1)}, \ldots, l_{f(n)}),$$

wobei f eine Permutation von $\underline{n}$ ist. Die Menge S_n aller Permutationen von $\underline{n}$ bezeichnet man als **symmetrische Gruppe vom Grad** *n und symbolisiert sie durch S_n. Den Vorgang der Umsortierung einer Liste – also das Anwenden einer Permutation auf eine gegebene Liste durch $\bullet$ – wird auch* **Polya-Weyl-Aktion** *genannt. Die Menge $\{L \bullet f \mid f \in S_n\}$ nennt man die* **Menge der Sortierungen der Liste** *L.* $\diamond$

Es sei erneut das Beispiel $(a_1, \ldots, a_9) = (6, 8, 6, 2, 4, 2, 4, 6, 4)$ betrachtet. Ein bisher nicht berücksichtigter Aspekt ist, daß die Menge der Komponenten selbst geordnet sein kann. Im Beispiel ist $\leq$ eine Ordnungsrelation auf der Zahlenmenge $\{6, 8, 6, 2, 4, 2, 4, 6, 4\}$. Bzgl. dieser Ordnung sind die Elemente nicht in der richtigen Reihenfolge, wenn man sie bzgl. $\leq$ **aufsteigend** oder **absteigend** sortieren möchte. Man sucht also eine geeignete Permutation $f : \underline{9} \longrightarrow \underline{9}$, so daß $a_{f(1)} \leq a_{f(2)} \leq \ldots \leq a_{f(9)}$ gilt. Der Leser überlege sich an dieser Stelle, wie man $(6, 8, 6, 2, 4, 2, 4, 6, 4)$ 'in Ordnung bringen kann'.

Definition 28 *(geordnete Sortierung, absteigend, aufsteigend) Seien $(M; \leq)$ eine geordnete Menge, $n \in \mathbb{N}$ und $l = (l_1, \ldots, l_n)$ eine sortierte Liste. Man nennt l* **absteigend** *bzw.* **aufsteigend geordnet,** *wenn für alle $i \in \underline{n-1}$ die Beziehung $l_{i+1} \leq l_i$ bzw. $l_i \leq l_{i+1}$ gilt. Man sagt in diesem Fall, daß l eine* **aufsteigend bzw. absteigend geordnete Sortierung** *ist.* $\diamond$

Bemerkung 7 *(Sortierungsproblem, Umgangssprache)* Im nächsten Abschnitt werden sog. **Sortieralgorithmen** behandelt. Diese Algorithmen haben das Ziel, eine geordnete Sortierung einer sortierten Liste konstruktiv herzustellen. Streng genommen müsste man also von Ordnungsalgorithmen oder geordneten bzw. ordnenden Sortieralgorithmen reden. Da sich der Begriff des Sortieralgorithmus allerdings etabliert hat, soll er in diesem Werk nicht abweichend eingeführt werden.

Seien $(M; \leq)$ eine geordnete Menge, $n \in \mathbb{N}$ und $l = (l_1, \ldots, l_n)$ eine sortierte Liste der Länge n über M. Das von Sortieralgorithmen zu lösende **Sortierproblem** ist das Finden einer geeigneten Permutation $f \in S_n$, so daß $l \bullet f$ eine aufsteigend bzw. absteigend geordnete Sortierung ist. Daß dieses Problem durchaus komplex ist und, ob es überhaupt lösbar ist, soll im Folgenden genauer erläutert werden. Zu diesem Zweck werden die natürlichen Zahlen und die Ordnung $\leq$ verwendet. $\diamond$

Zunächst wird die symmetrische Gruppe S_n auf ihre Mächtigkeit untersucht und geklärt, warum sie symmetrische Gruppe heißt. Der Begriff **'symmetrisch'** stammt aus der **Geometrie.** Er kann dadurch motiviert werden, daß ein regelmäßiges n-Eck betrachtet wird. Egal, auf welche Weise die Ecken vertauscht oder umsortiert werden, das n-Eck bleibt erhalten. Folgend der algebraische Begriff der Gruppe.

Definition und Bemerkung 6 *(Gruppe, inverse Elemente, Einheitengruppe, Untergruppe, Nebenklassen, Isomorphie)* Sei $(M; \cdot)$ ein Monoid. Ein Element $e \in M$ nennt man **Einheit,** wenn es ein Element $f \in M$ gibt, so daß

$$e \cdot f = 1_M = f \cdot e$$

gilt. Das Element f wird ein **inverses Element** zu e genannt. Mit $E(M)$ bezeichnet man die Menge aller Einheiten von M. M heißt **Gruppe,** wenn jedes Element ein inverses Element besitzt: $M = E(M)$. Ist die Verknüpfung $\cdot$ zusätzlich **kommutativ,** nennt man M eine **abelsche Gruppe.** Oftmals wird die Verknüpfung $\cdot$ zwischen Elementen von M weggelassen und stattdessen nur mn und nicht $m \cdot n$ geschrieben.

Zu jeder Einheit e gibt es genau ein inverses Element, denn: Seien f, g inverse Element zu e. Dann gilt $g = 1_M \cdot g = f \cdot e \cdot g = f \cdot 1_M = f$. Das eindeutig bestimmte inverse Element wird mit e^{-1} bezeichnet. Wegen $1_M = 1_M \cdot 1_M$ ist 1_M eine Einheit. Seien $a, b \in E(M)$. Dann gilt die sog. **'Hemd-Jacke-Regel'**

$$(ab)^{-1} = b^1 a^{-1},$$

denn: $abb^{-1}a^{-1} = a 1_M a^{-1} = aa^{-1} = 1_M$ und $b^{-1}a^{-1}ab = b^{-1} 1_M b = b^{-1}b = 1_M$ sind erfüllt. Also ist das Produkt zweier Einheiten wieder eine Einheit und damit $\cdot$ eine innere Verknüpfung auf $E(M)$. Zudem enthält $E(M)$ das Einselement von M. Da die Verknüpfung $\cdot$ auf ganz M assoziativ ist, ist sie es auch auf der Teilmenge $E(M)$. Sei nun $e \in E(M)$. Es soll noch eingesehen werden, daß auch e^{-1} eine Einheit ist. Wegen $e^{-1}e = 1_M = ee^{-1}$ und der Eindeutigkeit des inversen Elementes folgt

$$e = (e^{-1})^{-1} \in E(M).$$

$(E(M); \cdot)$ ist also stets eine Gruppe. Sie wird **Einheitengruppe** von M genannt.

Sei $(G; \cdot)$ eine Gruppe und U eine nicht-leere Teilmenge von G. Es sei die Einschränkung von $\cdot$ auf $U \times U$ betrachtet, also $\cdot_{|U \times U}$. U nennt man eine **Untergruppe** von G, wenn $(U; \cdot_{|U \times U})$ eine Gruppe ist. Es gilt das sog. **Untergruppenkriterium.** Genau dann ist eine nichtleere Teilmenge U von G eine Untergruppe, wenn folgende Bedingungen erfüllt sind:

(i) $1_G \in U$

(ii) $\forall a, b \in U : ab \in U$

(iii) $\forall g \in U : g^{-1} \in U$.

Besitzt eine Teilmenge U diese Eigenschaften, dann ist U bzgl. $\cdot$ wegen (ii) abgeschlossen. Wegen (i) ist daher U ein Monoid (da $\cdot$ schon auf ganz G assoziativ ist). Die Aussage (iii) bedeutet, daß das Inverse bzgl. G bereits in U enthalten ist.

Sei umgekehrt U eine Untergruppe von G. Wegen der Abgeschlossenheit der Multiplikation ist (ii) erfüllt. Da U nichtleer ist, gibt es mindestens ein Element $u \in U$. Dieses besitzt ein Inverses Element f in U. Also gilt auch wegen (ii) die Schlussfolgerung $ef = 1_G \in U$. Sei $u \in U$. Dann besitzt u ein Inverses Element f in U und gleichzeitig ein inverses Element $e^{-1} \in G$. f ist auch ein inverses Element in G. Da dieses unzweideutig ist, erhält man $e^{-1} = f \in U$.

Sei U eine Untergruppe einer Gruppe G. Man definiert eine Relation $\sim_l$ auf G durch $a \sim_l b := \exists c \in U : a = bc$. Es soll eingesehen werden, daß dadurch eine Äquivalenzrelation definiert wird. Wegen des Untergruppenkriteriums gilt $1_G \in U$. Daher ist die Relation wegen $a = a1_G$ reflexiv. Seien $a, b \in G$, und es gelte $a \sim_l b$. Also existiert ein $c \in U$ mit $a = bc$. Durch Multiplikation dieser Gleichung mit $c^{-1} \in U$ von rechts folgt $ac^{-1} = bcc^{-1} = b1_G = b$. Damit ist die Relation symmetrisch. Seien $a, b, c \in G$, und es gelte $a \sim_l b$ sowie $b \sim_l c$. Also gibt es $d, e \in U$, so daß $a = bd$ und $b = ce$ gelten. Es folgt $a = bd = c(ed)$. Da U eine Untergruppe ist, gilt $ed \in U$. Damit ist $\sim_l$ transitiv und folglich eine Äquivalenzrelation. Die Äquivalenzklasse eines Elementes $a \in G$ wird mit aU bezeichnet. Es gilt $aU := \{b \mid \exists u \in U : b = au\}$. Sie wird als **Linksnebenklasse** von a in U bezeichnet. Analog definiert $a \sim_r b := \exists c \in U : a = cb$ ebenfalls eine Äquivalenzrelation. Die Äquivalenzklasse von a bzgl. $\sim_r$ wird durch $Ua := \{b \mid \exists u \in U : b = ua\}$ symbolisiert. Sie heißt **Rechtsnebenklasse** von a in U. Die Menge aller Äquivalenzklassen bzgl. $\sim_l$ bzw. $\sim_r$ wird durch $G/\sim_l U$ bzw. $G/\sim_r U$ gekennzeichnet. Diese Mengen sind Partitionen von G (wegen Folgerung 1). Ist $U = G$, so ist G einzige Rechts- und auch Linksnebenklasse.

Ähnlich wie bei Monoiden definiert man auch den Begriff des **Isomorphismus** zwischen Gruppen. Zwei Gruppen G, H heißen **isomorph** vermöge eines **Gruppen-Isomorphismus** $\alpha : G \longrightarrow H$, wenn α bijektiv ist und für alle $x, y \in G$ die **Verknüpfungstreue** $(xy)\alpha = (x\alpha)(y\alpha)$ gilt. Ist α nur injektiv, erfüllt aber die Verknüpfungstreue, nennt man α einen **Monomorphismus.** Man überlegt sich, daß stets $Bild\,\alpha$ eine Untergruppe von H ist. Diese ist für einen Monomorphismus α automatisch isomorph zu G, da α als Abbildung in $Bild\,\alpha$ surjektiv ist. Zum Beweis wird das Untergruppenkriterium verwendet. Es gilt wegen der

Homomorphie-Regel $1_G\alpha = (1_G 1_G)\alpha = (1_G\alpha)(1_G\alpha)$. Durch Anwendung des inversen Elementes von $1_G\alpha$ in H von rechts folgt $1_H = 1_G\alpha$. Seien $a, b \in G$. Es gilt $(a\alpha)(b\alpha) = (ab)\alpha$. Folglich ist $Bild(\alpha)$ bzgl. der Verknüpfung auf H abgeschlossen. Schließlich gilt für ein $a \in G$ wegen $1_G = aa^{-1} = a^{-1}a$ die Rechnung $1_H = (a\alpha)(a^{-1}\alpha) = (a^{-1}\alpha)(a\alpha)$. Dies führt zur Einsicht $a^{-1}\alpha = (a\alpha)^{-1}$. $\diamond$

Proposition 5 *(Eigenschaften endlicher Nebenklassen) Seien G eine Gruppe, U eine Untergruppe und $a, b \in U$.*

(i) Die Abbildungen $\alpha : U \longrightarrow aU, u \mapsto au$ sowie $\beta : U \longrightarrow Ub, u \mapsto ub$ sind bijektiv.

(ii) Ist G endlich, so sind $G/_l U$ und $G/_r U$ endlich. Es gilt $\mid G \mid = \mid G/_l U \mid \cdot \mid U \mid = \mid G/_r U \mid \cdot \mid U \mid$. Insbesondere sind die Mengen der Links- und Rechtsnebenklassen von U in G gleichmächtig.

(iii) Ist G endlich, so ist U endlich und $\mid U \mid$ ist ein Teiler von $\mid G \mid$. **– Satz von Lagrange**

Beweis ad(i): Der Beweis wird für die Linksnebenklassen geführt. Für die Rechtsnebenklassen verbleibt er als Übungsaufgabe. Seien $u, v \in U$, und es gelte $au = av$. Durch Anwendung des inversen Elementes a^{-1} von links ergibt sich $a^{-1}au = a^{-1}av$. Es folgen $1_G u = 1_G v$ und $u = v$. Also ist die Abbildung α injektiv. Per Definition von aU ist α ebenfalls surjektiv, denn jedes Element aus aU hat die Form au für ein $u \in U$.

ad(ii): Nach Definition und Bemerkung 6 sind $\sim_l$ und $\sim_r$ Äquivalenzrelationen auf G. Wegen Folgerung 1 und der zugehörigen Nachbetrachtung ist die Menge der Links- und auch der Rechtsnebenklassen eine Partition von G. Wegen Teil (i) ist jede Rechts- und auch Linksnebenklasse zu U gleichmächtig. Daraus folgt (ii).

ad(iii): Dieser Teil folgt direkt aus Teil (ii). $\diamond$

Für die Bestimmung der Anzahl der Permutationen ist der Begriff der Transposition hilfreich:

Definition und Bemerkung 7 *(Transpositionen)* Seien $n \in \mathbb{N}$ und $i, j \in \underline{n}$, so daß $i \neq j$ gelte. Es sei die **Transposition**

$$\tau_{i,j} : \underline{n} \longrightarrow \underline{n}, i \mapsto j, j \mapsto i, \forall k \in \underline{n} \setminus \{i, j\} : k \mapsto k.$$

Dann ist $\tau_{i,j}$ eine Permutation von $\underline{n}$. Sie vertauscht genau die Elemente i und j und bildet alle anderen Elemente auf sich selbst ab. Führt man eine Transposition $\tau_{i,j}$ zweimal hintereinander aus, bleiben weiterhin alle Elemente außerhalb $\{i, j\}$ fix. Zudem gelten $i\tau_{i,j}\tau_{i,j} = j\tau_{i,j} = i$ und $j\tau_{i,j}\tau_{i,j} = i\tau_{i,j} = j$. Folglich ist $\tau_{i,j}\tau_{i,j} = id_{\underline{n}}$. Aus diesem Grund ist die inverse Abbildung von $\tau_{i,j}$ mit $\tau_{i,j}$ identisch. Man sagt, daß $\tau_{i,j}$ oder auch (ij) **selbstinvers** ist und spricht in diesem Zusammenhang von **Involutionen.** $\diamond$

Es sei an die Definition der **Fakultät** einer natürlichen Zahl erinnert, wie sie im Paragraphen 1.1.4.3 eingeführt worden ist. Ist $n \in \mathbb{N}_0$, so sei die Fakultät von n – in Zeichen $n!$ – rekursiv definiert durch $0! := 1$ und $(n+1)! := n! \cdot (n+1)$ für alle $n \in \mathbb{N}_0$.

Des Weiteren sei an einige Eigenschaften von **Selbstabbildungen** erinnert (siehe Definition 18), also Funktionen $M \longrightarrow M$ für eine beliebige Menge M. Die Hintereinanderausführung HEA zweier Selbstabbildungen ist wieder eine Selbstabbildung. Also ist HEA eine Verknüpfung auf der Menge $Abb(M, M) = M^M = \mathrm{Abb}(M)$ aller Selbstabbildungen von M (Man lässt das Symbol HEA bei der Hintereinanderausführung von Abbildungen auch gerne weg. Oft wird auch ein Kreis verwendet, wobei sich die Reihenfolge der Ausführung umdreht.).

$$HEA : M^M \times M^M \longrightarrow M^M, (\alpha, \beta) \mapsto \alpha\beta.$$

Die identische Abbildung $id_M : M \longrightarrow M, m \mapsto m$ ist neutral bzgl. HEA:

$$\forall \alpha \in M^M : \alpha\, id_M = \alpha = id_M\, \alpha.$$

Seien $\alpha, \beta, \gamma \in M^M$ und $m \in M$. Es gilt nach Definition von HEA:

$$m(\alpha\beta)\gamma = ((m\alpha)\beta)\gamma = (m\alpha\beta)\gamma = m\alpha\beta\gamma = (m\alpha)(\beta\gamma).$$

Also ist HEA sogar assoziativ und damit $(M^M; HEA)$ ein Monoid mit neutralem Element id_M. Was sind seine Einheiten? Es sind diejenigen Selbstabbildungen α, so daß ein $\beta \in M^M$ mit der Eigenschaft $\alpha\beta = \beta\alpha = id_M$ existiert. Das sind genau die bijektiven Selbstabbildungen α mit inverser Abbildung β. Die Einheitengruppe $E(M^M)$ besteht demnach genau aus den **Permutationen** auf M.

Nach diesen Vorüberlegungen kann nun bewiesen werden:

Satz 22 *(Mächtigkeit der symmetrischen Gruppe, Transpositionen) Sei $n \in \mathbb{N}$. Dann gelten folgende Aussagen:*

(i) S_n ist eine Gruppe.
(ii) S_n ist von der Mächtigkeit $n!$.
(iii) Jede Permutation lässt sich als Produkt von Transpositionen schreiben.

Beweis ad(i): Dieser Teil folgt direkt aus den Vorüberlegungen und aus Definition und Bemerkung 6, da mit $M := \underline{n}$ genau $S_n = E(M^M)$ gilt.

ad(ii) und (iii): Diese Aussagen werden durch vollständige Induktion nach n bewiesen. Es gilt $1! = 1$. Die einzige Selbstabbildung von $\underline{1}$ ist die Identität $(1 \mapsto 1)$. Es gibt keine zwei verschiedenen Elemente in $\underline{1}$ und damit auch keine Transpositionen. Das leere Produkt in einem Monoid ist das neutrale Element. Also lässt sich $id_{\underline{1}}$ als Produkt von Null Transpositionen schreiben.

Sei $n \in \mathbb{N}$, und es gelten (ii) und (iii) für S_n. Sei

$$U_n := \{\alpha \mid \alpha \in S_{n+1}, (n+1)\alpha = n+1\}.$$

Es wird gezeigt, daß U_n eine zu S_n isomorphe Gruppe und eine Untergruppe von S_{n+1} ist. Dazu definiert man einen Monomorphismus von S_n in S_{n+1}, dessen Bild genau U_n ist. Aus Definition und Bemerkung 6 folgt, daß U_n eine zu S_n isomorphe Gruppe ist. Man definiere (und das mag beim ersten Lesen etwas verwirrend und komplex erscheinen, daß eine Funktion wiederum Funktionen auf Funktionen abbildet)

$$\Gamma : S_n \longrightarrow \underline{n+1}^{\underline{n+1}}, \alpha \mapsto \alpha\Gamma : i \mapsto i\alpha \; (1 \leq i \leq n), (n+1) \mapsto n+1.$$

Dann gilt $Bild(\Gamma) = U_n$, denn U_n ist als Menge der Permutationen von $\underline{n+1}$ definiert, die $n+1$ fix lassen. Sind zwei *Gamma*-Funktionswerte gleich, sind die ursprünglichen Funktionen per Definition von *Gamma* bereits identisch. *Gamma* setzt nur die ursprünglichen Funktionen fort. Es muss folglich nur noch die Homomorphie-Eigenschaft bewiesen werden. Seien dazu $\alpha, \beta \in S_n$. Es muss eingesehen werden, daß

$$\forall i \in \underline{n+1} : i((\alpha\beta)\Gamma) = i((\alpha\Gamma)(\beta\Gamma))$$

gilt. Die Homomorphie-Regel ist in diesem Fall eine Gleichheit von Funktionen. Sei also $i \in \underline{n+1}$. Ist $i = n+1$, gelten per Definition von Γ die Einsichten $(n+1)(\alpha\beta)\Gamma = (n+1)$ und $(n+1)(\alpha\Gamma)(\beta\Gamma) = (n+1)(\beta\Gamma) = n+1$. Für $1 \leq i \leq n$ gilt per Definition von Γ in diesem Fall $i(\alpha\beta)\Gamma = i(\alpha\beta)$ und $i(\alpha\Gamma)(\beta\Gamma) = (i\alpha)(\beta\Gamma) = i\alpha\beta$, da $1 \leq i\alpha \leq n$ gilt. Es folgt insbesondere, daß U_n und S_n gleichmächtig sind. Daraus ergibt sich per Induktion, daß U_n von der Mächtigkeit $n!$ ist. Nun betrachte man die Rechtsnebenklassen von U_n in S_{n+1}. Es soll eingesehen werden, daß

$$S_{n+1}/rU_n = \{U_n, U_n\tau_{1,n+1}, \ldots, U_n\tau_{n,n+1}\}$$

gilt und, daß diese Menge genau aus $n+1$ Elementen besteht. Da alle Transpositionen $\tau_{i,n+1}$ für $1 \leq i \leq n$ das Element $n+1$ bewegen, können diese nicht in U_n liegen. Daher sind alle Nebenklassen $U_n\tau_{i,n+1}$ $(1 \leq i \leq n)$ von U_n verschieden. Seien $i, j \in \underline{n}$, und es gelte $i \neq j$. Es soll $U_n\tau_{i,n+1} \neq U_n\tau_{j,n+1}$ hergeleitet werden. In der linken Nebenklasse bildet jede Funktion das Element $n+1$ auf i und in der rechten Nebenklasse auf j ab. Deswegen sind die Nebenklassen unterschiedlich. Also ist die Menge $\{U_n, U_n\tau_{1,n+1}, \ldots, U_n\tau_{n,n+1}\}$ aus genau $n+1$ Elementen bestehend. Sei nun $\alpha \in S_{n+1}$. Ist $(n+1)\alpha = n+1$, gelten $\alpha \in U_n$ und $U_n\alpha = U_n$. Sei also $(n+1)\alpha = i \in \underline{n}$. Man betrachte $\beta := \alpha\tau_{i,n+1}$. Dann gilt $(n+1)\beta = i\tau_{i,n+1} = n+1$. Also ist $\beta \in U_n$. Es folgt aus der involutorischen Eigenschaft der Transpositionen $\alpha = \beta\tau_{i,n+1} \in U_n\tau_{i,n+1}$. Es gilt also in diesem Fall $U_n\alpha = U_n\tau_{i,n+1}$. Mit Hilfe des Satzes von Lagrange (Proposition 5) folgt nun:

$$\mid S_{n+1} \mid = \mid U_n \mid \cdot \mid S_{n+1}/rU_n \mid = n! \cdot (n+1) = (n+1)!.$$

Es verbleibt zu zeigen, daß α ein Produkt von Transpositionen ist. Es ist bereits gezeigt worden, daß $\alpha = \beta \tau_{i,n+1}$ gilt, wobei $\beta \in U_n$ erfüllt ist. In diesem Kontext argumentiert man induktiv. Es muss nur noch eingesehen werden, daß jedes Element β von U_n ein Produkt von Transpositionen ist. Es ist $\beta \Gamma^{-1}$ ein Element von S_n und daher nach Induktion ein Produkt von Transpositionen $t_1, \ldots, t_l$ von S_n. Es gilt $\beta = (\beta \gamma^{-1})\gamma = (t_1 \ldots t_l)\Gamma = (t_1 \Gamma) \ldots (t_l \Gamma)$. Transpositionen werden durch Γ auf Transpositionen abgebildet, da $n + 1$ durch Γ fixiert wird. $\diamond$

Daß es zu den Zahlen $1, \ldots, n$ genau $n!$ Permutationen gibt, wird bildlich oft folgendermaßen eingesehen: Für den ersten Platz gibt es n Möglichkeiten, für den zweiten nur noch $n - 1$ usw. und für den letzten nur noch eine Möglichkeit. Daher gibt es $n \cdot (n - 1) \cdot (n - 2) \cdot \ldots \cdot 1$ Permutationen. Als Idee mag diese Argumentation wirksam sein, doch vermag sie nicht die mathematische Exaktheit zu ersetzen, die hier dargestellt worden ist. Das ist ein Paradebeispiel dafür, wie sich das mathematisch deduktive Vorgehen und Darstellen von der reinen Ideenfindung oder auch Anschauung unterscheidet. Dennoch haben natürlich beide Themen ihren Platz und ihre Bedeutung.

Aus den bisherigen Ergebnissen kann abgeleitet werden, wie viele Lösungen das Sortierproblem für paarweise verschiedene zu ordnende Objekte besitzt und wie viele Sortierungen es zu diesen Elementen gibt. Letzteres Ergebnis stellt den kombinatorischen Charakter dieser Fragestellung heraus, denn man sagt auch: Eine Permutation ohne Wiederholung ist eine Anordnung von n unterscheidbaren Objekten.

Satz 23 *(Permutationen ohne Wiederholung, Lösung Sortierproblem I) Seien $n \in \mathbb{N}$ und T eine Menge der Mächtigkeit n. Sind $t_1, \ldots, t_n$ die n Elemente der Menge T, gibt es genau $n!$ Sortierungen dieser Elemente. Ist die Menge T zudem durch eine Ordnung $\leq$ geordnet, gibt es genau eine Permutation $\alpha \in \underline{n}$, so daß $(t_{1\alpha}, \ldots, t_{n\alpha})$ aufsteigend geordnet sortiert ist.*

Beweis Es sei die Liste $L := (t_1, \ldots, t_n)$ betrachtet. Es muss eingesehen werden, daß für alle $\alpha, \beta \in S_n$ die Listen $(t_{1\alpha}, \ldots, t_{n\alpha})$ und $(t_{1\beta}, \ldots, t_{n\beta})$ verschieden sind, wenn $\alpha \neq \beta$ gilt. Satz 22 folgend gibt es genau $n!$ Sortierungen von L. Seien $\alpha, \beta \in S_n$, und es gelte $(t_{1\alpha}, \ldots, t_{n\alpha}) = (t_{1\beta}, \ldots, t_{n\beta})$. Nach der Fundamental-Eigenschaft der Tupel (siehe Bemerkung 6) gilt für alle $i \in \underline{n}$ die Bedingung $t_{i\alpha} = t_{i\beta}$. Es ergibt sich $i\alpha = i\beta$ für alle $i \in \underline{n}$, da die Elemente $t_1, \ldots, t_n$ sämtlich verschieden sind. Daraus folgt $\alpha = \beta$. Per Kontraposition ist demnach der erste Teil des Beweises bewiesen.

Sei nun $(T; \leq)$ geordnet. Es muss eingesehen werden, daß es genau eine geordnete Sortierung von L gibt. Dazu ist zu zeigen, daß es überhaupt eine geordnete Sortierung gibt (Existenzteil) und, daß je zwei geordnete Sortierungen identisch sind (Eindeutigkeitsteil). In diesem Fall zeigt die vorgestellte Schlussweise beide Teile simultan. Dazu wird Teil (iv) von Satz 12 benutzt, der für beliebige geordnete Mengen gilt (Existenz eines Maximums). Ist $(t_{1\alpha}, \ldots, t_{n\alpha})$ geordnet sortiert, ist $t_{n\alpha}$ genau das Maximum der Menge $\{t_{1\alpha}, \ldots, t_{n\alpha}\}$. Damit ist es bzgl. der Komponenten eindeutig bestimmt, da die Elemente paarweise verschieden sind. Nun kann induktiv argumentiert werden, da das Tupel $(t_{1\alpha}, \ldots, t_{(n-1)\alpha})$ um eine Komponente verkürzt ist. $\diamond$

Dieser Satz zeigt, daß das Finden einer geordneten Sortierung eigentlich die Suche der **'Nadel im Heuhaufen'** ist. Es gibt nur genau eine Möglichkeit, aus $n!$ Kandidaten den richtigen auszuwählen. Die Zahl $n!$ wächst sehr stark an, was zum Beispiel die – mit Induktion beweisbare Ungleichung – $n! \geq 2^{n-1}$ zeigt. Zum Glück ist bereits im Existenzteil ein Verfahren angegeben worden, auf welche Weise eine derartige geordnete Sortierung zu finden ist. Das Verfahren ist die Grundlage für den sog. **Bubblesort-Algorithmus,** der im nächsten Abschnitt vorgestellt wird. Alle dort geschilderten Sortierungsalgorithmen haben das Ziel, genau diese eine Permutation zu finden. Es sei ohne Beweis angemerkt, daß es Näherungsformeln für die Fakultät gibt:

$$\textbf{Stirling} - \textbf{Formel} : n! \sim \sqrt{2\pi n} \cdot \left(\frac{n}{e}\right)^n$$

$$\textbf{Burnside} - \textbf{Formel} : n! \sim \sqrt{2\pi} \cdot \left(\frac{n + 0.5}{e}\right)^{n+0.5}.$$

In dieser Darstellung ist e die **Eulersche Zahl,** $\sqrt{\ }$ die **Quadratwurzel** und π die **Kreiszahl Pi.**

Am Ende dieses Abschnittes wird zudem noch der Zusammenhang zwischen aufsteigend und absteigend geordnet sortiert beschrieben. Eine – auch für die Logistik und BWL interessante (z. B. bei der Sortierung von freien Platzkapazitäten) – allgemeinere Frage ist die, wie viele (geordnete) Sortierungen es gibt, wenn n nicht notwendig verschiedene Elemente in einer Liste L vorliegen. Zu diesem Zweck ist eine weitere **algebraische Struktur** hilfreich. Es ist die sog. *G*-**Menge.** Motiviert wird dieses Konstrukt durch die Polya-Weyl-Aktion. **Gruppenaktionen** sind eines der fundamentalen Werkzeuge, mit denen Gruppen, aber auch andere zunächst den Gruppen fremd erscheinenden Thematiken, wie z. B. die Kombinatorik, analysiert werden können. Es sei an dieser Stelle angemerkt, daß das Analysieren kombinatorischer Fragestellungen durch algebraische Methoden zu dem sehr modernen mathematischen Gebiet der **Algebraischen Kombinatorik** führt. Die Polya-Weyl-Aktion lässt Permutationen auf n-Tupeln wirken. Anschließend liegt erneut ein n-Tupel vor. Das ist das Grundprinzip einer *G*-Menge:

Definition 29 *(Gruppenaktion, Orbit, Stabilisator) Seien M eine Menge und G eine Gruppe. M heißt G-**Menge,** wenn es eine Abbildung – auch **Gruppenoperation** oder **Gruppenaktion** auf M genannt –*

$$\bullet : M \times G \longrightarrow M \text{ (Abgeschlossenheit von } \bullet : \forall g \in G, m \in M : m \bullet g \in M)$$

gibt, so daß folgende Eigenschaften erfüllt sind:

$$\forall m \in M : m \bullet 1_G = m - \textbf{Neutralität der Aktion}$$

$$\forall m \in M, g, h \in G : (m \bullet g) \bullet h = m \bullet (g \cdot_G h) - \textbf{Assoziativität der Aktion.}$$

*Sei $m \in M$. Die **G-Bahn** (kurz: **Bahn**) oder auch der **G-Orbit** (kurz: **Orbit**) von m unter G ist definiert als*

$$m \bullet G := \{m \bullet g \mid g \in G\}.$$

Die Bahn eines Elementes ist folglich die Menge aller Elemente aus M, die bei der Aktion der ganzen Gruppe auf dieses eine Element entstehen. Diejenigen Elemente aus G wiederum, die m bei ihrer Aktion nicht ändern, nennt man den **Stabilisator** *von m in G:*

$$Stab_G(m) := \{g \mid g \in G, m \bullet g = m\}.$$

$\diamond$

Es sei diese Begriffswelt sowohl im Kontext des Sortierungsproblems als auch von Gruppen betrachtet, die auf sich selbst operieren.

Beispiele 3 *(Polya-Weyl-Aktion, Young-Untergruppe, Sortierungen mit Wiederholung, Konjugation)* (1) Seien M eine Menge und $n \in \mathbb{N}$. Die **Polya-Weyl-Aktion** ist gegeben durch eine Aktion der symmetrischen Gruppe auf den n-Tupeln über M:

$$\bullet : M^n \times S_n \longrightarrow M^n, (l; \alpha) \mapsto l \bullet \alpha.$$

Sei $l = (l_1, \ldots, l_n)$, und seien $\alpha, \beta \in S_n$. Es gilt $l \bullet id_{\underline{n}} = l$. Des Weiteren berechnet man mit Hilfe der Definition von HEA:

$$((l_1, \ldots, l_n) \bullet \alpha) \bullet \beta = (l_{1\alpha}, \ldots, l_{n\alpha}) \bullet \beta = (l_{(1\alpha)\beta}, \ldots, l_{(n\alpha)\beta}) = (l_{1\alpha\beta}, \ldots, l_{n\alpha\beta}).$$

Also liegt tatsächlich eine Gruppenoperation vor. Mit Hilfe dieser Begriffswelt kann das **Sortierungsproblem mit Wiederholungen** analysiert werden. Zu diesem Zweck sei die Menge $\{l_1, \ldots, l_n\}$ betrachtet. Sie besteht bei Wiederholungen nicht mehr aus n, sondern ggfs. aus weniger Elementen, wie etwa $a_1, \ldots, a_l$. Zu jedem $i \in \underline{l}$ definiert man die **Vielfachheit** von a_i in l durch

$$v_{a_i}(l) := \mid \{j \mid j \in \underline{n} : l_j = a_i\} \mid .$$

Die Vielfachheit zählt, wie oft ein Objekt a_i in den Komponenten von l 'auftaucht'. Es gilt:

$$n = \sum_{i=1}^{l} v_{a_i}(l).$$

Die Menge $\{j \mid j \in \underline{n} : l_j = a_i\}$ der Vielfachen kürzt man durch $V_{a_i}(l)$ ab. Die Menge der Vielfach-Mengen bildet eine Partition von $\underline{n}$ (denn sie sind wegen der Verschiedenheit der $a_1, \ldots, a_s$ paarweise disjunkt und jeder Index i taucht in genau einer Vielfach-Menge auf). Die Bahn $l \bullet S_n$ von l unter S_n ist die Menge der Sortierungen von l. In diesem Zusammenhang ist interessant, wie viele Elemente in dieser Bahn enthalten sind. Spezielle Elemente der Bahn sind die absteigend oder aufsteigend geordneten Sortierungen, falls M per $\leq$ geordnet ist. Ist α eine Permutation, so daß $l \bullet \alpha$ geordnet ist, sind alle Permutationen β mit $l \bullet \alpha = l \bullet \beta$ von Bedeutung. Den Stabilisator $Stab_{S_n}(l)$ von l unter S_n nennt man auch **Young-Untergruppe** zu l in S_n.

(2) Sei G eine beliebige Gruppe. Sind $g, h \in G$, ist das **Konjugierte** von g mit h definiert als $g^h := h^{-1}gh$. Man sagt, daß g^h durch **Konjugation** mit h aus g entsteht und auch, daß g und h **konjugiert** sind. Man kann die **Konjugiertheits-Operation** von G auf G definieren:

$$G \times G \longrightarrow G, (g; h) \mapsto g^h.$$

Es gilt $g^1 = g$. Wegen der Hemd-Jacke-Regel folgt $g^{(hj)} = (g^h)^j$ für alle $g, h, j \in G$. Es liegt tatsächlich eine Gruppenoperation vor. Das Konjugieren mit g als Abbildung

$$\kappa_g : G \longrightarrow G, h \mapsto h^g$$

ist ein Gruppenisomorphismus. Ist T eine Teilmenge von G, definiert man für alle $g \in G$ die Menge $T^g := \{t^g \mid t \in T\}$. Dadurch wird ebenfalls eine Aktion von G auf der Potenzmenge von G definiert:

$$P(G) \times G \longrightarrow P(G), (T; g) \mapsto T^g.$$

$\diamond$

Möchte man die Bahn eines Elementes bestimmen, sind die Elementes des Stabilisators irrelevant. Sie führen zu keinen neuen Elementen in M. In folgender Proposition wird ein Zusammenhang zwischen Bahn und Stabilisator hergestellt.

Proposition 6 *(Bahnlänge und Stabilisator) Seien M eine G-Menge, $m \in M$ und $g \in G$. Es gelten folgende Aussagen:*

   (i) Die Menge der G-Bahnen ist eine Partition von M.

   (ii) $Stab_G(m)$ ist eine Untergruppe von G

  (iii) $Stab_G(m \bullet g) = Stab_G(m)^g$ (konjugierte Stabilisatoren)

  (iv) Sei R ein Repräsentantensystem für $G/r \, Stab_G(m)$. Dann ist die Abbildung
       $\Gamma : G/r \, Stab_G(m) \longrightarrow m \bullet G, \; Stab_G(m)r \mapsto m \bullet r$ *eine Bijektion.*

   (v) Ist G endlich, sind für jedes $m \in M$ auch $G/r \, Stab_G(m)$ und $m \bullet G$ endlich und gleichmächtig. Es gilt $\mid m \bullet G \mid = \frac{|G|}{|Stab_G(m)|}$.

Beweis ad(i): Seien $m \bullet G, n \bullet G$ zwei Bahnen mit nicht-leerem Schnitt. Sei etwa $x = m \bullet g = n \bullet h$ mit $g, h \in G$. Es wird $m \bullet G = x \bullet G = n \bullet G$ gezeigt. Einerseits (da es nur

G als Nebenklasse in G gibt) gilt $x \bullet G = (m \bullet g) \bullet G = m \bullet (gG) = m \bullet G$. Andererseits ist $x \bullet G = (n \bullet h) \bullet G = n \bullet (hG) = n \bullet G$ erfüllt. Da jedes Element $m \in M$ wegen $m = m \bullet 1$ in der Bahn $m \bullet G$ liegt, ist Teil (i) bewiesen.

ad(ii): Es wird das Untergruppenkriterium verwendet. Es gilt $m \bullet 1 = m$ per Definition. Sei $m \bullet g = m$. Dann sind $(m \bullet g) \bullet g^{-1} = m \bullet g^{-1}$ und $m = m \bullet g^{-1}$ wahr. Seien $g, h \in G$, und es gelte $m \bullet g = m = m \bullet h$. Dann folgt $m \bullet (gh) = (m \bullet g) \bullet h = m \bullet h = m$.

ad(iii): Sei $h \in G$. Es gilt $h \in Stab_G(m \bullet g)$ genau dann, wenn $(m \bullet g) \bullet h = m \bullet g$ erfüllt ist. Dies ist äquivalent zu $m \bullet (gh) = m \bullet g$. Durch Anwendung von g^{-1} von rechts folgt die Äquivalenz zu $m \bullet (ghg^{-1}) = m$. Das bedeutet $h^{g^{-1}} \in Stab_G(m)$, was zu $h \in Stab_G(m)^g$ gleichwertig ist.

ad(iv): Sei $g \in G$. $G/r\,Stab_G(m)$ ist eine Partition von G (siehe Definition und Bemerkung 6). Also liegt – per Definition des Repräsentantensystems – g in einer Nebenklasse $Stab_G(m)r$, wobei $r \in R$ gilt. Sei also $s \in Stab_G(m)$ mit $g = sr$. Es folgt $m \bullet g = m \bullet (sr) = (m \bullet s) \bullet r = m \bullet r$. Daher ist $\Gamma(Stab_G(m)r) = m \bullet r = m \bullet g$ erfüllt. Dieser Schluss zeigt die Surjektivität von Γ. Seien $r, s \in R$, und es gelte $\Gamma(Stab_G(m)r) = \Gamma(Stab_G(m)s)$. Es folgen $m \bullet r = m \bullet s$ und $m \bullet (rs^{-1}) = m$. Folglich ist rs^{-1} in $Stab_G(m)$ enthalten. Aus diesem Grund gilt $Stab_G(m)r = Stab_G(s)$. Wegen der Definition des Repräsentantensystems folgt $r = s$. Damit ist Γ injektiv.

ad(v): Dies folgt aus Teil (iv) und dem Satz von Lagrange. $\diamond$

Folgende Proposition beschreibt die Struktur der Young-Untergruppen, die mit symmetrischen Gruppen verknüpft ist. Dazu sei zunächst ohne Beweis angemerkt, daß auf einem kartesischen Produkt von Gruppen eine Gruppenstruktur durch **komponentenweiser Verknüpfung** definiert werden kann. Des Weiteren wird eine Eigenschaft von Selbstabbildungen benötigt. Zu diesem Zweck seien M eine Menge und T eine Teilmenge von M. Eine Selbstabbildung α heißt T-**invariant,** wenn die Einschränkung von α auf T – also $\alpha_{|T}$ – eine Selbstabbildung von T ist. Es gilt die folgende Rechenregel für zwei T-invariante Selbstabbildungen α und β aus M^M auf Basis der Definition von HEA:

$$(\alpha\beta)_{|T} = \alpha_{|T}\beta_{|T}.$$

Insbesondere ist die HEA von α und β erneut eine T-invariante Selbstabbildung. Aus diesem Grund ist die Menge der T-invarianten Selbstabbildungen ein Untermonoid von M^M bzgl. HEA und die Abbildung

$$Res_T : \alpha \mapsto \alpha_{|T}$$

ein Monoidhomomorphismus zwischen diesem Monoid und T^T bzgl. HEA. Die Rechenregel kann auf diese Weise als Homomorphieregel interpretiert werden. Folgend wird die Struktur der Young-Untergruppen beschrieben.

Proposition 7 (*Beschreibung der Young-Untergruppen*) *Seien M eine Menge, $n \in \mathbb{N}$, $l \in M^n$, und seien $a_1, \ldots, a_s$ die paarweise verschiedenen Elemente, so daß $\{a_1, \ldots, a_s\} =$*

$\{l_1, \ldots, l_n\}$ gilt. Die Young-Untergruppe $Stab_{S_n}(l)$ zu l in S_n ist isomorph zum direkten Produkt $S_{V_{a_1}(l)} \times \ldots \times S_{V_{a_s}(l)}$. Insbesondere gilt für die Mächtigkeit der Young-Untergruppe:

$$| Stab_{S_n}(l) | = \prod_{i=1}^{s} v_{a_i}(l)!.$$

Beweis Für alle $i \in \underline{s}$ sei $V_i := V_{a_i}(l)$ die Menge der Vielfachen von a_i in l. In Beispiel 3 ist eingesehen worden, daß die Menge $\{V_1, \ldots, V_s\}$ eine Partition von $\underline{n}$ ist. Ist $\alpha \in Stab_{S_n}(l)$, gilt $l \bullet \alpha = l$. Dieser Schluss zeigt $(l_{1\alpha}, \ldots, l_{n\alpha}) = (l_1, \ldots, l_n)$. Daraus ergibt sich, daß für alle $i \in \underline{s}$ die Abbildung α sogar V_i-invariant ist. Da $\{V_1, \ldots, V_s\}$ eine Partition von $\underline{n}$ ist und $\alpha \in S_n$ gilt, ist für jedes $i \in \underline{s}$ die Abbildung α_{V_i} eine Permutation von V_i. Es kann folglich die Abbildung

$$\Phi : Stab_{S_n}(l) \longrightarrow \times_{i=1}^{s} S_{V_i}, \alpha \mapsto (\alpha_{V_1}, \ldots, \alpha_{V_s})$$

betrachten werden. Es wird eingesehen, daß Φ ein Gruppenisomorphismus ist. Die Homomorphie-Eigenschaft folgt direkt aus der Vorbetrachtung zu invarianten Abbildungen mit Hilfe der Rechenregel $(\alpha\beta)_{|T} = \alpha_{|T}\beta_{|T}$.

Für den Nachweis der Bijektivität nutzt man die Funktions-Erweiterung aus dem Kapitel zur Chargenschnittstelle (siehe Satz 15 und dessen Nachbetrachtung). Demnach gilt $\alpha = \alpha_{V_1} \cup \ldots \cup \alpha_{V_n}$, da $\{V_1, \ldots, V_s\}$ eine Partition von $\underline{n}$ ist. Daraus ergibt sich unmittelbar die Injektivität von Φ.

Die Surjektivität lässt sich durch denselben Satz herleiten. Denn ist $(\beta_1, \ldots, \beta_s) \in \times_{i=1}^{s} S_{V_i}$, so ist $\beta := \beta_1 \cup \ldots \cup \beta_s$ ein Element von $Stab_{S_n}(l)$. Es gilt für alle $i \in \underline{s}$ die Identität $\beta_{V_i} = \beta_i$. Aus diesem Grund liegt ein Gruppenisomorphismus vor. Die symmetrische Gruppe S_M einer endlichen Menge M ist zu $S_{|M|}$ isomorph. Da isomorphe Faktoren zu isomorphen direkten Produkten von Gruppen führen, ist der erste Teil des Satzes bewiesen. Der Zusatz folgt aus der Einsicht, daß die Mächtigkeit eines kartesischen Produktes das Produkt der Mächtigkeiten der einzelnen Faktoren ist sowie aus der Kenntnis der Mächtigkeit der symmetrischen Gruppen aus Satz 22.   ◇

Folgend kann das Sortierproblem mit Wiederholungen gelöst werden. Es werden die bisherigen Erkenntnisse zu Gruppenoperationen auf die Polya-Weyl-Aktion ange- und das Resultat über die Struktur der Young-Untergruppen verwendet.

Satz 24 *(Permutationen mit Wiederholung, Lösung Sortierproblem II) Seien M eine Menge, $n, s \in \mathbb{N}, l = (l_1, \ldots, l_n) \in M^n$ und $a_1, \ldots, a_s$ paarweise verschieden, so daß $\{l_1, \ldots, l_n\} = \{a_1, \ldots, a_s\}$ gilt. Es gelten folgende Aussagen:*

(i) Die Menge der Sortierungen von l ist gegeben durch die Bahn $l \bullet S_n$.

(ii) Die Anzahl der Sortierungen von l ist gegeben durch $\dfrac{n!}{\prod_{i=1}^{s} v_{a_i}(l)!}$.

(iii) Ist M durch $\leq$ geordnet und sind $a_1, \ldots, a_s$ so gewählt, daß $a_1 < \ldots < a_s$ gilt, so gibt es genau eine aufsteigende geordnete Sortierung von l:

$$l_\leq := (\underbrace{a_1, \ldots, a_1}_{v_{a_1}}, \underbrace{a_2, \ldots, a_2}_{v_{a_2}}, \ldots, \underbrace{a_s, \ldots, a_s}_{v_{a_s}}), \text{ wobei die } a_i \text{ entsprechend ihrer Viel-}$$

fachheit $v_{a_i}(l)$ für jedes $i \in \underline{s}$ in $l_\leq$ aufgereiht sind.

(iv) Ist M durch $\leq$ geordnet und ist $\alpha \in S_n$ mit $l \bullet \alpha = l_\leq$, so gilt $\{\beta \mid l \bullet \beta = l_\leq\} = \mathrm{Stab}_{S_n}(l)\alpha$. Diese Menge ist von der Mächtigkeit $\prod_{i=1}^s v_{a_i}(l)!$.

Beweis   ad(i): Dieser Teil gilt per Definition (siehe Beispiele 3).

ad(ii): Dieser Teil folgt direkt aus den Beispielen 3, dem Resultat über den Zusammenhang zwischen der Bahnlänge und dem Stabilisator (siehe Proposition 6) sowie dem Resultat über die Young-Untergruppen in Proposition 7.

ad(iii): Offenbar liegt nach Wahl von $a_1, \ldots, a_s$ durch $l_\leq$ eine aufsteigend geordnete Sortierung von l vor. Da $a_1 < \ldots < a_s$ gilt, ist es auch nach dem Maximum-Prinzip die einzige (siehe Teil (iv) von Satz 12).

ad(iv): Sei $\beta \in S_n$. Es ist $l \bullet \beta = l_\leq$ gleichwertig zu $l \bullet \beta = l \bullet \alpha$, was wiederum zu $\beta\alpha^{-1} \in \mathrm{Stab}_{S_n}(l)$ äquivalent ist. Letztere Aussage bedeutet $\beta \in \mathrm{Stab}_{S_n}(l)\alpha$. Wegen Proposition 5 ist die Nebenklasse $\mathrm{Stab}_{S_n}(l)\alpha$ gleichmächtig zur Untergruppe $\mathrm{Stab}_{S_n}(l)$. Sie besitzt wegen Proposition 7 die angegebene Mächtigkeit. $\diamond$

Der Wert $\dfrac{n!}{\prod_{i=1}^s v_{a_i}(l)!}$ besitzt in der Mathematik eine besondere Bezeichnung.

Definition und Bemerkung 8 *(Multinomialkoeffizient, Binomialkoeffizient)* Seien $n, s, k_1, \ldots, k_s \in \mathbb{N}_0$, so daß $k_1 + \ldots + k_s = n$ gelte. Man definiert den **Multinomialkoeffizient** zu n und $k_1, \ldots, k_s$ durch

$$\binom{n}{k_1, k_2, \ldots, k_m} := \frac{n!}{\prod_{i=1}^s k_i!}.$$

In Satz 24 ist eine kombinatorische Deutung dieser Zahl gegeben worden. Es ist die Anzahl aller Sortierungen von s paarweise verschiedenen Objekten, die für alle $1 \leq i \leq s$ genau a_i mal innerhalb der Sortierung erscheinen. Insbesondere ist bewiesen worden, daß Multinomialkoeffizienten natürliche Zahlen sind. Im Spezialfall $s = 2$ wird der Multinomialkoeffizient zum **Binomialkoeffizient:**

$$\binom{n}{k_1} := \binom{n}{k_1, k_2} = \binom{n}{k_1, n - k_1} = \frac{n!}{k_1! \cdot (n - k_1)!}.$$

     $\diamond$

Beispiel 3 *((M,I,S,S,I,S,S,I,P,P,I),(5,4,4,3,4,5,3,2,1,1,4))*

(1) Die bisherigen Erkenntnisse werden auf das 11-Tupel $l := (M, I, S, S, I, S, S, I, P, P, I)$ angewendet. Die Vielfachheiten sind $v_M(l) = 1$, $v_I(l) = 4$, $v_S(l) = 4$ und

$v_p(l) = 2$. Mittels Satz 24 gibt es genau $\frac{11!}{4!4!2!1!} = 34650$ Sortierungen von l unter der symmetrischen Gruppe S_{11}. Legt man wie gewohnt die Buchstabenordnung $I < M < P < S$ fest, ist $(I, I, I, I, M, P, P, S, S, S, S)$ die eindeutig bestimmte aufsteigend geordnete Sortierung $l_\leq$ von l. Die Anzahl der Permutation, die aus l die Sortierung $l_\leq$ ergeben, ist die Mächtigkeit der Young-Untergruppe zu l. Sie ist genau $|\, Stab_{S_{11}}(l)\,| = 4! \cdot 4! \cdot 2! \cdot 1! = 1152$.

(2) Das 11-Tupel $b := (5, 4, 4, 3, 4, 5, 3, 2, 1, 1, 4)$ wird analog analysiert. Die Vielfachheiten sind $v_1(b) = 2, v_2(b) = 1, v_3(b) = 2, v_4(b) = 4$ und $v_5(b) = 2$. Satz 24 folgend gibt es genau $\frac{11!}{4!2!2!2!1!} = 207900$ Sortierungen von b unter der symmetrischen Gruppe S_{11}. Bzgl. der bekannten Ordnung $1 < 2 < 3 < 4 < 5$ ist $(1, 1, 2, 3, 3, 4, 4, 4, 4, 5, 5)$ die eindeutig bestimmte aufsteigend geordnete Sortierung $b_\leq$ von b. Die Anzahl der Permutation, die aus b die Sortierung $b_\leq$ entstehen lassen, ist die Mächtigkeit der Young-Untergruppe zu b. Dieser Wert ist genau $|\, Stab_{S_{11}}(b)\,| = 4! \cdot 2! \cdot 2! \cdot 2! \cdot 1! = 192$.   ◇

Bemerkung 8 *(absteigend versus aufsteigend)* Seien $(M; \leq)$ eine geordnete Menge und $n \in \mathbb{N}$. Definiert man $a \geq b := b \leq a$ für alle $a, b \in M$, ist $\geq$ ebenfalls eine Ordnung auf M. Ist $l = (l_1, \ldots, l_n) \in M^n$ per $\leq$ aufsteigend geordnet sortiert, ist l per $\geq$ absteigend sortiert und vice versa. Man kann folglich alle Resultate auf $(M; \geq)$ anwenden. Insbesondere gibt es genau eine absteigend geordnete Sortierung von l. Um zwischen aufsteigender und absteigender Sortierung von l zu wechseln, ist eine Permutation hilfreich. Sie nennt man den **großen Vertauscher:**

$$\sigma_n : \underline{n} \longrightarrow \underline{n}, i \mapsto n - i + 1.$$

Im Prinzip ist diese Permutation eine **Spiegelung** am Mittelpunkt des Tupels. Aus $(1, 1, 2, 2)$ wird durch σ_4 das 4-Tupel $(1, 1, 2, 2) \bullet \sigma_4 = (2, 2, 1, 1)$. Wendet man erneut σ_4 an, gelangt man zum Ausgangstupel zurück. σ_n ist eine Involution. Es gilt für alle $i \in \underline{n}$ die Identität $i\sigma_n\sigma_n = n - (n - i + 1) + 1 = i$.   ◇

Folgende Grafiken illustrieren die Begriffe und Resultate dieses Abschnitts.

4.1.1.4 Sortieralgorithmen

Algorithmus 2 *(Bubblesort-Algorithmus)* Seien $(M; \leq)$ eine geordnete Menge, $n \in \mathbb{N}$ und $(l_1, \ldots, l_n)$ eine sortierte Liste. In Teil (iii) von Satz 24 wurde geschildert, wie die eindeutig bestimmte aufsteigend geordnete Sortierung $l_\leq$ konstruiert werden kann. Im ersten Schritt wird das Maximum der Menge der Komponenten von l, also von $\{l_1, \ldots, l_n\}$ ermittelt und ganz nach rechts geschoben werden. Das nach ganz rechts geschobene Maximum 'vertreibt' das dort platzierte Element. Es rückt auf den vorherigen Platz des Maximums. Ist m dieses Maximum, wird mit dem um das Maximum verkürztem $(n-1)$-Tupel analog weiter verfahren. Man bestimme das Maximum von $\{l_1, \ldots, l_n\} \setminus \{m\}$ und schiebe es ganz nach

Sortieren und Ordnen I

$\{3,3,1,2,3,2,2,1,1\} = \{3,2,1\}$ - **Menge** als unsortierte Liste ohne Wiederholungen

$(3,2,1)$ ungleich zu $(3,3,1,2,3,2,2,1,1)$ - **Tupel** als sortierte Liste auch mit Wiederholungen

$(3,3,1,2,3,2,2,1,1)$ ● $f = (1,1,1,2,2,2,3,3,3)$ - **Polya-Weyl-Aktion** : symmetrische Gruppe operiert auf den Tupeln durch Permutation der Komponenten

$(3,3,1,2,3,2,2,1,1)$ ● S_9 - **Bahn** unter symmetrischer Gruppe ist Menge aller **Sortierungen**

$v_3(l) = 3, v_2(l) = 3, v_1(l) = 3$ - **Vielfachheiten** der Elemente in der Liste

$|S_n| = n!$ - **symmetrische Gruppe** ist von der Mächtigkeit n Fakultät
Anzahl der **Permutationen** von n verschiedenen Elementen

$Stab_{S_9}((3,3,1,2,3,2,2,1,1)) \approx S_3 \times S_3 \times S_3$ - **Stabilisator = Young-Untergruppe** sind die Permutationen, die die Liste nicht ändern; sind isomorph zum direkten Produkt der symmetrischen Gruppen der Vielfachheiten; Mächtigkeit ist das Produkt der entsprechenden **Fakultäten** der Vielfachheiten:

$$|Stab_{S_n}(l)| = v_{a_1}(l)! * \dots * v_{a_s}(l)!$$

Sortieren und Ordnen II

l = (3,3,1,2,3,2,2,1,1) - **sortierte Liste**

$|(3,3,1,2,3,2,2,1,1) \bullet S_9| = 9! \,/\, (3! \times 3! \times 3!)$ - **Anzahl der Sortierungen** von l ist die Bahnlänge, welche genau die Mächtigkeit der Menge der Rechtsnebenklassen **der Young-Untergruppe** in der symmetrischen Gruppe ist (Bahnlängenformel); dieser ist mit dem **Satz von Lagrange** berechenbar und mit dem **Multinomialkoeffzienten** ausdrückbar

$$\text{Anzahl Sortierungen von l} = \frac{n!}{v_{a_1}(l)! * \dots * v_{a_s}(l)!} = \binom{n}{v_{a_1}(l),\dots,v_{a_s}(l)}$$

f= (1,1,1,2,2,2,3,3,3) - es existiert genau eine **aufsteigend geordnete** Sortierung

$Stab_{S_n}(l)$ **x f** - Menge der Permutationen, die l in eine aufsteigend geordnete Sortierung überführt; die Anzahl dieser Permutationen ist die Mächtigkeit dieser Rechtsnebenklasse, die genauso mächtig wie die Young-Untergruppe ist, also

$$\left|Stab_{S_n}(l)\right| = v_{a_1}(l)! * \dots * v_{a_s}(l)!$$

(1,1,1,2,2,2,3,3,3) wird in (3,3,3,2,2,2,1,1,1) – die eindeutig bestimmte absteigende geordnete Sortierung von l -- durch den **großen Vertauscher** überführt:

$$\begin{pmatrix} 1\,2\,3\,4\,5\,6\,7\,8\,9 \\ 9\,8\,7\,6\,5\,4\,3\,2\,1 \end{pmatrix}$$

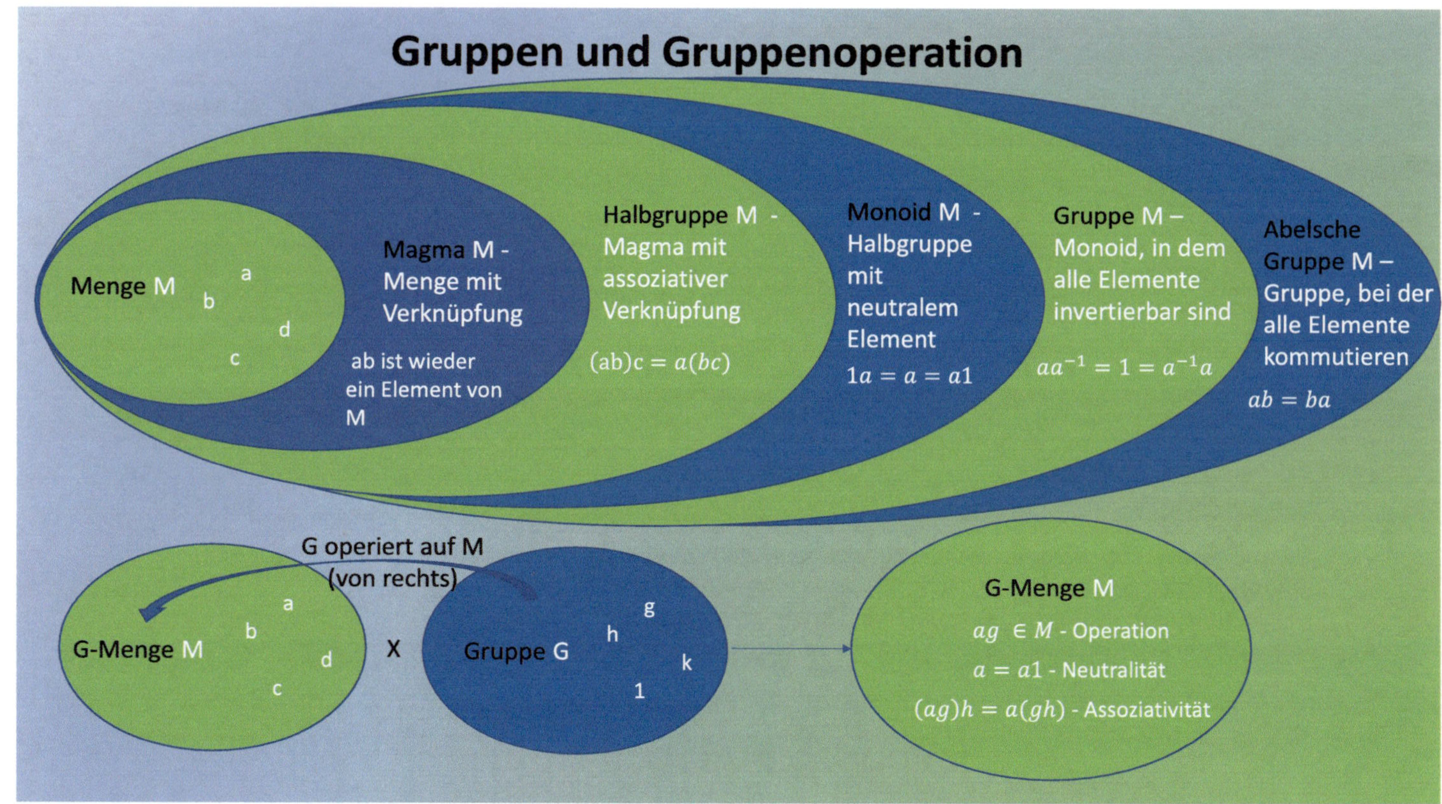

Gruppen und Gruppenoperation
Menge M
a
b
c
d
Magma M - Menge mit Verknüpfung
ab ist wieder ein Element von M
Halbgruppe M - Magma mit assoziativer Verknüpfung
$(ab)c = a(bc)$
Monoid M - Halbgruppe mit neutralem Element
$1a = a = a1$
Gruppe M – Monoid, in dem alle Elemente invertierbar sind
$aa^{-1} = 1 = a^{-1}a$
Abelsche Gruppe M – Gruppe, bei der alle Elemente kommutieren
$ab = ba$
G operiert auf M (von rechts)
G-Menge M
a
b
c
d
X
Gruppe G
g
h
k
1
G-Menge M
$ag \in M$ - Operation
$a = a1$ - Neutralität
$(ag)h = a(gh)$ - Assoziativität

rechts usw. Es kann durch eine sukzessive **Maximum-Suche** eine aufsteigend geordnete Sortierung von l konstruktiv ermittelt werden.

Die Maximums-Suche wird an einem Beispiel mittels der Liste $l := (4, 5, 2, 1)$ durchgeführt:

$$\text{(i)} \quad (4, 5, 2, 1) \mapsto 5 = max\{4, 5, 2, 1\} \mapsto (4, 1, 2, 5)$$
$$\text{(ii)} \quad (4, 1, 2, 5) \mapsto 4 = max\{4, 1, 2\} \mapsto (2, 1, 4, 5)$$
$$\text{(iii)} \quad (2, 1, 4, 5) \mapsto 2 = max\{1, 2\} \mapsto (1, 2, 4, 5).$$

Möchte man die Maximum-Suche in ein Python-Programm umwandeln, ist die Suche rekursiv aufzurufen. Problem ist, daß ein Computer eine Vorschrift zur Maximums-Ermittlung erhalten muss. Aus diesem Grund muss überlegt werden, auf welche Weise durch einen Algorithmus das Maximum ermittelt und es ganz nach rechts im Tupel geschoben werden kann. Zu diesem Zweck helfen Transpositionen. Es wird mit der ersten Komponente begonnen. Man vergleicht sie mit der zweiten. Die größere der beiden steht nach dem Vergleich auf dem zweiten Platz, die andere auf dem ersten. Dieses Verfahren führt man nun mit der zweiten und dritten Komponente durch usw. Durch sukzessives Vertauschen der Komponenten verschiebt man das Maximum im Tupel ganz nach rechts. Dieses Verfahren verleiht dem Algorithmus **'Bubblesort'** seinen Namen, da das Maximum wie eine Blase von links nach rechts aufsteigt. Das Verfahren ist auf das um das Maximum verminderte Tupel anzuwenden usw. Ein Beispiel zum **Bubblesort-Algorithmus:**

$$\text{(i)} \quad (4, 5, 2, 1) \mapsto (4, 5, 2, 1) \mapsto (4, 2, 5, 1) \mapsto (4, 2, 1, 5)$$
$$\text{(ii)} \quad (4, 2, 1, 5) \mapsto (2, 4, 1, 5) \mapsto (2, 1, 4, 5)$$
$$\text{(iii)} \quad (2, 1, 4, 5) \mapsto (1, 2, 4, 5).$$

In Python kann der Bubblesort-Algorithmus durch sukzessives Vertauschen – also durch Anwenden einer Transposition mit der Polya-Weyl-Aktion auf das Tupel – implementiert werden:

Python-Quellcode 4.1 Bubblesort-Algorithmus

```python
def bubblesort(liste):
 for i in range (0, len(liste) - 1):
  for j in range (0, len(liste) - i - 1):
   if liste[j] > liste[j+1]:
    liste[j], liste[j+1] = liste[j+1], liste[j]
 return liste

zeichenkette=input('Bitte␣gebe␣Sie␣die␣Liste␣ein:␣')
liste=[]
for i in zeichenkette:
 liste.append(i)
print(liste)
print ('Die␣zugehörige␣aufsteigend␣sortierte␣Liste␣ist:␣',bubblesort(liste))
```

```
Test:
Bitte gebe Sie die Liste ein: 145543
['1', '4', '5', '5', '4', '3']
Die zugehörige aufsteigend sortierte Liste ist:  ['1', '3', '4', '4', '5', '5']
```

Python-Schlüsselwörter sind u. a. INPUT, IF, DEF und PRINT. Warum funktioniert der Algorithmus? Der mathematische Hintergrund ist folgender: Ist $(l_1, l_2, \ldots, l_n)$ eine Liste und gilt $l_1 \leq l_2$, ist

$$max\{l_1, \ldots, l_n\} = max\{l_2, \ldots, l_n\}$$

erfüllt. Deswegen rutscht durch sukzessives Vertauschen basierend auf einem Größenvergleich das Maximum im Tupel ganz nach rechts. Der mathematisch korrekte Beweis kann per vollständiger Induktion durchgeführt werden.

Sortieralgorithmen werden nach bestimmten Merkmalen klassifiziert. Bubblesort beruht auf einem **Größen-Vergleich** der Listenelemente. Aus diesem Grund spricht man von einem **vergleichsbasierten Sortieren.** Es gibt weitere **Klassifikationsmerkmale:**

   (i)   Stabilität versus Instabilität
  (ii) in-place versus out-of place
 (iii) natürliche versus nicht-natürliche Verfahren
 (iv) Zeit- und Platzkomplexität unter Verwendung der Landau-Symbolik.

Diese Aspekte sollen an dieser Stelle nicht weiter vertieft werden. In Hinblick auf die **Komplexität** des Algorithmus wird untersucht, wie viele **Vergleichs-Schritte** der Bubblesort-Algorithmus maximal benötigt. Es ergibt sich ein mathematischer Zusammenhang für eine Liste $l := (l_1, \ldots, l_n)$ der Länge n. Beim ersten Durchlauf müssen $n - 1$ Vergleiche durchgeführt werden, beim zweiten Durchlauf ein Vergleich weniger usw. Beim letzten Durchlauf ist nur noch ein Vergleich notwendig. Für die Anzahl der Vergleiche ergibt sich

$$\sum_{i=1}^{n-1} i.$$

Für diese Summe gibt es eine geschlossene Darstellung, die als **Summenformel von Gauß** bekannt ist und mittels vollständiger Induktion bewiesen werden kann:

$$\sum_{i=1}^{n-1} i = \frac{1}{2} \cdot n \cdot (n - 1).$$

Dieser Wert stimmt ebenfalls mit dem Binomialkoeffizienten

$$\binom{n}{2} = \sum_{i=1}^{n-1} i$$

überein.   ◇

Python benutzt den sog. **Tim-Sort**-Algorithmus. Timsort ist ein **hybrider Sortieralgorithmus,** der von **Mergesort** und **Insertionsort** abgeleitet ist. Er wurde 2002 von Tim Peters für die Nutzung in Python entwickelt und ist ab Version 2.3 der Standard-Sortieralgorithmus in Python. Mittlerweile wird er ebenfalls in Java SE 7 und auf der Android-Plattform genutzt.

Weitere Informationen zu Timsort sind etwa hier zu erhalten: . Den Timsort-Algorithmus in allen seinen Einzeleinheiten zu erklären, würde den Rahmen dieses Buches sprengen. Stattdessen werden die für ihn grundlegenden Algorithmen 'Mergesort' und 'Insertionsort' behandelt.

Algorithmus 3 *(Insertionsort-Algorithmus)* Der Algorithmus **'Insertionsort'** lässt sich mit dem Aufnehmen von Karten und deren Sortierung in der Hand gut beschreiben. Am Anfang liegen die Karten verdeckt auf dem Tisch. Die Karten werden nacheinander vom Spieler aufgedeckt und an der korrekten Position in das Blatt in der Hand eingefügt. Um die richtige Einfügestelle für eine neue Karte zu finden, wird die neu aufgenommene Karte sukzessive von links nach rechts mit den bereits einsortierten Karten des Blattes verglichen. Zu jedem Zeitpunkt sind die Karten in der Hand sortiert und bestehen aus den bereits vom Tisch entnommenen Karten. Zum Einfügen der neuen Karte müssen alle auf der Hand nachfolgenden Karten eine Position weiter nach rechts wandern.

Das Verfahren basiert auf einer bereits geordnet sortierten Liste, in der ein neues Element so an die richtige Stelle eingefügt wird, daß eine größere, geordnet sortierte Listentsteht.

Der Algorithmus wird am Beispiel $l := (4, 5, 2, 1)$ demonstriert:

(i) $(4, 5, 2, 1) \mapsto (4, 5, 2, 1)$

(ii) $(4, 5, 2, 1) \mapsto (2, 4, 5, 1)$

(iii) $(2, 4, 5, 1) \mapsto (1, 2, 4, 5)$.

Eine Implementierung in Python ist durch folgende Vorschrift gegeben:

Python-Quellcode 4.2 Insertion-Algorithmus

```python
def insertsort(seq):
 for j in range(1,len(seq)):
  key = seq[j]
  k = j-1
  while k>=0 and seq[k]>key:
   seq[k+1] = seq[k]
   k = k-1
  seq[k+1] = key
 return seq

zeichenkette=input('Bitte␣gebe␣Sie␣die␣Liste␣ein:␣')
liste=[]
for i in zeichenkette:
 liste.append(i)
print(liste)
```

```
print ('Die␣zugehörige␣aufsteigend␣sortierte␣Liste␣ist:␣',insertsort(liste))
```

```
Test:
Bitte gebe Sie die Liste ein: 34512
['3', '4', '5', '1', '2']
Die zugehörige aufsteigend sortierte Liste ist:  ['1', '2', '3', '4', '5']
```

Die Anzahl der Vergleiche, die beim Einfügen durchzuführen sind, stimmt im schlechtesten Fall mit der des Bubblesort-Algorithmus

$$\sum_{i=1}^{n-1} i = \frac{1}{2} \cdot n \cdot (n-1)$$

überein, wobei n die Länge der Liste ist. Es gibt (in diesem Buch nicht dargestellte) Verbesserungen dieses Algorithmus, wie etwa Shellsort und binäre Suche.   ◇

Algorithmus 4 *(Mergesort-Algorithmus)* **Mergesort** – abgeleitet von den englischen Wörtern 'merge = verschmelzen' und 'sort = sortieren' – ist ein **stabiler** Sortieralgorithmus, der nach dem Prinzip **'TuH = Teile und Herrsche'** (im Englischen **'DaQ = Divide and Conquer'**) arbeitet. Er wurde erstmals 1945 durch John von Neumann vorgestellt. Mergesort betrachtet die zu sortierenden Daten als Liste und zerlegt (englisch 'divide') sie rekursiv in kürzere Listen, die jede für sich geordnet sortiert werden. Die vielen geordnet sortierten kürzeren Listen werden folgend im **Reißverschlussverfahren** nacheinander zu längeren Listen zusammengefügt (engl. 'merge'), bis wieder eine geordnet sortierte Gesamtliste erreicht ist. Die wesentlichen Schritte eines Teile-und-Herrsche-Verfahrens, wie sie im Rahmen von Mergesort umgesetzt werden, sind die folgenden: Der **Teile-Schritt** (divide) ist vergleichsweise einfach umzusetzen. Zu diesem Zweck werden die Daten einfach rekursiv immer wieder in zwei Hälften aufgeteilt, solange eine Aufteilung sinnvoll ist (bis hin zu einelementigen Listen). Die wesentliche Arbeit wird beim **Verschmelzen** (merge) durch das Reißverschlussverfahren geleistet. Darauf basiert der Name des Algorithmus. Beim 'mergen' werden ebenfalls Vergleichsoperationen durchgeführt.

Folgend ein Beispiel zur Liste $l := [4, 3, 1, 1, 3, 4]$. Es wird begonnen, die Liste l mehrfach zu halbieren. Im ersten Schritt wird l zu $l_1 := [4, 3, 1]$ und $l_2 := [1, 3, 4]$ aufgeteilt. Im zweiten Schritt werden l_1 zu $l_{11} := [4, 3]$ und $l_{12} := [1]$ sowie l_2 zu $l_{21} := [1, 3]$ und $l_{22} := [4]$ weiter gesplittet. Im letzten Teile-Schritt sind l_{11} in $l_{111} := [4]$ und $l_{112} := [3]$ sowie l_{21} in $l_{121} := [1]$ und $l_{122} := [3]$ zu zerkleinern. Der 'Teile'-Schritt des Algorithmus ist beendet.

Im 'Herrsche'-Teil ist das Reißverschlussverfahren wiederholt anzuwenden. Das 'Mergen' von $l_{121} := [1]$ und $l_{122} := [3]$ zu $[1, 3]$ sowie von $l_{111} := [4]$ und $l_{112} := [3]$ zu $[3, 4]$ wird anfangs durchgeführt. Auf der nächsten Stufe vereinigt man $[1, 3]$ und $[4]$ zu $[1, 3, 4]$ sowie $[3, 4]$ und $[1]$ zu $[1, 3, 4]$. Schließlich muss $[1, 3, 4]$ und $[1, 3, 4]$ zu $[1, 1, 3, 3, 4]$ verbunden werden.

Eine mögliche Implementierung in Python findet man z. B. hier:

Python-Quellcode 4.3 Mergesort-Algorithmus

```python
import math

def merge(items, p, q, r):
    L = items[p:q+1]
    R = items[q+1:r+1]
    i = j = 0
    k = p
    while i < len(L) and j < len(R):
        if(L[i] < R[j]):
            items[k] = L[i]
            i += 1
        else:
            items[k] = R[j]
            j += 1
        k += 1
    if(j == len(R)):
        items[k:r+1] = L[i:]

def mergesort(items, p, r):
    if(p < r):
        q = math.floor((p+r)/2)
        mergesort(items, p, q)
        mergesort(items, q+1, r)
        merge(items, p, q, r)

items = [4,3,1,2,1,17,4]
mergesort(items, 0, len(items)-1)
print(items)
```

```
Test:
[1, 1, 2, 3, 4, 4, 17]
```

Warum funktioniert der Mergesort-Algorithmus? Nachdem die Aufteilungsschritte durchgeführt werden, ist einzusehen, daß das Mergen geordnete Listen ergibt. Das Mergen ist das mehrmalige Ausführen einer vereinfachten Version des Insertionsort-Algorithmus.

Folgend werden Anmerkungen zur **Laufzeit** des Mergesort-Algorithmus ohne strengen Beweis erwähnt.

Das Unterprogramm 'def merge(items, p, q, r)' verwendet maximal r Vergleichsschritte. Das bedeutet, daß bei einer Liste der Länge n das Mergen mit maximal n Vergleichsschritten abläuft. Da der Merge-Algorithmus eine Aufteilung in zwei Hälften vornimmt, kann – in Abhängigkeit der Länge n der Liste – für den **Aufwand** $T(n)$ des Algorithmus eine rekursive Vorschrift hergeleitet werden. Zur Vereinfachung wird angenommen, daß n eine Zweierpotenz 2^k für ein $k \in \mathbb{N}_0$ ist. Damit kann für den Aufwand in Abhängigkeit von $k \in \mathbb{N}_0$ geschrieben werden:

$$T(2^{k+1}) \le 2 \cdot T(2^k) + 2^k.$$

Diese rekursive Ungleichung kann man per Induktion auflösen (für $k \in \mathbb{N}_0$):

$$T(2^k) \leq k \cdot 2^k.$$

Induktionsanfang: $T(0) = 0 = 0 \cdot 2^0$.

Induktionsschritt: Es gelte $T(2^k) \leq 2 \cdot k \cdot 2^k$ für ein $k \in \mathbb{N}_0$. Mittels Rekursion ergibt sich

$$T(2^{k+1}) \leq 2 \cdot T(2^k) + 2^{k+1} \leq 2(k \cdot 2^k) + 2^{k+1} = k2^{k+1} + 2^{k+1} = (k+1)2^{k+1}.$$

Bisher wurden weder die rationalen Zahlen, die reellen Zahlen (siehe das Kapitel Disposition von LKW) noch die Exponentialfunktion (siehe [25], Seiten 332, 353, 365) und ihre Umkehrfunktion 'die Logarithmusfunktion' (siehe z. B. [25], S. 132 oder S. 364 ff.) behandelt. Es soll angemerkt werden, daß aus obiger Gleichung für den Merge-Algorithmus folgt:

$$T(2^k) \leq log_2(2^k) \cdot 2^k.$$

Daraus kann für eine beliebige Zahl hergeleitet werden, daß für den Aufwand des Mergesort-Algorithmus in Abhängigkeit einer Liste der Länge n gilt:

$$T(n) \leq log(n) \cdot n.$$

Der Wert $log(n) \cdot n$ taucht für beliebige Sortieralgorithmen bzgl. ihres Aufwandes als **untere Schranke** auf. Aus diesem Grund ist der Merge-Algorithmus innerhalb der Sortieralgorithmen bzgl. seines Aufwandes tatsächlich **(asymptotisch) optimal.** Es soll folgend überlegt werden, warum $log(n) \cdot n$ eine untere Schranke ist.

Es wird mit einer Abschätzung zur Fakultät von n begonnen, welche mittels vollständiger Induktion beweisbar ist. Für alle natürlichen Zahlen $n \geq 6$ gelten die Ungleichungen $n^n \leq n! \cdot 3^n$ und $n! \cdot 2^n \leq n^n$. Daraus folgt für $n \in \mathbb{N}_{\geq 6}$ die Abschätzung

$$\left(\frac{n}{3}\right)^n \leq n! \leq \left(\frac{n}{2}\right)^n.$$

Mit Rechenregeln zum Logarithmus folgt nun für $n \in \mathbb{N}_{\geq 6}$ die Abschätzung

$$n \cdot log\left(\frac{n}{3}\right) \leq log(n!) \leq n \cdot log\left(\frac{n}{2}\right).$$

Das bedeutet, daß für große n die Abschätzung

$$n! \sim n \cdot log(n)$$

gilt.

Wie hilft dieses Resultat für jeden Sortieralgorithmus weiter? Dazu betrachte man eine Liste $l := (a_1, \ldots, a_n)$ der Länge n. Jede Permutation α aus der symmetrischen Gruppe S_n führt per Polya-Weyl-Aktion $l \bullet \alpha$ zu einer neuen Sortierung der liste l. Es wurde bewiesen, daß es genau $n!$ Permutationen gibt. Jede dieser maximal möglichen $n!$ Umsortierungen $l \bullet \alpha$ mit $\alpha \in S_n$ stellt eine mögliche Lösung des Sortierproblems da. Möchte man das Sortierproblem vergleichsbasiert lösen, muss man schrittweise die Elemente $a_1, \ldots, a_n$ vergleichen. Der Vergleich ist die Antwort auf eine Frage der Art $a_i < a_j$. Durch die Bedingungen $a_i < a_j$ werden die Daten in die richtige Reihenfolge gebracht. Jede derartige Frage zerlegt die Menge aller noch möglichen Permutationen in zwei Hälften. Es sind diejenigen Permutationen, für die $a_i < a_j$ bzw. $a_i \geq a_j$ gilt. Mit beiden Hälften kann nun entsprechend weiterverfahren und die nächste Vergleichsfrage $a_k < a_l$ gestellt werden usw. Durch diese vollständige Fallunterscheidung mittels Vergleichsfragen erhält man nach s Schritten genau 2^s Zerteilungen der Menge der Permutationen in Teile unterschiedlicher Größe. Damit alle potentiellen $n!$ Permutationen abgedeckt werden können, muss zwangsläufig $2^s \geq n!$ gelten. Es ergibt sich $s \geq \frac{log(n!)}{log(2)}$, also asymptotisch etwa $s \sim log(n!)$. Mit obiger Überlegung gilt folglich asymptotisch $s \sim n \cdot log(n)$. $\diamond$

Zum Abschluss wird ein nicht-vergleichsbasierter Sortieralgorithmus vorgestellt.

Algorithmus 5 *(Bucketsort-Algorithmus)* Die prinzipielle Vorgehensweise des **Bucketsort-Algorithmus** – abgeleitet von den englischen Wörtern 'Bucket = Eimer' und 'sort = sortieren' – wird folgend dargestellt. Ausgangspunkt ist eine geordnete Menge $(M; \leq)$, wie etwa $(\mathbb{N}_0; \leq)$, und eine Liste l der Länge n über M, wie etwa $l := (2, 3, 11, 7, 7, 4, 2, 1, 6, 8, 1, 9, 9, 3, 2, 1)$ der Länge 16. Der Algorithmus besteht aus **drei Phasen:**

(a) **Zuweisen** der Komponenten der Liste zu Buckets mit Hilfe einer Funktion f

(b) **Sortieren** der Bucket-Listen mit bekannten Sortieralgorithmen

(c) **Konkatenieren** der jeweiligen geordnet sortierten Bucket-Listen zu einer geordnet sortierten Liste bzgl. l und **Rückwärtszuweisen.**

Bevor der Algorithmus startet, müssen die Buckets $B_1, \ldots, B_r$ definiert werden. Das vollzieht sich oftmals innerhalb von Schritt (a). Die **Bucketdefinition** wird derart durchgeführt, daß der Wertebereich der **Zuweisungsfunktion**

$$f : M \longrightarrow W,$$

wobei $(W; \leq)$ eine weitere geordnete Menge ist, in gleich große Teile eingeteilt wird. Im Beispiel könnte es etwa vier Buckets $B_1, \ldots, B_4$ geben, die die natürlichen Zahlen von 1 bis 12 in vier gleich große Buckets $1 - 3$, $4 - 6$, $7 - 9$ und $10 - 12$ aufteilen. Die Buckets müssen so konzipiert werden, daß eine Partition in Mengen gleicher Mächtigkeit vorliegt und daß für je zwei Buckets B_i und B_j mit $i < j$ gilt, daß alle Elemente aus Bucket B_i bzgl. $\leq$ in W kleiner als alle Elemente aus Bucket B_j sind. Die Zuweisungsfunktion f bildet jede Komponente in genau einen Bucket ab und erfüllt folgende Eigenschaften:

(i) f ist **injektiv:** $\forall m, n \in M : f(m) = f(n) \leftrightarrow m = n$

(ii) f ist **ordnungserhaltend:** $\forall m, n \in M : m \leq n \leftrightarrow f(m) \leq f(n)$.

Die Injektivität ermöglicht, die innerhalb von Teil (c) in W geordnet sortierte Liste wieder in M umzuwandeln. Die Ordnungserhaltung garantiert, daß in diesem Zusammenhang die Liste geordnet sortiert bleibt. Im Beispiel ist die Zuweisungsfunktion die Identische Abbildung. Es gilt $(M; \leq) := (W; \leq) := (\mathbb{N}_0; \leq)$. Die Buckets werden folgendermaßen befüllt:

(i) $B_1 = (2, 3, 2, 1, 1, 3, 2, 1)$

(ii) $B_2 = (4, 6)$

(iii) $B_3 = (7, 7, 8, 9, 9)$

(iv) $B_4 = (11)$.

In Schritt (b) werden nun die zu Listen in den jeweiligen Buckets zusammengefassten Komponenten jeweils mittels eines Sortieralgorithmus geordnet sortiert (wie z. B. Insertionsort oder Mergesort). Im Beispiel ergibt sich:

(i) $B_1 = (1, 1, 1, 2, 2, 2, 3, 3)$

(ii) $B_2 = (4, 6)$

(iii) $B_3 = (7, 7, 8, 9, 9)$

(iv) $B_4 = (11)$.

Im letzten Schritt (c) legt man die geordnet sortierten Listen durch Konkatenation nebeneinander und berechnet die Urbildwerte unter f. Im Beispiel ist das Zurückübersetzen trivial, da mit der identischen Abbildung gearbeitet wird: $l_\leq = (1, 1, 1, 2, 2, 2, 3, 3, 4, 6, 7, 7, 8, 9, 9, 11)$.

Eine mögliche Python-Implementierung für eine Liste von natürlichen Zahlen findet man z. B. hier: .

Python-Quellcode 4.4 Bucketsort-Algorithmus

```python
def insertion(inpvalue):
    for i in range(1, len(inpvalue)):
        temp = inpvalue[i]
        j = i - 1
        while (j >= 0 and temp < inpvalue[j]):
            inpvalue[j + 1] = inpvalue[j]
            j = j - 1
        inpvalue[j + 1] = temp

def bucket_sort(inpvalue):
```

```python
    largest = max(inpvalue)
    length = len(inpvalue)
    size = largest/length

    buckets = [[] for _ in range(length)]
    for i in range(length):
        j = int(inpvalue[i]/size)

        if j != length:
            buckets[j].append(inpvalue[i])
        else:
            buckets[length - 1].append(inpvalue[i])

    for i in range(length):
        insertion(buckets[i])

    res = []

    for i in range(length):
        res = res + buckets[i]

    return res
inpvalue = input('Enter_the_list_of_(nonnegative)_numbers:').split()
inpvalue = [int(x) for x in inpvalue]

sorted_list = bucket_sort(inpvalue)

print('Sorted_list:_', end='')
print(sorted_list)
```

Test:

```
Enter the list of (nonnegative) numbers: 101 32 100 200 32 10 2 4 6 9
Sorted list: [2, 4, 6, 9, 10, 32, 32, 100, 101, 200]
```

Python-Schlüsselwörter sind u. a. RANGE, WHILE, DEF, FOR, int() und PRINT. Der Aufwand von Bucketsort hängt von der Wahl des Sortieralgorithmus für die Sortierphase ab. Das Aufteilen auf die Buckets sowie das Konkatenieren ist linear abhängig von der Länge der eingegebenen Liste. ◇

Folgende Schaubilder illustrieren die Sortieralgorithmen 'Bublesort, Insertionsort, Mergesort und Bucketsort'.

Weiterführende Information kann sich der Leser u. a. über Didaktik-Seite der PHHeidelberg

 oder mittels Kap. 12 im 'Grundkurs Informatik' von Ernst, Schmidt und Beneken (siehe [19]) aneignen.

Es gibt im WWW eine große Community zum Thema 'Sortieralgorithmen' mit allerlei interessanten Namen von Sortieralgorithmen wie etwa Cocktail-Sort. Vielleicht erfinden

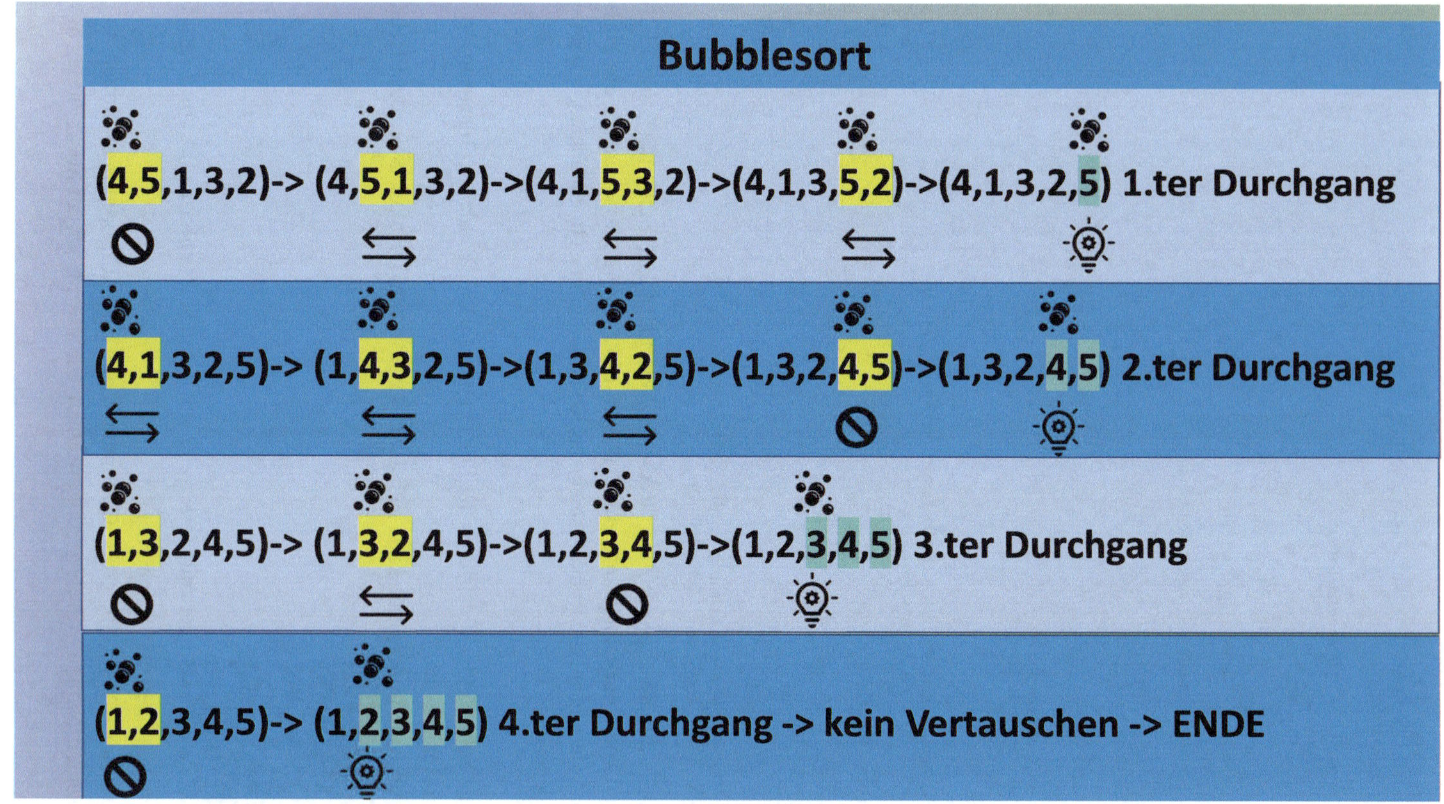
Bubblesort
(4,5,1,3,2)-> (4,5,1,3,2)->(4,1,5,3,2)->(4,1,3,5,2)->(4,1,3,2,5) 1.ter Durchgang
(4,1,3,2,5)-> (1,4,3,2,5)->(1,3,4,2,5)->(1,3,2,4,5)->(1,3,2,4,5) 2.ter Durchgang
(1,3,2,4,5)-> (1,3,2,4,5)->(1,2,3,4,5)->(1,2,3,4,5) 3.ter Durchgang
(1,2,3,4,5)-> (1,2,3,4,5) 4.ter Durchgang -> kein Vertauschen -> ENDE

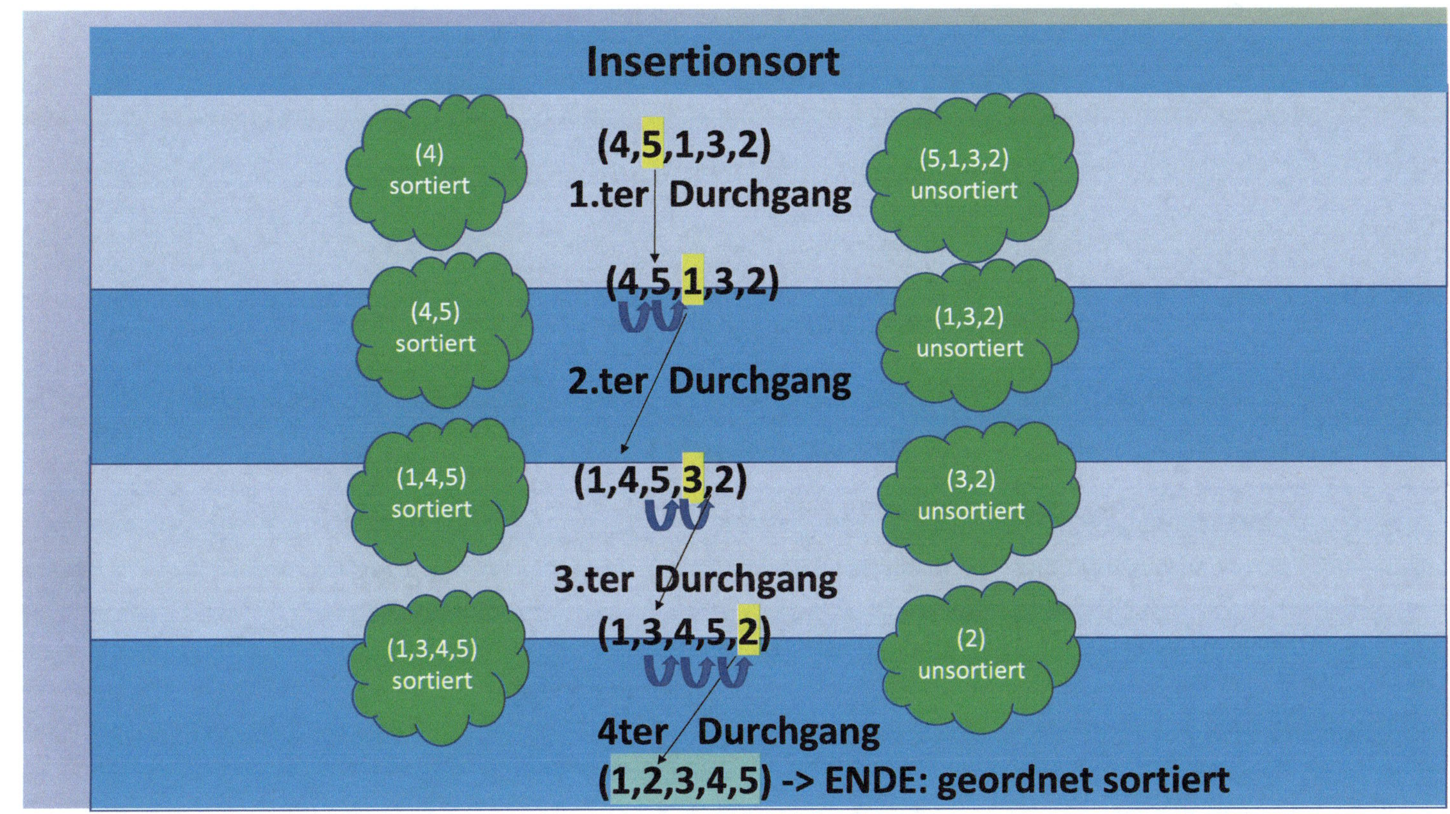
Insertionsort
(4) sortiert
(4,5,1,3,2)
1.ter Durchgang
(5,1,3,2) unsortiert
(4,5) sortiert
(4,5,1,3,2)
(1,3,2) unsortiert
2.ter Durchgang
(1,4,5) sortiert
(1,4,5,3,2)
(3,2) unsortiert
3.ter Durchgang
(1,3,4,5) sortiert
(1,3,4,5,2)
(2) unsortiert
4ter Durchgang
(1,2,3,4,5) -> ENDE: geordnet sortiert

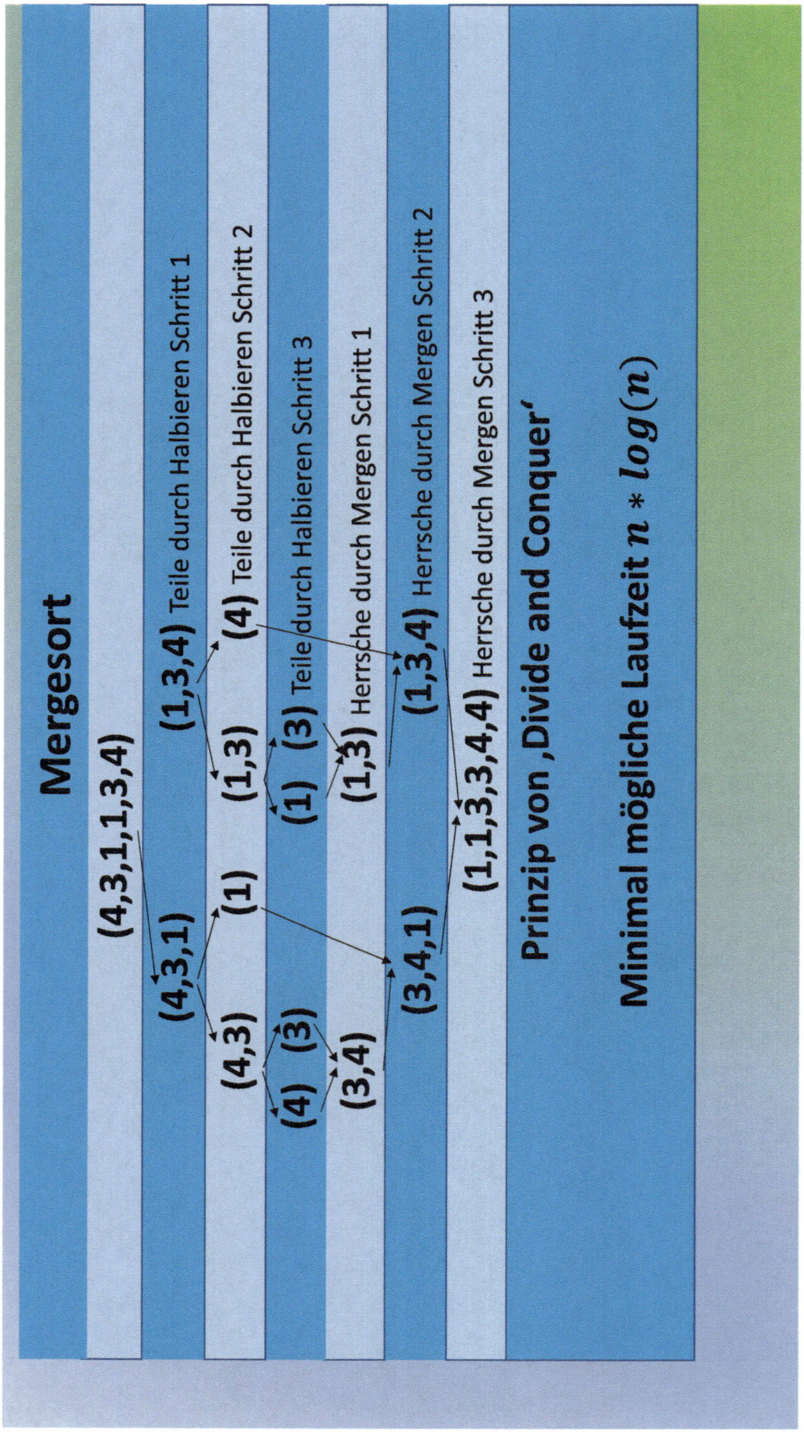

Mergesort
(4,3,1,1,3,4)
(4,3,1)
(1,3,4) Teile durch Halbieren Schritt 1
(4,3) (1) (1,3) (4) Teile durch Halbieren Schritt 2
(4) (3) (1) (3) Teile durch Halbieren Schritt 3
(3,4) (1,3) Herrsche durch Mergen Schritt 1
(3,4,1) (1,3,4) Herrsche durch Mergen Schritt 2
(1,1,3,3,4,4) Herrsche durch Mergen Schritt 3
Prinzip von ‚Divide and Conquer'
Minimal mögliche Laufzeit $n * log(n)$

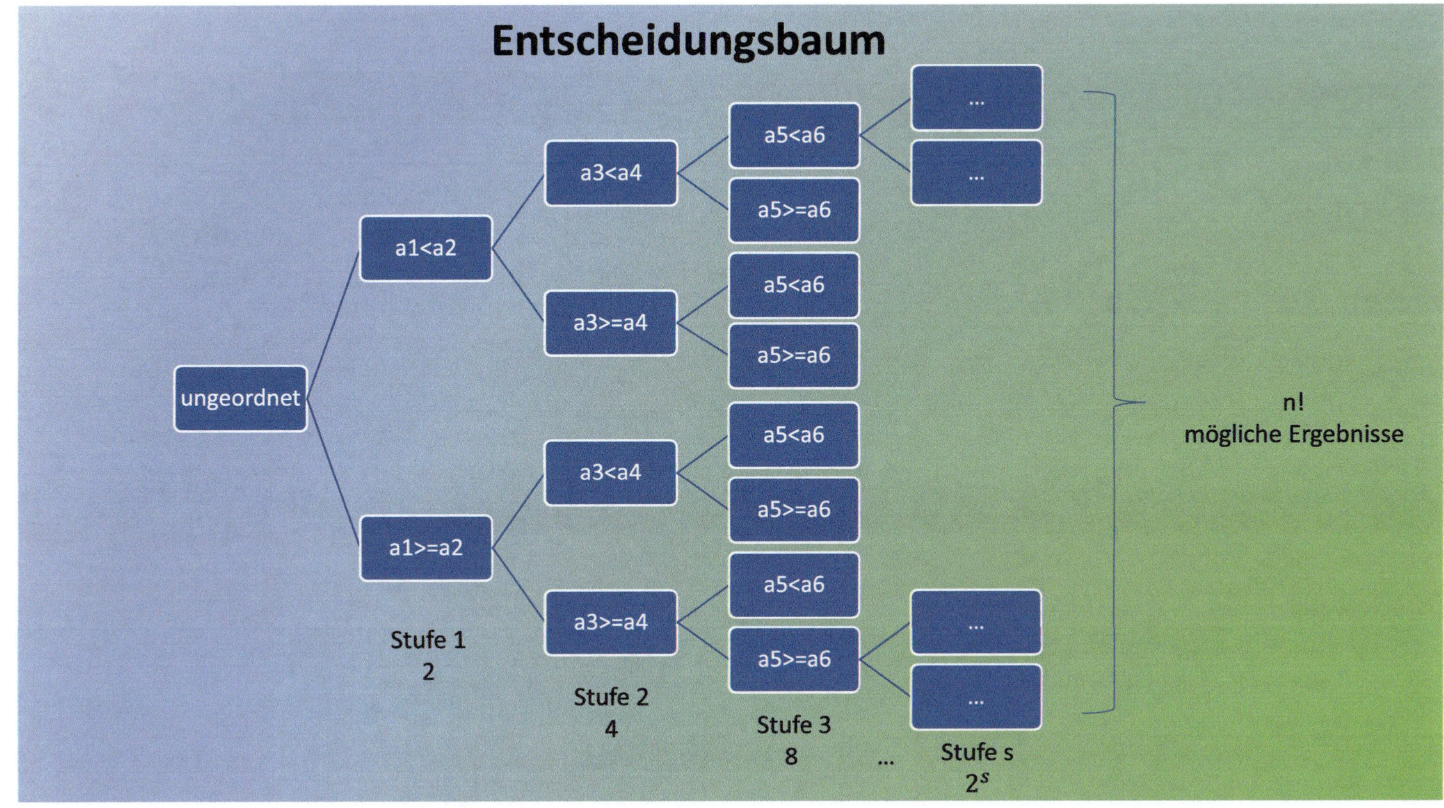

Entscheidungsbaum
ungeordnet
a1<a2
a1>=a2
a3<a4
a3>=a4
a3<a4
a3>=a4
a5<a6
a5>=a6
a5<a6
a5>=a6
a5<a6
a5>=a6
a5<a6
a5>=a6
...
...
...
...
n!
mögliche Ergebnisse
Stufe 1
2
Stufe 2
4
Stufe 3
8
...
Stufe s
2^s

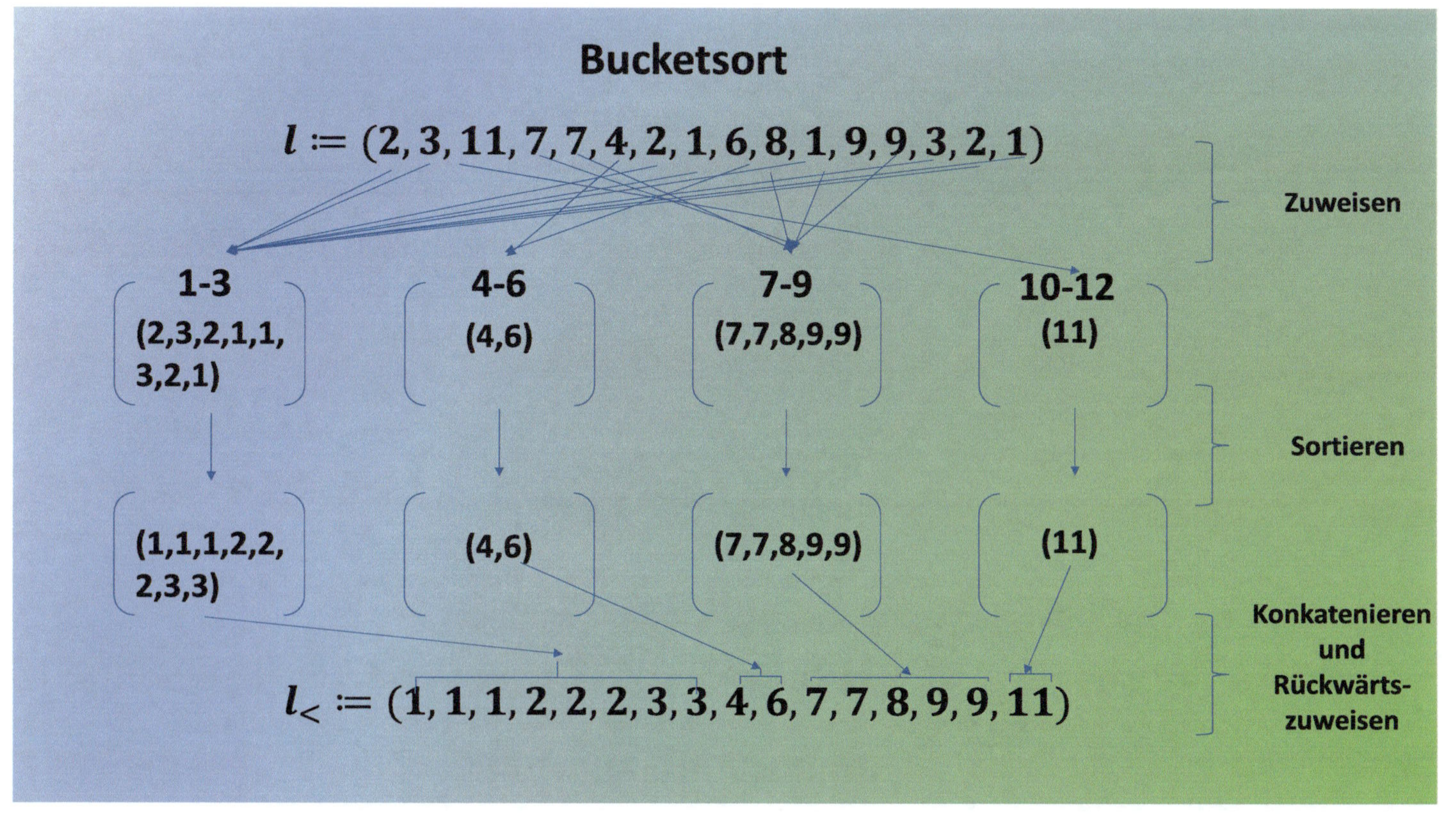

Bucketsort
l := (2, 3, 11, 7, 7, 4, 2, 1, 6, 8, 1, 9, 9, 3, 2, 1)
Zuweisen
1-3
(2,3,2,1,1,
3,2,1)
4-6
(4,6)
7-9
(7,7,8,9,9)
10-12
(11)
Sortieren
(1,1,1,2,2,
2,3,3)
(4,6)
(7,7,8,9,9)
(11)
Konkatenieren
und
Rückwärts-
zuweisen
l_< := (1, 1, 1, 2, 2, 2, 3, 3, 4, 6, 7, 7, 8, 9, 9, 11)

Sie, lieber Leser, bald Ihren eigenen Sortieralgorithmus? Eine charmante Visualisierung mit

Tönen zu einigen Sortieralgorithmen findet sich hier:

4.1.2 Transfer zur Praxis

Es wird zur Einlagerung von Kühlgut dargestellt, wie obige theoretische Erkenntnisse in der Praxis Anwendung finden.

Intervallprüfung bei Temperaturen

Bei Prüfung zulässiger Lagertemperaturen für Kühlgutmaterialien muss festgestellt werden, ob die mittlere Lagertemperatur eines Lagerplatzes m in C im Temperatur-Intervall $[min, max]$ fürs Material liegt. Zu diesem Zweck wird $min \leq m \leq max$ überprüft. Es werden die Erkenntnisse zu ganzen Zahlen $\mathbb{Z}$ und ihrer Ordnungsrelation $\leq$ verwendet.

Platzbestandsanpassung bei der Transportquittierung

Bei Quittierung eines Transportes muss der dimensionslose Platzbestand angepasst werden. Beim Von-Platz vollzieht sich die Anpassung durch Subtraktion und beim An-Platz durch Addition von 1. Zu diesem Zweck werden grundlegende Gesetze beim Umgang mit ganzen Zahlen benötigt.

Partitionierung der Lagerplätze für Einlagerung

Bei Einlagerung wurde für Kühlgut erklärt, daß Lagerplätze mittels Kriterien 'Temperatur' und 'Belegtheit' ausgewählt bzw. verworfen werden. Das Belegtheit-Kennzeichen im Platz unterteilt die Plätze in belegte und nicht belegte. Die nicht-belegten werden in Plätze unterhalb und oberhalb einer Temperatur-Grenze unterteilt, etwa $-1°C$ und $+2°C$. Auf diese Weise partitioniert man die Lagerplätze derart, daß eine Teilmenge der möglichen Plätze entsteht: nicht belegte und solche im richtigen Temperatur-Intervall.

Aufsteigende bzw. absteigende Sortierung der Lagerplatzkapazitäten bei Einlagerung

Nach Partitionierung der Lagerplätze wird die Platzkapazität der möglichen Plätze für eine Einlagerung betrachtet. Dazu müssen die Plätze nach ihrer Kapazität aufsteigend oder absteigend sortiert werden. Zu diesem Zweck wird der sort-Befehl auf Basis von Tim-Sort in Python verwendet.

Als Nachtrag zu Kap. 1 – Wareneingangskontrolle wird erwähnt, daß der naive Umgang mit natürlichen und ganzen Zahlen inkl. Addition, Multiplikation und Potenzieren auf ein solides Fundament gestellt worden ist. Diese Aspekte wurden im genannten Kapitel insbesondere beim Teilen mit Rest sowie der b-adischen Zahlentwicklung benötigt. Beim Python-Coding zur Berechnung einer Zahl aus deren b-adischer Zahlentwicklung

Python-Quellcode 4.5 Zahl aus der b-adischen Zahlentwicklung

```
for c in reversed(badisch):
    d=int(c)\\
    z=z+d*(b**i)
```

werden diese Themen ebenfalls benötigt. In diesem Zusammenhang wird in Python die Funktion **'reversed'** aufgerufen. Der Inhalt des Strings 'badisch' wird demzufolge rückwärts durchlaufen. Mathematisch agiert der große Vertauschers auf dem Inhalt des Wortes 'badisch'.   ◇

5.1   Mathematik

Bei genauerer Betrachtung der Logistik-Prozesse treten weitere Themen hervor, die auf mathematischen Prinzipien basieren. Es können nicht sämtliche dieser Inhalte dargestellt werden. Das würde den Rahmen dieses Buches sprengen. Daher werden etwa

(i) Farbenlehre, siehe aber z. B. 

(ii) Text-To-Speech, also Textumwandlung in Sprache, siehe z. B. 

(iii) Erzeugen und Scannen von QR-Codes, siehe z. B.  und auch

S. Wirsing, *SMILE - Vertiefungsband Mathematik für die Logistik*, Schule für Mathematik, Informatik, Logistik und Erfolg, https://doi.org/10.1007/978-3-662-72678-5_5

(iv) Erzeugen und Scannen von anderen Strich- und Barcodes, siehe z.B.

nicht behandelt. Diese Liste kann durch Themen wie Musik, Film, Computer-Hardware, Computer-Sprachen etc. weiter ergänzt werden.

Folgenden Themen werden näher erläutert:

   (i) **Splitten von Strings**
  (ii) **Suchen von Strings** in anderen Strings
 (iii) **Hashing** von Passwörtern
  (iv) Erzeugung von **Zufallszahlen**
   (v) Koordinaten in **Vektorräumen**
  (vi) Tachometeranzeige, **Winkel, Kreise** und die **Zahl** π.

Der Leser wird innerhalb der Praxis-Anwendung Themen wiederentdecken, die bereits mathematisch fundiert worden sind:

   (i) Logik-Abfragen mit $=,>,<,!=$
  (ii) Summationen
 (iii) Binärzerlegungen
  (iv) Teilen mit Rest.

5.1.1 Splitten eines Strings

Das **Splitten von Strings** wird im SMILE-Prototyp beim Lesen und Auswerten der **QR-Codes** benutzt. In diesem Zusammenhang wurde etwa der QR-Code

'SMILE/4711/M0001/CH0001/01'

gelesen und ausgewertet. Zu diesem Zweck verwendet man in Python den Befehl **'Split'**. Der Python-Befehl fächert den Beispiel-String in ein 5-Tupel mit Komponenten

'SMILE', '4711', 'M0001', 'CH0001' und '01'

auf. Die einzelnen Werte können folgend interpretiert und geprüft werden. Diese Prüfungen vollziehen sich

  (i) als Fixwert = **'SMILE'**
 (ii) als Gebindenummer
(iii) als Materialnummer
(iv) als Chargennummer
 (v) und als Splitnummer.

Es wäre ebenfalls möglich, jedem Wert im QR-Code einen sog. **Identifier** voranzustellen. Er identifiziert den String bis zum nächsten Identifier und gibt dem Teilstück eine bestimmte Bedeutung. Z.B. könnte der Identifier **'M'** für eine Materialnummer stehen. Auf Identifier wurde im Prototyp verzichtet.

Das Splitten eines Strings ist die Umkehrung zum **'Verketten'**. Jene Operation erzeugt aus einzelnen Werten einen String durch Hintereinandersetzen und Einfügen von '/'. Zu diesem Zweck nutzt man in Python den **Konkatenations**-Befehl **+**. Konkatenieren wurde bereits im Kontext freier Monoide diskutiert.

Es wird die sog. **String-Projektion** untersucht und auf Ihre Anwendbarkeit geprüft. Sei dazu $A^\star$ ein über einem Alphabet A freies Monoid. Seine Elemente nennt man Worte und kann sie als String interpretieren. Sei a ein beliebiges Element aus A. Es soll eine Abbildung definiert werden, die das Element a aus Worten = Strings entfernt. Es sei an den Freiheits-Begriff erinnert, nach dem jede beliebige Abbildung von der Basis A in ein Monoid M zu genau einem Monoidhomomorphismus von $A^\star$ erweitert werden kann. Es wird definiert:

$$\delta_a : A \longrightarrow (A \setminus \{a\})^\star$$

$$\delta_a(x) = \begin{cases} x & \text{falls } x \neq a \\ \iota & \text{falls } x = a \\ \iota & \text{falls } x = \iota \end{cases} \tag{5.1}$$

, wobei ι jeweils das leere Wort ist. Folglich gibt es genau einen Monoidhomomorphismus

$$\Delta_a : A^\star \longrightarrow (A \setminus \{a\})^\star,$$

der δ_a auf $A^\star$ fortsetzt. Dieser wird die **String-Projektion** bzgl. a genannt. Es wird die Wirkung von Δ_a auf Worten untersucht. Zu diesem Zweck sei $w = w_1...w_n$ ein Wort aus $A^\star$ der Länge n. Es gilt

$$\Delta_a(w) = \delta_a(w_1)...\delta_a(w_n).$$

Der Wert $\delta_a(w_1)$ ist entweder w_i oder das leere Wort. Letzteres kann im Produkt weggelassen werden, weil es neutral ist. Es bleiben nur die von a verschiedenen Buchstaben von w in derselben Reihenfolge stehen. Es wird z. B. aus

$$SMILEa4711aM0001aCH0001a01$$

genau das Wort

$$SMILE4711M0001CH000101$$

gebildet. Verwendet man '/' statt 'a', besitzt das resultierende Wort fast die gewünschten Split-Eigenschaften. Problem ist die Unkenntnis, ab welchem Buchstaben die einzelnen Teilstücke in der String-Projektion exakt beginnen und enden. Splitten hat ebenfalls die Aufgabe, mehrere getrennte Worten zu erzeugen. Im Beispiel sind es

$$(SMILE, 4711, M0001, CH0001, 01).$$

oder

$$SMILE, \ 4711, \ M0001, \ CH0001, \ 01.$$

Es soll folgend das Zusammenfügen von Worten mittels a analysiert werden. Darauf aufbauend kann das Splitten indirekt definiert werden. Zu diesem Zweck wird die natürliche Einbettung

$$i_a : (A \setminus \{a\})^\star \longrightarrow A^\star, w \mapsto wa$$

betrachtet. Da $A^\star$ ein Monoid ist, kann i_a eindeutig zu einem Monoidhomomorphismus

$$I_a : ((A \setminus \{a\})^\star)^\star \longrightarrow A^\star$$

fortsetzt werden. I_a verkettet Worte und verbindet sie mit a. In der Definitionsmenge sind die Buchstaben also selbst Worte. Zum Beispiel ist mit $w_1 := SMILE, w_2 := 4711, w_3 := M0001, w_4 := CH001$ und $w_5 := 00$ das Bild von $w_1...w_5$ unter I_a genau $SMILEa4711aM0001aCH001a00$ in $A^\star$. Die Abbildung I_a ist injektiv, denn: Sind $w_1, ..., w_n, m_1, ..., m_r$ Elemente aus $A \setminus \{a\})^\star$ mit $w_1aw_2a....w_na = m_1am_2a....m_ra$, gilt $n = r$ und $w_i = m_i$. Dabei wird verwendet, daß die Buchstaben von w_i, m_i alle von a verschieden sind. Auf dem Bild von I_a ist I_a folglich ein Isomorphismus. Die eindeutig bestimmte Umkehrfunktion wird das **Splitten** mittels a genannt und durch S_a symbolisiert.

Abschließend wird eine direkte Definition des Splittens S_a präsentiert. Zu diesem Zweck wird eine **rekursive Definition** entwickelt. Sei w ein Wort aus $A^\star$, etwa $w = w_1...w_n$. Man definiert $wS_a = w$, falls w keinen mit a übereinstimmenden Buchstaben enthält. Im anderen Fall sei $i := min\{k \mid 1 \le k \le n, w_k = a\}$. Man definiert wS_a als das Produkt der Worte $w_1....w_{i-1}$ und $w_{i+1}....w_n$. Es ist ein Element aus $(A^\star)^\star$. Je nach Länge und Vorkommen des Minimums können diese Worte auch mit dem leeren Wort identisch sein. Beide Worte besitzen kürzere Längen. Aus diesem Grund können ihre Bilder unter S_a induktiv definiert werden. Folgende Skizze fasst diesen Abschnitt zusammen.

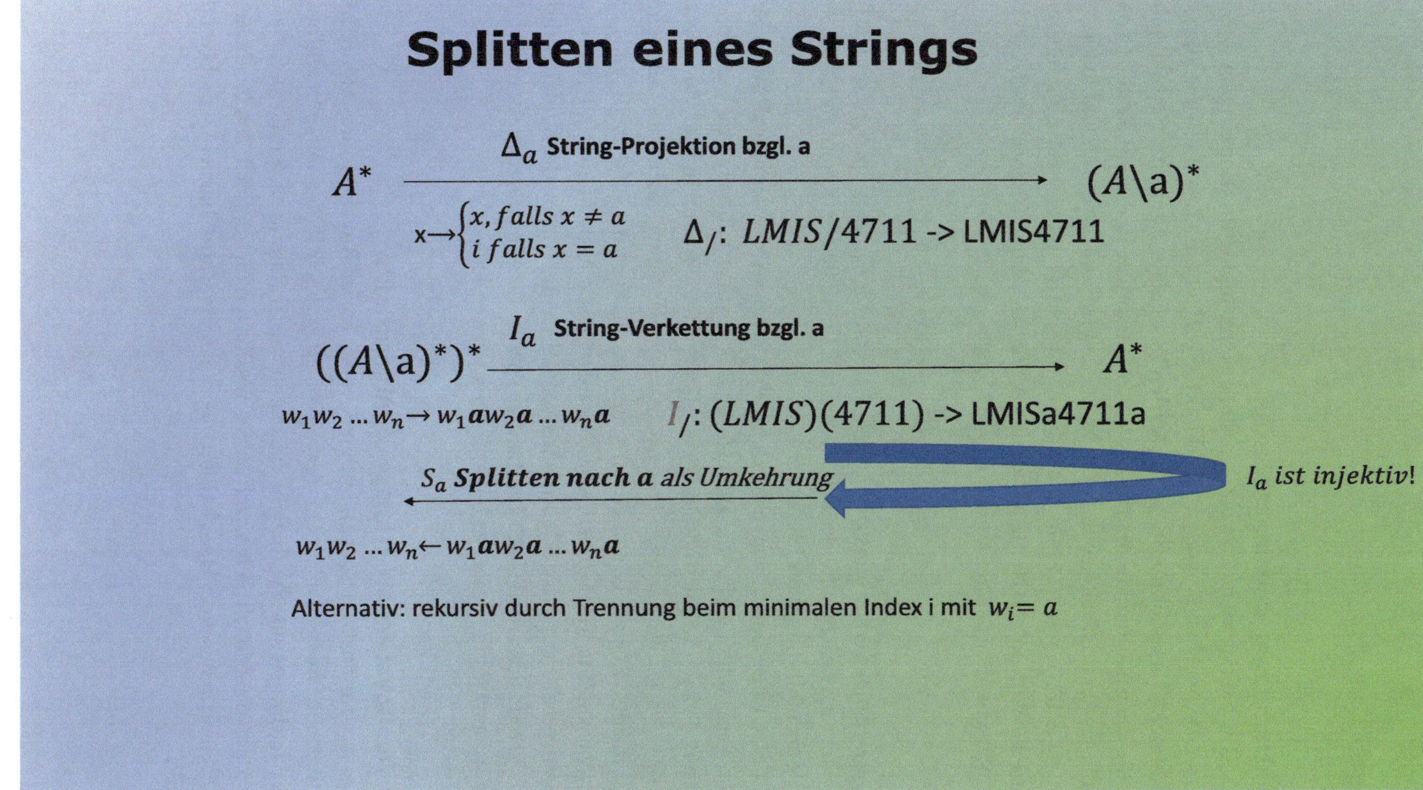

Splitten eines Strings

A^* $\xrightarrow{\quad\Delta_a\ \text{String-Projektion bzgl. a}\quad}$ $(A\backslash a)^*$

$x \to \begin{cases} x, falls\ x \neq a \\ i\ falls\ x = a \end{cases}$ $\Delta_/:\ LMIS/4711 \to LMIS4711$

$((A\backslash a)^*)^*$ $\xrightarrow{\quad I_a\ \text{String-Verkettung bzgl. a}\quad}$ A^*

$w_1 w_2 \dots w_n \to w_1 a w_2 a \dots w_n a$ $\qquad I_/:\ (LMIS)(4711) \to LMISa4711a$

$\xleftarrow{\quad S_a\ \textbf{Splitten nach a}\ \textit{als Umkehrung}\quad}$ I_a ist injektiv!

$w_1 w_2 \dots w_n \leftarrow w_1 a w_2 a \dots w_n a$

Alternativ: rekursiv durch Trennung beim minimalen Index i mit $w_i = a$

5.1.2   Suchen eines Strings

Die folgende Darstellung beruht auf [27].

5.1.2.1 Grundlagen und lineare Suche

In den SMILE-Prototyp wurde an einigen Stellen eine **Such-Funktion** eingebaut. Sie ermöglicht es, ein vorgegebenes Wort, z. B. **'defekt'**, in einem Text, wie etwa **'Chargendefekt Materialdefekt Laser ohne Strom Laserdefekt'**, aufzuspüren. Im Beispiel gibt es drei Stellen, die die Such-Funktion zu finden hat. Man spricht in diesem Kontext von **String-Matching.** Es sind ein Alphabet A, ein zu suchendes Wort $w \in A^{\star}$ und ein Text $t \in A^{\star}$ gegeben, so daß $l(w) \leq l(t)$ gilt. Ohne diese Längenbedingung ist die Suche sinnlos. Ein Text wird als Wort interpretiert, wobei das Alphabet geeignet zu wählen ist (z. B. sollten Leerzeichen enthalten sein). Gesucht ist die Menge

$$Find(w, t) := \{i \mid 1 \leq i \leq l(t) - l(w) + 1, \, w = t_i...t_{i+l(w)-1}\}.$$

Im obigen Beispiel ist die kleinste Stelle aus der Find-Menge die Zahl 8, da dort das Teilwort **'defekt'** steht. Die nächste Stelle ist beim Index 23 und die letzte beim Index 52. An diesen Stellen ist ebenfalls das Wort **'defekt'** zu finden.

Aus dieser Definition heraus lässt sich sofort ein **naiver Suchalgorithmus** definieren. Man führe eine Schleife über die Buchstaben des Textes t von vorne bis zum Index $l(t) - l(w) + 1$ aus. In jedem Schleifen-Durchgang überprüfe man beim Index i vom Wort t, ob die Buchstaben $t_i = w_1, t_{i+1} = w_2, ..., t_{i+l(w)-1} = w_{l(w)}$ erfüllen. Bei jedem Durchgang merke man sich in einer Liste den Index i, falls die dargestellte Buchstabenbedingung erfüllt ist. Man spricht von **linearer Suche.** Der Leser mag diesen Algorithmus in Python als Übung implementieren. Komplexere Algorithmen versuchen, die Anzahl der **Schleifendurchläufe** drastisch zu reduzieren und somit **Laufzeit** zu sparen. Der folgend dargestellte Algorithmus wird aus diesen Gründen innerhalb von Python verwendet.

5.1.2.2 Der Boyer-Moore-(Horspool)-Algorithmus

Im Gegensatz zum naiven Suchalgorithmus versucht der **Boyer-Moore-Algorithmus,** der das zu findende Wort w in einem Text t von links nach rechts aufspürt, Informationen über das **Misslingen** eines Vergleiches auszunutzen. Er führt je nach Informationslage ggfs. einen großen Sprung nach rechts nach einem misslungenem Vergleich aus. Zu diesem Zweck nutzt der Algorithmus zwei **Heuristiken.** Diese heißen **Bad-Character-** und **Good-Suffix-Heuristik.**

Bei der **Bad-Character-Heuristik** wird folgendermaßen vorgegangen:

(i) Es wird das erste Zeichen von rechts gesucht, daß einen Unterschied zwischen Text und Suchwort hervorbringt.

(ii) Gibt es bei einem Vergleich an einer Stelle einen Unterschied, so wird das Wort w soweit nach rechts geschoben, bis der Unterschied das erste Mal wieder verschwunden ist, falls es eine derartige Stelle im Wort w überhaupt gibt.

(iii) Gibt es im vorherigen Unterschied die besagte Stelle nicht, so kann das Wort w direkt hinter den Unterschied verschoben werden.

(iv) Ist in (i) die Situation so, daß das Wort nach links und nicht nach rechts verschoben werden muss, so wird das Wort um eine Position für den nächsten Vergleich im Text weitergeschoben.

Betrachtet wird das Beispiel

$$t =' Chargendefekt Materialdefekt Laser ohne Strom Laserdefekt'$$

und

$$w =' defekt'.$$

Schreibt man unter den Text t das Wort w von links beginnend, unterscheidet sich der Buchstabe e in $Charge$ von dem Buchstaben t in $defekt$. e kommt in $defekt$ von rechts gesehen hinter f vor. Folglich wird das Wort w um 2 Stellen verschoben. Nun steht $defekt$ unter $argend$. Da d und t verschieden sind, ist der Unterschied von rechts kommend gleich zu Beginn vorhanden. Der Buchstabe d kommt in $defekt$ das erste Mal ganz vorne vor. Also wird das Wort $defekt$ bis zum d bei $argend$ verschoben. Auf diese Weise ist die erste Stelle nach 2 Iterationen gefunden worden. 6 Iterationen würde eine lineare Suche benötigen.

Im Folgenden wird die **Good-Suffix-Heuristik** beschrieben. Die Heuristik ist vom Nutzen, wenn rechts neben dem Zeichen, das den Unterschied von rechts gesehen verursacht, ein Teilwort s existiert, das bei Text und Wort übereinstimmt. Das Teilwort heißt der **Good-Suffix.** Dieses Teilwort wird im Wort w gesucht. Wird es von rechts kommend das erste Mal gefunden, wird das Wort soweit verschoben, bis die Suffixe übereinander liegen. Wird der komplette Suffix x nicht in w gefunden, wird versucht, mit einem Suffix von x (also ein Teilwort y von x von rechts) ein Prefix von w zu finden (also zu Beginn von w). Sollte dieses Prefix gefunden werden, wird das Wort bis zum **Prefix = Suffix – Index** verschoben. Tritt keiner der beiden Fälle ein, wird das Wort w bis hinter das Suffix x verschoben.

Die Heuristik wird an Beispielen illustriert. Begonnen wird mit dem Wort $w := CABAB$ und den Text $t := ABAABAB....$ Beim ersten Vergleich ist der Suffix AB identisch, der im Wort w direkt vor AB auftaucht. Aus diesem Grund wird das Wort w gleich um 2 Stellen für die nächste Iteration verschoben. Im zweiten Beispiel seien $t := AABAB...$ und $w := ABBAB$. Der gute Suffix BAB wird kein zweites Mal in w gefunden. Der Suffix AB ist als Prefix in w vorhanden. Folglich wird w sofort um 3 Stellen verschoben. Im letzten

Beispiel seien $t := AACAB...$ und $w := CBAAB$. Der gute Suffix AB und auch keines seiner Teilworte ist in w enthalten. Aus diesem Grund wird w um 5 Stellen verschoben.

Da die Gute-Suffix-Heuristik kompliziert zu implementieren ist, bedarf es eines einfacheren Algorithmus, der lediglich auf der Schlechtcharakter-Heuristik basiert. Mittels einer Idee von **Horspool** wird statt des schlechten Zeichens, das die Diskrepanz verursacht hat, das aktuell rechte Zeichen des aktuellen Textfensters zur Bestimmung des Verschiebungsabstand verwendet. Im Beispiel $t := BAAAAB...$ und $w := BCCACB$ liefert Horspool eine Verschiebung um 5 Stellen, da B als rechtestes Zeichen ganz vorne in w vorkommt. Der Boyer-Moore-Algorithmus arbeitet im Beispiel mit dem Bad-Character A und verschiebt um 1.

Neben der zitierten Literatur [27] kann sich der Leser mittels ,  und  weitere Vertiefungen zur Thematik erarbeiten. Die Arbeit von Boyer und Moore findet man in [11], die von Horspool in [29]. In Python werden diese Algorithmen zur String-Suche eingesetzt. In folgenden Skizzen wurden die Themen dieses Abschnitts mit Beispielen zusammengefasst.

Suchen eines Strings

Suchproblem

Finde ein Wort w in einem Text t an allen Stellen, wobei t und w Elemente von A^* sind:

$$\mathrm{Find}(w, t) = \left\{ i \mid 1 \leq i \leq l(t) - l(w) + 1, w = t_i \cdots t_{i+\mathrm{l}(w)\,1-1} \right\}$$

lineare Suche

Idee: von links nach rechts jede Position überprüfen

Ein **Such**text für eine **Such**e = Text
Such   = Wort zu suchen im Text an Position 1
 Such   = Wort zu suchen im Text an Position 2
  Such   = Wort zu suchen im Text an Position 3
   Such   = Wort zu suchen im Text an Position 4
    Such   **= Wort zu suchen im Text an Position 5: erster Index für Find(w,t)**
      ...   ...
       Such   **= Wort zu suchen im Text an Position 23: zweiter Index für Find(w,t)**
        Such = Wort zu suchen im Text an letzter Position

Suchen eines Strings, II

Boyer-Moore: Bad – Character - Heuristik
Idee: Nutze Information eines Unterschiedes zum Bad Character

Ein **Such**text für eine **Such**e = Text
Such = Wort in Position 1, S und h verschieden, verschiebe w bis S
 Such **= Wort in Position 5, Gleichheit**
 ... ...

Boyer-Moore: Good – Suffix - Heuristik
Idee: übereinstimmende Suffix-Suche

ABA**AB**AB.... = Text
C**ABAB** = Wort in Position 1, Good - Suffix AB wird wieder gefunden
 C**AB**AB = Wort in Position 3, Good - Suffix ABAB wird nicht gefunden
 C**ABAB** ...

AA**B**AB.... = Text
AB**BAB** = Wort in Position 1, Good - Suffix BAB nicht, aber Suffix AB
 gefunden als Prefix
 AB**BAB** ...

Suchen eines Strings, III

Boyer – Moore - Horspool: Bad – Character - Heuristik

Idee: Nutze Information eines Unterschiedes mit dem rechtesten Zeichen

Beispiel zu Horspool, dahinter Boyer-Moore

BAAAAB...   = Text
BCCACB   = Wort in Position 1, A und C verschieben, rechtestes Zeichen
                       im Text ist B, B im Wort ganz vorne, verschiebe um 5 Stellen

    BCCACB

        ...   ...

BAAAAB...   = Text
BCCACB   = Wort in Position 1, A und C verschieben,
                       A im Wort direkt hinter C, verschiebe um 1 Stelle

    BCCACB

        ...   ...

5.1.3   Hashing von Passwörtern

5.1.3.1 Hashing

Die Darstellung basiert auf . Eine **Hashfunktion** ist ein Algorithmus, der aus einem **String-Eingabewert** den **Hash-Wert** berechnet. Den Berechnungs-Vorgang nennt man **Hashing.** Ein einfaches Beispiel ist etwa, den String so zu belassen, wie er eingegeben worden ist: die Identität. Eine weitere Möglichkeit ist, eingegebene ganze Zahlen modulo einer fest verwendeten natürlichen Zahl zu berechnen: Teilen mit Rest. Auch das Quersummenbilden auf den natürlichen Zahlen ist ein Beispiel einer Hash-Funktion. In diesem Fall würde es trotz unterschiedlicher Ausgangszahlen massenhaft Überschneidungen beim Ergebnis geben. Grund ist, daß die Eingabemenge viel mächtiger als der Bildbereich der Hashfunktion ist. Beim Modulo-Rechnen ist der Bild-Bereich endlich, die Menge der Eingabewerte aber unendlich. Eine Hash-Funktion ist daher meist **nicht injektiv.** Man kann folglich am Ergebnis nicht den ursprünglichen Wert ermitteln. Diesen Aspekt nennt man **Hash-Kollisionen.** Folglich ist ein simpler Algorithmus zum Hashen ungeeignet. Es müssen komplexere Algorithmen definiert und gefunden werden.

Neben der Anforderung, daß es zu keinen Kollisionen kommen darf, muss ein guter **Hash-Algorithmus** weitere Voraussetzungen erfüllen. Eine davon ist die **Einweg-Eigenschaft**, eine weitere die **Kollisionsresistenz.** Beim Einweg-Hash steht die **Effizienz** im Vordergrund. Der Hash-Wert muss effizient zu berechnen sein, das Umkehren darf aber praktisch nicht realisierbar sein. Man spricht in diesem Zusammenhang vom **Lawineneffekt.** Kleinste Veränderungen am Eingabewert verursachen größtmögliche Veränderungen am Ausgangswert. Bei der Kollisionsresistenz wird gefordert, daß es praktisch unmöglich sein soll, zwei Ausgangswerte mit identischem Hash-Wert zu finden. Diese Eigenschaft widerspricht nicht der Aussage, daß es überhaupt Kollisionen gibt. Diese zu finden soll jedoch schwer sein! Wesentlich ist die Unkenntlichkeit der zugrundeliegenden Daten. Sie sind, nimmt man die Übersetzung des englischen Begriffs **'to hash'** wörtlich, nach der Durchführung der Berechnungen **'zerhackt'.**

Man erkennt, daß Hashfunktionen in der **Datenverschlüsselung** angesiedelt sind. Man spricht ebenfalls von **kryptografischen** Funktionen. Im Prinzip ist der Hash-Wert ein verschlüsselter Fingerabdruck der eingegebenen Daten. Der Hashwert einer Datei wird oftmals im Zusammenhang mit deren Download bereitgestellt. Der Nutzer kann nach vollständigem Download den Hashwert seiner Datei lokal berechnen und mit dem Wert auf der Anbieterseite abgleichen. Stimmt er überein, besteht eine fast absolute Sicherheit, daß die korrekte Datei fehlerfrei übertragen wurde. Man spricht in diesem Zusammenhang auch vom **digitalen Fingerabdruck** einer Datei. Zur Berechnung des Hashwertes können kostenlose Programme wie 'HashCalc' verwendet werden. Den im Vergleich zum Inhalt um ein Vielfaches kürzeren Fingerabdruck kann ebenfalls zur **Indexierung** von Dateien, beispielsweise in Datenbanken, genutzt werden. Es ist üblich, daß Metadaten wie Dateinamen und Pfad, getrennt vom eigentlichen Inhalt gespeichert werden. Zum einen muss nicht nach dem gesamten Inhalt gesucht werden. Zum anderen können die entstandenen Hashwerte der Dateien sortiert werden, das die Anwendung von Suchalgorithmen erleichtert. In ähnlicher Weise kann Hashen bei **digitalen Zertifikaten** zur Anwendung kommen. Das Hash-Verfahren findet bei der Erstellung von TLS/SSL-Zertifikaten seine Anwendung. Weiterhin wird es für die Signaturerstellung bei den Verschlüsselungsverfahren S/MIME und PGP genutzt. Auch IPSec, das Protokoll zum Aufbau sicherer Internetverbindungen, nutzt Hashen zur Authentifizierung im Zusammenhang mit dem Verfahren HMAC (Keyed-Hash Message Authentication Code).

Hashen kann Bestandteil der Erstellung von **Blockchains** sein. Dieses Prinzip ist vor allem im Zuge der Verbreitung von Bitcoins bekannt geworden. Es ist auf andere Bereiche übertragbar. Verwendet man einen sicheren Hash-Algorithmus, ist es möglich, Transaktionen **dezentral** zu verwalten. Jede Transaktion besteht aus einer **Kopfzeile = Header** und einem **Datenteil** und wird in einem **Block** festgehalten. Die Blöcke werden untrennbar miteinander verbunden. Im Header einer Transaktion werden der Hashwert des vorhergehenden Headers und des eigenen Datenteils festgehalten. Nach Beendigung der Transaktion wird die Blockchain auf mehrere redundante **Speicherorte = Knoten** hochgeladen. Eine Manipulation ist ausgeschlossen. Wird eine Transaktion entfernt oder verändert, stimmen die Hashwerte der folgenden Transaktionen nicht mehr. Jedes beteiligte System ist darüberhinaus in der Lage, die **Integrität** der Blockchain anhand der Hashwerte zu berechnen. Weitere Erkenntnisse zu Blockchains mag sich der Leser in den Werken [7], [25] und [27] erarbeiten.

5.1.3.2 SHA-256

Diese Darstellung basiert auf . **SHA-256** ist Mitglied der von der NSA entwickelten **kryptografischen SHA-2-Hashfunktionen.** SHA steht für **Secure Hash Algorithm.** Die SHA-Algorithmen sind nummeriert und werden mit SHA-* bezeichnet, wobei der Stern einen Platzhalter für eine Nummer darstellen soll. Der Eingangswert wird in gleichlange Elemente unterteilt. Diese nennt man **Blöcke.** Da ein Vielfaches der Blocklänge benötigt wird, ist es in der Regel notwendig, die Daten aufzufüllen. Das vollzieht sich oft mittels Nullen. Der aufgefüllte Wert ist das **Padding.** Die Verarbeitung erfolgt anschließend blockweise. Es werden alle Blöcke durchlaufen und als Schlüssel für Zwischenberechnungen nachfolgend zu kodierender Daten verwendet. Der Datensatz wird in 64 Runden (SHA224 und SHA256) oder 80 Runden (SHA384 und SHA512) durchlaufen. Das Ergebnis der letzten Berechnung ist der Ausgabewert = Hash. Der SHA-256-Algorithmus basiert auf der **Merkle-Damgard-Konstruktionsmethode,** nach der der Anfangsindex unmittelbar nach der Änderung in Blöcke und diese wiederum in 16 Wörter unterteilt werden. Weitere Details sind in  enthalten.

5.1.3.3 Hashing im SMILE-Prototyp

Im SMILE-Prototyp wird eine spezielle Hash-Funktion zur Überprüfen der Passwort-Eingabe zum User benutzt. Der User gibt seinen **User-Namen** sowie sein **Passwort** ein. Letzteres wird derart eingegeben, daß bei Eingabe eines Zeichens der Wert * erscheint. Kein Dritter darf seine Eingabe am Bildschirm sehen. Aus dem Passwort wird der Hash-Wert nach folgendem Verfahren ermittelt:

Python-Quellcode 5.1   Hashwert berechnen

```
int(\hashlib.sha256(passwortdesusers.encode('utf-8')).hexdigest(), 16) \% 10**8
```

, wobei **'passwortdesusers'** besagte Passwort-Eingabe ist. Dieser Wert wird mit den abgelegten Daten zum User verglichen und der Login gewährt, falls die Daten übereinstimmen. Der SHA256-Algorithmus wird verwendet.

Möchte man einem User ein Passwort zuteilen, muss man dieses für den User derart gestalten, daß kein Dritter die Information sehen kann. Das Übertragen des Passwortes kann etwas durch Flüstern oder eine verschlüsselte Mail geschehen. Gleichzeitig muss der Administrator zum User das gehashte Passwort – berechnet z. B. auf der Python-Konsole mit oberem Coding– ermitteln und es entsprechend zum User in den Stammdaten ablegen. Im SMILE-Prototyp ist dazu die CSV-Datei **'benutzer.csv'** mit Userdaten angelegt worden. Der Hash-Wert muss in der Spalte **'HASH'** eingetragen werden. In folgender Skizze werden die Themen dieses Abschnitts zusammengefasst.

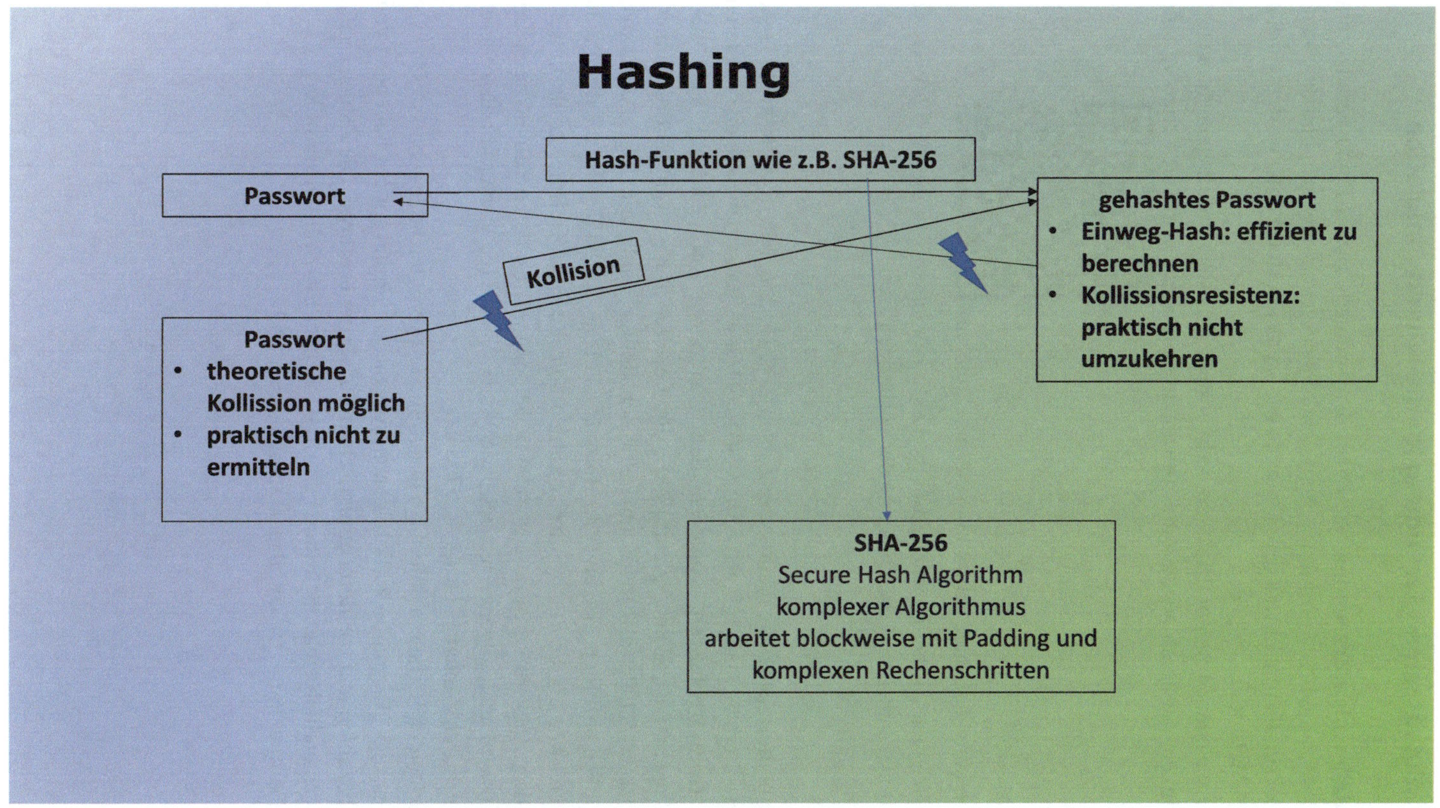

Hashing
Hash-Funktion wie z.B. SHA-256
Passwort
gehashtes Passwort
• Einweg-Hash: effizient zu berechnen
• Kollissionsresistenz: praktisch nicht umzukehren
Kollision
Passwort
• theoretische Kollission möglich
• praktisch nicht zu ermitteln
SHA-256
Secure Hash Algorithm
komplexer Algorithmus
arbeitet blockweise mit Padding und komplexen Rechenschritten

5.1.4   Zufallszahlen-Erzeugung für die I-Punkt-Simulation

Die **Zufallszahlen-Erzeugung** wurde bei der Simulation am I-Punkt benutzt, um durch Zufallszahlen die Fehlerermittlung für defekte Paletten vorzunehmen und das Scannen der Palette zu simulieren. Eine andere Methode wäre, einen **festen Fehlerwert** zuzuordnen: **die Fixwert-Methode.**

Bei Erzeugung von Zufallszahlen bedient man sich sog. **Zufallsgeneratoren.** Es sind Algorithmen, die durch wiederholte Anwendung auf einen Startwert iteriert Zufallszahlen

erzeugen können. Einige Informationen findet man in .

Als Beispiel sei das **Quadrieren** einer Zahl betrachtet. Mit einem Startwert $x_0 := 2$ ermittelt man sukzessive die Quadrate der vorherigen Zahl:

$$x_{n+1} := (x_n)^2.$$

Das ergibt im Beispiel die natürlichen Zahlen 2, 4, 16, 256, 65536, 4294967296 usw. Beim Startwert 3 erhält man 3, 9, 81, 6561, 43046721 usw. Eines der ältesten Verfahren – das **Quadratmittelverfahren** – baut auf dem Quadrieren einer Zahl auf. Eine vierstellige natürliche Zahl ist kleiner gleich 9999. Ihr Quadrat muss zwangsläufig kleiner gleich $99980001 = 9999^2$, also höchstens eine achtstellige Zahl, sein. Ggfs. muss man links sogar Nullen auffüllen, wie etwa im Beispiel $1111^2 = 01234321$. Im nächsten Schritt des Verfahrens werden die vier mittleren Zahlen berechnet. Im Beispiel ergibt dieser Schritt 2343. Diese Zahl wird quadriert: 05489649. Mit den vier mittleren Zahlen dieses Ergebnisses 4896 wird analog weiter verfahren: $4896^2 = 23970816$. Man erhält also Viererblöcke von natürlichen Zahlen 1111, 4896, 9708 usw.

Diese beiden Verfahren liefern bei fixiertem Startwert gleiche Ergebnisse. Das Verfahren ist keineswegs als zufällig zu bezeichnen. Aus diesem Grund spricht man auch von **Pseudozufallszahlen** und von **deterministischen Zufallsgeneratoren.** Die Zahlen könnten sich sogar nach endlich vielen Schritten bei vorgegebenem Startwert wiederholen.

Als Beispiel kann der Zufallsgenerator $x_0 := 1$ und

$$x_{n+1} := 5x_n \bmod 8,$$

also der Rest von $5x_n$ beim Teilen durch 8, betrachtet werden. Es ist $x_1 = 5$, $x_2 = 25\,mod\,8 = 1$, $x_3 = 5 \cdot 1\,mod\,8 = 5$. Es wiederholen sich die Zufallszahlen. Dieser Aspekt ist für alle derartigen Generatoren

$$x_{n+1} := ax_n + b\,(mod\,m),$$

vorliegend, wobei a, b, m natürliche Zahlen sind und x_0 ein beliebiger natürlicher Startwert ist. Sie gehören zu den sog. **Kongruenzgeneratoren.**

Bei einigen Anwendungen ist es wichtig, daß die erzeugten Zufallszahlen wirklich zufällig sind. Zu diesem Zweck kann man sich sog. **nicht-deterministischer** Verfahren bedienen. Beispiele sind etwa **physikalische Experimente** (radioaktiver Zerfall etc.). Aus der 'Praxis' stehen ebenfalls Zufallszahlen zur Verfügung: Lottoreihen, Fußballergebnisse etc. Deterministische Verfahren können ebenfalls zufällige Werte erzeugen. Nachweis erfolgt entweder durch einen direkten Beweise oder – was unter der **Güte** von Zufallszahlen verstanden wird – mittels **statistischer Tests.**

In Python wird der sog. **Mersenne-Twister** eingesetzt. Eine genaue Beschreibung dieses Algorithmus würde allerdings den Rahmen dieses Buches sprengen. Einige Hintergrund-

Informationen findet man in . Der Mersenne-Twister besitzt ebenfalls die Eigenschaft, daß sich berechnete Zufallszahlen wiederholen. Die **Wiederholungsrate** ist allerdings sehr groß und gleichzeitig eine Primzahl der Form $2^n - 1$. Diese Primzahlen werden **Mersenne-Primzahlen** genannt und mit M_n symbolisiert. Der Algorithmus ist sehr schnell und liefert zufällige Zahlen. Die Zufälligkeit wird durch einen '**Twist**' in seinem Ablauf gewährleistet.

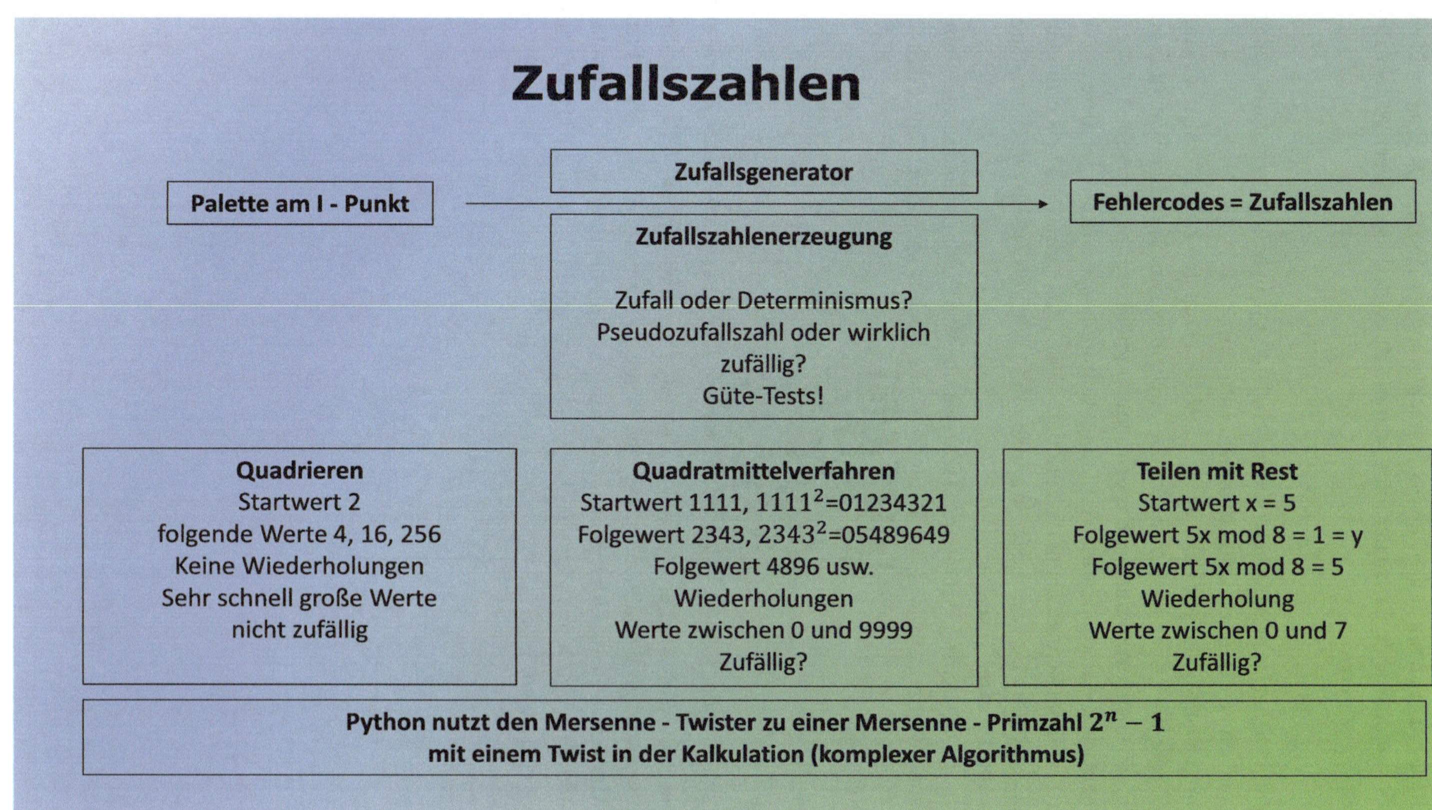
Zufallszahlen
Zufallsgenerator
Palette am I - Punkt
Fehlercodes = Zufallszahlen
Zufallszahlenerzeugung
Zufall oder Determinismus?
Pseudozufallszahl oder wirklich zufällig?
Güte-Tests!
Quadrieren
Startwert 2
folgende Werte 4, 16, 256
Keine Wiederholungen
Sehr schnell große Werte
nicht zufällig
Quadratmittelverfahren
Startwert 1111, 1111^2=01234321
Folgewert 2343, 2343^2=05489649
Folgewert 4896 usw.
Wiederholungen
Werte zwischen 0 und 9999
Zufällig?
Teilen mit Rest
Startwert x = 5
Folgewert 5x mod 8 = 1 = y
Folgewert 5x mod 8 = 5
Wiederholung
Werte zwischen 0 und 7
Zufällig?
Python nutzt den Mersenne - Twister zu einer Mersenne - Primzahl $2^n - 1$
mit einem Twist in der Kalkulation (komplexer Algorithmus)

5.1.5 Koordinaten in Vektorräumen für die Bild-Animationen

Im GUI-Dialog zur Einlagerung von Paletten wird eine Animation verwendet, innerhalb derer eine Palette in der sog. **Canvas-Umgebung** mit dem **move-Befehl** bewegt wird. In diesem Zusammenhang müssen Objekte wie Rechtecke, Strecken, Punkte etc. definiert, mit Begriffen wie Koordinaten, Bewegungen, Koordinatensystem etc. umgegangen und die Objekte durch Koordinatenveränderungen transformiert werden. Aus diesem Grund werden grundlegende Themen in der 2-dimensionalen Bildebene folgend genauer betrachtet. Mathematisch sind Grundbegriffe aus der **linearen Algebra** von zentraler Bedeutung.

5.1.5.1 Grundlagen der linearen Algebra

Im Kapitel zur Einlagerung von Kühlgut wurden ganze Zahlen $\mathbb{Z}$ analysiert. Es wurde festgestellt, daß $\mathbb{Z}$ die algebraische Struktur eines Integritätsbereichs trägt: ein kommutativer nullteilerfrei Ring mit Eins. Im nächsten Kapitel wird die Konstruktion rationaler Zahlen – der Brüche $\mathbb{Q}$ – und deren Eigenschaften erläutert. In diesem Kontext wird deutlich, daß rationale Zahlen Eigenschaften besitzen, die in den ganzen Zahlen nicht erfüllt sind. Die rationalen Zahlen bilden einen sog. Körper. Die zusätzliche Eigenschaft ist, daß jedes Element ungleich Null multiplikativ ein inverses Element besitzt. Zu einem Bruch $\frac{a}{b}$ ungleich Null ist sein Inverses der Kehrbruch $\frac{b}{a}$. Bei reellen und komplexen Zahlen kann man ebenfalls zu einem Element x ungleich Null den Kehrwert $\frac{1}{x}$ bilden. In einem Körper ist für jedes Element $a \neq 0$ die Gleichung $ax = 1$ mit dem inversem Element a^{-1} unzweideutig lösbar. Allgemein definiert man:

Definition 30 *(Körper) Sei* $(K; +; \cdot)$ *ein Integritätsbereich. Man nennt K einen* **Körper,** *wenn* $(K \setminus \{0\}; \cdot)$ *eine Gruppe ist.* $\diamond$

Beispiele 4 *(Die Bildebene $\mathbb{R}^2$)* Körperelemente dienen u. a. als sog. **Skalare** für **Vektoren.** Anschaulich stauchen oder strecken sie einen Vektor im **kartesischen Koordinatensystem.** Ein wichtiges Beispiel eines **Vektorraums** ist die **Bildebene** $\mathbb{R}^2$ bestehend aus der Menge aller 2-Tupel oder auch Paare (x, y), wobei x, y reelle Zahlen sind. Es sollen beispielhaft einige Berechnungen ausführt werden, die nachfolgende Begriffsbildungen und Sätze motivieren mögen. Es sei auf die Fundamentaleigenschaft der Paare hingewiesen. Für beliebige $x, y, a, b \in \mathbb{R}$ gilt die Aussage $(x, y) = (a, b)$ genau dann, wenn $x = a$ und $y = b$ erfüllt sind. Aus diesem Grund spricht man von erster und zweiter Koordinate.

Die Vektoren = Paare als Elemente von $\mathbb{R}^2$ erfüllen für die Addition

$$(a, b) + (c, d) := (a + c, b + d)$$

die Axiome einer abelschen Gruppe:

(i) $(a, b) + (c, d) = (a + c, b + d)$ ist ein Vektor.

(ii) $(a, b) + (c, d) = (a+c, b+d) = (c+a, d+b) = (c, d) + (a, b)$: Die **Vektoraddition** ist kommutativ, weil sie auf der Addition reeller Zahlen beruht.

(iii) $((a, b) + (c, d)) + (e, f) = (a + c, b + d) + (e, f) = (a + c + e, d + b + f) = (a, b) + ((c, d) + (e, f))$: Die Addition ist assoziativ, weil bereits die Addition der reellen Zahlen assoziativ ist.

(iv) $(a, b) + (0, 0) = (a, b)$: Der Vektor $(0, 0)$ ist neutral, weil 0 neutral beim Addieren reeller Zahlen ist.

(v) $(a, b) + (-a, -b) = (0, 0)$: Der Vektor $(-a, -b)$ ist invers zu (a, b) bzgl. der Addition, weil $-a$ invers zu a ist.

Die Paare = Vektoren (a, b) können mit Hilfe der Körperelemente geändert werden. Dazu wird die sog. **Skalarmultiplikation**

$$s \cdot (a; b) := (sa, sb)$$

definiert. Der Skalar s ist auf jede Komponente anzuwenden. Das Resultat ist erneut ein Paar. Die Skalarmultiplikation erfüllt folgende Gesetzmäßigkeiten:

(i) $s \cdot (a; b)$ ist ein Vektor. Anschaulich wird der Vektor verlängert oder verkürzt oder sogar in seiner Richtung durch negative Skalare geändert.

(ii) $1 \cdot (a; b) = (1a, 1b) = (a, b)$: Der Skalar 1 wirkt neutral.

(iii) $(r + s)(a, b) = ((r + s)a, (r + s)b) = (ra + sa, rb + sb) = r(a, b) + s(a, b)$: Die Multiplikation mit Skalaren ist distributiv.

(iv) $(rs)(a, b) = (rsa, rsb) = r(sa, sb) = r(s(a, b))$: Die Multiplikation mit Skalaren ist assoziativ.

(v) $r((a, b) + (c, d)) = r(a + c, b + d) = (r(a + c), r(b + d)) = (ra + rc, rb + rd) = (ra, rb) + (rc, rd) = r(a, b) + r(c, d)$: Die Multiplikation mit Skalaren ist distributiv, Teil 2.

Was kann mit Vektoren im $\mathbb{R}^2$ alles dargestellt werden? Zu diesem Zweck sei zuerst der Nullvektor $(0, 0)$ betrachtet. Dieser kann mit Skalaren multipliziert werden, bleibt aber der Nullvektor. Es sei folgend der Vektor $(1, 1) \neq (0, 0)$ analysiert. Durch Multiplikation mit Skalaren r erhält man die Punktmenge (r, r), wobei r beliebig ist. Im Koordinatensystem veranschaulicht ist diese Punktmenge die Gerade durch die Punkte $(1, 1)$ und $(2, 2)$. Was passiert, wenn man einen weiteren Vektor hinzunimmt, etwa $(10, 10)$? Dieser ist ein Vielfaches von $(1, 1)$, nämlich $(10, 10) = 10(1, 1)$. Beide Vektoren zusammen ergeben wieder nur dieselbe Gerade: $r(1, 1) + s(10, 10) = (r, r) + (10s, 10s) = (r + 10s)(1, 1)$. Eine beliebige sog. **skalare Kombination** beider Vektoren ergibt ebenfalls nur ein Vielfaches von $(1, 1)$. Man sollte folglich einen Vektor außerhalb dieser Geraden wählen, also etwa $(1, 0)$. Die Vielfachen von $(1, 0)$ bilden eine andere Gerade als die von $(1, 1)$. Lässt man nun beliebige Vielfache von $(1, 0)$ und $(1, 1)$ zu, etwa $r(1, 1) + s(1, 0)$, erhält man anschaulich als Punktmenge eine Ebene. Diese kann nur die Bildebene $\mathbb{R}^2$ sein, oder? Daß dies wirklich der Fall ist, sei nun bewiesen. Sei (a, b) ein beliebiger Punkt. Es werden Elemente r, s gesucht, die $(a, b) = r(1, 1) + s(1, 0) = (r + s, r)$ erfüllen. Wegen der Eindeutigkeit der Koordinaten ist diese Aussage gleichwertig zu $a = r + s$ und $b = r$ und damit zu $r = b$ und $s = a - r = a - b$. Es gilt $(a, b) = b(1, 1) + (a - b)(1, 0)$. Man nennt eine Menge von Vektoren, die den ganzen Raum auf diese Art und Weise darstellen, ein **Erzeugendensystem.** Welche weitere Bedingung ist an die beiden Vektoren gestellt worden? Es darf keinen Skalar r geben, so daß $(1, 0) = r(1, 1) = (r, r)$ erfüllt ist. Das ist tatsächlich der Fall, denn sonst wäre durch Auswertung der ersten und zweiten Koordinate $r = 1$ und $r = 0$ ein Widerspruch vorliegend$\frac{1}{4}$. Die zweite Bedingung soll umformuliert werden. Der einzige Skalar s, zu dem es einen Skalar r mit $s(1, 0) = r(1, 1)$ gibt, ist genau $s = 0$. Anders ausgedrückt: Für beliebige Skalare r, s folgt aus $r(1, 1) + s(1, 0) = (0, 0)$ bereits $r = s = 0$. Derartige Vektoren nennt man **linear unabhängig.** Beide Eigenschaften zusammen – Erzeugendensystem und lineare Unabhängigkeit – werden als **Basiseigenschaft** betitelt. Es ist nachgewiesen, daß die Menge $\{(1, 0), (1, 1)\}$ eine Basis von $\mathbb{R}^2$ ist. Lässt man einen Vektor weg, bilden die Skalarkombinationen nur eine Gerade und nicht die ganze Ebene. Fügt man einen weiteren Vektor v hinzu, kann man diesen als $v = r(1, 1) + s(1, 0)$ darstellen. Diese Bedingung ist äquivalent zu $1 \cdot v - r(1, 1) - s(1, 0) = (0, 0)$, wobei nicht jeder der drei Skalare $1, r, s$ Null ist. Diese Vektoren können nicht linear unabhängig sein. Basen sind vermutlich minimal unter den Erzeugendensystem und maximal unter den linear unabhängigen Teilmengen.

Existieren weitere Basen? Die Antwort ist 'Ja', denn die Vektoren $(1, 0)$ und $(0, 1)$ bilden ebenfalls eine Basis der Bildebene. Jeder Vektor (a, b) ist darstellbar als $(a, b) = a(1, 0) + b(0, 1)$. Sind r, s reelle Zahlen mit $r(1, 0) + s(0, 1) = (0, 0)$, gilt $(r, s) = (0, 0)$ und damit $r = s = 0$. Die Vektoren sind folglich linear unabhängig. Man nennt diese Basis die **Standardbasis** von $\mathbb{R}^2$. Auffällig ist, daß sie ebenfalls 2 Elemente besitzt. Enthält jede Basis des $\mathbb{R}^2$ genau 2 Elemente? Die Antwort ist tatsächlich 'Ja'. Aus diesem Grund spricht man von der **Dimension** 2 als eindeutig bestimmte Anzahl der Basiselemente jeder Basis des $\mathbb{R}^2$. Diese Aussage soll bewiesen werden. Eine Basis mit keinem Element erzeugt nur den Nullvektor, eine mit einem Vektor (a, b) kann nicht $(1, 0)$ und $(0, 1)$ erzeugen, denn: Ist $(1, 0) = r(a, b)$ und $(0, 1) = s(a, b)$, folgt $1 = ra, 0 = rb, 0 = sa, 1 = sb$. Da r, s nicht Null sein dürfen, erhält man $a = b = 0$ mittels Nullteilerfreiheit der reellen Zahlen. Der Nullvektor erzeugt nur den Nullvektor. Somit muss nur noch eingesehen werden, daß drei Vektoren $(a, b), (c, d), (e, f)$ im $\mathbb{R}^2$ keine Basis bilden können. Dazu überlegt man sich, daß der Vektor (e, f) als Kombination aus $r(a, b) + s(c, d)$ dargestellt werden kann, wenn (a, b) und (c, d) linear unabhängig sind. Zu diesem Zweck analysiert man den Ansatz und erschließt die Äquivalenz zu $e = ra + sc$ und $f = rb + sd$. Ist $a = 0$ und $c = 0$ erfüllt, so sind $(0, b)$ und $(0, d)$ linear abhängig, weil sie Vielfache von $(0, 1)$ sind. Es kann also angenommen werden, daß $a \neq 0$ oder $c \neq 0$ gilt. Aus obigen Gleichungen erhält man durch Umformen $r = \frac{e - sc}{a}$ oder $s = \frac{e - ra}{c}$. Unter Benutzung der zweiten Gleichung ergibt sich, daß entweder $f = \frac{e - sc}{a}b + sd$ oder $f = rb + \frac{e - ra}{c}d$ gelten muss. Klammert man s in der ersten bzw. r in der zweiten Gleichung aus, kann man die Ausdrücke zu $s(d - \frac{cb}{a}) = f - \frac{e}{a}b$

bzw. zu $r(b - \frac{ad}{c}) = f - \frac{e}{c}d$ umformen. Es kann folglich sowohl r als auch s ermittelt werden, wenn $d - \frac{cb}{a}$ bzw. $b - \frac{ad}{c}$ ungleich Null ist. In beiden Fällen ist diese Aussage äquivalent zu $ad \neq cb$. Es soll hergeleitet werden, das (a, b) und (c, d) für $ad = bc$ linear abhängig sind. Das beendet diese Analyse.

Zuerst wird bewiesen, daß unter der Bedingung $ad = bc$ sowohl a als auch b ungleich Null sein müssen. Wäre nämlich $a = 0$, dürfte b nicht Null sein, da der Nullvektor mit keinem anderen Vektor linear unabhängig ist. Damit müsste aber wegen $0 = ad = bc$ bereits $c = 0$ gelten. Die beiden Vektoren $(0, b)$, $(0, d)$ wären in diesem Fall Vielfache von $(0, 1)$. Sei folgend $b = 0$ angenommen. Analog kann a nicht Null sein. Wegen $ad = bc = 0$ ergäbe sich $d = 0$. Es wären $(a, 0)$, $(c, 0)$ Vielfache von $(1, 0)$. Folglich kann $a \neq 0 \neq b$ angenommen werden. Aus $ad = bc$ folgt $\frac{d}{b} = \frac{c}{a} =: x$. Man erhält $x(a, b) = (c, d)$. Aus diesem Grund sind (a, b), (c, d) linear abhängig.

An den Koordinaten-Berechnungen erkennt man, daß das Rechnen mit Vektoren in einem engen Zusammenhang mit dem Lösen von Gleichungssystemen steht. Das motiviert u. a. ebenfalls das Rechnen in höheren Dimensionen abseits der zweiten oder dritten Dimension.

$\diamond$

Es sollen die in der Bildebene $\mathbb{R}^2$ aufgetauchten Phänomene allgemeiner gefasst werden. Ziel ist, den Dimensionsbegriff für endlich-erzeugte Vektorräume über Körpern zu erarbeiten. Die Ausführungen werden u. a. auf Basis von dargestellt.

Definition 31 (*K-Raum, K-Vektorraum, Linearkombination, lineare Unabhängigkeit, lineare Abhängigkeit, Erzeugendensystem, endlich-erzeugt, Unterraum, Basis*) *Es werden* **K-Räume** *für kommutative unitäre Ringe K definiert. K-Räume heißen auch* **K-Vektorräume.** *In der Literatur ist K in diesem Kontext oftmals ein Körper. Bei einem K-Raum V ist V – die Menge der* **Vektoren** *– eine abelsche Gruppe, üblicherweise mit einer Verknüpfung $+$ ausgestattet. Der Ring K – der* **Skalarbereich** *– operiert per Skalarmultiplikation $K \times V \longrightarrow V$, $(k; v) \mapsto kv$ auf V. Es gelten folgende Regeln für alle $v, w \in V$ und $k, l \in K$:*

(i) $(k + l)v = kv + lv$ – **Distributivgesetz I**
(ii) $k(v + w) = kv + kw$ – **Distributivgesetz II**
(iii) $(kl)v = k(lv)$ – **Assoziativgesetz**
(iv) $1v = v$ – **Neutralität der Eins.**

Es ist k ein **Skalar** *und v ein* **Vektor.** *Ein* **Unterraum** *oder* **Teilraum** *U von V ist eine Untergruppe von V, auf der der Skalarbereich ebenfalls operiert. Es gilt für alle $k \in K$ und $u \in U$ die Eigenschaft $ku \in U$.*

Seien $n \in \mathbb{N}$, $v_1, ..., v_n \in V$ und $k_1, ..., k_n \in K$. Den Vektor $\sum_{i=1}^{n} k_{v_i} v_i$ nennt man eine **Linearkombination** *von $v_1, ..., v_n$. Die Menge der Linearkombination dieser Vektoren kürzt man mit $\langle ... \rangle$ ab. Die drei Punkte sind durch die jeweiligen Vektoren zu ersetzen. Die Vektoren $v_1, ..., v_n$ heißen* **linear unabhängig,** *wenn für alle Skalare $l_1, ..., l_n \in K$ aus $\sum_{i=1}^{n} l_i v_i = 0$ bereits $l_1 = ... = l_n = 0$ folgt. Sind die Vektoren nicht linear unabhängig, nennt man sie* **linear abhängig.**

Sei E eine Teilmenge von V. Ist jeder Vektor von V eine Linearkombination endlich vieler Vektoren $e_1, ..., e_n \in E$, nennt man die Menge E ein **Erzeugendensystem** *von V. Ist das Erzeugendensystem E sogar endlich, nennt man V* **endlich-erzeugt.** *Sind beliebig endlich-viele Vektoren eines Erzeugendensystems B von V sogar linear unabhängig, heißt B eine* **Basis** *von V.* ◇

Nachfolgend werden einige fundamentale Eigenschaften von Vektorräumen bzgl. Linearkombinationen und Unterräumen aufgeführt.

Proposition 8 *(Teilraumkriterium, Schnitte, Erzeugnis, Erweiterung linear unabhängiger Mengen) Seien K ein kommutativer unitärer Ring, V ein K-Vektorraum, U, E, S Teilmengen von V und $v \in V$. Es gelten folgende Aussagen:*

(i) *Genau dann ist U ein Teilraum von V, wenn $0 \in U$ und für alle $u_1, u_2 \in U$ und $k \in K$ die Bedingungen $u_1 + u_2, ku_1 \in U$ gelten.*

(ii) *Schnitte von Teilräumen sind ebenfalls Teilräume von V. Insbesondere gibt es einen kleinsten Teilraum $\langle E \rangle_K$ von V, der E enthält. Er wird das* **Erzeugnis** *von E in V genannt.*

(iii) *E ist ein Erzeugendensystem von $\langle E \rangle_K$: Jeder Vektor in $\langle E \rangle_K$ ist eine K-Linearkombination endlich vieler skalarer Vielfache von Elementen aus E.*

(iv) *Sei S linear unabhängig und K ein Körper. Genau dann gilt $v \notin \langle S \rangle_K$, wenn $v \notin S$ gilt und $S \cup \{v\}$ linear unabhängig ist.*

Beweis

ad(i): Nach dem Untergruppenkriterium muss nur noch bei der Rückrichtung der Äquivalenzaussage geprüft werden, daß für alle $u_1, u_2 \in U$ die Bedingung $u_1 - u_2 \in U$ gilt. Diese Aussage gilt wegen $-u_2 = (-1)u_2 \in U$.

ad(ii): Dieser Teil folgt aus (i). $\langle E \rangle_K$ ist genau der Schnitt aller Unterräume von V, die E enthalten. Da V ein derartiger Unterraum ist, ist der Schnitt überhaupt definiert.

ad(iii): Mit Hilfe von Teil (i) leitet man ab, daß die Menge aller Linearkombinationen aus Elementen von E ein Unterraum von V ist, der E enthält. Andererseits muss jeder Unterraum, der E enthält, alle Linearkombinationen aus Elementen aus E enthalten. Diese Aussage ergibt sich aus der Abgeschlossenheit der Addition und Skalarmultiplikation.

ad(iv): Sei S linear unabhängig und K ein Körper. Es wird $v \notin \langle S \rangle_K$ angenommen und gezeigt, daß $v \notin S$ gilt und $S \cup \{v\}$ linear unabhängig ist. Ist $v \in S$, ist auch $v \in \langle S \rangle_K$. Folglich kann v nicht in S enthalten sein. Ist $S \cup \{v\}$ linear abhängig, gibt es eine nicht-triviale Linearkombination $kv + \sum_{i=1}^{n} l_i s_i = 0$, wobei $l_i, k \in K$, $s_i \in S$ und nicht alle Skalare Null sind. In diesem Kontext darf k nicht Null sein, da wegen der linearen Unabhängigkeit von S schon $l_i = 0$ für alle i gelten würde. Daraus ergäbe sich mittels Körpereigenschaften von K bereits $v = \sum_{i=1}^{n} -k^{-1} l_i s_i \in \langle S \rangle_K$.

Sei umgekehrt $v \notin S$ erfüllt und $S \cup \{v\}$ linear unabhängig. Es muss eingesehen werden, daß $v \notin \langle S \rangle_K$ gilt. Wäre $v \in \langle S \rangle_K$, gäbe es eine Linearkombination $v = \sum_{i=1}^{n} l_i s_i$ mit $l_i \in K$ und $s_i \in S$. Folglich wäre wegen $1 \cdot v + \sum_{i=1}^{n} (-l_i) s_i = 0$ zwangsläufig $S \cup \{v\}$ linear abhängig. $\diamond$

Es können mittels obiger Resultate bereits Basen von Vektorräumen gekennzeichnet werden.

Proposition 9 *(Kennzeichnung von Basen) Seien K ein Körper, V ein K-Vektorraum und B eine Teilmenge von V. Es sind äquivalent:*

(i)   B ist eine Basis von V.

(ii) B ist unter den linear unabhängigen Teilmengen von V ein bzgl. Inklusion $\subseteq$ maximales Element.

(iii) B ist unter den Erzeugendensystemen von V ein bzgl. Inklusion $\subseteq$ minimales Element.

Beweis Seien B eine Basis von V und $v \in V \setminus B$. Aus der Basisdefinition ergibt sich $v \in \langle B \rangle_K = V$. Folglich lässt sich aus Teil (iv) von Proposition 8 ableiten, daß $B \cup \{v\}$ nicht linear unabhängig sein kann. Demzufolge ist B unter den linear unabhängigen Teilmengen von V ein bzgl. Inklusion $\subseteq$ maximales Element.

Sei Teil (ii) erfüllt und $v \in V \setminus B$. Wegen der Maximalität von B ist $B \cup \{v\}$ linear abhängig. Aus Teil (iv) von Proposition 8 folgt $v \in \langle B \rangle_K$. Damit ist B ein Erzeugendensystem von V. Insgesamt ist B eine Basis von V.

Sei B eine Basis und folglich per Definition ein Erzeugendensystem von V. Sei $v \in B$. Als direkte Konsequenz aus Teil (iv) von Proposition 8 folgt, daß v nicht im Erzeugnis von $B \setminus \{v\}$ enthalten ist. Folglich ist E ein minimales Erzeugendensystem von V.

Sei umgekehrt B ein minimales Erzeugendensystem von V. Es soll eingesehen werden, daß B linear unabhängig und damit eine Basis von V ist. Sei $\sum_{i=1}^{n} k_i b_i = 0$, wobei $k_i \in K$ nicht alle gleich 0 sind und $b_i \in B$ gelten. Man wähle ein j mit $k_j \neq 0$. Es gilt $b_j = \sum_{i=1, i \neq j}^{n} -k_j^{-1} k_i b_i$. Es ergeben sich $b_j \in \langle B \setminus \{b_j\} \rangle_K$, $B \subseteq \langle B \setminus \{b_j\} \rangle_K$ und $V = \langle B \rangle_K \subseteq \langle B \setminus \{b_j\} \rangle_K$. Demzufolge ist bereits $B \setminus \{b_j\}$ ein Erzeugendensystem von V im Widerspruch zur Minimalität von $B \nmid$. $\diamond$

Als Folgerung ergibt sich die Existenz von Basen für endlich-erzeugte Vektorräume. Die Aussage stimmt ebenfalls für unendlich-erzeugte Vektorräume, kann jedoch an dieser Stelle nicht bewiesen werden. Eine wichtige Eigenschaft einer Basis ist die **eindeutige Darstellung** jedes Vektors als Linearkombination mit Basiselementen. Daß es überhaupt eine derartige Darstellung gibt, ist durch das Erzeugendensystem erfüllt. Sind $\sum_{b \in B} k_b b = \sum_{b \in B} l_b b$ zwei Darstellungen, ist ihre Differenz Null: $\sum_{b \in B} (k_b - l_b) b = 0$. Aus der linearen Unabhängigkeit der Basisvektoren folgt die Gleichheit der Koeffizienten $l_b = k_b$.

Satz 25 *(Existenz von Basen) Jeder endlich-erzeugte K-Vektorraum über einen Körper besitzt eine endliche Basis. Insbesondere sind die Bedingungen endlich-erzeugter Vektorraum und endlich-dimensionaler Vektorraum gleichwertig.*

Beweis Sei E ein endliches Erzeugendensystem von V der Mächtigkeit n. Man betrachte die Menge $\mathcal{B} := \{ |\, T\, |\, |\, T \subseteq E \}$ bestehend aus natürlichen Zahlen. Sie besitzt ein Minimum. Die zum Minimum zugehörige Teilmenge von E ist bzgl. Inklusion minimal in und folglich wegen Proposition 9 eine Basis von V. $\diamond$

Es soll folgend eingesehen werden, daß je zwei Basen eines endlich-erzeugten Vektorraums gleichmächtig sind.

Satz 26 *(Dimension) Seien K ein Körper und V ein durch E endlich-erzeugter K-Vektorraum.*

(i) *Sei S eine linear unabhängige Teilmenge von V. Dann gibt es eine Teilmenge F von E, so daß die Vereinigungsmenge von S und F eine Basis von V ist und S und F disjunkt sind.* - **Ergänzungssatz**

(ii) *Jede linear unabhängige Teilmenge von V kann zu einer Basis erweitert werden.* – **Existenz von Basen, II**

(iii) *Jede linear unabhängige Teilmenge S von V ist endlich und nicht mächtiger als E.*

(iv) *Je zwei Basen von V haben die gleiche Mächtigkeit. Diese eindeutig bestimmte Zahl wird* **Dimension** *von V genannt, in Zeichen $\dim_K(V)$.*

(v) *Ein Teilraum U von V ist endlich-erzeugt, und er ist genau dann mit V identisch, wenn er die gleiche Dimension wie V besitzt. Es gilt $\dim_K(U) \leq \dim_K(V)$.*

Beweis

ad(i): Sei $E := \{w_1, ..., w_m\}$. Man definiere für alle $0 \leq i \leq m$ die Teilräume V_i durch $\langle S, w_1, ..., w_i \rangle_K$. Zusätzlich sei F die Menge aller Elemente w_i, die nicht zu V_{i-1} gehören: $F := \{w \mid \exists 1 \leq i \leq m : w_i \notin V_{i-1}\}$. Mittels vollständiger Induktion folgt, daß für alle $0 \leq i \leq m$ die Vektoren in S zusammen mit denen aus $\{w_1, ..., w_i\} \cap F$ eine Basis von V_i bilden. Für $i = 0$ ist diese Behauptung offenbar wahr, da S linear unabhängig und damit eine Basis von $\langle S \rangle_K$ ist. Sei $i > 0$. Im Fall $V_i = V_{i-1}$ ist $B_i := B_{i-1}$ die konstruierte Basis von V_i. Sei folgend V_{i-1} ein echter Teilraum von V_i. Es ist per Definition $B_{i-1} \cup \{w_i\}$ ein Erzeugendensystem von V_i. Da w_i in F liegt, kann w_i nicht in V_{i-1} enthalten sein. Aus Proposition 8 folgt, daß $B_{i-1} \cup \{w_i\}$ linear unabhängig ist.

ad(ii): Diese Aussage folgt direkt aus Teil (i).

ad(iii): Aus Teil (i) folgt, daß S endlich ist. Die zweite Aussage wird durch Induktion nach s hergeleitet. s ist die Anzahl der Elemente von S, die nicht zu E gehören. Im Fall $s = 0$ ist S eine Teilmenge von E und die Behauptung ist wahr. Sei v ein Vektor aus der Differenzmenge von E und S sowie die Menge T definiert als S ohne das Element v. T ist linear unabhängig, kann folglich mittels einer Teilmenge F von E disjunkt zu einer Basis von V nach Teil (i) ergänzt werden. Da S linear unabhängig ist, kann v nicht im Erzeugnis von T enthalten sein. Aus diesem Grund muss F mindestens ein Element beinhalten. Folglich ist S nicht mächtiger als $T \cup F$. Andererseits sind die nicht zu E gehörenden Elemente aus $T \cup F$ genau diejenigen in T. Ihre Anzahl beträgt $s - 1$. Mittels vollständiger Induktion ist folglich die Mächtigkeit von $T \cup F$ nicht größer als die von E.

ad(iv): Wegen der Teile (ii) und (iii) gibt es eine endliche Basis. Aus diesem Grund ist jede linear unabhängige Teilmenge von V ebenfalls basierend auf Teil (iii) eine endliche Menge. Insbesondere ist jede Basis endlich. Seien folgend B, C zwei endliche Basen. B, C sind linear unabhängig und Erzeugendensysteme von V. Aus diesem Grund kann Teil (iii) mit B und C und mit C und B (in vertauschten Rollen) angewendet werden. Folglich ist B nicht mächtiger als C und C nicht mächtiger als B. Aus der Antisymmetrie von 'kleiner-gleich' folgt die Behauptung.

ad(v): Sei S eine linear unabhängige Teilmenge von U. S ist ebenfalls linear unabhängig in V. Also gilt nach (iii), daß S endlich ist und höchstens $dim_K(V)$ Elemente besitzt. Insbesondere ist jede maximal linear unabhängige Teilmenge von U endlich. Mittels Proposition 9 ist somit jede Basis von U endlich. U ist folglich endlich-erzeugt, und es gilt $dim_K(U) \leq dim_K(V)$. Die Äquivalenz der Gleichheit und Dimension folgt direkt aus Teil (ii), da jede Basis von U eine linear unabhängige Teilmenge von U und von V ist. $\diamond$

Definitionen und Bemerkungen 1 *(lineare Abbildung, Kern, Bild, Monomorphismus, Epimorphismus, Isomorphismus)* Seien K ein kommutativer Ring mit 1 und V, W zwei K-Räume. Eine Abbildung $\alpha : V \longrightarrow W$ heißt K**-lineare** Abbildung, wenn für alle $x, y \in V$ und $k \in K$ die Eigenschaften $(x + y)\alpha = x\alpha + y\alpha$ und $(kv)\alpha = k(v\alpha)$ gelten. Ist α zudem injektiv, surjektiv bzw. bijektiv, heißt α **Monomorphismus, Epimorphismus** bzw. **Isomorphismus.** Gibt es einen Isomorphismus zwischen V, W, sagt man, daß V und W **isomorph** sind. Im Fall $V = W$ nennt man α einen **Endomorphismus.** Ein bijektiver Endomorphismus wird **Automorphismus** betitelt.

Der **Kern** einer linearen Abbildung α ist definiert durch $Kern(\alpha) := \{v \in V \mid v\alpha = 0\}$. Es wird bewiesen, daß α genau dann injektiv ist, wenn $Kern(\alpha) = \{0\}$ erfüllt ist. Zusätzlich gilt, daß $Kern(\alpha)$ ein Teilraum von V ist. Es ist $0\alpha = (0 + 0)\alpha = 0\alpha + 0\alpha$, woraus $0 \in Kern(\alpha)$ folgt. Seien $x, y \in Kern(\alpha)$ und $k \in K$. Es gilt $(x + y)\alpha = x\alpha + y\alpha = 0 + 0 = 0$ sowie $(kx)\alpha = k(x\alpha) = k0 = 0$. Letztere Identität folgt aus $k0 = k(0 + 0) = k0 + k0$. Folglich ist $Kern(\alpha)$ ein Teilraum von V. Seien $x, y \in V$. Es ist $x\alpha = y\alpha$ genau dann wahr, wenn $(x - y)\alpha = 0$ gilt. Diese Aussage ist äquivalent zu $x - y \in Kern(\alpha)$. Es gilt $0 \in Kern(\alpha)$. Ist α injektiv und $x \in Kern(\alpha)$, folgt aus $0\alpha = 0 = x\alpha$ wegen der Injektivität bereits $x = 0$. Ist umgekehrt $Kern(\alpha)$ der Nullraum und sind $x, y \in V$ mit $x\alpha = y\alpha$, ist $x - y \in Kern(\alpha)$ und damit $x - y = 0$ erfüllt. Diese Einsicht zeigt $x = y$.

Das **Bild** von α ist definiert als $Bild(\alpha) := \{v\alpha \mid v \in V\}$. Es wird gezeigt, daß $Bild(\alpha)$ ebenfalls ein Teilraum von W ist. Seien $k \in K$ und $x, y \in Bild(\alpha)$. Seien $v, w \in V$ mit $v\alpha = x$ und $w\alpha = y$. Es gelten $k(x) = k(v\alpha) = (kv)\alpha \in Bild(\alpha)$ und $x + y = v\alpha + w\alpha = (v + w)\alpha \in Bild(\alpha)$.

Dieser Abschnitt wird mit der Darstellung zweier Beispiele von Abbildungen von K^2 nach K^2 abgerundet. Es sind $(a, b) \mapsto (2a, 3b)$ und $(a, b) \mapsto (ab, ba)$. Man rechnet leicht nach, daß die erste Abbildung wegen $2(a + c) = 2a + 2c$ und $3(b + d) = 3b + 3d$ für alle $a, b, c, d \in K$ linear ist. Die zweite Funktion bildet $(1, 0), (0, 1)$ auf $(0, 0)$ ab. Hingegen ist der Funktionswert ihrer Summe $(1, 1)$ genau $(1, 1)$, was ungleich $(0, 0)$ ist. Folglich ist die zweite Abbildung nicht linear.   ◇

Es wird folgend eine Einsicht über Kern und Bild linearer Abbildungen bewiesen.

Proposition 10 *(Bild-Kern-Formel) Seien K ein Körper, V, W endlich-dimensionale K-Vektorräume und $\phi : V \longrightarrow W$ eine lineare Abbildung. Es gilt*

$$dim(V) = dim(Kern(\phi)) + dim(Bild(\phi)).$$

Beweis Es ist $Kern(\phi)$ ein Teilraum von V und jede Basis von V ein Erzeugendensystem dieses Teilraums. Aus diesem Grund ist der Kern endlich-erzeugt und endlich-dimensional. Sei C eine Basis des Kerns (Hier wird Satz 25 zweimal verwendet!). Es wird zunächst der Basisergänzungssatz aus Satz 26 in folgender Form benutzt: Sei D eine Teilmenge von V so gewählt, daß $C \cup D$ eine Basis von V und $C \cap D$ die leere Menge ist. Jeder Vektor aus C wird unter ϕ per Definition auf Null abgebildet. Folglich ist $D\phi$ ein Erzeugendensystem von $Bild(\phi)$. Es wird bewiesen, daß $D\phi$ linear unabhängig ist. Sei $\sum_{d \in D} k_d d\phi = 0$, woraus wegen der Linearität von ϕ bereits $\sum_{d \in D} k_d d \in Kern(\phi)$ folgt. Also gibt es eine Linearkombination über C, etwa $\sum_{c \in C} l_c c$, so daß $\sum_{d \in D} k_d d = \sum_{c \in C} l_c c$ erfüllt ist. Daraus folgt $\sum_{d \in D} k_d d - \sum_{c \in C} l_c c = 0$. Aus der Disjunktheit der Mengen C und D und deren linearer Unabhängigkeit erhält man $k_d = 0$ und $l_c = 0$ für alle $c \in C, d \in D$. Es genügt zu zeigen, daß D und $D\phi$ gleichmächtig sind. Zu diesem Zweck wird hergeleitet, daß ϕ auf D injektiv ist. Seien $e, d \in D$ mit $e\phi = d\phi$. Es ist $(e - d)\phi = 0$, woraus man $e - d \in Kern(\phi)$ erhält. Also ist $e - d = \sum_{c \in C} r_c c$ mit geeigneten $r_c \in K$. Aus der Disjunktheit von C, D sowie der linearen Unabhängigkeit von $C \cup D$ folgt $e - d = 0$.   ◇

Eine wichtige Konsequenz der Existenz einer Basis ist ihre Bedeutung für die Struktur linearer Abbildungen. Erneut taucht der Begriff der Freiheit auf, der auch bei Monoiden seine Anwendung gefunden hat.

Satz 27 *(Freiheit von Vektorräumen) Seien K ein Körper, V, W endlich-dimensionale K-Vektorräume und B eine Basis von V.*

(i) Jede Abbildung $\phi : B \longrightarrow W$ besitzt genau eine lineare Fortsetzung $\Phi : V \longrightarrow W$.
(ii) Zwei lineare Abbildungen von V nach W sind bereits dann gleich, wenn sie auf der Basis B übereinstimmen.

(iii) Sind V, W von gleicher Dimension, ist jede lineare Abbildung zwischen V und W schon ein Isomorphismus, wenn sie ein Monomorphismus oder ein Epimorphismus ist.

Beweis

ad(i): Seien Φ eine lineare Fortsetzung von ϕ und $\sum_{b \in B} k_b k$ ein beliebiger Vektor in V dargestellt bzgl. der Basis B. Wegen der Linearität von Φ ist bereits

$$\left(\sum_{b \in B} k_b b \right) \Phi = \sum_{b \in B} (k_b b) \Phi = \sum_{b \in B} k_b b \Phi = \sum_{b \in B} k_b b \phi$$

erfüllt. Dieser Wert ist eindeutig bestimmt. Man beachte, daß jeder Vektor eindeutig als Linearkombination über B dargestellt werden kann. Aus diesem Grund genügt es zu zeigen, daß durch die Festsetzung

$$\left(\sum_{b \in B} k_b b \right) \Phi := \sum_{b \in B} k_b b \phi$$

eine lineare Abbildung definiert werden kann. Seien zusätzlich $\sum_{b \in B} l_b b$ eine Linearkombination und $s \in K$. Es gilt

$$\left(s(\sum_{b \in B} k_b b) \right) \Phi = \sum_{b \in B} (s k_b) b \phi = s((\sum_{b \in B} k_b b) \Phi).$$

Zusätzlich gelten

$$\left(\sum_{b \in B} k_b b + \sum_{b \in B} l_b b \right) \Phi = \sum_{b \in B} (k_b + l_b) b \phi$$

und

$$\left(\sum_{b \in B} k_b b \right) \Phi + \left(\sum_{b \in B} l_b b \right) \Phi = \sum_{b \in B} (k_b + l_b) b \phi.$$

ad(ii): Diese Aussage folgt aus der Eindeutigkeit in Teil (i).

ad(iii): Sei $\phi : V \longrightarrow W$ eine lineare Abbildung. Nach Proposition 10 gilt $dim(V) = dim(Kern(\phi)) + dim(Bild(\phi))$ sowie nach Voraussetzung $dim(V) = dim(W)$. Es ist ϕ genau dann surjektiv, wenn $Bild(\phi) = W$ erfüllt ist. Wegen Satz 26 ist ϕ surjektiv genau dann, wenn $dim(Bild(\phi)) = dim(W)$ gilt. Unter den vorliegenden Voraussetzungen ist diese Aussage genau dann der Fall, wenn $dim(Kern(\phi)) = 0$ ist. Folglich kann $Kern(\phi)$ nur der Nullraum ist. Wegen Definition und Bemerkung 1 ist diese Aussage äquivalent zur Injektivität von ϕ. $\diamond$

Hauptsatz 1 *(Isomorphie von Vektorräumen) Seien K ein Körper und V ein K-Vektorraum endlicher Dimension n. V und K^n sind isomorph. Insbesondere sind zwei K-Vektorräume gleicher endlicher Dimension isomorph.*

Beweis Ähnlich wie in Beispiel 4 beweist man, daß die Menge K^n mit komponentenweiser Addition und Skalarmultiplikation ein K-Vektorraum bildet. Für jedes $i \in \underline{n}$ sei e_i dasjenige n-Tupel, daß bis auf die i-te Stelle nur aus Nullen besteht und an der i-ten Stelle genau 1 ist. Informal geschrieben gilt

$$e_i := \underbrace{(0, ..., 0, 1, 0, ..., 0)}_{i} \, .$$

Ist $(a_1, ..., a_n)$ ein beliebiges n-Tupel, gilt

$$(a_1, ..., a_n) = \sum_{i=1}^{n}(0, ..., 0, a_i, 0, ..., 0) = \sum_{i=1}^{n} a_i e_i \, .$$

Folglich ist $\{e_1, ..., e_n\}$ ein Erzeugendensystem von K^n. Ist eine Linearkombination $\sum_{i=1}^{n} a_i e_i$ identisch mit dem Nullvektor, gilt $(a_1, ..., a_n) = (0, ..., 0)$. Aus der Gleicheit der n-Tupel folgt bereits $a_i = 0$ für alle $i \in \underline{n}$. Aus diesem Grund liegt eine Basis mit n Elementen vor. Zwangsläufig muss K^n ein n-dimensionaler K-Vektorraum sein (siehe Satz 26).

Sei folgend V ein n-dimensionaler K-Vektorraum mit K-Basis $B = \{b_1, ..., b_n\}$. Man betrachte die Abbildung ϕ von B nach K^n mit $b_i \mapsto e_i$ für alle $i \in \underline{n}$. Wegen Satz 27 gibt es (genau) eine lineare Abbildung $\Phi : V \longrightarrow K^n$, die ϕ auf ganz V fortsetzt. Wegen Satz 27 genügt es zu zeigen, daß diese lineare Abbildung injektiv oder surjektiv ist. Das Bild von Φ enthält eine Basis von K^n. Da das Bild ein Teilraum ist, enthält es das ganze Erzeugnis dieser Basis und damit ganz K^n. Also ist $Bild(\Phi) = K^n$ und damit Φ surjektiv.   ◇

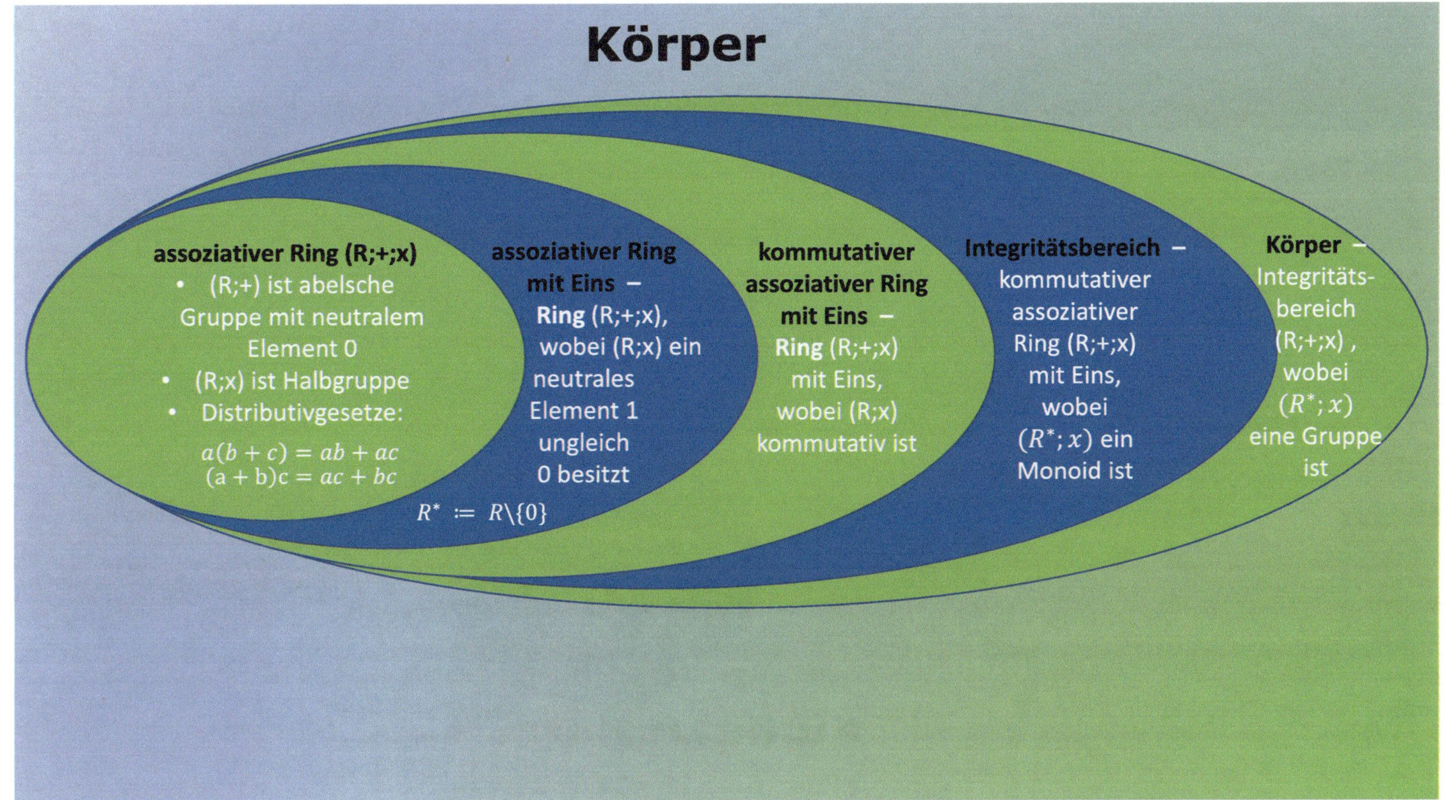

Körper

assoziativer Ring (R;+;x)
• (R;+) ist abelsche
  Gruppe mit neutralem
  Element 0
• (R;x) ist Halbgruppe
• Distributivgesetze:
  a(b + c) = ab + ac
  (a + b)c = ac + bc

R* := R\{0}

assoziativer Ring
mit Eins —
Ring (R;+;x),
wobei (R;x) ein
neutrales
Element 1
ungleich
0 besitzt

kommutativer
assoziativer Ring
mit Eins —
Ring (R;+;x)
mit Eins,
wobei (R;x)
kommutativ ist

Integritätsbereich —
kommutativer
assoziativer
Ring (R;+;x)
mit Eins,
wobei
(R*;x) ein
Monoid ist

Körper —
Integritäts-
bereich
(R;+;x) ,
wobei
(R*;x)
eine Gruppe
ist

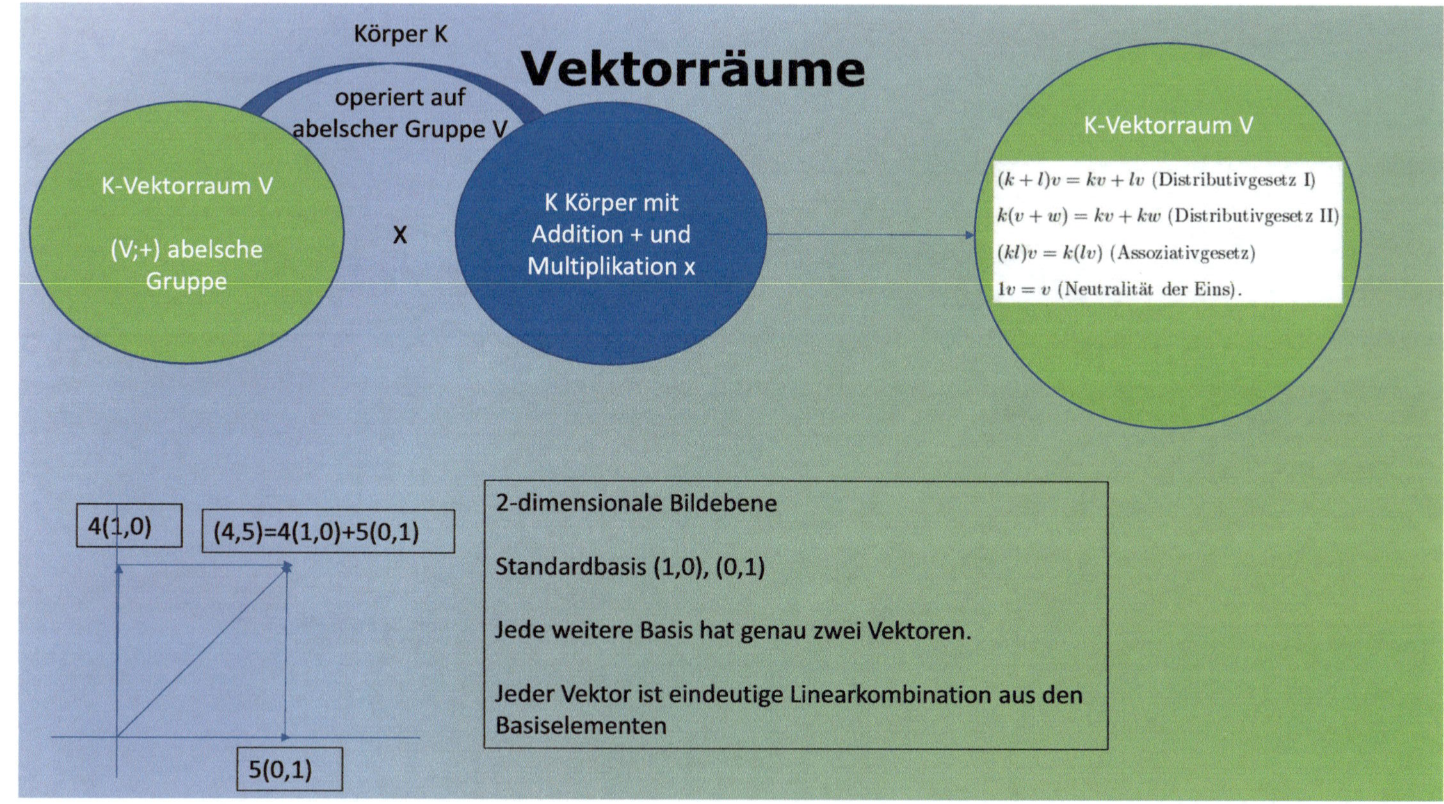
Körper K
Vektorräume
operiert auf abelscher Gruppe V
K-Vektorraum V
(V;+) abelsche Gruppe
x
K Körper mit Addition + und Multiplikation x
K-Vektorraum V
$(k + l)v = kv + lv$ (Distributivgesetz I)
$k(v + w) = kv + kw$ (Distributivgesetz II)
$(kl)v = k(lv)$ (Assoziativgesetz)
$1v = v$ (Neutralität der Eins).
4(1,0)
(4,5)=4(1,0)+5(0,1)
5(0,1)
2-dimensionale Bildebene
Standardbasis (1,0), (0,1)
Jede weitere Basis hat genau zwei Vektoren.
Jeder Vektor ist eindeutige Linearkombination aus den Basiselementen

Vektorräume

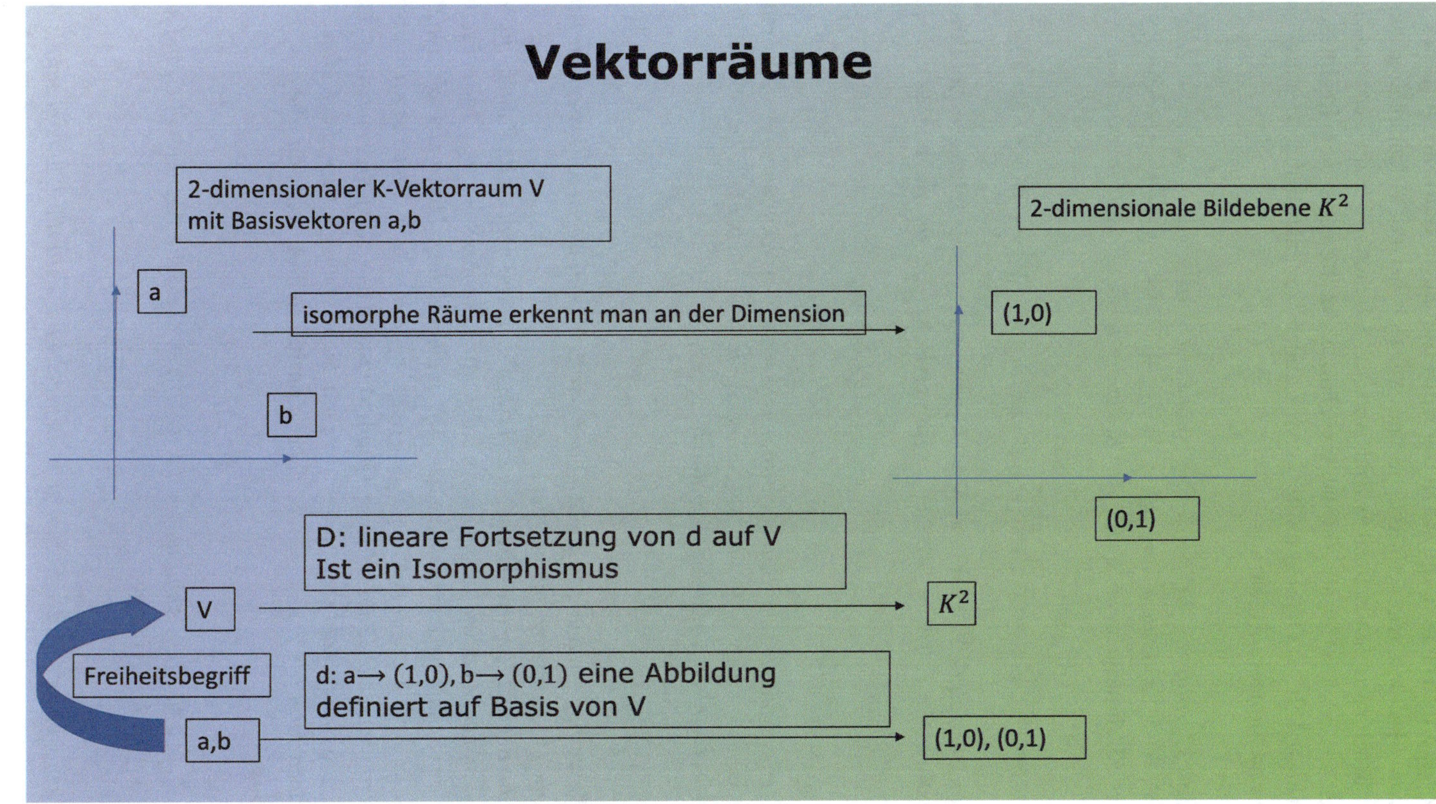

5.1.5.2 Geometrische Objekte in der Bildebene und bilineare Algebra

In diesem Abschnitt wird erörtert, ob und wie sich bei der Bildanimation zur Einlagerung in der zwei-dimensionalen Bildebene das Palettenbild beim Verschieben verändert, verzerrt oder verformt. Um die **Invarianz beim Bewegen** von **Rechtecken** bzgl. **Rechtwinkligkeit = Orthogonalität** und **Längen** zu analysieren, benötigt man die **lineare und bilineare Algebra.**

Definition 32 *(bilinear, Bilinearform, symmetrisch, orthogonal, positiv-definit, Länge)*
Seien V, W, X K-Räume und β : $V \times W \longrightarrow X$ eine Abbildung. β heißt
bilineare Abbildung, *wenn β in jeder Komponente linear ist. Für alle $v, w \in V$ sind*
die Abbildungen

$$\beta(v; \cdot) : V \longrightarrow X, z \mapsto (v; z)\beta \ und \ \beta(\cdot; w) : V \longrightarrow K, z \mapsto (z; w)\beta$$

linear. Im Spezialfall $V = W$ und $X = K$ nennt man β eine **bilineare Abbildung** *oder*
Bilinearform. *Im Fall $V = W$ heißt β* **symmetrisch,** *wenn für alle $v, w \in V$ die Symmetrieeigenschaft*

$$(v; w)\beta = (w; v)\beta$$

erfüllt ist.

Ist β eine symmetrische Bilinearform, nennt man zwei Vektoren $v, w \in V$ **orthogonal**
bzgl. β, wenn $(v; w)\beta = 0$ gilt. Wegen der Symmetrie ist ebenfalls $(w; v)\beta = 0$ erfüllt.
Symbolisiert wird die Orthogonalität durch

$$v \perp_\beta w.$$

Ist der Bezug zu β eindeutig, schreibt man ebenfalls $v \perp w$. Wegen der Symmetrie kann statt $v \perp w$ auch $w \perp v$ verwendet werden.

Für die Begriffe '**positiv-definit**' *und* '**Länge**' *benötigt man reelle Zahlen, die axiomatisch erst im nächsten Kapitel definiert werden. An dieser Stelle werden Tatsachen benutzt, die aus der Schule bekannt sein sollten. Die reellen Zahlen lassen sich der Größe nach* **ordnen.** *Zu diesem Zweck nutzt man die Symbole $\leq$ und $<$. Des Weiteren existiert zu jeder nicht-negativen reellen Zahl r die sog.* **Quadratwurzel.** *Es ist diejenige eindeutig bestimmte nicht-negative reelle Zahl w, so daß $w^2 = r$ gilt. Sie wird mit $\sqrt{r}$ bezeichnet. Man betrachte eine Bilinearform $\beta : V \times V \longrightarrow \mathbb{R}$. β heißt* **positiv-definit,** *wenn für alle $0 \neq v \in V$ die Bedingung*

$$(v; v)\beta > 0$$

*gilt. Analog zu linearen Abbildungen ist $(0; 0)\beta = 0$ erfüllt. Aus diesem Grund kann für alle $v \in V$ von der β-**Länge***

$$l_\beta(v) := \sqrt{(v; v)\beta}$$

gesprochen werden. Ist der Bezug zu β unzweideutig, wird die Länge ebenfalls mit $l(v)$ notiert.   ◇

Als Beispiel wird das sog. **Standard-Skalarprodukt** $<,>$ betrachtet.

Definition und Bemerkung 9 *(Skalarprodukt)* Seien $n \in \mathbb{N}$ und K ein kommutativer unitärer Ring mit Eins. Man definiert

$$<,>_{K^n}: K^n \times K^n, ((a_1, ..., a_n); (b_1, ..., b_n)) \mapsto \sum_{i=1}^{n} a_i b_i$$

und nennt $<,>_{K^n}$ oder auch kurz $<,>$ das **Standard-Skalarprodukt** auf K^n. Es soll eingesehen werden, daß $<,>$ bilinear, symmetrisch und im Falle der reellen Zahlen sogar positiv-definit ist. Seien $a := (a_1, ..., a_n)$, $b := (b_1, ..., b_n)$, $c := (c_1, ..., c_n) \in K^n$ und $k \in K$. Es gilt $\sum_{i=1}^{n} a_i b_i = \sum_{i=1}^{n} b_i a_i$. Demzufolge ist $<,>$ symmetrisch. Zum Nachweis der Bilinearität muss aus Symmetriegründen nur die Linearität in einer Komponente geprüft werden. Es ist $< a+c, b > = \sum_{i=1}^{n} (a_i + c_i) b_i = \sum_{i=1}^{n} a_i b_i + \sum_{i=1}^{n} c_i b_i = < a, b > + < c, b >$.

Zusätzich gilt $< ka, b > = \sum_{i=1}^{n} (ka_i) b_i = k \sum_{i=1}^{n} a_i b_i = k < a, b >$. Aus diesem Grund ist $<,>$ bilinear und symmetrisch. Es gilt $< a, a > = \sum_{i=1}^{n} (a_i)^2$. Quadrate sind in den reellen Zahlen immer nicht-negativ. Demzufolge ist obige Summe bestehenden aus Quadraten ≥ 0. Es ist $a \neq 0$. Folglich ist mindestens eine Komponente von a nicht Null und damit $< a, a >$ größer als 0.

Als Motivation zur Längendefinition eines Vektors sowie zur Definition der Orthogonalität zweier Vektoren dient die Anschauung in der 2-dimensionalen Bildebene. Gegeben sei ein Punkt $a := (a_1, a_2)$. Man betrachte die **Strecke** s vom Nullpunkt zu a und dazu das **rechtwinklige Dreieck** gegeben durch den Nullpunkt, den Punkt a und den Punkt $(a_1, 0)$. Um von diesem Punkt zu a zu gelangen, müssen senkrecht a_2 Einheiten 'hochgegangen' werden. Mit Hilfe des aus der Schule bekannten **Satzes von Pythagoras** über rechtwinklige Dreiecke folgt

$$a_1^2 + a_2^2 = s^2.$$

Folglich gilt

$$s^2 = < a, a > = l(a)^2.$$

Der Satz von Pythagoras wird im Abschnitt zur Tachometeranzeige behandelt.

Zum Nachweis der Orthogonalität wird der **Kosinussatz** in allgemeinen Dreiecken benutzt, der ebenfalls im Abschnitt zur Tachometeranzeige dargestellt wird. Seien a, b zwei Punkte = Vektoren in der Ebene. Man betrachte das **Dreieck** basierend auf den Punkten $0, a$ und b. Ist α der **Winkel** zwischen den **Seiten** $0, a$ und $0, b$, gilt nach dem Kosinussatz

$$l_{ab}^2 = l(a)^2 + l(b)^2 - 2 \, l(a) l(b) cos(\alpha).$$

Es liegt genau dann ein rechter Winkel vor, wenn $cos(\alpha) = 0$ und folglich $l^2_{ab} = l(a)^2 + l(b)^2$ wahr sind. Mit Hilfe des Skalarproduktes, mittels $l(a) = \; <a, a>^2, l(b) = \; <b, b>^2$ und $l^2_{ab} = \; <b - a, b - a>$ wird weiter analysiert. Demnach ist $a \perp b$ genau dann wahr, wenn $<b-a, b-a> = \; <a, a> + <b, b>$ gilt. Wegen der Bilinearität und der Symmetrie des Skalarproduktes gilt $<b - a, b - a> = \; <b, b> + <a, a> -2 <a, b>$. Aus diesem Grund ist die Orthogonalität genau dann gegeben, wenn $<a, b> = 0$ ist. Im Allgemeinen gilt die Formel

$$cos(\alpha) = \frac{<a, b>}{l(a)l(b)}.$$

◇

Folgend werden die notwendigen Objekte, Strecken, Rechtecke und Verschiebe-Abbildung, definiert.

Definition 33 *(Geraden, Strecken, Streckenlänge, orthogonale Strecken, Rechteck, Verschieben, Translation, affine Abbildung, Kongruenzabbildung) Seien V ein K-Raum, β eine Bilinearform auf V und $a, b, c, d \in V$. Das* **Verschieben** *um a definiert man als*

$$move_a : V \longrightarrow V, x \mapsto x + a.$$

Man nennt diese Abbildung ebenfalls **Translation** *um a. Die Verschiebung ist ein Spezialfall einer* **affinen Abbildung,** *die durch $x \mapsto x\alpha + a$ gegeben ist. In diesem Kontext ist α eine lineare Abbildung – im Falle von $move_a$ die Identität. Lineare Abbildungen ergeben sich aus dem Spezialfall $a = 0$.* **Kongruenzabbildungen** *sind bijektive Abbildungen, die* **geraden-, längen- und winkeltreu** *sind. Sie bilden Geraden auf Geraden ab und lassen Streckenlängen sowie Winkelgrößen unverändert.*

Die **Gerade** *durch a und b definiert man durch die Menge der Punkte*

$$g_{ab} := \{x \mid \exists k \in K : x = a + k(b - a)\}.$$

Anschaulich 'bewegt' man sich vom Nullpunkt zu a und folgend auf der Geraden mittels des Differenzvektors $b - a$ entlang. Zur Streckendefinition müssen nur Skalare eingeschränkt und $K := \mathbb{R}$ vorausgesetzt werden. Die **Strecke** *zwischen a und b sei durch die Menge der Punkte*

$$s_{ab} := \{x \mid \exists k \in K : x = a + k(b - a), 0 \le k \le 1\}$$

festgelegt. Als **Länge der Strecke** *definiert man die Länge des zugehörigen Differenzvektors:*

$$l(s_{ab}) := l(b - a).$$

Zwei Strecken nennt man **orthogonal,** *wenn ihre Differenzvektoren orthogonal sind. $s_{ab} \perp s_{cd}$ ist definiert durch $(b - a) \perp (d - c)$.*

Ein **Rechteck** *legt man durch Vereinigung vierer Strecken fest. Angrenzende Strecken sind orthogonal, gegenüberliegende Strecken sind gleich lang. Mit Hilfe von vier Punkten* a, b, c, d *sei das Rechteck* r_{abcd} *definiert durch*

$$r_{abcd} := s_{ab} \cup s_{bc} \cup s_{cd} \cup s_{da},$$

wobei $s_{ab} \perp s_{bc} \perp s_{cd} \perp s_{da}$ *gilt und jeweils die Strecken* s_{ab}, s_{cd} *und* s_{bc}, s_{da} *gleich lang sind.* $\diamond$

Folgender Satz klärt in der Animation die 'unveränderliche' Bewegung des Rechtecks in der zwei-dimensionalen Bildebene.

Satz 28 *(Translationen sind Kongruenzabbildungen) Translationen sind Kongruenzabbildungen.*

Beweis Sei $move_a$ eine Translation in einem K-Raum V. $move_{-a}$ ist ebenfalls eine Abbildung. Es gilt $move_a move_{-a} = id_V = move_{-1} move_a$. Damit ist $move_a$ bijektiv.

Seien $x, y \in V$. Es soll hergeleitet werden, daß

$$move_a(g_{xy}) = g_{(x+a)(y+a)} \text{ und } move_a(s_{xy}) = s_{(x+a)(y+a)}$$

gelten. Es gilt für einen Vektor $p \in V$ genau dann $p \in g_{xy}$, wenn es ein $k \in K$ gibt, so daß $p = x + k(y - x)$ gilt. Diese Aussage ist äquivalent zu $p + a = (x + a) + k((y + a) - (x + a))$ und zu $p + a \in g_{(x+a)(y+a)}$. Analog zeigt man die Aussage zu den Strecken.

Es ist s_{xy} unter $move_a$ auf $s_{(x+a)(y+a)}$ abgebildet worden. Demzufolge ist der Differenzvektor gleich geblieben und folglich auch die Länge der Strecke. Das gleiche Argument mit den sich nicht ändernden Differenzvektoren zeigt zudem, daß Winkel zwischen zwei verschobenen Strecken gleich bleiben (siehe dazu die Cosinus-Formel). $\diamond$

Es bleiben folglich Winkel, Strecken und Längen unter $move$ identisch. Aus diesem Grund ist ebenfalls das Rechteck nicht verformt. Es gilt $move_x(r_{abcd}) = r_{(a+x)(b+x)(c+x)(d+x)}$. Vorsicht: die Abbildung $move$ ist nicht linear, da $move_x(a + b) = a + b + x$ und nicht $(a + x) + (b + x) = move_x(a) + move_x(b)$ gilt. Die Länge eines Vektors bleibt ebenfalls nicht invariant. Es gelten etwa $l((1, 0)) = 1$ und $l((1, 0) + (1, 0)) = 2$. Daß sich das Rechteck bzw. die einzelnen Strecken nicht unter $move$ verformen, ist keine Trivialität. In nachfolgenden Skizzen ist eine Abbildung dargestellt, die Strecken verformt. Die Punkte (a, a) werden durch die Abbildung auf $(0.25a^2, (1 - a)^2)$ transformiert.

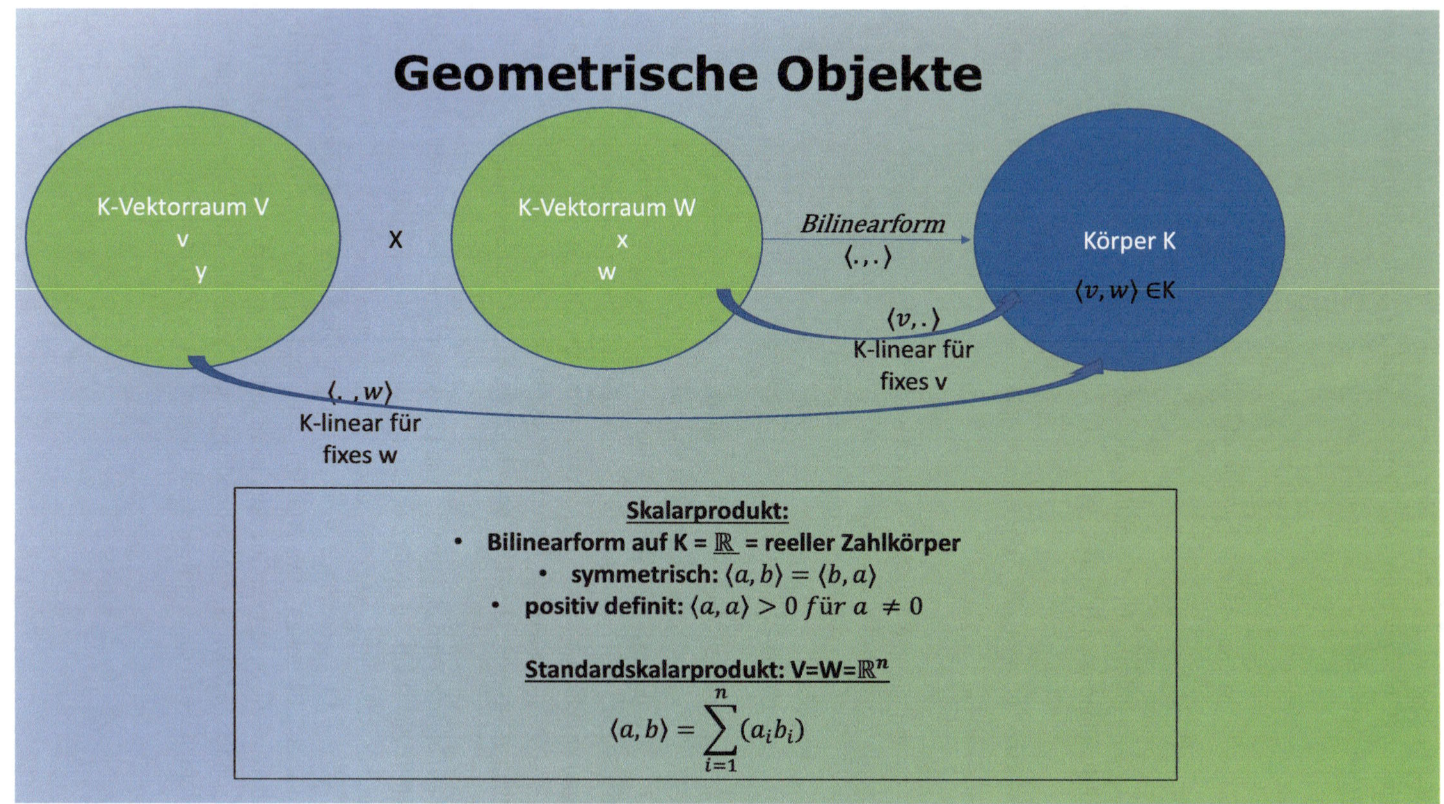

Geometrische Objekte
K-Vektorraum V
v
y
x
K-Vektorraum W
x
w
Bilinearform
$\langle .\,,. \rangle$
Körper K
$\langle v, w \rangle \in K$
$\langle v,. \rangle$
K-linear für
fixes v
$\langle .\,, w \rangle$
K-linear für
fixes w
Skalarprodukt:
• Bilinearform auf K = $\mathbb{R}$ = reeller Zahlkörper
    • symmetrisch: $\langle a, b \rangle = \langle b, a \rangle$
• positiv definit: $\langle a, a \rangle > 0 \ für \ a \neq 0$
Standardskalarprodukt: V=W=$\mathbb{R}^n$
$\langle a, b \rangle = \sum_{i=1}^{n} (a_i b_i)$

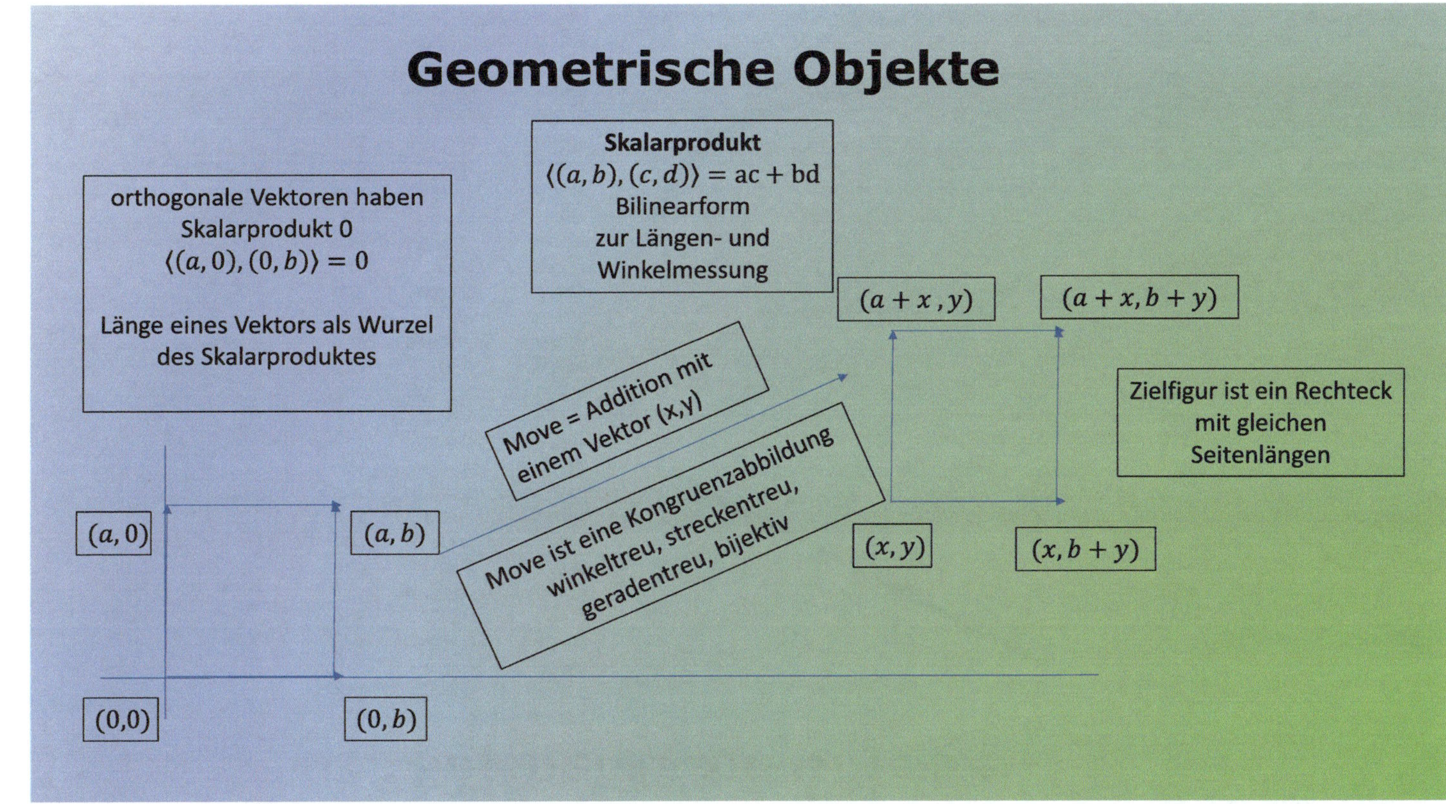

Geometrische Objekte
orthogonale Vektoren haben Skalarprodukt 0 $\langle (a,0),(0,b)\rangle = 0$
Länge eines Vektors als Wurzel des Skalarproduktes
Skalarprodukt $\langle (a,b),(c,d)\rangle = ac + bd$ Bilinearform zur Längen- und Winkelmessung
Move = Addition mit einem Vektor (x,y)
Move ist eine Kongruenzabbildung winkeltreu, streckentreu, geradentreu, bijektiv
Zielfigur ist ein Rechteck mit gleichen Seitenlängen
$(a + x , y)$
$(a + x, b + y)$
(x, y)
$(x, b + y)$
$(a, 0)$
(a, b)
$(0,0)$
$(0, b)$

Geometrische Objekte

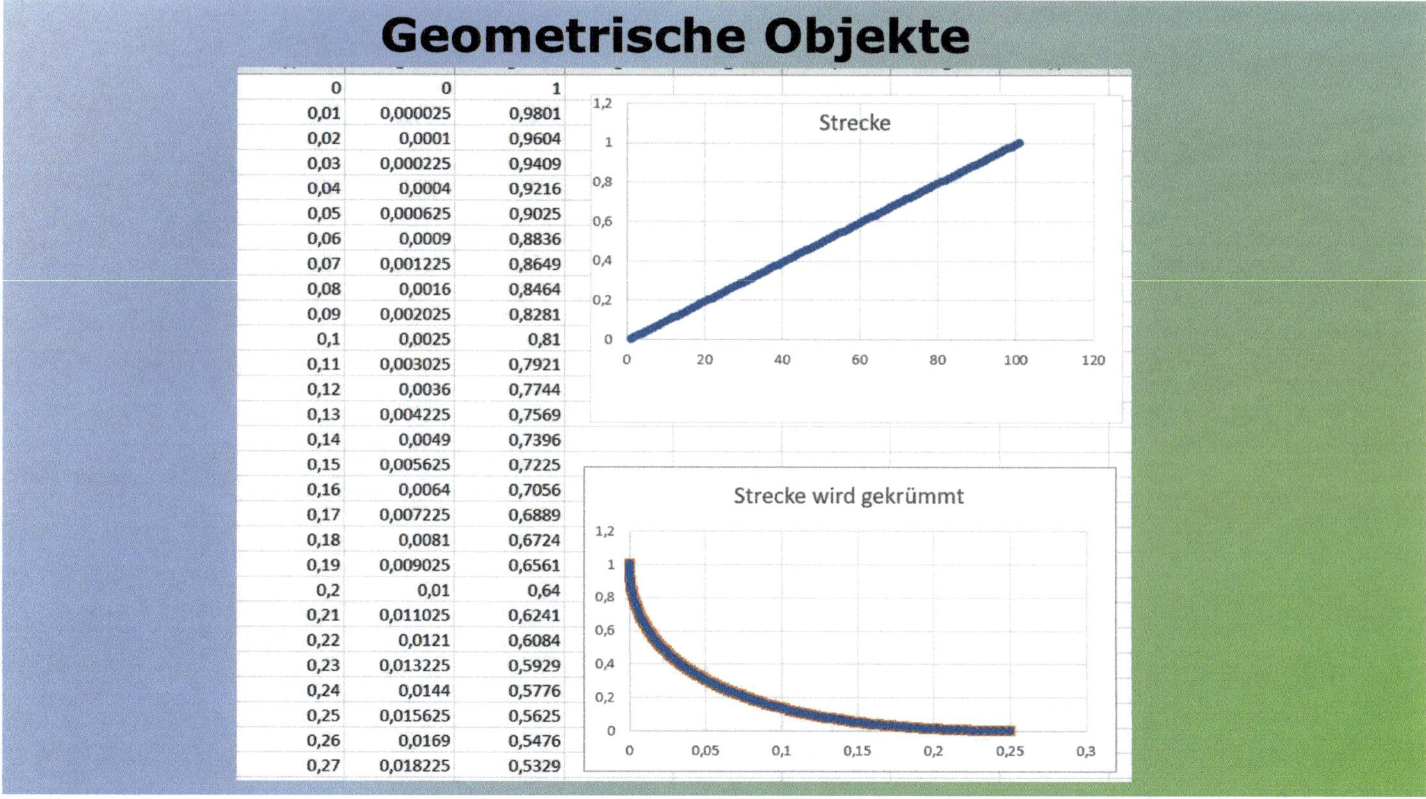

0	0	1
0,01	0,000025	0,9801
0,02	0,0001	0,9604
0,03	0,000225	0,9409
0,04	0,0004	0,9216
0,05	0,000625	0,9025
0,06	0,0009	0,8836
0,07	0,001225	0,8649
0,08	0,0016	0,8464
0,09	0,002025	0,8281
0,1	0,0025	0,81
0,11	0,003025	0,7921
0,12	0,0036	0,7744
0,13	0,004225	0,7569
0,14	0,0049	0,7396
0,15	0,005625	0,7225
0,16	0,0064	0,7056
0,17	0,007225	0,6889
0,18	0,0081	0,6724
0,19	0,009025	0,6561
0,2	0,01	0,64
0,21	0,011025	0,6241
0,22	0,0121	0,6084
0,23	0,013225	0,5929
0,24	0,0144	0,5776
0,25	0,015625	0,5625
0,26	0,0169	0,5476
0,27	0,018225	0,5329

5.1.6 Tachometeranzeige der Fehler am I-Punkt

5.1.6.1 Anschauliche Dreiecksgeometrie

Es sollen im ersten Abschnitt sowohl der **Satz des Pythagoras** als auch der **Kosinussatz** behandelt werden. Zum Verständnis der beiden Resultate sind weitere grundlegende Begriffe und Resultate notwendig. Zu ihnen zählen etwa die **Winkeldefinition,** der **Stufenwinkelsatz,** der **Wechselwinkelsatz,** die **Winkelsumme im Dreieck** und die **Definition des Kosinus.** Es wird kein strikt axiomatischer Aufbau durchgeführt, sondern anschaulich in der Bildebene argumentiert. Dieses abweichende Vorgehen verdeutlicht, warum die dargestellten Begriffe und Begründungen nicht ausreichen und ein **axiomatischen Aufbau** der **Geometrie** verlangt werden muss. Diesen Aufbau kann der Leser etwa in [20] studieren. Den in diesem Buch dargestellten Aufbau würde man üblicherweise in der Schule verwenden.

Die nachfolgenden Begriffe werden durch Skizzen anschaulich motiviert.

Tachometer – Winkel und Winkelmaß

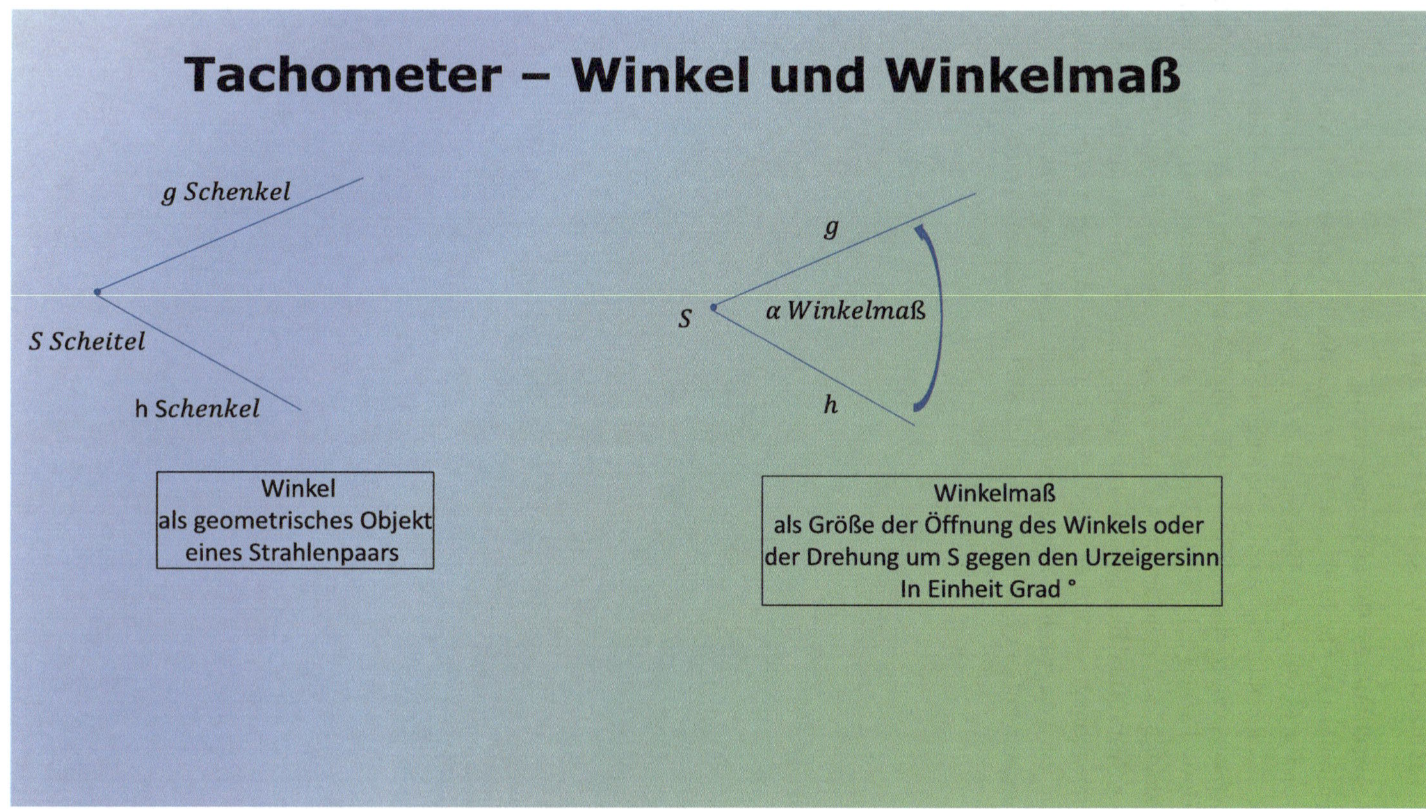

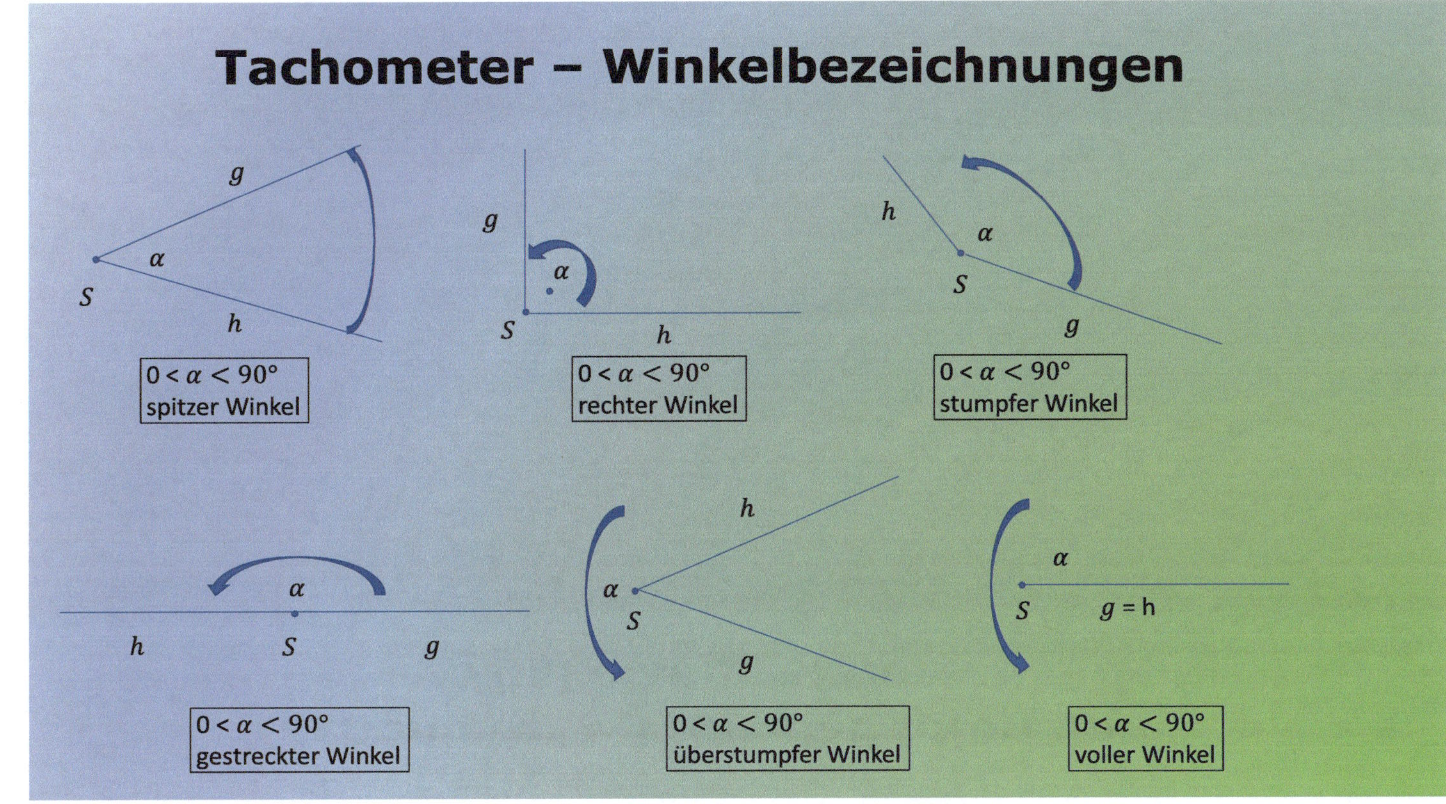
Tachometer – Winkelbezeichnungen
g
α
S
h
0 < α < 90°
spitzer Winkel
g
α
S
h
0 < α < 90°
rechter Winkel
h
α
S
g
0 < α < 90°
stumpfer Winkel
α
h
S
g
0 < α < 90°
gestreckter Winkel
h
α
S
g
0 < α < 90°
überstumpfer Winkel
α
S
g = h
0 < α < 90°
voller Winkel

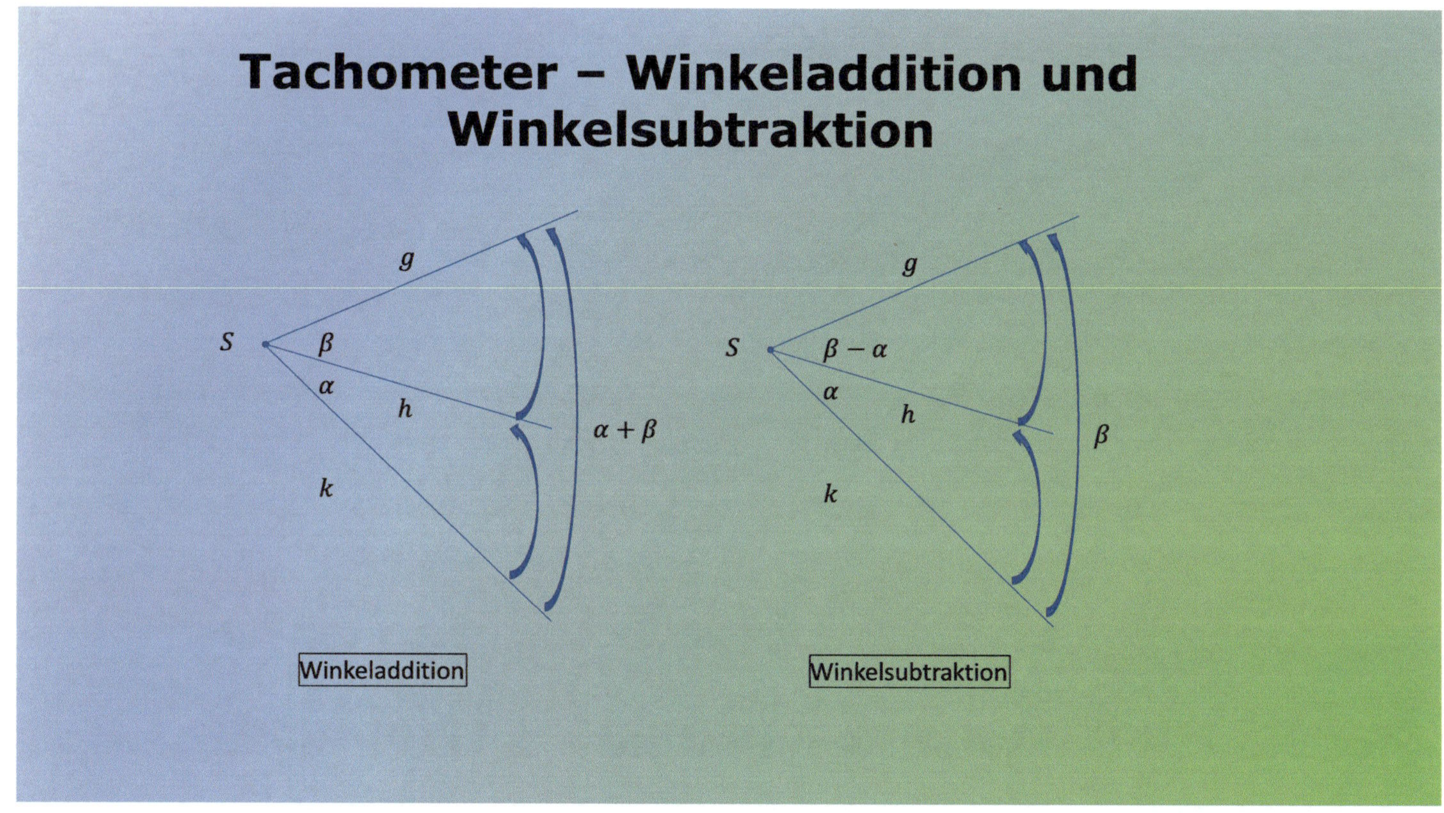

Tachometer – Winkeladdition und Winkelsubtraktion
g
S
β
α
h
α + β
k
Winkeladdition
g
S
β − α
α
h
β
k
Winkelsubtraktion

Definition 34 *(Punkt, Gerade, Strahl, Winkel, Winkelmaß, Winkelbezeichnungen, Winkeladdition und Winkelsubtraktion) Ein* **Punkt** *ist ein grundlegendes Element der Geometrie. Anschaulich ist er ein Objekt ohne jede Ausdehnung. Eine gerade Linie oder kurz* **Gerade** *ist ebenfalls ein Element der Geometrie. Sie ist eine gerade, unendlich lange, unendlich dünne und in beide Richtungen unbegrenzte Linie. Ein* **Strahl** *bzw. eine* **Halbgerade** *ist eine gerade Linie, die auf einer Seite begrenzt ist, sich aber auf der anderen Seite bis ins Unendliche erstreckt. Zwei Strahlen mit gemeinsamem Anfangspunkt S bilden ein geometrisches Objekt in der Bildebene, das* **Winkel** *genannt werden soll. Der gemeinsame Anfangspunkt ist der* **Scheitelpunkt** *des Winkels. Die zwei Strahlen sind die* **Schenkel** *des Winkels. Jedem Winkel kann sein* **Winkelmass** *zugeordnet werden, das in* **Grad** $°$ *gemessen wird und dessen Maßzahl reell ist. Diese Maßzahl soll die* **Öffnung** *des Winkels beschreiben. Eine weitere anschauliche Interpretation ist die der* **Drehung** *des einen Schenkels um den Scheitel bis zum anderen Schenkel gegen den Uhrzeigersinn. Die Begriffe Winkel und Winkelmaß werden oftmals fälschlicherweise identisch benutzt.*

Winkel haben je nach Winkelmaß eigene Bezeichnungen:

- *(i)* **Nullwinkel** *mit* $0°$
- *(ii)* **spitzer** *Winkel zwischen* $0°$ *und* $90°$
- *(iii)* **rechter** *Winkel mit genau* $90°$ *(orthogonale Schenkel)*
- *(iv)* **stumpfer** *Winkel zwischen* $90°$ *und* $180°$
- *(v)* **gestreckter** *Winkel von genau* $180°$
- *(vi)* **überstumpfer** *Winkel zwischen* $180°$ *und* $360°$
- *(vii)* **voller** *Winkel von genau* $360°$.

Winkel (genauer Winkelmaße) können **addiert** *und* **subtrahiert** *werden. Zu diesem Zweck müssen nur ihre Masszahlen addiert und subtrahiert werden. Die Einheit 'Grad' bleibt erhalten. Es gibt anschauliche Deutungen der Addition und Subtraktion von Winkeln. Für die Addition: Liegen zwei Winkel mit Winkelmaß α und β vor, lege man für die Winkeladditionsie derart übereinander, daß in der Mitte zwei Schenkel identisch aufeinander liegen und ein Schenkel links und einer rechts von diesem zu finden ist. Auf diese Weise entstehen drei Schenkel. Der Winkel aus dem untersten und höchsten repräsentiert den Winkel mit Winkelmaß $\alpha + \beta$. Für die Winkelsubtraktion: In diesem Kontext legt man die Winkel derart aufeinander, daß sich die beiden äußersten Schenkel überlappen. Wieder ergeben sich drei Schenkel. Der Winkel vom untersten Schenkel zum mittleren stellt die Differenz dar.*
Mathematische Kritik: *Es ist unklar, was genau die Objekte Punkt, Gerade, Strahl und Winkel sind. Kann man diese im zweidimensionalen Raum definieren oder gibt es eine abstraktere Betrachtungsweise? Wie wird exakt einem Winkel sein Winkelmaß zugeordnet? In obigen Ausführungen erfolgte nur eine Beschreibung, aber keine Rechenvorschrift. Die Addition und Subtraktion sind Abbildungen von Paaren von Winkeln auf Winkel.* ◇

Tachometer – Winkelsätze und Parallelenaxiom

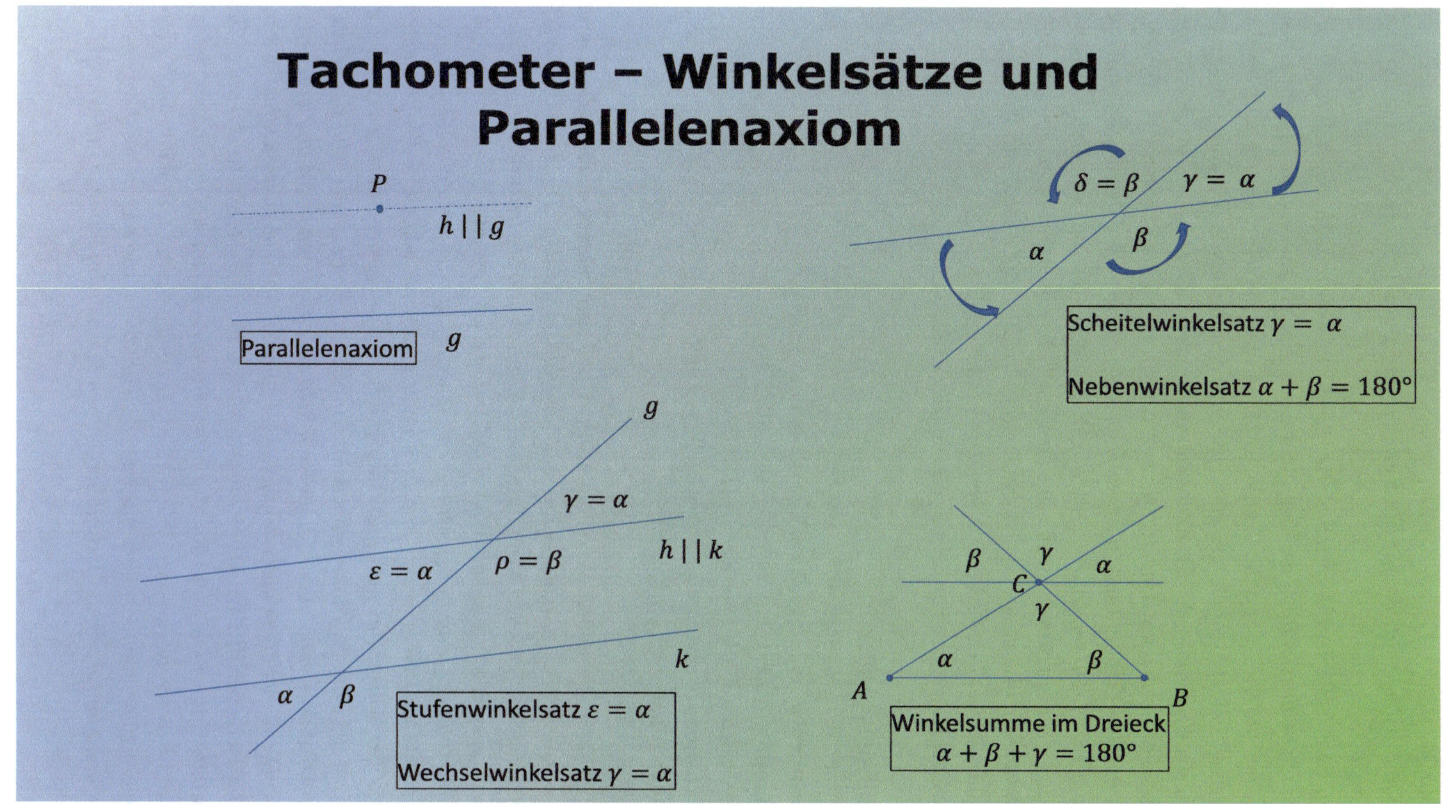

Es werden folgend grundlegende Einsichten zu Winkeln dargestellt. Zu diesen gehören das **Parallelenaxiom**, der **Wechselwinkelsatz**, der **Stufenwinkelsatz** und der **Winkelsummensatz im Dreieck**. In obiger Grafik sind diese Themen zusammengefasst.

Definition und Bemerkung 10 (Parallelenaxiom, Nebenwinkel, Scheitelwinkel, Wechselwinkel, Stufenwinkel, Dreieck, rechtwinkliges Dreieck) Gegeben seien eine Gerade g und ein Punkt P, der nicht auf dieser Geraden liegt. Das **Parallelenaxiom** besagt, daß es genau eine zu g **parallele** Gerade h gibt, die den Punkt P beinhaltet. Parallel bedeutet, daß sich die Geraden nicht schneiden und auch nicht gleich sind. Ein Punkt **liegt** auf einer Geraden, wenn die Gerade durch ihn verläuft. Das Parallelenaxiom wird als Axiom angenommen und muss nicht bewiesen werden.

In der zwei-dimensionalen Ebene ist eine Gerade definiert durch die Gleichung

$$f(x) = mx + b.$$

In obiger **Geradengleichung** ist m die **Steigung** der Geraden und $b = f(0)$ der **Schnittpunkt** mit der y-**Achse**. Die zu f parallelen Geraden besitzen sämtlich diegleiche Steigung m, denn: Ist $g(x) = nx + c$ eine weitere Gerade, so ist ein Schnittpunkt S mit den Koordinaten $(s, f(s) = g(s))$ genau dann gegeben, wenn $ms + b = ns + c$ gilt. Ist $m = n$, muss bereits $b = c$ gelten. Folglich sind beide Geraden identisch. Im anderen Fall kann man s berechnen zu

$$s = \frac{c - b}{m - n}.$$

Folglich ist die Parallele eindeutig bestimmt!

Schneiden sich zwei Geraden, entstehen vier Winkel. Die gegenüberliegenden Winkel heißen **Scheitelwinkel,** die nebeneinanderliegenden Winkel nennt man **Nebenwinkel.**

Schneidet eine Gerade g zwei parallele Geraden h, k, entstehen beim Schnitt von g, k und beim Schnitt von g, h jeweils vier Winkel, die sich zu vier Paaren von Scheitelwinkeln gruppieren lassen. **Stufenwinkel** sind Winkel, die auf der gleichen Seite der Schnittgeraden sowie auf den gleichen Seiten der Parallelen liegen. Die Schenkel von Stufenwinkeln sind paarweise gleichgerichtet. Sind α, ϵ zwei Stufenwinkel, ist der zugehörige Scheitelwinkel zu ϵ ein sog. **Wechselwinkel** von α.

Sind drei Punkte A, B, C gegeben, die nicht alle auf einer Geraden liegen, bezeichnet man als **Dreieck** die Vereinigung der Strecken von A, B, von B, C und von C, A. Eine **Strecke** zwischen zwei Punkten ist die begrenzte gerade Linie zwischen diesen Punkten. Das Dreieck heißt **rechtwinklig,** wenn zwei seiner drei **Seiten** zueinander **orthogonal** (oder **senkrecht** genannt) stehen. Diese Seiten bilden die sog. **Katheten** des rechtwinkligen Dreiecks. Die dritte Seite ist die sog. **Hypothenuse. Orthogonalität** bedeutet, daß der Winkel, den die beiden Seiten bilden, genau $90°$ beträgt.

Mathematische Kritik: Was bedeutet exakt, daß sich zwei Geraden schneiden? Was ist ein Dreieck? Wann sind zwei Geraden parallel? Wann liegt ein Punkt auf einer Geraden? Was ist die genaue Definition von Nebenwinkel, Scheitelwinkel, Stufenwinkel, Wechselwinkel?

Warum gibt es überhaupt drei Punkte, die nicht auf einer Geraden liegen? Was ist genau eine Strecke? Was bedeutet rechtwinklig?   ◇

Satz 29 *(Winkelsätze) In der Geometrie gelten folgende Aussagen:*

> *(i)   Nebenwinkel ergänzen sich zu* 180°. – **Nebenwinkelsatz**
> *(ii) Scheitelwinkel sind gleich groß.* – **Scheitelwinkelsatz**
> *(iii) Stufenwinkel sind gleich groß.* – **Stufenwinkelsatz**
> *(iv) Wechselwinkel sind gleich groß.* – **Wechselwinkelsatz**
> *(v)   Die Winkelsumme im Dreieck ist* 180°. – **Winkelsummensatz im Dreieck**

Beweis

ad(i): Addierte Nebenwinkel ergeben einen gestreckten Winkel.

ad(ii): Man betrachte die Skizze zu den Winkelsätzen. Es sind α, β und α, δ zwei Nebenwinkel. Mittels Teil (i) folgt $\alpha + \beta = 180° = \alpha + \delta$. Demzufolge ergibt sich $\delta = 180° - \alpha = \beta$. Für die anderen beiden Scheitelwinkel folgt die Aussage durch eine analoge Argumentation.

ad(iii): Der Beweis des Stufenwinkelsatzes verbleibt als Rechenübung.

ad(iv): Diese Aussage folgt direkt aus dem Stufenwinkel- und dem Scheitelwinkelsatz.

ad(v): Man betrachte die Zeichnung zu den Winkelsätzen, in der eine zur Strecke durch A, B parallele Gerade durch C eingezeichnet ist. Oberhalb dieser Parallelen finden sich die Winkel β und α als Stufenwinkel und der Winkel γ als Scheitelwinkel wieder. Ihre Summe ist ein gestreckter Winkel und damit genau 180°.   ◇

Mathematische Kritik: Auf Basis von unscharfen Begriffen lassen sich keine exakten mathematischen Beweise führen. Die Argumentationen sind rein anschaulich. Es stellt sich u. a. die Frage, ob die Zeichnungen für alle Eventualitäten zutreffen.

Es soll folgend der **Satz von Pythagoras** bewiesen werden. Aus diesem Grund ist es zweckmässig, **Flächeninhalte** von Rechtecken zu definieren. Die folgenden Grafiken illustrieren beide Themen.

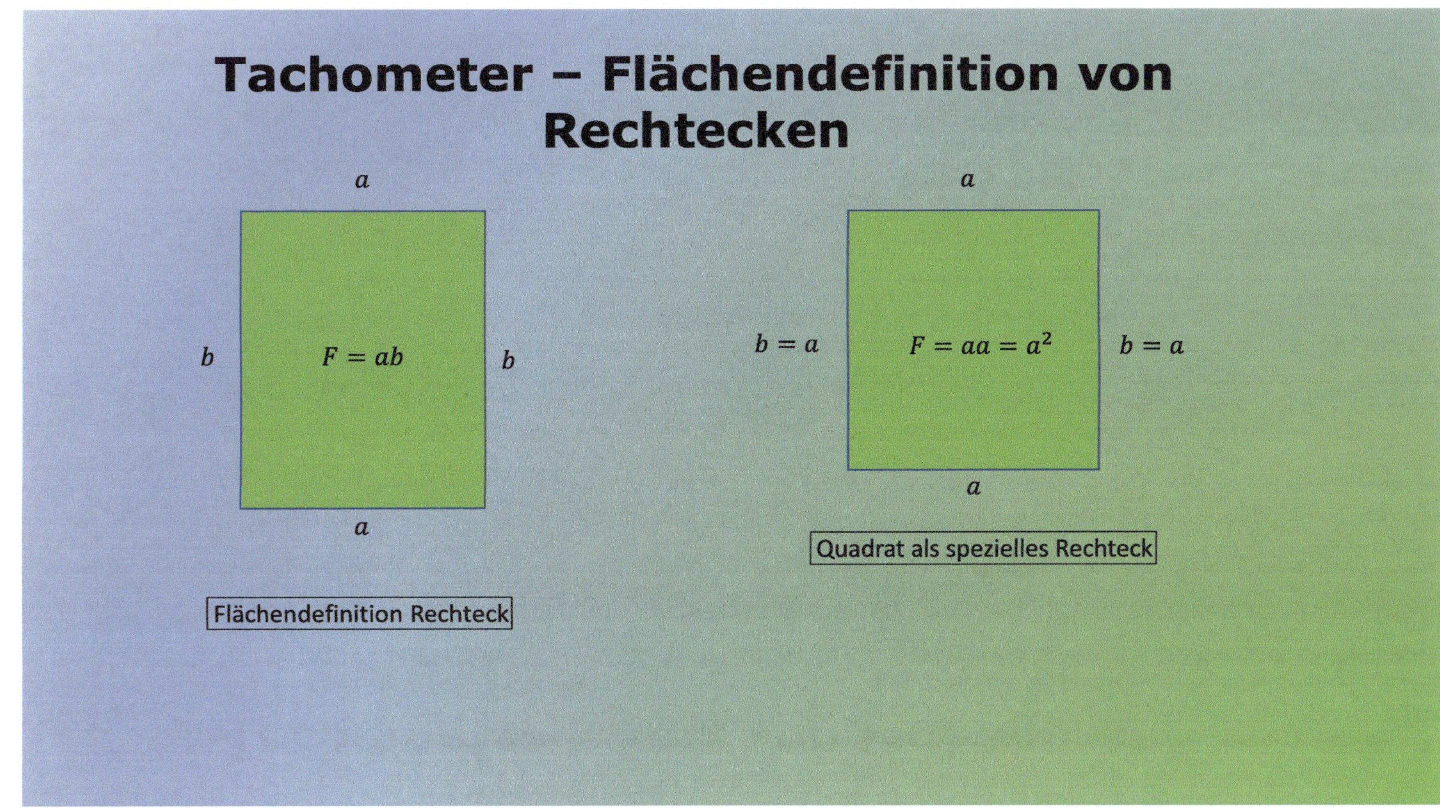

Tachometer – Flächendefinition von Rechtecken
a
b
F = ab
b
a
Flächendefinition Rechteck
a
b = a
F = aa = a²
b = a
a
Quadrat als spezielles Rechteck

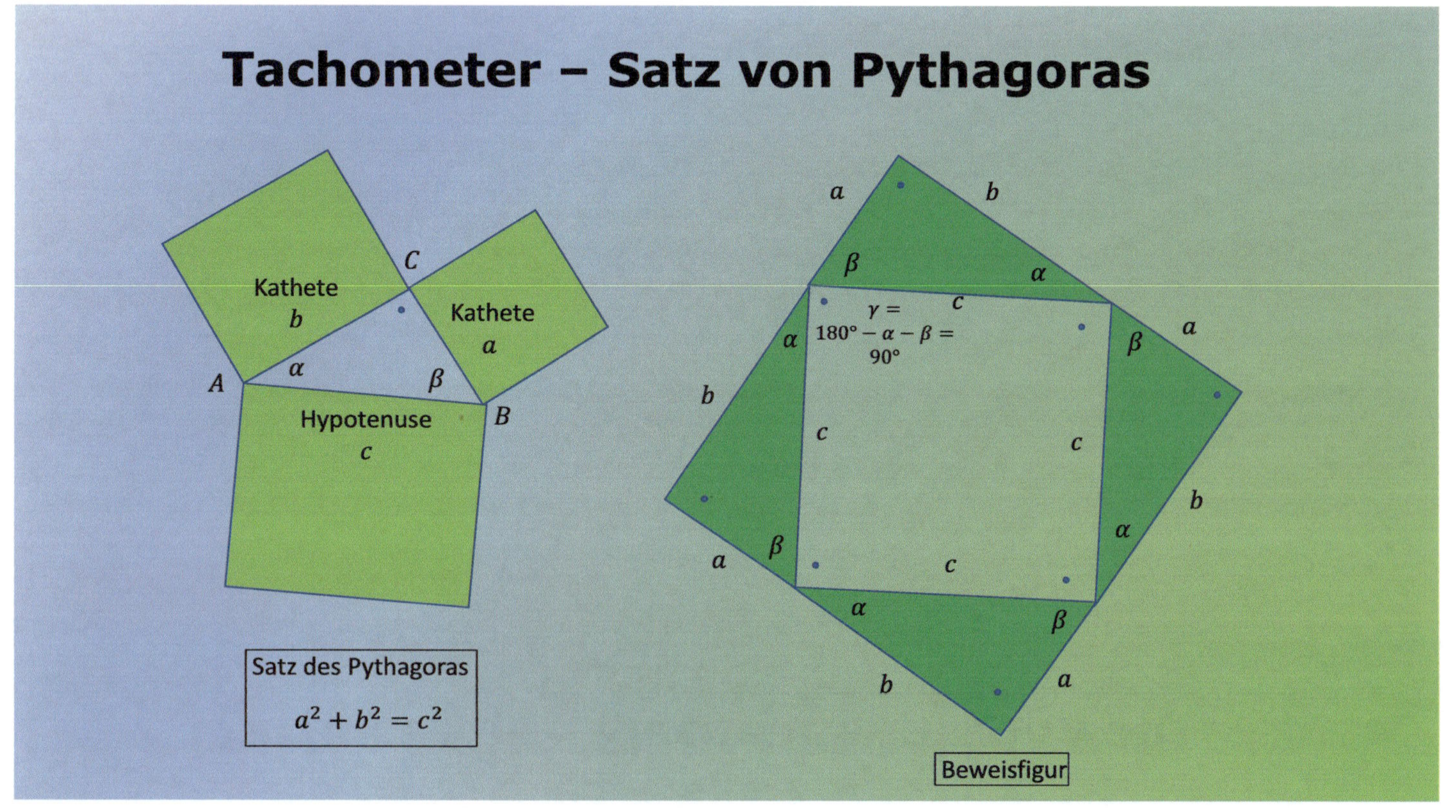

Tachometer – Satz von Pythagoras
Kathete
b
C
Kathete
a
α
β
A
Hypotenuse
c
B
Satz des Pythagoras
a² + b² = c²
a
b
β
α
α
c
γ =
180° − α − β =
90°
β
a
b
c
c
β
a
α
b
α
c
β
b
a
Beweisfigur

Definition und Bemerkung 11 *(Flächen von Rechtecken)* Ein **Rechteck** wird durch vier Punkte definiert, so daß gegenüberliegende Seiten gleich lang und parallel und anliegende Seiten orthogonal sind. Ein **Quadrat** ist ein Rechteck, bei dem alle vier Seiten gleich lang sind. Die **Fläche** eines Rechtecks mit den **Seitenlängen** a, b wird als ab definiert. Die Fläche eines Quadrates mit der einheitlichen Seitenlänge a ist demnach a^2. Ein **rechtwinkliges** Dreieck mit den **Kathetenlängen** a, b hat den Flächeninhalt $\frac{ab}{2}$, denn sein Doppeltes ist anschaulich ein Rechteck mit den Seitenlängen a, b.

    Mathematische Kritik: Was genau ist ein Rechteck? Was müssen die vier Punkte für Bedingungen erfüllen? Was heißt gegenüberliegende Seiten? Wann sind Seiten parallel bzw. orthogonal? Was ist die Länge einer Seite? Besitzt die Fläche eine Einheit? ◇

Aus den bisherigen Erkenntnissen kann der Satz von Pythagoras bewiesen werden.

Satz 30 *(Satz von Pythagoras) In einem rechtwinkligen Dreieck ist die Summe der Kathetenquadrate gleich dem Hypothenusenquadrat:* $a^2 + b^2 = c^2$.

Beweis Man betrachte die Beweisfigur aus obiger Zeichnung. In ihr ist das rechtwinklige Dreieck viermal aneinander gelegt, so daß außen ein Quadrat der Länge $a + b$ und innen ein Quadrat der Länge c entsteht. Es muss überlegt werden, daß der eingezeichnete Innenwinkel wirklich rechtwinklig ist. Sei dieser Innenwinkel mit γ bezeichnet. Da α, β, γ einen gestreckten Winkel bilden, gilt

$$\gamma = 180° - \alpha - \beta.$$

Die Winkelsumme im Dreieck ist $180°$, was zuvor bewiesen worden ist. Daher ist $\gamma = 180° - \alpha - \beta$ genau der verbleibende Winkel im rechtwinkligen Dreieck. Dieser beträgt exakt $90°$. Die Fläche des äußeren Quadrats ist basierend auf der ersten binomischen Formel genau

$$(a + b)^2 = a^2 + 2ab + b^2.$$

Andererseits ist diese Fläche auch viermal die des rechtwinkligen Dreiecks. Anders ausgedrückt ist die Fläche zweimal die eines Rechtecks mit den Seiten a und b – also $2ab$ – ergänzt um die vom inneren Quadrat – also c^2. Durch Gleichsetzen der auf zwei Arten berechneten Fläche ergibt sich die Beziehung $a^2 + 2ab + b^2 = c^2 + 2ab$. Durch Äquivalenzumformungen folgt die Behauptung. ◇

Mathematische Kritik: Auf Basis unscharfer Begriffe lassen sich keine exakten mathematischen Beweise durchführen. Die Argumentationen sind rein anschaulich. Es stellt sich die Frage, ob obige Zeichnungen für alle Eventualitäten zutreffen.

    Anwendungen des Satzes von Pythagoras werden im Übungsbuch dargestellt. Im Kontext dieses Buches dient er zur Rechtfertigung der Längendefinition im zweidimensionalen Raum. Folgend werden die Definitionen von **Sinus, Cosinus** und **Tangens** im rechtwinkligen Dreieck angegeben und der **Kosinussatz** für beliebige nicht notwendig rechtwinklige Dreiecke bewiesen. Dazu sind folgende Skizzen hilfreich.

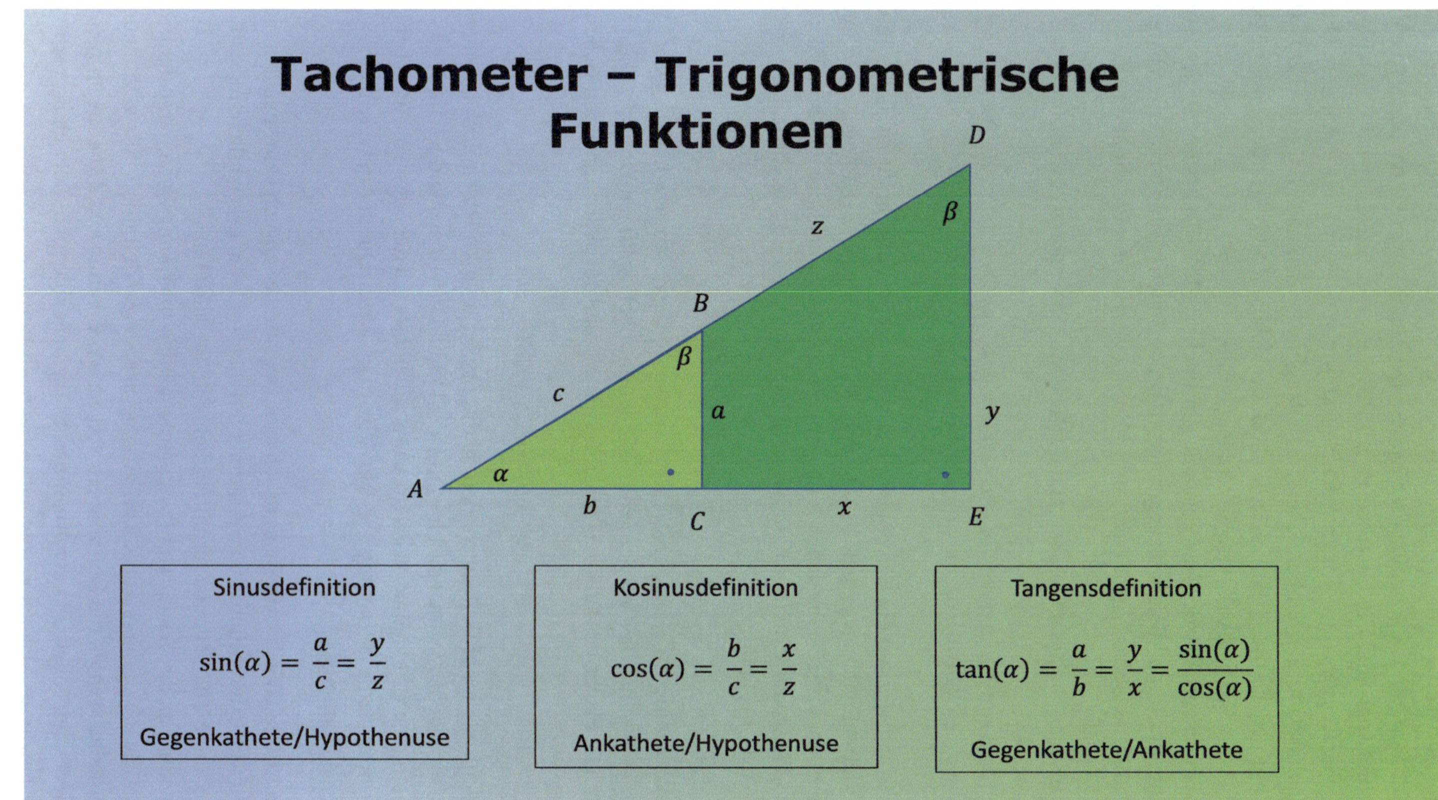

Tachometer – Trigonometrische Funktionen
D
β
z
B
β
c
a
y
A
α
b
C
x
E
Sinusdefinition
$\sin(\alpha) = \dfrac{a}{c} = \dfrac{y}{z}$
Gegenkathete/Hypothenuse
Kosinusdefinition
$\cos(\alpha) = \dfrac{b}{c} = \dfrac{x}{z}$
Ankathete/Hypothenuse
Tangensdefinition
$\tan(\alpha) = \dfrac{a}{b} = \dfrac{y}{x} = \dfrac{\sin(\alpha)}{\cos(\alpha)}$
Gegenkathete/Ankathete

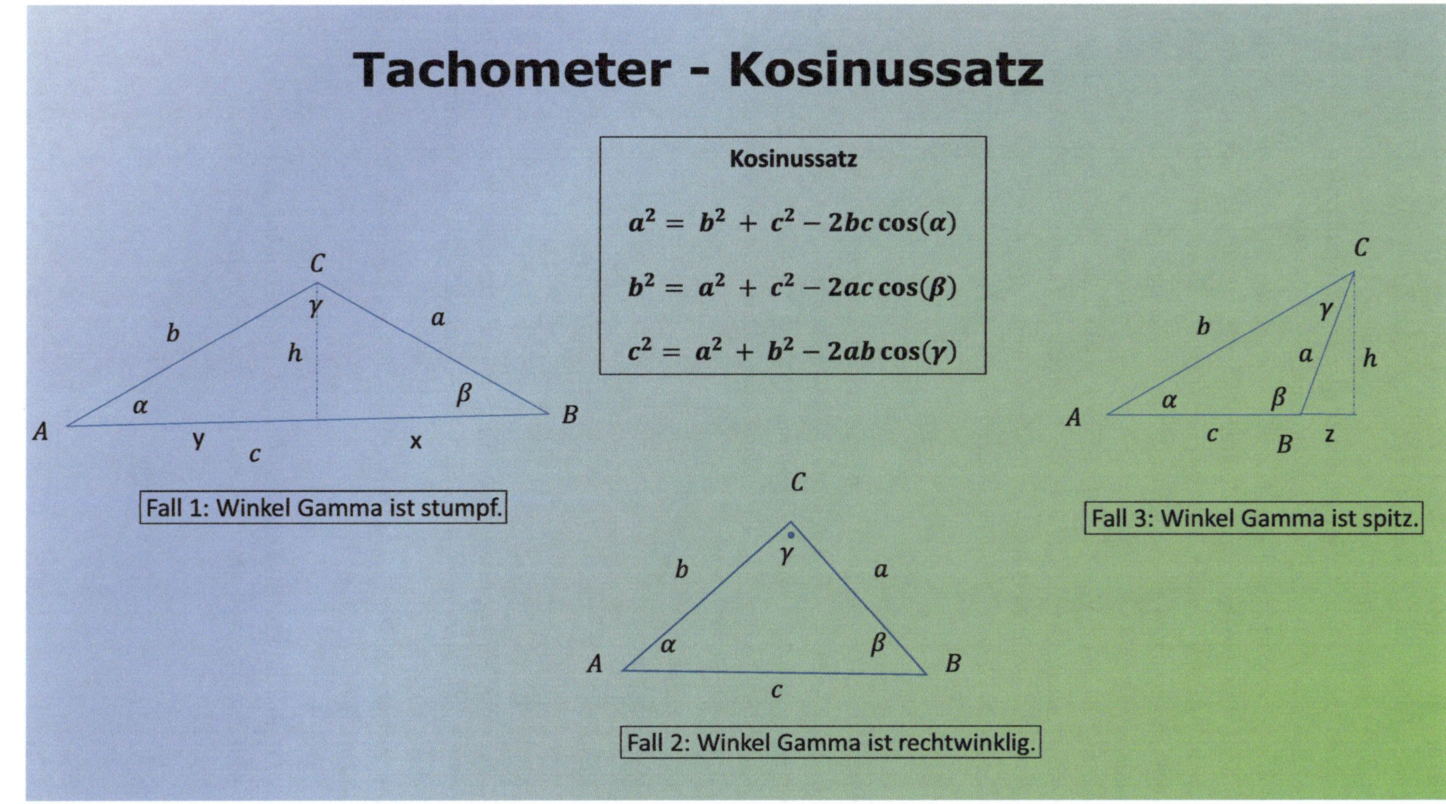

$$a^2 = b^2 + c^2 - 2bc\cos(\alpha)$$

$$b^2 = a^2 + c^2 - 2ac\cos(\beta)$$

$$c^2 = a^2 + b^2 - 2ab\cos(\gamma)$$

Definition und Bemerkung 12 *(Sinus, Kosinus, Tangens) Gegeben sei ein rechter Winkel, der von zwei Parallelen geschnitten wird. In obiger Zeichnung sind die entsprechenden Strecken derart eingezeichnet, daß zwei rechtwinklige Dreiecke bzgl. desselben Winkels entstehen. Für das weitere Verständnis sind diejenigen* **Verhältnisse** *der eingezeichneten Dreiecksseiten von Bedeutung, die einander entsprechen. Man betrachte zunächst $\frac{a}{b}$ und $\frac{y}{x}$ sowie den Schenkel mit den Strecken b, x, die auf der x-Achse eines zweidimensionalen Koordinatensystems mit dem Nullpunkt A liegen. Der Punkt C besitzt demzufolge die Koordinaten (b, a), der Punkt D entsprechend (x, y). Es sei an die Geradengleichung in Vektorform erinnert. Da A der Nullpunkt ist, ist diese Gerade die Menge aller Punkte $k(b, a)$, wobei k eine reelle Zahl ist. Der Punkt D liegt auf der Geraden. Folglich gibt es eine reelle Zahl k mit $k(b, a) = (x, y)$. Das bedeutet, daß $x = kb$ und $y = ka$ gelten. Demzufolge ist der Quotient $\frac{a}{b}$ identisch mit $\frac{x}{y}$. Diesen Wert nennt man* **Tangens** *des Winkels α – in Zeichen $tan(\alpha)$. Es ist der Quotient der beiden Katheten, wobei die entgegengesetzte im Zähler und die anliegende im Nenner steht. Aus diesem Grund sagt man, der Tangens*

$$tan(\alpha) := \frac{a}{b}$$

ist der Quotient aus Gegen- zu Ankathete im rechtwinkligen Dreieck.

Mit Hilfe des Satzes von Pythagoras ergibt sich einerseits $c^2 = b^2 + a^2$ und andererseits $z^2 = x^2 + y^2$. Mit dem obigen Erkenntnissen folgt $z^2 = k^2(a^2 + b^2) = k^2c^2$. Durch Wurzelziehen erhält man $z = kc$ (Alle Zahlen sind positiv, da Strecken betrachtet werden.). Folglich sind auch die Verhältnisse

$$sin(\alpha) := \frac{a}{c} = \frac{y}{c}$$

und

$$cos(\alpha) := \frac{b}{c} = \frac{x}{c}$$

konstant. Diese Verhältnisse nennt man **Sinus** *bzw.* **Kosinus** *des Winkels α. Es ist das Verhältnis von Gegenkathete zu Hypotenuse bzw. Ankathete zu Hypotenuse im rechtwinkligen Dreieck.*

    Mathematische Kritik: *siehe oben zu unscharfen Begriffen und darauf basierenden Schlussfolgerungen*   ◇

Satz 31 *(Kosinussatz) Sei ein beliebiges Dreieck mit den Punkten A, B, C, den Seiten a, b, c und den Winkeln α, β, γ gegeben. Es gelten die folgenden Beziehungen:*

$$(i) \quad a^2 = b^2 + c^2 - 2bc\,cos(\alpha)$$
$$(ii) \quad b^2 = a^2 + c^2 - 2ac\,cos(\beta)$$
$$(iii) \quad c^2 = b^2 + a^2 - 2ba\,cos(\gamma).$$

Beweis Es wird nur die erste Aussage gezeigt. Durch Anwendung dieser und Umbezeichnung der anderen Größen folgen daraus auch die Teile (ii) und (iii) mittels Symmetrieargument. Die Aussage wird durch eine Fallunterscheidung nach der Größe des Winkels γ wie in obiger Figur eingezeichnet bewiesen. Daß exakt drei Fälle vorliegen, basiert auf der Winkelsumme im Dreieck. Diese ist $180°$.

Fall 1: γ ist stumpf: In diesem Fall ist die **Höhe** auf der Seite c – die mit h_c benannt wird und die senkrecht auf der Seite steht – innerhalb des Dreiecks und teilt c in die Abschnitte p und q. Es folgt gilt $c = p + q$. Mittels Kosinus-Definition ergibt sich $cos(\alpha) = \frac{p}{b}$. Zusätzlich zeigt der Satz von Pythagoras, daß die Beziehungen $a^2 = h_c^2 + q^2$ und $b^2 = h_c^2 + p^2$ gelten. Es kann der Kosinussatz $a^2 = b^2 + c^2 - 2bc\,cos(\alpha)$ abgeleitet werden. Der Nachweis wird mittels äquivalenten Umformungen durchgeführt. Der Kosinussatz ist genau dann richtig, wenn $h_c^2 + q^2 = h_c^2 + p^2 + c^2 - 2bc\frac{p}{b}$ gilt. Das bedeutet $q^2 = p^2 - 2cp + c^2$, also $q^2 = p^2 - 2(p+q)p + (p+q)^2$. Mit der ersten binomischen Formel ist diese Aussage gleichwertig zur wahren Einsicht $q^2 = p^2 - 2p^- 2pq + p^2 + 2pq + q^2$.

Fall 2: γ ist rechtwinklig: Betrachtet man ein rechtwinkliges Dreieck, wobei der Winkel α immer größer wird und gegen $90°$ tendiert, bleibt die Ankathete konstant. Die Hypothenuse strebt jedoch ins Unendliche. Aus diesem Grund setzt man $cos(90°) = 0$. Der Kosinussatz ergibt sich in diesem Fall aus dem Satz von Pythagoras.

Fall 3: γ ist spitz: Die Höhe h_c steht auf c um die Länge x außerhalb der Seite c. Es gelten $cos(\alpha) = \frac{c+x}{b}$, $a^2 = h_c^2 + x^2$ und $b^2 = (c + x)^2 + h_c^2$. Die Aussage des Kosinussatz $a^2 = b^2 + c^2 - 2bc\,cos(\alpha)$ ist in diesem Fall gleichwertig zu $h_c^2 + x^2 = (c+x)^2 + h_c^2 + c^2 - 2bc\frac{c+x}{b} = c^2 + 2cx + x^2 + h_c^2 + c^2 - 2c(c + x)$. Dieser Term ist äquivalent zu $0 = c^2 + 2cx + c^2 - 2c^2 - 2cx$. Auf der rechten Seite der Gleichung ergibt sich durch Zusammenfassung der Wert Null. $\diamond$

Mathematische Kritik: siehe oben zu unscharfen Begriffen und darauf basierenden Schlussfolgerungen

Zum Kosinussatz werden ebenfalls Anwendungen in den Übungsaufgaben präsentiert. Im letzten Abschnitt wurde der Kosinussatz benutzt, um den Winkel zwischen zwei Vektoren mit Hilfe des Skalarproduktes zu definieren bzw. zu berechnen. Insbesondere konnte mit seiner Hilfe die Orthogonalität von Vektoren nachgewiesen werden.

Was besagt der Kosinussatz genau? Die Aussage ist $a^2 = b^2 + c^2 - 2bc\,cos(\alpha)$. Der Winkel α wird mit den Strecken b und c gebildet. Kennt man diese drei Größen, kann also die dem Winkel gegenüberliegende Seite exakt berechnet werden:

$$a = \sqrt{b^2 + c^2 - 2bc\,cos(\alpha)}.$$

Mit Hilfe des sog. **Sinussatz** können in diesem Fall sogar die übrigen Winkel im Dreieck ermittelt werden. Der Beweis des Sinussatzes verbleibt als Rechenübung. Seine Aussage ist

$$\frac{sin(\alpha)}{a} = \frac{sin(\beta)}{b} = \frac{sin(\gamma)}{c} - \textbf{Sinussatz im allgemeinen Dreieck.}$$

Folgich kann das komplette Dreieck festgelegt werden. Aus diesem Grund spricht man von einem **Kongruenzsatz der Form** SWS **– Seite, Winkel, Seite**. Es gibt weitere Kongruenzsätze zum Dreieck, die ebenfalls in den Übungen dargestellt werden.

5.1.6.2 Kreise und ihre Umfänge

In diesem Abschnitt sollen **Kreise** K definiert und ihre **Umfänge** U berechnet werden. Zu diesem Zweck muss die **Kreiszahl** π definiert werden. Der Definitionsprozess vollzieht sich mittels sog. **regelmäßigen** n**-Ecken**. Die **Kreislinie** wird durch die **n-Ecke** approximiert. Zum weiteren Verständnis mögen folgende Skizzen hilfreich sein.

Tachometer – Kreise

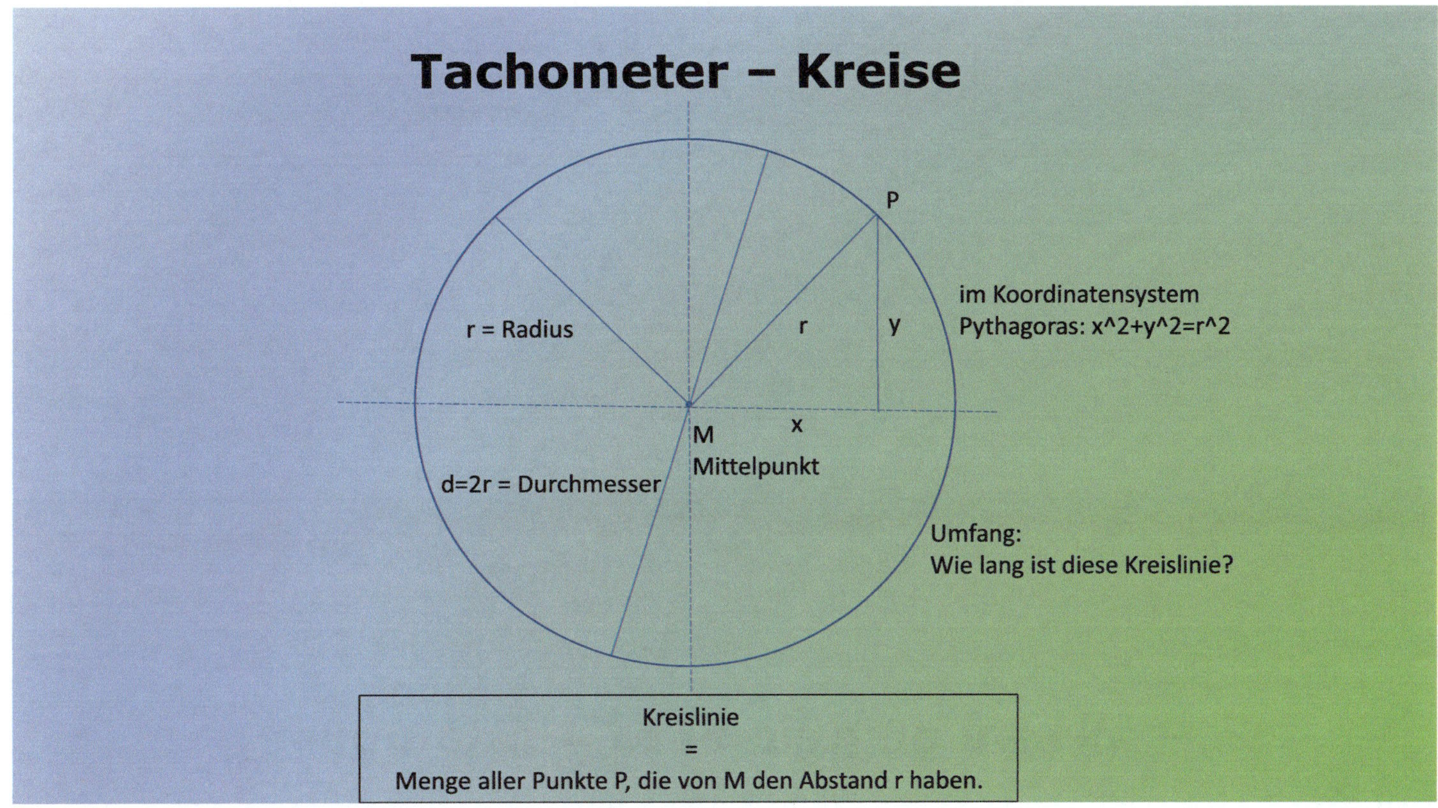

Tachometer – regelmäßige n-Ecke

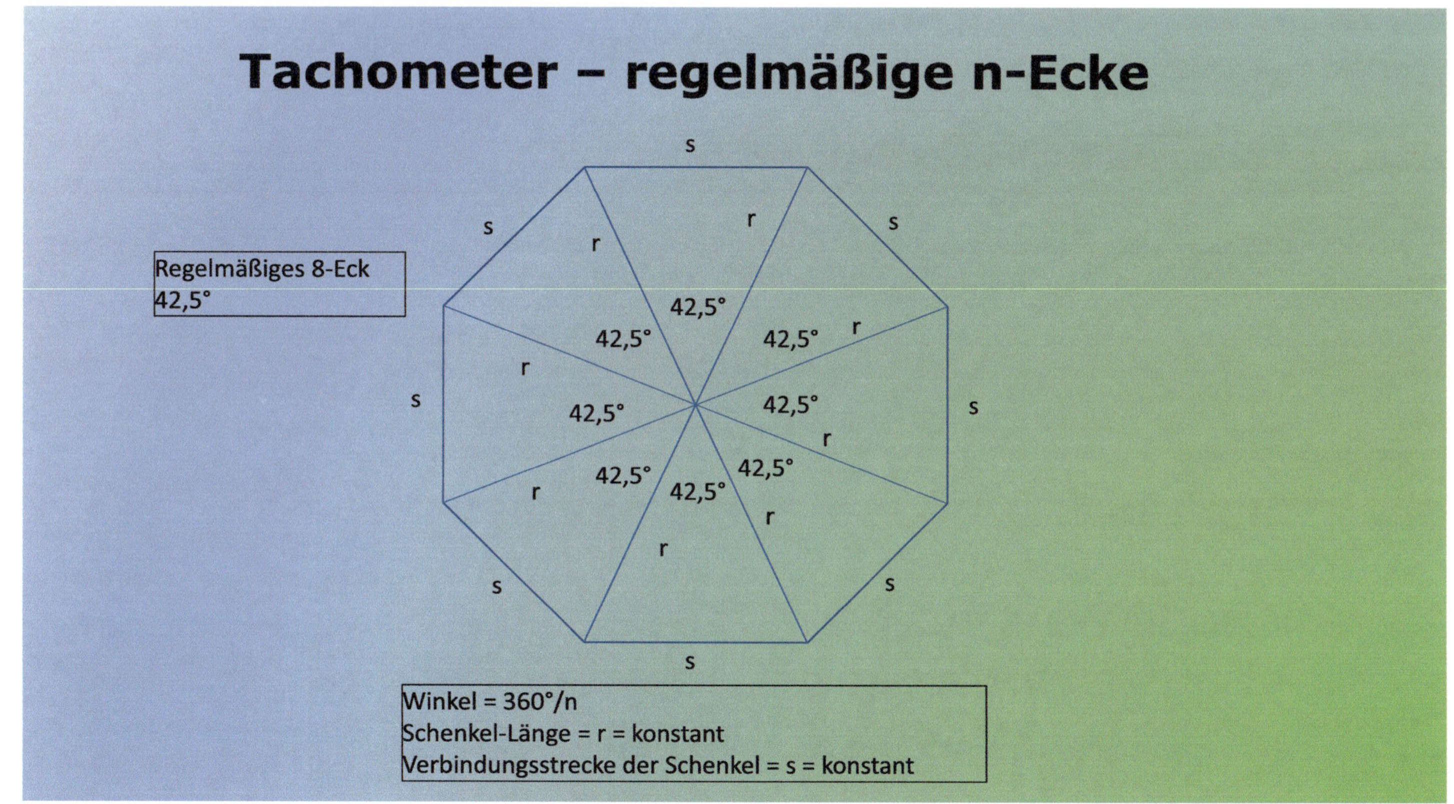

Definition und Bemerkung 13 *(Kreise, regelmäßige n-Ecke)* Der **Kreis** ist ein geometrisches Objekt, bei dem alle Punkte der **Kreislinie** den gleichen Abstand r– der **Radius** – von einem festen Punkt P– der **Mittelpunkt** – besitzen. Das Doppelte des Radius $2r = d$ wird als **Durchmesser** des Kreises bezeichnet. Legt man den Kreis mit Mittelpunkt M in den Nullpunkt eines kartesisches Koordinatensystem, liegt ein Punkt P mit den Koordinaten (x, y) genau dann auf der Kreislinie, wenn $x^2 + y^2 = r^2$ gilt. Diese Aussage folgt aus dem Satz von Pythagoras.

Seien n eine natürliche Zahl, r eine positive reelle Zahl sowie $\alpha := \frac{360°}{n}$. Man betrachte ein Dreieck, bei dem zwei Schenkel die Länge r besitzen und einen Winkel α bilden. Wie am Ende des vorherigen Abschnittes angemerkt, ist das ganze Dreieck nach dem Kongruenzsatz SWS eindeutig festgelegt. Ein derartiges Dreieck wird **gleichschenkliges** Dreieck genannt. Es werden folgend n dieser gleichschenkligen Dreiecke kreisförmig nebeneinander gelegt. Auf diese Weise entsteht ein sog. **regelmäßiges n-Eck.** Man kann beweisen, daß bei einem gleichschenkligen Dreieck die beiden Winkel, die an den jeweils gleichlangen Schenkeln mit der verbleibenden Seiten gebildet werden, gleich groß sind.   ◇

Für die Berechnung des **Kreisumfanges = Länge der Kreislinie** wird dieser durch innere und äußere regelmäßige n-Ecke **approximiert.** Beide n-Ecke werden durch Verdopplung immer feiner. Dieser **Verdopplungs-Prozess** ist in folgenden Zeichnungen dargestellt.

Tachometer – Umfang Kreis durch Umfang inneres n-Eck approximieren

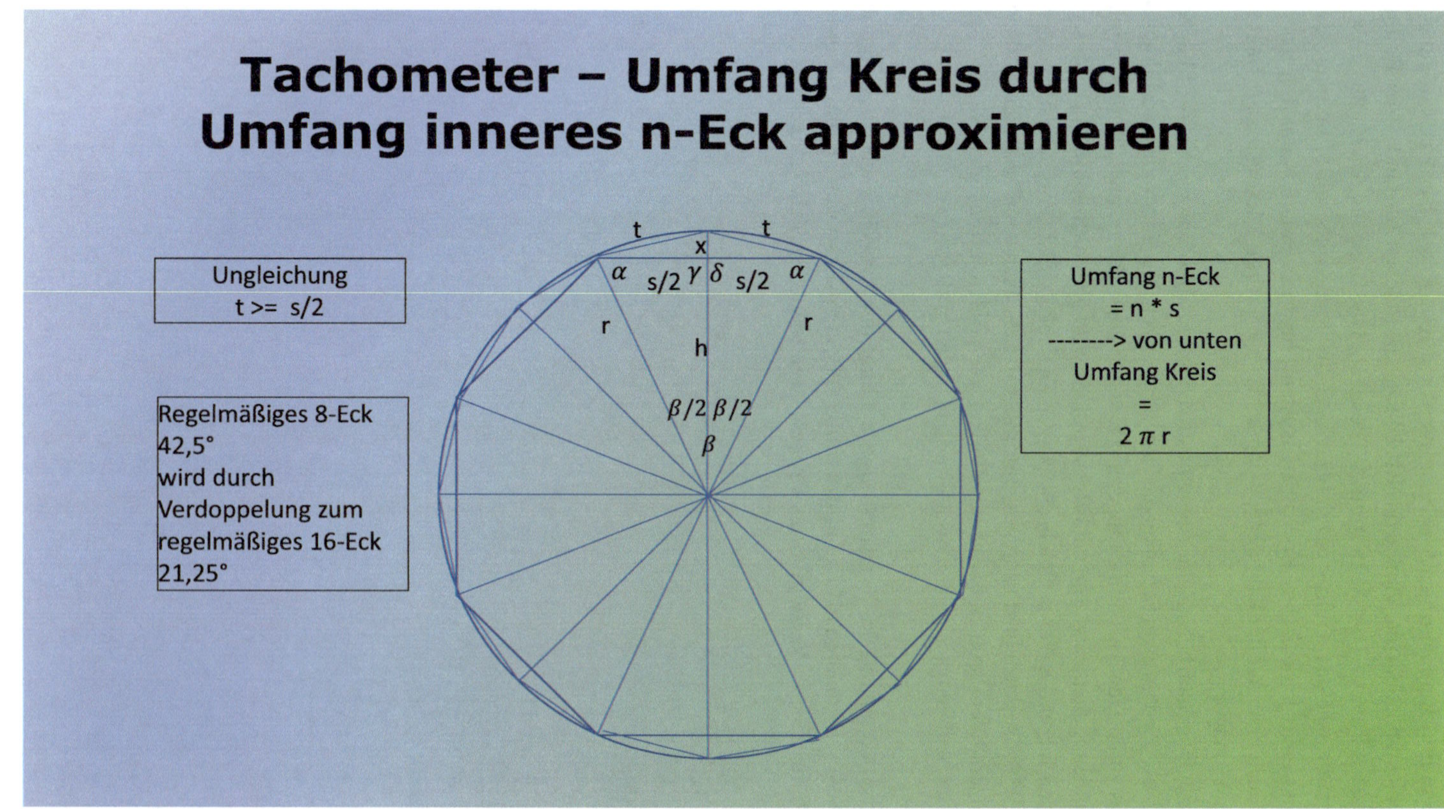

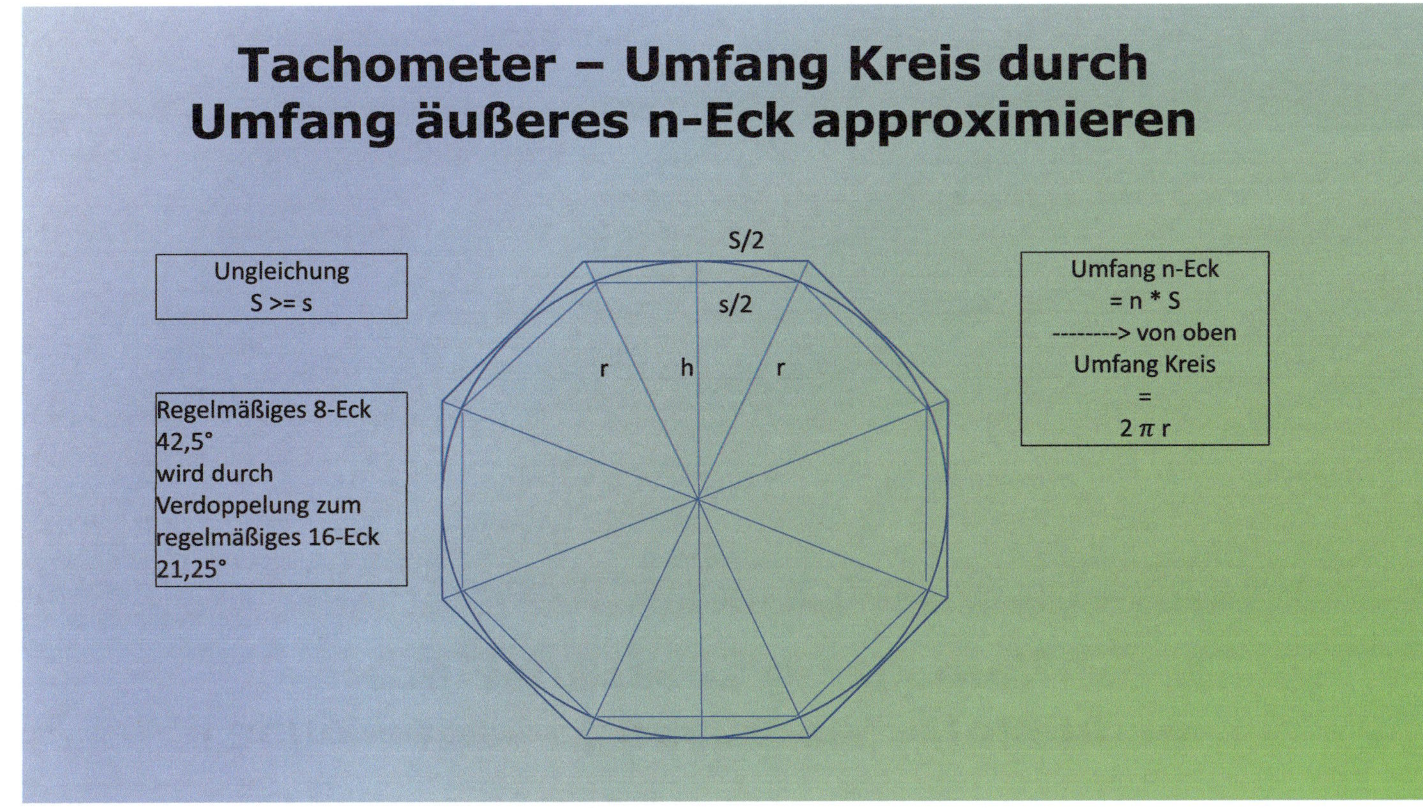
Tachometer – Umfang Kreis durch
Umfang äußeres n-Eck approximieren
Ungleichung
S >= s
Regelmäßiges 8-Eck
42,5°
wird durch
Verdoppelung zum
regelmäßiges 16-Eck
21,25°
s/2
s/2
r h r
Umfang n-Eck
= n * S
--------> von oben
Umfang Kreis
=
2 π r

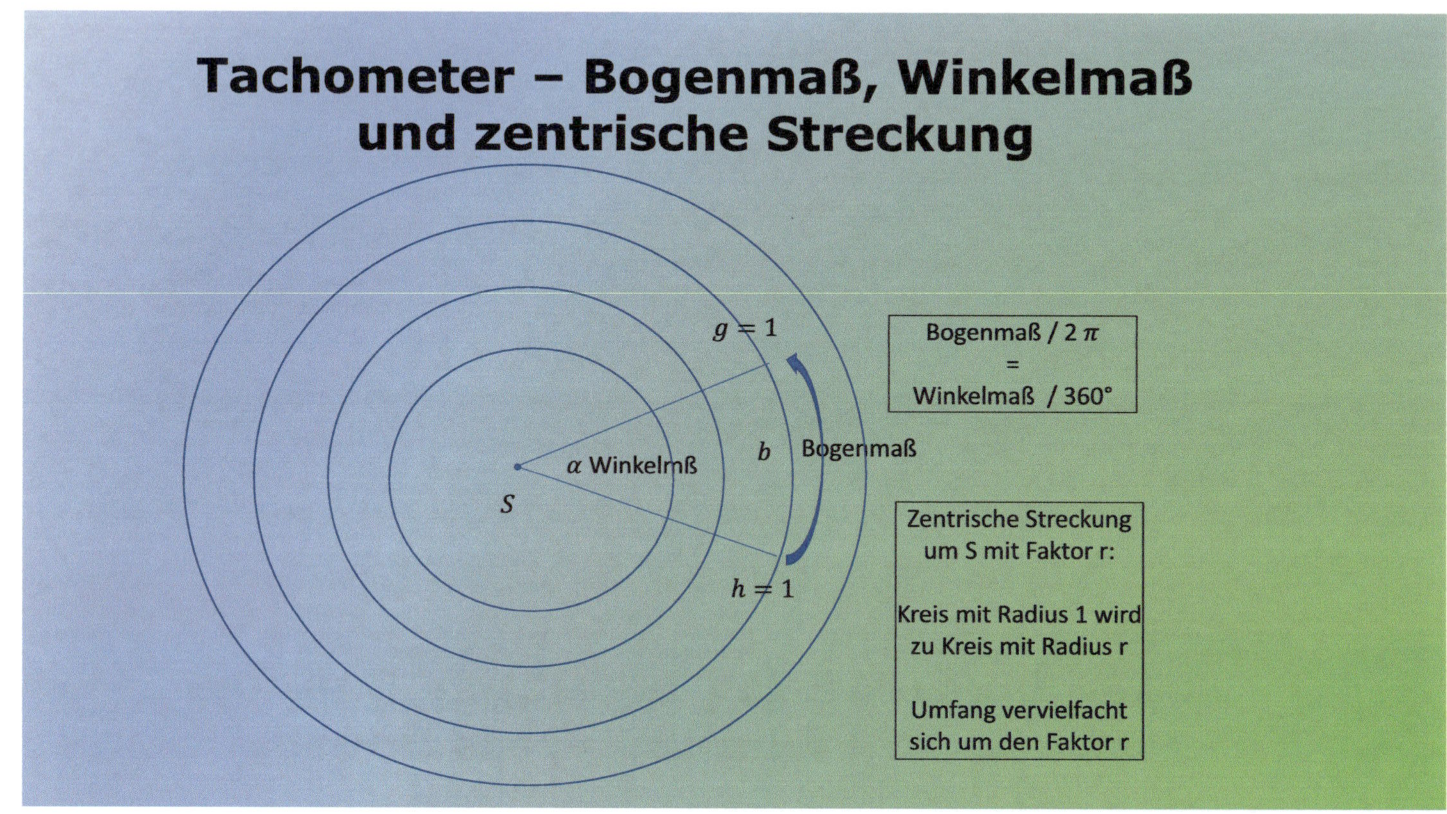
Tachometer – Bogenmaß, Winkelmaß und zentrische Streckung
g = 1
α Winkelmß
S
b   Bogenmaß
h = 1
Bogenmaß / 2 π
=
Winkelmaß / 360°
Zentrische Streckung um S mit Faktor r:
Kreis mit Radius 1 wird zu Kreis mit Radius r
Umfang vervielfacht sich um den Faktor r

Approximation 1 *(Approximation des Kreisumfanges, Definition von π)* Zum Verständnis der hier vorgestellten Approximationen betrachte man obige Zeichnungen zu den regelmäßigen inneren und äußeren n-Ecken eines Kreises. Beginnend die Annäherung auf Basis regelmäßiger innerer n-Ecke. Zu diesem Zweck legt man in einen Kreis vom Radius r ein regelmäßiges n-Eck zum Winkel $\beta = \frac{360°}{n}$ mit Winkelschenkeln r. Der zugehörige Umfang dieses n-Ecks ist gegeben durch $n \cdot s$. s ist die Länge der Grundseite der zugehörigen n gleichschenkligen Dreiecke, aus denen das n-Eck besteht. Idee ist, in jedem Schritt die inneren regelmäßigen n-Ecke derart abzuändern, daß sich die Eckenzahl verdoppelt. Dazu betrachte man die Winkelhalbierende h eines dieser gleichschenkligen Dreiecke, die bis zur Kreislinie weitergezeichnet ist. Durch die Winkelhalbierende entstehen 2 neue gleichschenklige Dreiecke mit halbiertem Winkel. Resultierend ist ein $2n$-Eck mit dem Winkel $\frac{\beta}{2}$ und den Schenkellängen r. Die Grundseite sei t genannt.

Es soll bewiesen werden, daß die **Winkelhalbierende** h die Grundseite s halbiert und im rechten Winkel schneidet. Das bedeutet, daß sie gleichzeitig die Höhe und die **Seitenhalbierende** der Grundseite ist. Man kann einsehen, daß bei einem gleichschenkligen Dreieck die beiden Winkel, die an den jeweils gleichlangen Schenkeln mit der verbleibenden Seiten gebildet werden, gleich groß sind. In der Zeichnung ist dies der Winkel α. Die Winkel, die die Seitenhalbierende h mit s beim Schnitt erzeugt, seien γ und δ genannt. Ihre Summe ist ein gestreckter Winkel: $\gamma + \delta = 180°$. Wegen der Winkelsumme im Dreieck gilt zudem $\frac{\beta}{2} + \alpha + \delta = 180° = \frac{\beta}{2} + \alpha + \gamma$. Damit sind γ und δ gleichgroß und stimmen mit $90°$ überein. Folglich ist h eine Höhe. Für die jeweiligen Abschnitte links und rechts vom Schnittpunkt gilt im linken bzw. rechten Dreieck nach der Definition des Sinus, daß sie genau $\frac{h}{sin(\alpha)}$ groß und daher insbesondere gleich lang sind. Also halbiert die Winkelhalbierende die Seite s. Das Stück vom Schnittpunkt von h mit s zum Kreisrand sei x.

Ziel ist, die neue Grundseite t mit Hilfe von s rekursiv auszudrücken. Es gelten $r = x + h$ sowie mittels Satz von Pythagoras die Beziehungen $r^2 = (\frac{s}{2})^2 + h^2$ und $t^2 = (\frac{s}{2})^2 + x^2$. Insbesondere folgt die Ungleichung $t^2 = (\frac{s}{2})^2 + x^2 \geq (\frac{s}{2})^2$. Mittels Wurzelziehen ergibt sich $t \geq \frac{s}{2}$. Folglich wird der **Umfang** des $2n$-Ecks größer als der des n-Ecks: $2nt \geq 2n\frac{s}{2} = ns$.

Aus obigen Einsichten ergibt Wurzelziehen $r = \sqrt{t^2 - \frac{s^2}{4}} + \sqrt{r^2 - \frac{s^2}{4}}$. Man erhält $\sqrt{t^2 - \frac{s^2}{4}} = r - \sqrt{r^2 - \frac{s^2}{4}}$. Quadriert man diese Gleichung und wendet die zweite binomische Formel an, leitet sich $t^2 - \frac{s^2}{4} = r^2 - 2r\sqrt{r^2 - \frac{s^2}{4}} + (r^2 - \frac{s^2}{4})$ ab. Das bedeutet $t^2 = 2r^2 - 2r\sqrt{r^2 - \frac{s^2}{4}} = 2r^2 - r\sqrt{4r^2 - s^2}$. Es ergibt sich $t = \sqrt{2r^2 - r\sqrt{4r^2 - s^2}}$. Es soll zunächst nur der Einheitskreis betrachtet werden: $r = 1$. Im weiteren Verlauf wird gezeigt, wie daraus der allgemeine Fall abgeleitet werden kann. Für $r = 1$ gilt die Rekursionsformel

$$t = \sqrt{2 - \sqrt{4 - s^2}}.$$

Man überlegt sich weiter, daß $t \leq s$ gilt, was äquivalent zu $\sqrt{2 - \sqrt{4 - s^2}} \leq s$ ist. Quadrieren führt zu $2 - \sqrt{4 - s^2} \leq s^2$. Also gilt $2 - s^2 \leq \sqrt{4 - s^2}$ und damit $4 - 4s^2 + s^4 \leq 4 - s^2$ und $s^4 - 3s^2 \leq 0$. Da $s > 0$ ist, gilt die äquivalente Bedingung $s^2 \leq 3$. Daher muss der sog. **Rekursionsanfang** fixiert werden. Die Approximation soll mit einem regelmäßigen 6-Eck gestartet werden. Die gleichschenkligen Dreiecke sind zum Winkel $60°$ gebildet. Die anderen beiden Winkel, die schon als gleich eingesehen worden sind, sind wegen der Winkelsumme im Dreieck ebenfalls vom Maß $60°$. Aus diesem Grund liegt ein Dreieck vor, in dem alle Winkel gleich sind. Mit dem Sinussatz ergibt sich, daß sogar alle Seiten gleich lang sind: $s = 1$. Derartige Dreiecke nennt man **gleichseitig.** Es ist eingesehen, daß $t \leq s$ gilt. Insbesondere startet man für die Approximation des Umfangs auf Basis eines regelmäßigen inneren 6-Eck mit dem Wert 6.

Beim Verdoppelungsverfaren für die inneren n-Ecke gilt, daß mit einem regelmäßigen 6-Eck startend eine Folge von monoton wachsenden Umfängen und zugehörigen monoton fallenden Seitenlängen vorliegt. Die Eckenzahl und Seitenanzahl verdoppeln sich.

Bevor das Konvergenzverhalten der Kreislinien-Approximation analysiert werden kann, benötigt man die Approximation des Kreises von 'oben' durch äußere regelmäßige n-Ecke. Die äußeren n-Ecke entstehen aus den inneren, in dem die Höhe h bis zur Kreislinie verlängert wird. Folgend wird am resultierenden Schnittpunkt eine Tangente = Senkrechte zur Höhe angelegt und die Schenkel entsprechend verlängert, bis sie diese Tangente schneiden. Wegen der Winkelsumme im Dreieck sind die Winkel an der Tangente mit den verlängerten Schenkeln wieder identisch. Aus dem Sinussatz folgt, daß das Dreieck erneut gleichschenklig ist. Also teilt die Winkelhalbierende die Tangente ebenfalls im Verhältnis $1 : 1$. Die Hälfte der Grundseite ist in der Figur mit $S/2$ bezeichnet. Es kann eine Beziehung zwischen s und S hergeleitet werden. Wegen des Satzes von Pythagoras gilt $h^2 + (s/2)^2 = r^2$, woraus $h = \sqrt{r^2 - (s^2/4)}$ folgt. Wegen der Definition des Sinus ergibt sich $\frac{S/2}{s/2} = \frac{r}{h}$. Man erhält $S = \frac{sr}{h} = \frac{sr}{\sqrt{r^2 - (s^2/4)}}$. Für $r = 1$ ergibt sich

$$S = \frac{s}{\sqrt{1 - s^2/4}}.$$

Da die Approximation mit $s = 1$ gestartet wird, erhält man stets $S \geq s$ und damit $nS \geq ns$. Der äußere Umfang ist grösser als der innere Umfang der konstruierten regelmäßigen n-Ecke. Es soll folgend eingesehen werden, daß die Umfänge der äüßeren regelmäßigen n-Ecke bei jedem Verdoppelungsschritt kleiner werden. Zum Nachweis muss $nS \geq 2nT$ eingesehen werden, was äquivalent zu $\frac{s}{\sqrt{1-s^2/4}} \geq 2\frac{t}{\sqrt{1-t^2/4}}$ ist. Quadrieren führt zu $\frac{s^2/4}{1-s^2/4} \geq \frac{t^2}{1-t^2/4}$. Es gilt $s \geq t \geq s/2$. Aus diesem Grund sind $s^2/4 \geq t^2$ und $1 - s^2/4 \geq 1 - t^2/4$ erfüllt.

Konvergenz von Zahlenfolgen wird erst im nächsten Kapitel fundiert dargestellt. Sie muss bereits an dieser Stelle verwendet werden. Die Folge der Umfänge der inneren n-Ecke wächst an. Sie ist durch die entsprechenden fallenden Werte der Umfänge der äußeren n-Ecke beschränkt. Daher sind beide Folgen nach dem **Satz über die monotone Konvergenz** konvergent und streben im Unendlichen jeweils gegen einen sog. Grenzwert. Es ist auch eingesehen worden, daß die Folge der Seitenlängen s monoton fällt und nach unten durch Null beschränkt ist. Demzufolge ist diese Folge ebenfalls konvergent. Weil ns konvergent und die Folge n unbeschränkt ist, muss s gegen Null konvergieren. Anderenfalls wäre $(ns)/s = n$ nämlich konvergent als **Quotient** zweier konvergenter Folgen. Die Umfänge $nS = ns \cdot \frac{1}{\sqrt{1-s^2/4}}$ konvergieren ebenfalls gegen denselben Grenzwert wie ns, denn: s konvergiert gegen Null. Zwangsläufig muss $s^2/4$ und somit $1 - s^2/4$ gegen 1 konvergieren. Nach dem **Wurzelsatz für konvergente Folgen** ist $\sqrt{1 - s^2/4}$ gegen 1 und nach dem **Quotientensatz** sein Kehrwert ebenfalls gegen 1 konvergent.

Die Hälfte dieses eindeutig bestimmten **Grenzwerts** wird mit

$$\pi$$

bezeichnet. Der Umfang eines Kreises mit Radius 1 ist folglich exakt

$$2 \cdot \pi.$$

Man betrachte folgend einen beliebigen Kreis mit Radius r und Mittelpunkt M und interpretiere diesen im zweidimensionalen Raum. Durch die Abbildung $move_{-m}$ ergibt sich ein Kreis mit Radius r um den Nullpunkt mit identischem Umfang. Der Kreis kann unter der sog. **zentrischen Streckung** $(x, y) \mapsto 1/r \cdot (x, y)$, also durch das skalare Vervielfachen um den Faktor $1/r$, verändert werden. Ist $x^2 + y^2 = r^2$, gilt $(x/r)^2 + (y/r)^2 = 1$. Aus diesem Grund ist der Kreis auf den Einheitskreis zentrisch gestreckt. Der Umfang unter zentrischer Streckung ist der ursprüngliche Umfang multipliziert mit dem **Streckfaktor.** Auf diese Weise kann eingesehen werden, daß der Umfang eines beliebigen Kreises mit Radius r genau

$$2\pi r$$

ist. Abschließend sei ein beliebiger Winkel mit Schenkellängen g und h sowie Winkelmaß α betrachtet. Das Winkelmaß verändert sich nicht, wenn die Schenkel g und h verkürzt oder verlängert werden. Seien diese folgend von der Länge $g = h = 1$. Es kann der Scheitelpunkt als Mittelpunkt eines Kreises vom Radius r angesehen werden. Die Endpunkte der beiden Schenkel liegen folglich auf der Kreislinie. Es soll berechnet werden, wie lang der Kreisbogen zwischen diesen beiden Punkten ist. Er wird das **Bogenmaß** b zum Winkel α genannt. Der Zusammenhang ist der einer Proportionalität:

$$\frac{b}{2\pi} = \frac{\alpha}{360°}.$$

Auf diese Weise könnte man Winkelmaße definieren.

Mit Hilfe des Bogenmaßes kann die ursprüngliche Frage beantwortet werden, wie weit der **Zeiger in der Tachometeranzeige** ausschlägt. Das Tachometer ist modellierbar als ein **Kreisausschnitt** zum Winkel α und Bogenmaß b. Es ist eine Fehlerzahl von 0 bis maximal 19 vorgesehen. Liegen $0 \leq n \leq 19$ Fehler vor, muss der Zeiger genau um den Winkel

$$\beta := n\left(\frac{\alpha}{19}\right)$$

ausschlagen. Das entspricht einem Bogenmaß von

$$b = 2\pi\,\frac{\beta}{360°}.$$

$\diamond$

6.1 Mathematik

6.1.1 Theoretischer Hintergrund

6.1.1.1 Primzahlen und Ringtheorie

Die ganzen Zahlen $\mathbb{Z}$ bilden basierend auf der Addition und Multiplikation einen kommutativen und nullteilerfreien Ring mit Einselement, einen sog. Integritätsbereich. In diesem Abschnitt werden Eigenschaften ganzer Zahlen bzgl. **Primzahlen** analysiert. Die Darstellung basiert auf dem Werk von Zariski und Samuel über kommutative Algebren (siehe [46]).

Definition und Bemerkung 14 *(Teilbarkeit, Einheit, Nullteiler, Primelement, irreduzibles Element, Ideal, Hauptideal, ggT, kgV, maximales Ideal, Primideal, Hauptidealring)* Sei R ein kommutativer Ring mit Einselement 1. Die **Teilbarkeitsrelation** für Ringe wird durch

$$| := \{(a; b) \mid a, b \in R, \exists c \in R : (ac =)ca = b\}$$

definiert. Für $a, b \in R$ gilt $a \mid b$ genau dann, wenn es ein $c \in R$ gibt, so daß

$$(ac =)ca = b$$

erfüllt ist. In diesem Fall ist a ein **Teiler** von b. **Einheiten** sind die Teiler des Einselementes. Ein Element $a \in R$ ist eine Einheit genau dann, wenn es ein $c \in R$ gibt, so daß

$$(ac =)ca = 1$$

gilt. Die Menge der Einheiten von R ist bereits als **Einheitengruppe** definiert und mit $E(R)$ betitelt worden. **Nullteiler** sind die Teiler der 0. Ein Element $a \in R$ ist ein Nullteiler genau dann, wenn es ein $c \in R$ gibt, so daß

© Der/die Autor(en), exklusiv lizenziert an Springer-Verlag GmbH, DE, ein Teil von Springer Nature 2026
S. Wirsing, *SMILE - Vertiefungsband Mathematik für die Logistik*,
Schule für Mathematik, Informatik, Logistik und Erfolg,
https://doi.org/10.1007/978-3-662-72678-5_6

$$(ac =)ca = 0$$

gilt.

Die ev. aus der Schule bekannte Definition der Primzahlen oder allgemeiner der primen Elemente oder auch der Primelemente ist die der irreduziblen Elemente. Ein Element $a \in R \setminus \{0\}$ ist **irreduzibel** oder **zerlegbar,** wenn a keine Einheit in R ist und für alle $b, c \in R$ aus $a = bc$ folgt, daß b oder c eine Einheit in R ist. **Prime** Elemente p sind dadurch charakterisiert, daß sie keine Einheit und ungleich Null sind und für alle $b, c \in R$ aus $p \mid bc$ folgt, daß $p \mid b$ oder $p \mid c$ erfüllt ist. Zusammenhänge beider Begriffe werden folgend analysiert werden.

Seien $a, b, c \in R$. Ist c sowohl ein Teiler von a als auch von b – also $c \mid a$ und $c \mid b$ –, wird c ein **gemeinsamer Teiler** von a und b genannt. Ein **größter gemeinsamer Teiler** von a und b ist ein gemeinsamer Teiler von a und b, der jeden weiteren gemeinsamen Teiler von a und b teilt. Er ist 'groß' bzgl. der Teiltrelation $\mid$. Die Menge aller gemeinsamen bzw. größten gemeinsamen Teiler von a und b werden mit $gT(a, b)$ bzw. $ggT(a, b)$ symbolisiert. Achtung: Diese Mengen sind i.A. nicht einelementig! a und b heißen **teilerfremd,** wenn 1 ein größter gemeinsamer Teiler von a und b ist.

Konträr zum gemeinsamen Teiler ist der Begriff des **gemeinsamen Vielfachen** von a und b. Es sind Elemente c, die sowohl von a als auch von b geteilt werden. Ein **kleinstes gemeinsames Vielfaches** von a und b ist ein gemeinsames Vielfache von a und b, das jedes gemeinsame Vielfache von a und b teilt. Es ist 'klein' bzgl. der Teiltrelation. Die Menge aller gemeinsamen bzw. kleinsten gemeinsamen Vielfachen von a und b werden mit $gV(a, b)$ bzw. $kgV(a, b)$ symbolisiert. Achtung: Diese Mengen sind ebenfalls i.A. nicht einelementig!

Größte gemeinsame Teiler und kleinste gemeinsame Vielfache von mehreren Elementen werden analog definiert. Sie können ebenfalls rekursiv auf Basis zweier Elemente definiert werden.

Ein **Ideal** I von R ist bzgl. $+$ eine Untergruppe von $(R; +)$, so daß für alle $r \in R$ und $i \in I$ die Aussage $ri \in I$ gilt. Stimmt I nicht mit R überein und liegt zwischen I und R kein weiteres Ideal von R, das von I und R verschieden ist, nennt man I ein **maximales Ideal** von R. Ein **Primideal** ist ein Ideal P von R, das von R verschieden ist, so daß für alle $a, b \in R$ folgende Eigenschaft gilt: Wenn $ab \in P$ erfüllt ist, folgt $a \in P$ oder $b \in P$. Ein Mengen-Schnitt von Idealen ist stets ein Ideal von R. Ebenso ist die sog. **Idealsumme**

$$I + J := \{i + j \mid i \in I, j \in J\}$$

zweier Ideale I und J ein Ideal von R.

Für jedes $a \in R$ ist die Menge

$$aR := \{ra \mid r \in R\}$$

ein sog. **Hauptideal** von R. Ist jedes Ideal von R ein Hauptideal von R, bezeichnet man R als **Hauptidealring.** Hauptideale sind eng verknüpft mit der Teiltrelation. Folgende Proposition verdeutlicht diese Beziehung. Es sei angemerkt, daß für zwei Elemente $a, b \in R$ das Teilt-Sein $a \mid b$ äquivalent zum Enthalten-Sein $Rb \subseteq Ra$ ist. Der Übergang von Zahlen zu Mengen ist eines der Merkmale und Ideen der sog. **Idealtheorie** in der Algebra. $\diamond$

Es werden folgend Basiseigenschaften von Ringen aufgelistet.

Proposition 11 *Seien R ein kommutativer Ring mit Eins und $a, b \in R$ mit $a \neq 0 \neq b$. Es gelten folgende Aussagen:*

(i) *Jedes Hauptideal ist ein Ideal.* – **Hauptideal impliziert Ideal**

(ii) *Die Teiltrelation ist transitiv und reflexiv.* – **Basiseigenschaften der $\mid$-Relation**

(iii) *Ist R nullteilerfrei, gilt $a \mid b$ und $b \mid a$ genau dann, wenn es eine Einheit $e \in R$ gibt, so daß $a = be$ gilt. Man sagt in diesem Fall, daß a und b **assoziiert** sind.* – **Assoziiertheit**

(iv) *Ist R nullteilerfrei und ist $g \in ggT(a, b)$, gilt $ggT(a, b) = g \cdot E(R)$.* – **Eindeutigkeit des ggT**

(v) *Ist R nullteilerfrei und ist $g \in kgV(a, b)$, gilt $kgV(a, b) = g \cdot E(R)$.* – **Eindeutigkeit des kgV**

(vi) *Ist R nullteilerfrei, ist jedes prime Element irreduzibel.* – **prim impliziert irreduzibel**

(vii) *Ist $c \in R$ und gelten $c \mid a$ und $c \mid b$, gilt für alle $k, l \in R$ auch $p \mid ka + lb$. Insbesondere gelten $c \mid a + b$ und $c \mid a - b$.* – **Kongruenzeigenschaften der $\mid$-Relation**

(viii) *Ist R ein Hauptidealring, existieren ein größter gemeinsamer Teiler g von a und b und $c, d \in R$, so daß $g = ac + bd$ gilt.* – **Existenz und Darstellung des ggT für Hauptidealringe**

(ix) *Ist R ein Hauptidealring, existiert ein kleinstes gemeinsames Vielfaches von a und b.* – **Existenz des kgV für Hauptidealringe**

(x) *Ist R ein Hauptidealring und sind a, b teilerfremd, existieren $c, d \in R$ mit $1 = ac + bd$.* – **1-Darstellung bei Teilerfremdheit**

(xi) *Ist R ein nullteilerfreier Hauptidealring, sind die primen Elemente und die irreduziblen Elemente von R identisch.* – **prim = irreduzibel für Hauptidealringe**

Beweis ad(i) und (ii): Diese Aussagen verbleiben als Rechenübung.

ad(iii): Gilt $a = be$, sind auch $ae^{-1} = b$ sowie $a \mid b$ und $b \mid a$ erfüllt. Seien $c, d \in R$ mit $a = bc$ und $b = da$. Es folgt $a = bc = dac$, also $a(1 - dc) = 0$. Aus der Nullteilerfreiheit erhält man $a = 0$ oder $d, c \in E(R)$. Wegen $a \neq 0$ ist Teil (iii) bewiesen.

ad(iv) und (v): Diese Aussagen folgen direkt aus Teil (iii), da sich größte gemeinsame Teiler bzw. kleinste gemeinsame Vielfache per Definition gegenseitig teilen.

ad(vi): Seien p ein primes Element von R und $p = ab$. Insbesondere ergibt sich aus $p = 1 \cdot (ab)$ damit $p \mid ab$. Wegen der Primeigenschaft von p sei angenommen, daß $p \mid a$ gilt. Der andere Fall $p \mid b$ wird analog über ein Symmetrieargument analysiert. Sei $c \in R$ mit $a = pc$. Es folgen $p = ab = pcb$ und damit $p(1 - cb) = 0$. Wegen der Nullteilerfreiheit und $p \neq 0$ (per Definition) gilt $cb = 1$. Also ist b eine Einheit von R.

ad(vii): Dieser Beweis verbleibt als Rechenübung.

ad(viii): Es sei die Summe aR+bR der Ideale Ra und Rb betrachtet. Summen von Idealen sind Ideale. Da R ein Hauptidealring ist, gibt es ein $g \in R$ mit $Ra + Rb = Rg$. Es wird gezeigt, daß $g \in ggT(a, b)$ gilt, woraus (viii) folgt. Offenbar enthält $Ra + Rb$ sowohl Ra als auch Rb. Demzufolge sind beide Ideale in Rg enthalten. Das bedeutet, daß g sowohl a als auch b teilt. Ist f ein gemeinsamer Teiler von a und b, gelten $Ra \subseteq Rf$ und $Rb \subseteq Rf$. Aus diesem Grund ist die Summe von Ra und Rb in Rf enthalten, da Rf als Ideal additiv abgeschlossen ist. Die Summe ist exakt Rg. Folglich ist f ein Teiler von g.

ad(ix): Es wird ähnlich wie in Teil (viii) mittels Mengen-Schnitt $Ra \cap Rb$ argumentiert. Der Schnitt ist ein Ideal von R. Wegen der Hauptidealeigenschaft existiert ein $v \in R$, so daß $Ra \cap Rb = Rv$ gilt. Es soll eingesehen werden, daß v ein kleinstes gemeinsames Vielfaches von a und b ist. Rv ist sowohl in Ra als auch in Rb enthalten. Daraus ergibt sich, daß sowohl a als auch b ein Vielfaches von v sind. Sei w ein Vielfaches von a und b. Folglich ist Rw sowohl in Ra als auch in Rb enthalten. Demzufolge liegt Rw auch in $Ra \cap Rb = Rv$, woraus $v \mid w$ folgt.

ad(x): Diese Aussage folgt direkt aus Teil (viii).

ad(xi): Wegen Teil (iii) muss nur noch eingesehen werden, daß jedes irreduzible Element i prim ist. Sei i ein Teiler von ab, etwa $ab = ik$ für ein $k \in R$. Es sei angenommen, daß i kein Teiler von a ist. Es soll gezeigt werden, daß i zwangsläufig das Element b teilt. 1 ist ein ggT von i und a. Wegen Teil (viii) sei c ein ggT von i und a, so daß $Ri + Ra = Rc$ gilt. Es folgt $Ri \subseteq Ri + Ra = Rc \subseteq R \cdot 1$. Es gibt also ein $r \in R$ mit $i = rc$. Da i irreduzibel ist, muss c oder r eine Einheit sein. Im ersten Fall ist wegen Teil (iv) bereits 1 ein ggT. Im zweiten Fall folgt $Ri = Rrc = Rc$, da $Rr = R$ wegen $r \in E(R)$ gilt. Daraus folgt $Ra \subseteq Ra + Ri = Rc = Ri$. Diese Aussage ist mit $i \mid a$ gleichwertig. $\diamond$

Satz 32 *(Hauptidealeigenschaft von $\mathbb{Z}$) $\mathbb{Z}$ ist ein Hauptidealring.*

Beweis Sei I ein Ideal von $\mathbb{Z}$. Ist $I = 0$, gilt $I = 0 \cdot \mathbb{Z}$. Sei I ungleich Null und a ein Element ungleich Null von I. Wegen der Untergruppeneigenschaft von I ist $-a \in I$ erfüllt. Folglich ist die Teilmenge $\{x \mid x \in I, x > 0\}$ der natürlichen Zahlen nichtleer. Es wurde bewiesen, daß es ein minimales Element m in I gibt. Es soll eingesehen werden, daß $I = mR$ gilt. Wegen $m \in I$ folgt aus der Idealeigenschaft von I bereits $mR \subseteq I$. Sei $i \in I$. Es wird der Satz über das Teilen mit Rest verwendet. Also existieren $x, y \in \mathbb{Z}$, so daß $i = xm + y$ gilt und $0 \leq \mid y \mid \leq r - 1$ erfüllt ist. Aus $i = xm + y$ folgt aus der Ideal-

und Untergruppeneigenschaft von I bereits $y = i - xm \in I$. Wegen $0 \leq\mid y \mid\leq r - 1$ und der Minimalität von m erhält man $y = 0$. Diese Einsicht zeigt $i = xm \in mR$. $\diamond$

In $\mathbb{Z}$ gibt es wegen dieses Satzes und wegen Proposition 11 stets ggT's und kgV's. Sie sind wegen derselben Proposition bis auf Einheitenmultiplikation eindeutig bestimmt. In $\mathbb{Z}$ existieren folglich höchstens zwei. Die Einheitengruppe der ganzen Zahlen besteht nur aus den Elementen 1 und -1. In $\mathbb{Z}$ definiert man aus diesem Grund den ggT bzw. das kgV als **den** positiven dieser beiden Werte.

Definition und Bemerkung 15 *(faktorieller Ring)*

  (i) Sei R ein Integritätsbereich (also ein nullteilerfreier kommutativer Ring mit Eins). R heißt **faktoriell** (oder **ZPE-Ring**, **Gaußscher Ring** oder **EPZ-Ring**), wenn jedes Element als endliches Produkt von primen Elementen und einer Einheit darstellbar ist. Genauer: Zu jedem Element $r \in R$ gibt es eine Einheit $e \in E(R)$, eine natürliche Zahl n und prime Elemente $p_1, ..., p_n \in R$, so daß

$$a = e \cdot \prod_{\text{ß}=1}^{n} p_i$$

    erfüllt ist.

  (ii) In einem faktoriellen Ring ist jedes irreduzible Element bereits prim, denn: Sei i irreduzibel. i besitzt eine Zerlegung in Primelement. Gäbe es mindestens zwei Elemente in dieser Zerlegung, müsste mindestens ein Primelement davon eine Einheit sein (da i irreduzibel ist). Das widerspricht der Definition des primen Elementes. Wegen Proposition 11 sind demzufolge die primen und irreduziblen Elemente in einem faktoriellen Ring identisch.

(iii) Es gilt eine **Eindeutigkeit in der Zerlegung in irreduzible = prime Elemente** in faktoriellen Ringen. Zwei Zerlegungen besitzen dieselbe Länge und die Faktoren unterscheiden sich multiplikativ nur um eine Einheit. Sind also $n, m \in \mathbb{N}$, $p_1, ..., p_n, q_1, ..., q_m$ prime Elemente und gilt

$$p_1...p_n = q_1...q_m,$$

    ist

$$n = m,$$

und es gibt eine Permutation $\pi \in S_n$, so daß für alle $i \in \underline{n}$ eine Einheit $e_i \in E(R)$ existiert mit

$$p_{i\pi} = e_i \cdot q_i.$$

Der Beweis erfolgt per vollständiger Induktion. p_1 ist prim und teilt $q_1...q_m$. Wegen der Primeigenschaft muss mindestens eines der Elemente $q_1, ..., q_m$ teilen. Durch Umnummerierung = Permutation kann erreicht werden, daß p_1 ein Teiler von q_1 ist. Sei $e \in R$, so daß $p_1 \cdot e = q_1$ gilt. Da q_1 prim und damit auch irreduzibel ist (siehe Teil (ii)), muss entweder p_1 oder e eine Einheit sein. Prime Elemente sind per Definition keine Einheiten. Folglich ist e eine Einheit. Der Ausdruck $p_1...p_n = q_1...q_m$ kann zu $p_1...p_n = ep_1q_2...q_m$ umgeformt werden. Wegen der Nullteilerfreiheit folgt $p_2...p_n = eq_2...q_m$. Die Argumentation kann folgend per Induktion nach $max\{n, m\}$ fortgeführt werden. Dieses Maximum ist um Eins kleiner geworden, weswegen induktiv argumentiert werden kann. ◇

Lemma 4 *(Lemma vom kleinsten Teiler) Sei $a \geq 2$ eine natürliche Zahl. Dann gibt es eine Primzahl, die a teilt.*

Beweis Sei $T_a := \{t \mid t \mid a, t \geq 2\}$ die Menge aller Teiler von a, die mindestens 2 sind. Diese Menge ist nichtleer, denn a ist – wegen $a \mid a$ – ein Element von T_a. Jede nichtleere Menge natürlicher Zahlen besitzt ein Minimum. Sei $m := min(T_a)$. Ist $m = xy$ (mit $x, y \in \mathbb{N}$) eine Zerlegung von m, gilt $x, y \in T_a$, falls $x, y \neq 1$ erfüllt ist. Das wäre ein Widerspruch zur Minimalität von m, denn in diesem Fall gelten $x < m$ und $y < m$ ↯. Demzufolge muss m eine Primzahl sein. ◇

Satz 33 *(Satz über die Existenz und Eindeutigkeit der Primfaktorzerlegung) $\mathbb{Z}$ ist faktoriell.*

Beweis Wegen Definition und Bemerkung 15 muss nur eingesehen werden, daß eine Zerlegung in endlich-viele irreduzible Elemente existiert. Dazu wird das Lemma vom kleinsten Teiler (siehe Lemma 4) benutzt und induktiv vorgegangen. Sei $1 \neq a$ eine natürliche Zahl. Wegen des Lemmas existiert eine Primzahl p, die a teilt. Sei $k \in \mathbb{N}$ mit $a = pk$. Es ist $k < pk = a$, weswegen induktiv mit k weiter verfahren werden kann. Seien $n \in \mathbb{N}$ und $p_1, ..., p_n$ Primzahlen mit $k = p_1...p_n$. Es ist $a = kp = p_1...p_np$ eine Zerlegung von a in Primzahlen. ◇

Satz 34 *(Unendlichkeit der Menge der Primzahlen in $\mathbb{Z}$) $\mathbb{Z}$ und $\mathbb{N}$ besitzen unendlich viele Primzahlen.*

Beweis Es genügt, den Satz für positive Primzahlen zu beweisen. Es sei angenommen, daß es nur endlich viele Primzahlen $p_1, ..., p_n$ gibt. Es wird das Element

$$2 \le x := 1 + \prod_{i=1}^{n} p_i$$

gebildet. Wegen Proposition 4 gibt es eine Primzahl p, die x teilt. Die Primzahl p muss mit einer der endlich-vielen Primzahlen $p_1, ..., p_n$ übereinstimmen. Insbesondere ergibt sich $p \mid \prod_{i=1}^{n} p_i$. Damit folgt nach Proposition 11 die Aussage $p \mid 1 = 1 + \prod_{i=1}^{n} p_i - \prod_{i=1}^{n} p_i$. Folglich wäre p eine Einheit, was ein Widerspruch zur Definition der Primzahlen ist $\notdiv$. Somit gibt es unendlich viele Primzahlen. $\diamond$

Bemerkung 9

(i) Die Primfaktorzerlegung erlaubt es, die in der Zerlegung vorkommenden Primzahlen zusammenzufassen. Aus der Darstellung $\prod_{i=1}^{n} p_i$ wird eine Darstellung

$$\prod_{i=1}^{r} p_i^{n_i} = p_1^{n_1} \cdots p_r^{n_r}.$$

Dabei nennt man die Zahlen $n_1, ..., n_r$ auch die **Vielfachheiten** von $p_1, ..., p_r$ in der Primfaktorzerlegung und schreibt dafür auch

$$nu_a(p_i),$$

wobei $a := p_1 \cdots p_n$ gilt. Zum Beispiel würde man $100 = 2 \cdot 2 \cdot 5 \cdot 5 = 2^2 \cdot 5^2$ schreiben. Dabei ist $\nu_{100}(2) = 2 = \nu_{100}(5)$.

(ii) Die Primfaktorzerlegung und die Vielfachheiten können genutzt werden, um den ggT und das kgV zweier (oder mehrerer Elemente) a, b zu berechnen. Man geht von den Primfaktorzerlegungen von a und b aus. Für das kgV ermittle man alle verschiedenen Primzahlen, die sowohl in a als auch in b auftauchen. Als Vielfachheit nehme man zu jeder Primzahl das Maximum der Vielfachheiten in a und b. Nun bilde man das entsprechende Produkt dieser Primzahlpotenzen. Falls eine Primzahl nicht in einer der beiden Zerlegungen auftaucht, ist ihre Vielfachheit genau 0. Als Beispiel betrachte man die Zahlen $100 = 2^2 \cdot 5^2$ und $110 = 2 \cdot 5 \cdot 11$. Die Primzahlen $2, 5, 11$ sind die verschiedenen Primzahlen, die in beiden Primfaktorzerlegungen auftauchen. Die maximalen Vielfachheiten sind $2, 2, 1$. Demzufolge gilt $kgV(100, 110) = 2^2 \cdot 5^2 \cdot 11 = 1100$.

Für die Berechnung des ggT's sind die Primzahlen von Bedeutung, die in beiden Primfaktorzerlegungen enthalten sind. Zu diesem Zweck nehme man folgend die minimale Vielfachheit und bilde das entsprechende Produkt der gewählten Primzahlpotenzen. $ggT(100, 110)$ ist demnach genau $2 \cdot 5 = 10$.

(iii) Die Primfaktorzerlegung ist oft schwierig zu ermitteln. Was ist sie von $1000000000000000000000000000000000001234$? Genau dieses Problem ist ein Ausgangspunkt in der **Kryptographie bzw. Datenverschlüsselung.** Multipliziert man etwa zwei sehr große Primzahlen miteinander, ist es schwer, das Produkt bei Unkenntnis der zugrunde liegenden Primzahlen in Primfaktoren zu zerlegen. Genau diese Tatsache ist der Trick, da datenaustauschende Partner beide Primzahlen kennen und damit die Grundlage zur Entschlüsselung der Daten besitzen. Für Externe ist es hingegen sehr schwer, die Entschlüsselung durchzuführen.

(iv) Die Primfaktorzerlegung zeigt, daß Primzahlen die **Atome** der ganzen Zahlen auf Basis der Multiplikation sind. Die Formulierung, daß es eine Primfaktorzerlegung gibt und diese bis auf Vertauschung eindeutig ist, ähnelt Aussagen zu freien Monoiden im zweiten Kapitel. In der Tat kann man **freie kommutative Monoide** definieren. Es stellt sich heraus, daß das Monoid $(\mathbb{N}; \cdot)$ in diesem kommutativen Sinne frei über der Menge der Primzahlen ist.

Im additiven Sinne ist das Monoid $(\mathbb{N}_0; +)$ ebenfalls frei. Die Basis ist $\{1\}$. Jedes Element ist Summe von Einsen. Die Anzahl der Einsen in einer derartigen Zerlegung $=$ Summe ist eindeutig bestimmt.

(v) Sind a, b, c ganze Zahlen mit $ggT(a, b) = 1$, folgt aus $a \mid bc$ mit der Existenz und Eindeutigkeit der Primfaktorzerlegung bereits $a \mid c$.   ◇

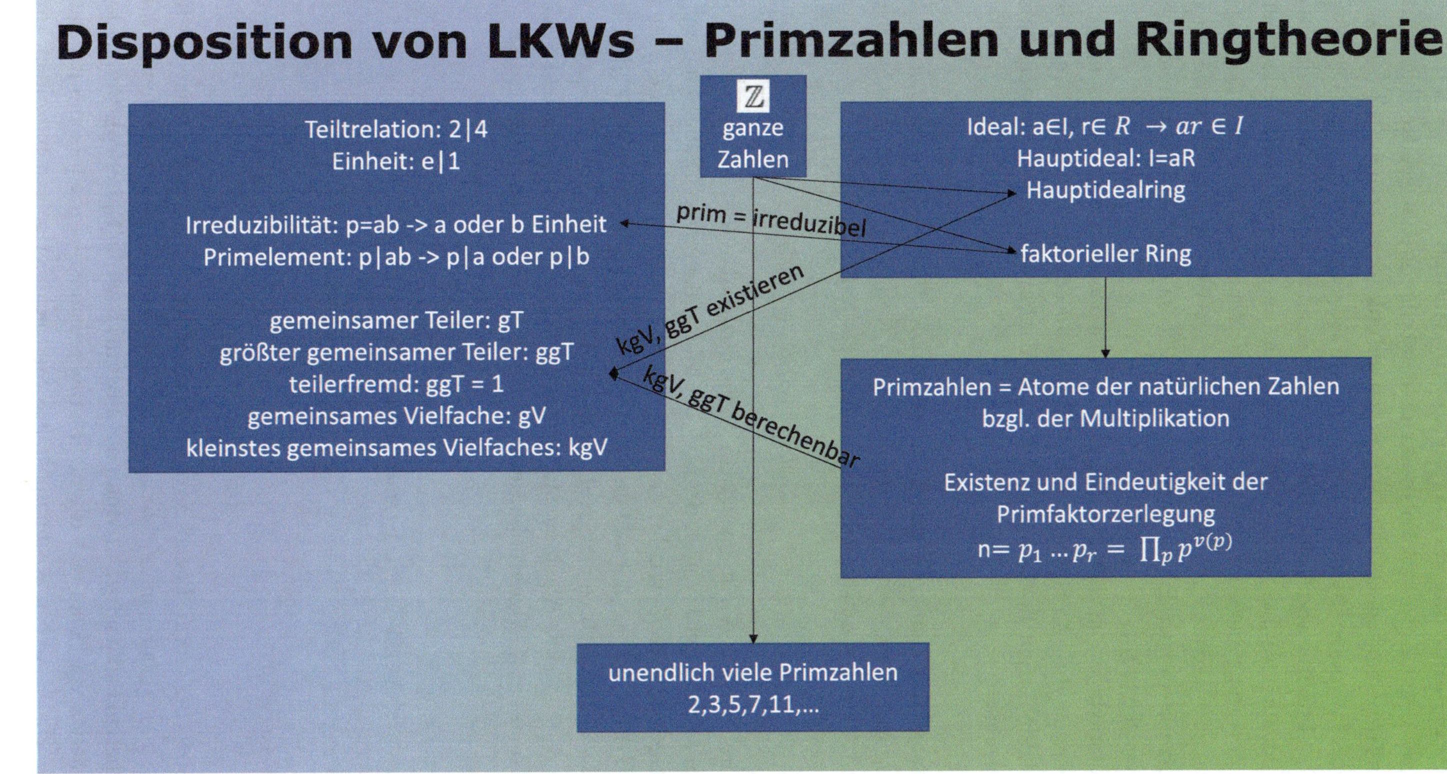

Disposition von LKWs – Primzahlen und Ringtheorie
ℤ
ganze Zahlen
Teiltrelation: 2|4
Einheit: e|1
Irreduzibilität: p=ab -> a oder b Einheit
Primelement: p|ab -> p|a oder p|b
gemeinsamer Teiler: gT
größter gemeinsamer Teiler: ggT
teilerfremd: ggT = 1
gemeinsames Vielfache: gV
kleinstes gemeinsames Vielfaches: kgV
prim = irreduzibel
kgV, ggT existieren
kgV, ggT berechenbar
Ideal: a∈I, r∈ R → ar ∈ I
Hauptideal: I=aR
Hauptidealring
faktorieller Ring
Primzahlen = Atome der natürlichen Zahlen bzgl. der Multiplikation
Existenz und Eindeutigkeit der Primfaktorzerlegung
n= $p_1 \dots p_r = \prod_p p^{v(p)}$
unendlich viele Primzahlen
2,3,5,7,11,...

6.1.1.2 Polynomringe versus Polynomfunktionen

In diesem Abschnitt werden **Polynome** definiert, ihre grundlegenden Eigenschaften erarbeitet und der Unterschied zu den sog. **Polynomfunktionen** erläutert. Es zeigt sich, daß die Menge der Polynome strukturell der der ganzen Zahlen ähnelt. Themen wie **Polynomdivision** und **Abspalten von Nullstellen** werden präsentiert. Insbesondere stellt sich die Frage, was eigentlich das **x** in einem polynomialen Ausdruck wie $x^2 + 3x + 1$ genau bedeutet. Zur Beantwortung dieser Frage sind die Konzepte der freien Strukturen, der Folgen und der Vektorräume hilfreich. Polynome werden in diesem Werk u. a. zur Konstruktion **irrationaler Zahlen** verwendet. Die Darstellung lehnt sich an den Text **Polynomials** von Hartmut Laue an (siehe [42]).

Polynomringe sind nicht nur Ringe. Auf ihnen operiert wie bei K-Räumen ein weiterer Skalarbereich. Eine K**-Algebra** vereint diese drei Konzepte: Addition, Multiplikation und Skalarmultiplikation. Insofern wäre der Begriff der **Polynomalgebra** anstelle des Polynomrings passender.

Definitionen und Bemerkungen 2 *(assoziative K-Algebra, Teilalgebra, Ideal, Homomorphismus, Bild, Kern, Algebren-Erzeugnis)* Seien K ein assoziativer kommutativer unitärer Ring und A ein assoziativer Ring. Ist A zudem ein K-Raum, für den

$$k(ab) = (ka)b = a(kb)$$

für alle $ab \in A, k \in K$ gilt, nennt man A eine **assoziative K-Algebra.**

Einen K-Teilraum T von A, der bzgl. der Multiplikation auf A abgeschlossen ist, heisst K**-Teilalgebra.** Eine K-Teilalgebra I von A wird K**-Ideal** von A genannt, wenn zusätzlich AI und IA in I enthalten sind. Letztere Aussage bedeutet $ai, ia \in A$ für alle $a \in A, i \in I$. Schnitte von Teilalgebren und Idealen von A sind Teilalgebren und Ideale von A.

Sind A, B zwei K-Algebren und ist α ein K-Raumhomomorphismus zwischen A und B, wird α als ein K**-Algebrenhomomorphismus** bezeichnet, wenn zusätzlich

$$(xy)\alpha = (x\alpha)(y\alpha)$$

für alle $x, y \in A$ erfüllt ist: α ist multiplikativ. Es sind

$$Kern(\alpha) := \{a \in A \mid a\alpha = 0_B\}$$

ein Ideal von A und

$$Bild(\alpha) := \{a\alpha \mid a \in A\}$$

eine Teilalgebra von B. Erstere Struktur wird der **Kern** von α und letztere das **Bild** von α genannt. α ist genau dann injektiv bzw. surjektiv, wenn $Kern(\alpha) = 0$ bzw. $Bild(\alpha) = B$ gilt. In diesem Fall heißt α ein **Monomorphismus** bzw. ein **Epimorphismus.** Liegen beide Eigenschaften vor, nennt man α einen **Isomorphismus.** Ist α ein Isomorphismus, ist α^{-1} ebenfalls ein K-Algebren-Isomorphismus. Sind beide Algebren mit einem Einselement ausgestattet, heißt α **unitär,** wenn $1_A\alpha = 1_B$ gilt. In diesem Fall gilt für Einheiten $a \in A$, daß $a\alpha$ eine Einheit von B ist und die Rechenregel

$$(a^{-1})\alpha = (a\alpha)^{-1}$$

erfüllt ist.

Sei $a \in A$. Es wird die kleinste Teilalgebra $\langle a \rangle_A$ von A beschrieben, in der a liegt. Sie existiert, da Schnitte von Teilalgebren wieder Teilalgebren sind. Man betrachte in diesem Zusammenhang den Schnitt aller a-enthaltenen Teilalgebren von A. Die Durchschnitts-Beschreibung ist 'von oben' vorgenommen. 'Von unten kommend' muss diese Teilalgebra alle Produkte a^i für beliebige $i \in \mathbb{N}$ enthalten und ebenso alle Summen dieser Potenzen von a versehen mit Skalaren Vielfachen. Diese Terme sind von der Form $\sum_{i=1}^{n} k_i a^i$ für beliebige $n \in \mathbb{N}$ und $k_1, ..., k_n \in K$. Die Menge dieser Summen bildet für eine Teilalgebra. Zum Nachweis betrachte man folgende Rechenregeln:

(i) $\quad l(\sum_{i=0}^{k} k_i a^i) = \sum_{i=0}^{k} (lk_i)a^i$

(ii) $\quad \sum_{i=0}^{k} k_i a^i + \sum_{j=0}^{l} l_j a^j = \sum_{i=0}^{max\{k,l\}} (k_i + l_i)a^i$

(iii) $\quad \sum_{i=0}^{k} k_i a^i \cdot \sum_{j=0}^{l} l_j a^j = \sum_{i=0}^{k} (\sum_{j=0}^{n} (k_i l_j)a^{i+j})$ – **Cauchy-Produkt.**

Bei obigen Summen und Produkten ist zu beachten, daß skalare Vielfache bzw. Koeffizienten – je nachdem, ob $n < m$ oder umgekehrt vorliegt – entsprechend mit Nullen ergänzt werden müssen. Man nennt die kleinste Teilalgebra die Teilalgebra, die von a erzeugt ist oder auch die von a **erzeugte Teilalgebra.** Ist A zusätzlich unitär, gibt es ebenfalls eine **kleinste unitäre Teilalgebra, die von a erzeugt** ist. Es ist die der Summen $\sum_{i=0}^{n} k_i a^i$, wobei $a^0 = 1_A$ gilt. Alle diese kleinsten Teilalgebren sind bzgl. der Multiplikation **kommutativ.** Die betrachteten Summen ähneln bereits den aus der Schule bekannten Polynomen. $\diamond$

Eine assoziative K-Algebra vereint mehrere Verknüpfungen in einem gemeinsamen strukturellen Konstrukt. Es sind die Addition und Multiplikation des Skalarbereiches K, die Skalaroperation auf dem K-Raum A und die Addition und Multiplikation der Algebra A selbst. Speziell die $\mathbb{Z}$-Algebren kennt man auch unter dem Namen 'Ringe', was den weit verbreiteten unscharfen Sprachgebrauch des Polynomringes erklärt. Zur Definition der Polynomalgebren ist die Begriffswelt der **algebraischen** und **transzendenten** Algebra-Elemente hilfreich.

Definition 35 *(algebraisch, transzendent) Seien A eine assoziative unitäre K-Algebra und a $\in$ A. Das Element a heisst* **transzendent,** *wenn*

$$P(a) := \{a^i \mid i \in \mathbb{N}_0\}$$

eine K-linear unabhängige Menge ist. Das bedeutet, daß für jede endliche Teilmenge T von $P(a)$ und $k_t \in K, t \in T$ aus $\sum_{t \in T} k_t t = 0$ bereits $k_t = 0$ für alle $t \in T$ folgt. Ein nicht-transzendentes Element heißt **algebraisch.** *In diesem Fall gibt es eine endliche K-Linearkombination von Potenzen von a mit Vorfaktoren, die nicht alle gleich Null sind, so daß die Linearkombination jedoch mit Null identisch ist.* ◇

Folgend Beispiele algebraischer und transzendenter Elemente.

Beispiele 4

(1.) Man betrachte die **irrationale** Zahl $\sqrt{2}$ in der $\mathbb{Q}$-Algebra $\mathbb{R}$. Es gilt $1 \cdot (\sqrt{2})^2 + (-2)(\sqrt{2})^0 = 2 - 2 = 0$. Aus diesem Grund ist die **Quadratwurzel** aus 2 algebraisch über $\mathbb{Q}$.

(2.) Allgemeiner sei zu einer nicht-negativen rationalen Zahl a und einem $n \in \mathbb{N}$ die **n-te Wurzel** aus a gegeben. Sie genügt der Gleichung $(\sqrt[n]{a})^n = a \in \mathbb{Q}$. In der $\mathbb{Q}$-Algebra $\mathbb{R}$ ist die n-te Wurzel aus A algebraisch, denn es gilt $1 \cdot (\sqrt[n]{a})^n - a \cdot (\sqrt[n]{a})^0 = 0$.

(3.) In der $\mathbb{R}$-Algebra $\mathbb{R}$ ist jede **reelle** Zahl r algebraisch, denn es gilt $1 \cdot r^1 - r \cdot r^0 = 0$.

(4.) In  wird eine Liste bekannter transzendenter reeller Zahlen über $\mathbb{Q}$ angegeben, wie z. B. e oder π. Die Transzendenz-Beweise können an dieser Stelle nicht erbracht werden.

(5.) In diesem Beispiel werden lineare Abbildungen betrachtet. Zu jedem K-Raum V ist die Menge $End_K(V)$ der K-Endomorphismen von V eine K-Algebra vermöge folgender Verknüpfungen. Seien $\alpha, \beta \in End_K(V), v \in V, k \in K$. Die Abbildung $k\alpha$ ist definiert durch $v(k\alpha) := k(v\alpha)$, also dem **bildweise Vielfachen-Bilden.** Die Addition $\alpha + \beta$ ist gegeben durch $v(\alpha + \beta) := v\alpha + v\beta$, also dem **bildweise Addieren** der einzelnen Bildwerte. Mittels dieser beiden Verknüpfungen wird $End_K(V)$ zu einem Vektorraum. Um aus $End_K(V)$ eine Algebra konstruieren zu können, benötigt man eine Multiplikation. Sie ist das **Hintereinanderausführen von Abbildungen:** $v(\alpha\beta) := (v\alpha)\beta$. In der K-Algebra $End_K(V)$ betrachtet man zu einem fixen Element $k \in K$ die Abbildung $s_k : v \mapsto kv$, also die **Streckung** jedes Vektors um k. Es gilt $s_k = k \cdot id_V$. Demzufolge gilt $1 \cdot (s_k)^1 - k \cdot (s_K)^0 = 0$ in $End_K(V)$. Diese Argumentation zeigt, daß s_k algebraisch über K ist.

(6.) Seien K ein kommutativer unitärer Ring und $V := K^2$ die zweidimensionale Bildebene. Wie in (5.) betrachte man die K-Algebra $End_K(V)$ und in diesem Zusammenhang die lineare Abbildung $\varphi : (a, b) \mapsto (b, a)$. Dann gilt $(a, b)\varphi\varphi = (b, a)\varphi = (a, b)$. Daraus folgt $\varphi^2 = id_V$ oder auch $1 \cdot (\varphi)^2 - 1 \cdot (\varphi)^0 = 0$. Somit ist φ ebenfalls algebraisch über K.

(7.) Daß beide lineare Abbildungen algebraisch sind, liegt einem allgemeinerem Phänomen zu Grunde. Sind K ein Körper und A eine endlich-dimensionale K-Algebra, ist jedes Element a aus A algebraisch über K. Es können nicht alle Potenzen von a linear unabhängig sein. Wegen der endlichen Dimension von A ist der Teilraum erzeugt von den Potenzen von a endlich-dimensional. Dieses Resultat kann auf $End_K(V)$ angewendet werden. Für einen endlich-dimensionalen K-Raum V ist $End_K(V)$ von der Dimension $dim_K(V)^2$.

(8.) Möchte man über K transzendente Elemente in der K-Algebra $End_K(V)$ finden, sollte wegen Teil (7.) der Raum V unendlich-dimensional gewählt werden. Sei K ein kommutativer unitärer Ring und $V := K^{\mathbb{N}_0}$. V ist die **Menge aller Folgen** über K, also unscharf formuliert K^n für $n \to \infty$. Aus diesem Grund ist V von unendlicher Dimension. V enthält eine isomorphe Kopie aller K^n für beliebige $n \in \mathbb{N}$ in Form der Folgen, die ab dem n-ten Folgenglied konstant Null sind. V ist bzgl. der komponentenweisen Addition und Skalarmultiplikation ein unendlich-dimensionaler K-Vektorraum. In $End_K(V)$ definiert man die **Verschiebeabbildung**

$$\sigma : V \longrightarrow V, (a_0, a_1, a_2, \ldots) \mapsto (0, a_0, a_1, a_2, \ldots).$$

Man kann nachweisen, daß σ ein K-Raumendomorphismus ist, der die Folge um eine Stelle nach rechts schiebt und die erste Stelle mit 0 auffüllt. Diese Konstruktion ist bei einem K^n nicht möglich, da die Komponentenzahl begrenzt ist. Es soll eingesehen werden, daß σ tatsächlich transzendent über K ist. Seien dazu $m \in \mathbb{N}_0, c_0, \ldots, c_m \in K$, $c_m \neq 0$ und $i \leq m$ minimal mit $c_i \neq 0$. Es gilt

$$(1_K, 1_K, 1_K, \ldots) \sum_{j=0}^{m} c_m \sigma^j = (a_0 = 0, a_0 + a_1 = 0, \ldots, a_0 + a_1 + \ldots + a_i = a_i$$

$$\neq 0, \ldots, a_0 + a_1 + \ldots + a_m, \ldots).$$

Aus diesem Grund ist die Abbildung $\sum_{j=0}^{m} c_m \sigma^j$ nicht die Nullabbildung. Per Kontraposition folgt die Behauptung. $\diamond$

Nach diesen Vorbereitung werden weitere Definitionen und Resultate zu Polynomalgebren vorgestellt.

Definitionen und Bemerkungen 3 (*Polynomalgebra, Polynom, Unbestimmte, Variable, Grad, normiert, Leitkoeffizient, Nullstelle, Koeffizienten*) Sei K ein kommutativer unitärer Ring. Ein transzendentes Element t einer unitären K-Algebra A nennt man eine **Variable**

oder **Unbestimmte.** Statt t schreibt man ebenfalls x oder $u, v, w, \ldots$. Wenn die Menge der Potenzen von t – also $\{t^k \mid k \in \mathbb{N}_0\}$ – eine K-Basis von A bildet, heißt A eine **Polynomalgebra** – oder unscharf ein **Polynomring** – in der Unbestimmten t. Eine Polynomalgebra in einer Variablen t ist folglich eine assoziative unitäre K-Algebra, die von einem transzendenten Element t erzeugt wird. Es wurde bereits gezeigt, daß derartige Algebren kommutativ sind.

Die Elemente einer Polynomalgebra in einer Variablen t nennt man **Polynome.** Die speziellen Polynome t^n heißen **Monome.** Für jedes Polynom $p \neq 0$ gibt es per Definition (siehe Basiseigenschaft der Menge der Potenzen von t) genau ein $n \in \mathbb{N}_0$ – der sog. **Grad** des Polynoms – und genau ein $n + 1$-Tupel $(k_0, \ldots, k_n)$ – die **Koeffizienten** des Polynoms – über K, so daß $p = \sum_{j=0}^{n} k_j t^j$ gilt und $k_n \neq 0$ ist. Insbesondere sind zwei Polynome ungleich Null genau dann identisch, wenn sie denselben Grad und die gleichen Koeffizienten besitzen. Der Koeffizient k_n zum Grad n des Polynomes heißt **Leitkoeffizient** von p. Ist $k_n = 1$, heißt p **normiert.** Der Grad eines Polynoms f wird mit $grad(f) = n$ symbolisiert.

In Definition und Bemerkung 2 wurde angegeben, wie man mit Polynomen bzgl. der Verknüpfungen Skalarmultiplikation, Addition und Multiplikation in der Polynomalgebra rechnen kann.   ◇

In folgender Proposition wird der Grad bzgl. der Algebrenverknüpfungen untersucht. Insbesondere ergibt sich die Nullteilerfreiheit der Polynomalgebren über Körpern.

Proposition 12 *(Gradformeln, Nullteilerfreiheit) Seien K ein kommutativer unitärer Ring, A eine K-Polynomalgebra in der Variablen t sowie $f, g, h, k \in A$, $e \in E(K)$ und h, k normiert. Es gelten folgende Aussagen:*

  (i) $grad(ef) = grad(f)$

 (ii)   Das Polynom hk ist normiert.

(iii)   Es gilt $f + g = 0$ oder $grad(f + g) \leq max\{grad(f), grad(g)\}$. Sind die Polynome vom unterschiedlichem Grad oder ist die Summe der Leitkoeffizienten bei Gradgleichheit nicht Null, gilt sogar Gleichheit.

 (iv)   Es gilt $fg = 0$ oder $grad(fg) \leq grad(f) + grad(g)$.

  (v)   Es gilt $hk = 0$ oder $grad(hk) = grad(h) + grad(k)$.

 (vi)   Sind die Leitkoeffizienten von f oder von g Einheiten in $K \setminus \{0\}$, so ist $grad(fg) = grad(f) + grad(g)$.

(vii)   Für einen Körper K ist A nullteilerfrei und damit als Ring ein Integritätsbereich.

Beweis   ad(i): Sei $c \in K$ Dann gilt $ec = 0$ genau dann, wenn $c = 0$ ist (Multiplikation mit e^{-1}). Daraus folgt (i).

     ad(ii)–(vi): Diese Aussagen verbleiben als Rechenübung.

     ad(vii): Dieser Teil folgt aus Aussage (vi), da der Grad eines Produktes anwächst.   ◇

Eine Folgerung aus Teil (vii) ist das folgende Gesetz (**cancellation rule**) für Polynome $h, g, f \neq 0$ in einer Variablen t über einen Körper K. Gilt $fg = fh$, folgt $f(g - h) = 0$ und damit aus Teil (vii) die Aussagen $f = 0$ oder $g - h = 0$. Wegen $f \neq 0$ muss bereits $h = g$ erfüllt sein.

Folgend werden Elemente in ein Polynom eingesetzt und dazu die **Ersetzungsabbildung** (oder **Einsetzungsabbildung, Einsetzungshomomorphismus, Ersetzungshomomorphismus, replacement homomorphism**) definiert. Seien dazu A eine Polynomalgebra in der Variablen t über einen kommutativen unitären Ring und B eine weitere kommutative unitäre K-Algebra sowie $b \in B$ und $f \in A$ ein Polynom. Zu f gibt es ein eindeutig bestimmtes Koeffizententupel $(c_0, ..., c_n)$ mit $f = \sum\limits_{i=0}^{n} c_i t^i$, wobei n der Grad von f ist. Man kann in B den eindeutig bestimmten Ausdruck

$$f(b) := \sum_{i=0}^{n} c_i b^i$$

berechnen. Daher wird die Abbildung

$$F_b : A \longrightarrow B, \, f \mapsto f(b)$$

definiert. In der linearen Algebra ist B oftmals $End_K(V)$. In diesem Fall werden lineare Abbildungen in Polynome eingesetzt, um Endomorphismen zu untersuchen. Dieses Vorgehen führt zu Begriffen wie dem **Minimalpolynom** und dem **charakteristischen Polynom** sowie zu Sätzen von **Cayley-Hamilton** und der **Jordan-Zerlegung** von Endomorphismen.

Gilt in obiger Situation f(b)=0, ist b eine sog. **Nullstelle** von f in B. In der Algebra ist K oftmals ein Körper und B ein weiterer Körper oberhalb von K. Man versucht, B so klein wie möglich zu suchen, so daß f alle seine Nullstellen in B besitzt. Man spricht in diesem Fall von einem sog. **Zerfällungskörper** für f. Besitzen in B sogar alle Polynome ihre Nullstellen, nennt man B den **algebraischen Abschluss** von K. Der **Hauptsatz der Algebra** besagt, daß in unserem Zahlensystem dieses Phänomen für den Körper der komplexen Zahlen erfüllt ist.

Folgend werden einige Eigenschaften zu Polynomalgebren bewiesen.

Satz 35 *(Existenz und Eindeutigkeit von Polynomalgebren) Seien K ein kommutativer unitärer Ring, A eine K-Polynomalgebra in der Variable t, B eine assoziative unitäre K-Algebra und $b \in B$. Es gelten folgende Aussagen:*

(i) Es gibt eine K-Polynomalgebra. – **Existenz**
(ii) Der Ersetzungshomomorphismus $F_b : A \longrightarrow B, \, f \mapsto f(b)$ ist ein Algebrenhomomorphismus, dessen Bild die von b erzeugte K-Teilalgebra von B ist. – **Ersetzungshomomorphismus**

(iii) Ist $\varphi : t \mapsto b$ irgendeine Abbildung, ist F_b die eindeutig bestimmte Fortsetzung von φ
zu einem K-Algebrenhomomorphismus von A in B. – **universelle Eigenschaft**
(iv) Je zwei K-Polynomalgebren in den Variablen t und u sind vermöge der Ersetzungsho-
momorphismus F_u isomorph. Man bezeichnet daher die bis auf Isomorphie eindeutig
bestimmte K-Polynomalgebra mit $K[t]$ (wobei die Variable t benutzt wird). – **Eindeu-**
tigkeit

Beweis ad(i): Diese Aussage folgt direkt aus Teil (8) der Beispiele 4, weil allgemein ein
über K transzendentes Element konstruiert worden ist. Die von diesem Element erzeugte
Teilalgebra ist eine Polynomalgebra.

ad(ii): Dieser Teil folgt direkt aus den Rechenregeln und Aussagen in Definition und
Bemerkung 2.

ad(iii): Sei V eine Fortsetzung von φ zu einem Algebrenhomomorphismus. Dann gilt für
jedes Polynom $f = \sum\limits_{i=0}^{n} c_i t^i$ bereits

$$fV = \sum_{i=0}^{n} c_i (tV)^i = \sum_{i=0}^{n} c_i (t\varphi)^i$$

und demzufolge

$$fV = \sum_{i=0}^{n} c_i b^i .$$

Aus Teil (ii) folgt die Behauptung.

ad(iv): Es soll eingesehen werden, daß die Abbildung F_u, die wegen der Teile (ii) und
(iii) existiert, bijektiv ist. Die Surjektivität ist unmittelbar zu erkennen. Sei folgend $fF_u = 0$
für ein Polynom $f = \sum\limits_{i=0}^{n} c_i t^i$. Es gilt $fF_u = \sum\limits_{i=0}^{n} c_i u^i$. Das Polynom fF_u ist Null genau
dann, wenn sein Koeffiziententupel nur aus Nullen besteht. Folglich sind bereits $f = 0$ und
$Kern(F_u)$ der Nullraum. Daraus ergibt sich die Injektivität von F_u.   ◇

Die sog. **Polynomdivision** ist Grundlage für die Nullstellen-Analyse von Polynomen.

Satz 36 *(Teilen mit Rest, Polynomdivision) Seien K ein Körper und $p, q \in K[t]$ mit $q \neq 0$.*
Dann gibt es ein Paar $(s; r)$ von Polynomen aus $K[t]$, so daß die folgenden drei Eigenschaften
erfüllt sind:

(i) $p = sq + r$ – **Existenzteil I**

(ii) $r = 0$ *oder* $grad(r) < grad(q)$ – **Existenzteil II**

(iii) *s und r sind mit (i) und (ii) eindeutig bestimmt.* – **Eindeutigkeitsteil**

Beweis Zur Existenz: Ist $grad(q) > grad(p)$, setzt man $s := 0$ und $r := p$. Im anderen Fall seien $p = \sum_{i=0}^{n} p_i t^i$ und $q = \sum_{i=1}^{k} q_k t^k$. Demzufolge ist $p - \frac{p_n}{q_k} t^{n-k} q$ entweder das Nullpolynom oder vom Grade kleiner als der von q. Im ersten Fall stellen $s := \frac{p_n}{q_k} t^{n-k}$ und $r := 0$ eine Lösung dar. Im anderen Fall argumentiert man per vollständiger Induktion nach dem Grad, der eine natürliche Zahl ist. Daher existieren Polynome $h, r \in K[t]$ mit $p - \frac{p_n}{q_k} t^{n-k} q = hq + r$ sowie $r = 0$ oder $grad(r) < grad(q)$. Es ist $p = (\frac{p_n}{q_k} t^{n-k} + h)q + r$ eine gewünschte Darstellung.

Zur Eindeutigkeit: Seien $p = sq + r = \hat{s}q + \hat{r}$ jeweils mit der Eigenschaft (ii). Es gilt $q(s - \hat{s}) = \hat{r} - r$. Ist $r = \hat{r}$, folgt wegen der Nullteilerfreiheit der Polynomalgebra und wegen $q \neq 0$ bereits $s = \hat{s}$. Ist $s = \hat{s}$, erhält man $r = \hat{r}$. Somit können $r \neq \hat{r}$ und $s \neq \hat{s}$ angenommen werden. In diesem Fall werden die Gradformeln angewendet. Aus $q(s - \hat{s}) = \hat{r} - r$ folgt $grad(q) + grad(s - \hat{s}) = grad(r - \hat{r})$. Der linke Termin ist aber mindestens vom Grad $grad(q)$, der rechte Term höchstens vom Grad $grad(r)$. Wegen Teil (ii) ergibt sich ein Widerspruch $\frac{\ell}{\ell}$. $\diamond$

Folgerung 2 *(Abspaltung und Anzahl von Nullstellen) Seien K ein Körper und $0 \neq f \in K[t]$ mit $grad(f) \geq 1$. Ist $n \in K$ eine Nullstelle von f, gibt es ein $0 \neq g \in K[t]$ mit $f = (t - n)g$. Insbesondere besitzt f höchstens $grad(f)$-viele Nullstellen in K.*

Beweis Durch Anwendung des Teilens mit Rest von f durch $t - n$ erhält man Polynome g, h über K mit $f = g(t - n) + h$, wobei $h = 0$ oder $grad(h) < grad(t - n) = 1$ gilt. Ist h nicht das Nullpolynom, gilt $h \in K$. Durch das Einsetzen der Nullstelle n in f folgt $0 = f(n) = g(n)(n - n) + h(n) = h$.

Aus der Grad-Formel ergibt sich $grad(f) = 1 + grad(g)$. Daraus folgt die Behauptung über die Anzahl der Nullstellen. $\diamond$

Nicht jedes Polynom über einem Körper K muss eine Nullstelle in K besitzen, wie etwa $t^2 + t + 1$ über $\mathbb{Q}$ und über $\mathbb{R}$ zeigt. Die Nullstellen sind in diesem Fall komplexe Zahlen. Bei Polynomen mit reellen Koeffizienten sind alle ihre Nullstellen im komplexen Zahlkörper enthalten, was der Fundamentalsatz der Algebra ist. Das Polynom $t^2 - 2t + 1$ besitzt die Nullstelle -1 mit Vielfachheit 2, weil $t^2 - 2t + 1 = (t - 1)^2$ gilt. Eine Nullstelle kann folglich mehrfach auftauchen. In diesem Fall erscheint der Linearfaktor $t - n$ mehrmals als Faktor beim Abspalten einer Nullstelle n. Im Fall $t^2 - 1 = (t + 1)(t - 1)$ zerfällt das reelle Polynom vollständig in zwei verschiedene Faktoren zu den Nullstellen 1 und -1.

Es soll folgend auf einige Eigenschaften von Polynomringen über Körpern hingewiesen werden. Es zeigt sich, daß Polynomringe ähnliche Eigenschaften wie der Ring der ganzen Zahlen aufweisen. Das Teilen mit Rest wurde für beide Ringe nachgewiesen. Der Rest wird bei den ganzen Zahlen bzgl. $| \, . \, |$ und $<$, bei den Polynomen mit Hilfe des Grades und $<$ charakterisiert. Diese Eigenschaft wird folgend allgemeiner mittels sog. **euklidischer Ringe** gefasst.

Definition 36 *(euklidische Ringe) Ein Integritätsring R heißt* **euklidischer Ring,** *falls eine* **Bewertungsfunktion** $g : R \longrightarrow \mathbb{N}_0$ *mit folgenden Eigenschaften existiert:*

  (i) Es gilt $g(0) = 0$.
 (ii) Für alle $x, y \in R$ mit $y \neq 0$ existieren Elemente $q, r \in R$ mit $x = qy + r$, wobei $g(r) < g(y)$ ist. – **Division mit Rest**
(iii) Für alle $x, y \in R \setminus \{0\}$ gilt $g(xy) \geq g(x)$.

Auf Grund der Vorbemerkung sind der Ring der ganzen Zahlen und Polynomringe über Körpern Beispiele euklidischer Ringe. Man kann zeigen, daß Polynomringe über Körpern Hauptidealringe (HIR) sind, in dem der Beweis für die ganzen Zahlen kopiert wird. Diese Aussage wird allgemeiner für faktorielle Ringe gezeigt.

Satz 37 *(euklidisch, faktoriell, HIR) Es gelten folgende Aussagen:*

  (i) Euklidische Ringe sind Hauptidealringe.
 (ii) Jede aufsteigende Kette von Idealen in einem Hauptidealring wird stationär: Haupt-idealringe sind **noethersch.**
(iii) Ist ein Integritätsring ein Hauptidealring, ist er faktoriell.

Beweis ad(i): Sei R ein euklidischer Ring und I ein von Null verschiedenes Ideal von R. Man wähle ein $a \in I$, so daß die Bewertung $g(a)$ unter den von Null verschiedenen Elementen von I minimal ist (Die Bewertungen sind natürliche Zahlen, weshalb das Minimum existiert.). Sei $b \in I$. Per Definition der euklidischen Ringe gibt es Elemente $x, y \in R$ mit $b = xa + y$ und $g(y) < g(a)$. Da I ein Ideal ist, gilt $xa \in I$ und damit auch $y = b - xa \in I$. Wäre $y \neq 0$, erhielte man einen Widerspruch zur minimalen Bewertung von a $\frac{1}{2}$. Daher muss $y = 0$ vorliegen. Es folgt $b = xa$ und damit $I = Aa$ (Die umgekehrte Inklusion $Aa \subseteq I$ gilt, da I ein Ideal ist.).

  ad(ii): Sei $I_1 \subseteq I_2 \subseteq I_3 \ldots$ eine aufsteigende Kette von Idealen eines Hauptidealringes R. Man definiert

$$I := \bigcup_{k \in \mathbb{N}} I_k$$

und rechnet mit der Definition der Ideale und der Ketteneigenschaft nach, daß I ein Ideal von R ist. Es gilt $I = Ra$ für ein $a \in R$. Per Definition von I gibt es ein $k \in \mathbb{N}$ mit $a \in I_k$. Zwangsläufig muss $Ra \subseteq I_k$ erfüllt sein, da I_k ein a-enthaltenes Ideal ist. Per Definition von I umfasst I ganz I_k. Folglich muss $I = I_k$ gelten.

  ad(iii): Man betrachte die Menge H aller Hauptideale Ra von R, wobei $a \neq 0, a \notin E(R)$ und a sich nicht als Produkt von primen = irreduziblen Elementen schreiben lässt. Es soll eingesehen werden, daß H die leere Menge ist. Man nehme an, H wäre nichtleer. Unter dieser Annahme sei $Ra \in H$. Folglich gibt es ein Ra-enthaltenes maximales Element Rb bzgl. Mengeninklusion in H. Anderenfalls könnte eine nicht-stationäre Kette konstruiert werden, was Teil (ii) widerspräche. b ist nicht irreduzibel und besitzt eine nicht-triviale Zerlegung $b = xy$ in Nicht-Einheiten. Es gilt $Rb \subseteq Rx \cap Ry$. Rx oder Ry muss ebenfalls zu H gehören, weil anderenfalls $b = xy$ wie gewünscht zerlegbar wäre $\frac{1}{2}$. Wegen der Maximalität von Rb folgt, daß Rb o. B. d. A. mit Rx übereinstimmt. Aus diesem Grund gibt es ein $r \in R$ mit $x = ra$ und $a = xy = ray = ary$. Wegen $a \neq 0$ und $a(1 - ry)$ muss $1 - ry = 0$ gelten. Es wäre x eine Einheit, was ein Widerspruch zur nicht-trivialen Zerlegung von a ist $\frac{1}{2}$. $\diamond$

Es sollen abschließend die Unterschiede zwischen Polynomen und Polynomfunktionen herausgearbeitet werden. Seien K ein kommutativer unitärer Ring mit Eins, $n \in \mathbb{N}_0$, $c_0, \ldots, c_n \in K$ und

$$f_{c_0,\ldots,c_n} : K \longrightarrow K, t \mapsto \sum_{i=0}^{n} c_i t^i.$$

Eine derartige Funktion nennt man eine **Polynomfunktion.** Es besteht eine Beziehung von Polynomen zu Polynomfunktionen. Aus dem Polynom $p := \sum_{i=0}^{n} c_i t^i \in K[t]$ erhält man die Polynomfunktion $f_{c_0,\ldots,c_n}$, die mit f_p symbolisiert sei. Die Menge aller Polynomfunktionen von K in K sei mit $Pol(K)$ betitelt. Das heißt, es muss die Abbildung

$$\Phi : K[t] \longrightarrow Pol(K), p \mapsto f_p$$

analysiert werden. Offenbar ist die Abbildung Φ surjektiv, da jede Polynomfunktion aus einem Polynom entsteht. Bzgl. der Algebraverknüpfungen der Polynome gibt es ebenfalls Parallelen. Die Polynomfunktionen bilden mit der bildweisen Skalarmultiplikation, Addition und Multiplikation eine K-Algebra. Die Abbildung Φ ist so definiert, daß sie mit den drei Verknüpfungen verträglich und aus diesem Grund ein Algebrenepimorphismus ist.

Zur weiteren Analyse sei K ein Körper. Es soll eingesehen werden, daß Φ genau dann injektiv ist, wenn K unendlich ist. Genau dann ist $Pol(K)$ ein Polynomring. Man sollte Polynome von Polynomfunktionen unterscheiden, wenn K ein endlicher Körper ist. Ist K endlich, betrachte man das Polynom

$$p := \prod_{k \in K} (t - k).$$

Egal welchen Wert man aus K in p einsetzt, das Ergebnis ist Null. p ist nicht das Nullpolynom, da es vom Grade der Körpermächtigkeit ist.

Seien K unendlich und f ein Polynom, so daß die Polynomfunktion $\Phi(f)$ die Nullfunktion ist. Wäre f nicht das Nullpolynom, müsste es unendlich viele Nullstellen besitzen. Das widerspricht dem bewiesenden Satz, daß es höchstens Grad-verschiedene Nullstellen gibt. Demzufolge ist f das Nullpolynom und Φ tatsächlich injektiv.

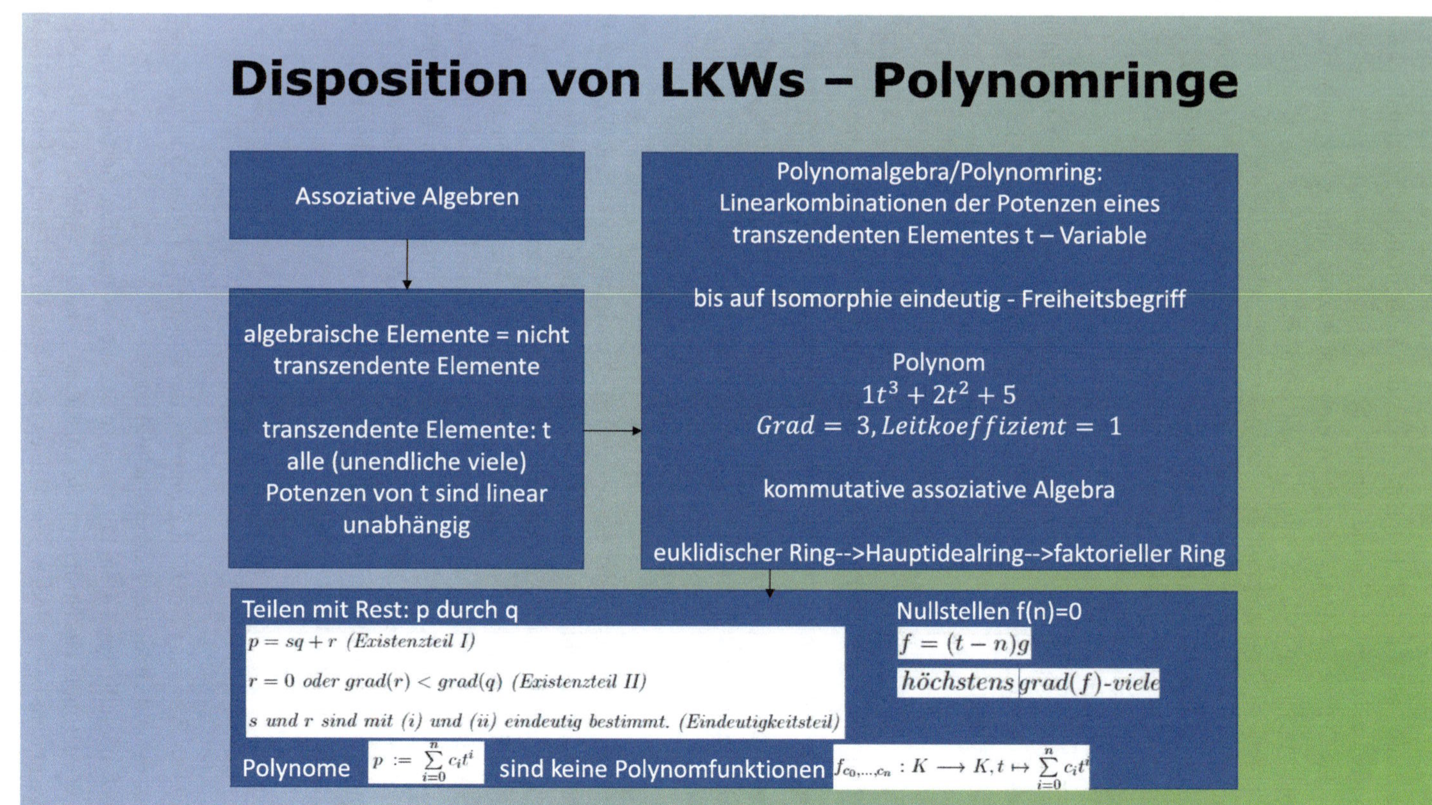
Disposition von LKWs – Polynomringe

Assoziative Algebren

Polynomalgebra/Polynomring:
Linearkombinationen der Potenzen eines
transzendenten Elementes t – Variable

bis auf Isomorphie eindeutig - Freiheitsbegriff

algebraische Elemente = nicht
transzendente Elemente

transzendente Elemente: t
alle (unendliche viele)
Potenzen von t sind linear
unabhängig

Polynom
$1t^3 + 2t^2 + 5$
$Grad = 3, Leitkoeffizient = 1$

kommutative assoziative Algebra

euklidischer Ring-->Hauptidealring-->faktorieller Ring

Teilen mit Rest: p durch q
$p = sq + r$ (Existenzteil I)
$r = 0$ oder $grad(r) < grad(q)$ (Existenzteil II)
s und r sind mit (i) und (ii) eindeutig bestimmt. (Eindeutigkeitsteil)

Nullstellen f(n)=0
$f = (t - n)g$
höchstens $grad(f)$-viele

Polynome $p := \sum_{i=0}^{n} c_i t^i$ sind keine Polynomfunktionen $f_{c_0,...,c_n} : K \longrightarrow K, t \mapsto \sum_{i=0}^{n} c_i t^n$

Disposition von LKWs – Polynome und ganze Zahlen

Ganze Zahlen	Polynome
Betrag	Grad
Primzahlen	Irreduzible Polynome
Euklidisch	Euklidisch
Hauptidealring	Hauptidealring
Faktoriell	Faktoriell
Teilen mit Rest	Polynomdivision
ggT, kgV, teilerfremd	ggT, kgV, teilerfremd
Integritätsbereich	Integritätsbereich
Quotientenkörper rationale Zahlen	Quotientenkörper gebrochene Polynome
kein Pendent	Nullstellen
kein Pendent	Polynomfunktionen

6.1.1.3 Rationale Zahlen

Die **rationalen Zahlen** – auch **Brüche** genant – sind ein wichtiger Bestandteil des täglichen Lebens. Ziel ist oftmals, ähnliche Objekte gleichmässig aufzuteilen. Beispiele sind
etwa einen Gewinn von 1000 EUR beim Lotto an 3 Mitspieler auszuzahlen oder einen Holz-
stab von 1 m Länge im Gartenbau in drei gleich große Teile zu zersägen. Das Prinzip des
Dreisatzes fußt ebenfalls auf den rationalen Zahlen. Innerhalb der Logistik finden Brüche
zahlreiche Anwendungen. Beispiele sind etwa der Umgang mit Gewichten, Volumen und
Temperaturen. Die Ermittlungen von Durchschnitts-Kennzahlen für Läger, die Ermittlungen
von Preisen für Auswertungen und heuristische Überlegungen zu Stellplätzen in LKWs sind
weitere Anwendungsbeispiele.

Bemerkung 10 *(Motivation zur Konstruktion und Verknüpfung rationaler Zahlen)* Zur
Motivation der Konstruktion rationaler Zahlen kann das Konzept der **Lösungen von Gleichungen** verwendet werden. Die Gleichung $5x = 550$ kann in den natürlichen Zahlen durch
$x = 110$ gelöst werden. Eine zugehörige Fragestellung könnte sein, die durchschnittliche
Zahl der Wareneingänge eines Lagers an 5 Arbeitstagen zu berechnen. Lautet die Gleichung
jedoch $5x = 551$, kann die Rechnung nicht mehr in den natürlichen Zahlen durchgeführt
werden. Wendet man das Teilen mit Rest an, gilt $551 = 110 \cdot 5 + 1$. Trotzdem möchte man
diese Gleichung möglichst eindeutig lösen. Zu diesem Zweck benötigt man eine Erweiterung der ganzen Zahlen zu den rationalen Zahlen. In dieser erweiterten Zahlenwelt ist die
Gleichung wieder eindeutig lösbar. Im nächsten Abschnitt wird über den sog. **Quotientenkörper** eingesehen, wie eine derartige Erweiterung ganzer Zahlen vorgenommen werden
kann. Idee ist, die ganzen Zahlen in einen Körper einzubetten, so daß jedes Element bzgl.
der Multiplikation ein Inverses besitzt. Diese Eigenschaft ist in den ganzen Zahlen nur den
Elementen (den einzigen multiplikativen Einheiten) 1 und -1 vorbehalten.

Es soll folgend darauf eingegangen werden, wie man diese 'neuen Zahlen' sinnvoller-
weise multiplizieren und addieren sollte. Annahme ist das **eindeutige Lösen der Gleichungen** der Form $bx = a$. Man notiere die eindeutige Lösung der Gleichung $bx = a$ im
Folgenden durch $\frac{a}{b}$. Es sei zusätzlich $dy = c$ eine weitere Gleichung mit eindeutiger Lösung
$y = \frac{c}{d}$.

Es wird analysiert, was sinnvolle Definitionen für $xy = \frac{a}{b}\frac{c}{d}$ und $x + y = \frac{a}{b} + \frac{c}{d}$ sind.
Man betrachte zuerst die Multiplikation xy. Es ist naheliegend, die beiden Gleichungen
miteinander zu multiplizieren, also $bxdy = ac$ zu bilden. Fordert man die Kommutativität
und Assoziativität, ist diese Aussage äquivalent zu $(bd)(xy)ac$. Demzufolge löst xy die
Gleichung. Es sollte $xy = \frac{ac}{bd}$ definiert werden.

Die Addition ist komplexer zu handhaben. Würde man analog die Gleichungen addieren,
erhielte man $bx + dy = a + c$. Problem ist, daß nach einer Gleichung der Form $r(x + y) = t$
gesucht wird, $x + y$ aber im linken Term nicht ausgeklammert werden kann. Das gelingt,
wenn zuvor die beiden Gleichungen so bearbeitet werden, daß links ein ähnlicher Term vor
den beiden Unbekannten x und y vorzufinden ist. Aus diesem Grund multipliziert man die
erste Gleichung mit d und erhält $dbx = da$. Analog – durch Multiplikation mit b – ergibt

die zweite Gleichung $bdy = bc$. Auf diese Weise sind vor x und y dieselben Vorfaktoren zu finden (wenn man die Kommutativität der Multiplikation voraussetzt). Durch Addition folgt $dbx + bdy = da + bc$, was äquivalent zu $db(x + y) = ad + bc$ ist. Aus diesem Ausdruck ergibt sich $x + y = \frac{ad+bc}{bd}$. Beide Brüche sind **'gleichnamig'** gemacht worden.

Auch das Teilen durch einen Bruch kann durch das eindeutige Lösen von Gleichungen motiviert werden. Betrachtet man die Gleichungen $bx = a$ und $ay = b$, folgt durch Multiplikation einerseits $bxay = ab = (ab)(xy)$. Andererseits löst 1 diese Gleichung. Zwangsläufig muss $\frac{a}{b}\frac{b}{a} = 1$ gelten. Der Bruch $\frac{b}{a}$ wird Kehrbruch zu $\frac{a}{b}$ genannt. Das multiplikativ Inverse zu $\frac{a}{b}$ ist demzufolge $\frac{b}{a}$ oder – anders ausgedrückt – $(\frac{a}{b})^{-1} = \frac{b}{a}$. Letzteren Ausdruck notiert man ebenfalls in der Form $\frac{1}{\frac{a}{b}}$.

Für das Subtrahieren betrachte man die Gleichung $bx = a$. Sie kann – 'Minus mal Minus ist Plus' – ebenfalls als $(-b)(-x) = a$ notiert werden. Folglich gilt $-\frac{a}{b} = -x = \frac{a}{-b}$. Anderseits kann die Gleichung mit -1 multipliziert werden. Es lassen sich $-bx = -a$, $b(-x) = -a$ und damit $-\frac{a}{b} = \frac{-a}{b}$ ableiten.

Was ist die Konsequenz, wenn in der Gleichung $bx = a$ bereits $a = 0$ vorausgesetzt ist? Es ist $bx = 0$ eindeutig zu lösen. Ist $b \neq 0$, muss $x = 0$ sein, wenn die Nullteilerfreiheit vorausgesetzt wird.

Abschließend soll erörtert werden, warum bei den Gleichungen $bx = a$ gefordert werden sollte, daß $b \neq 0$ gilt. Der Nenner darf nicht Null sein. Ansonsten müsste die Gleichung $0x = a$ eindeutig lösbar sein. In diesem Fall muss $a = 0$ sein, denn $0x = 0$ ist erfüllt. Für $a = 0$ ist mit jedem x die Gleichung $0x = 0$ lösbar. Das widerspricht der Eindeutigkeit der Lösbarkeit. 'Durch Null teilen' ist folglich nicht erlaubt. $\diamond$

Definition 37 *(Definition des Quotientenkörpers eines Ringes) Sei R ein assoziativer Ring. Ein Paar $(Q(R); \iota)$ heißt* **Quotientenkörper** *von R, wenn folgende Eigenschaften gelten:*

(i) $Q(R)$ ist ein Körper.

(ii) Die Abbildung $\iota : R \longrightarrow Q(R)$ ist ein Ringmonomorphismus.

(iii) Zu jedem Ringmonomorphismus $\alpha : R \longrightarrow K$ in einen Körper K gibt es ein eindeutig bestimmten Ringmonomorphismus $\hat{\alpha} : Q(R) \longrightarrow K$, so daß $\iota\hat{\alpha} = \alpha$ gilt. – **universelle Eigenschaft des Quotientenkörpers** $\diamond$

Die universelle Eigenschaft des Quotientenkörpers kann durch ein kommutatives Diagramm visualisiert werden.

$$
\begin{array}{ccc}
R & \xrightarrow{\ \iota\ } & Q(R) \\
{\scriptstyle id}\downarrow & & \downarrow{\scriptstyle \hat{\alpha}} \\
R & \xrightarrow{\ \alpha\ } & K
\end{array}
$$

Proposition 13 *(Eindeutigkeit des Quotientenkörpers) Seien R ein assoziativer Ring und $(Q(R); \iota)$ ein Quotientenkörper von R. Es gelten folgende Eigenschaften:*

(i) Der Quotientenkörper ist bis auf Körper-Isomorphie eindeutig bestimmt.

(ii) Gibt es einen Quotientenkörper, existiert ebenfalls ein R-enthaltener Quotientenkörper.

(iii) Die in $Q(R)$ eingebetteten Elemente aus R ungleich Null besitzen bzgl. der Multiplikation ein inverses Element – **eindeutige Lösbarkeit von Gleichungen.**

Beweis ad(i): Seien $Q_1(R)$ und $Q_2(R)$ Quotientenkörper von R. In der Definition des Quotientenkörpers betrachte man statt allgemein einen Körper K jeweils den Quotientenkörper $Q_1(R)$ bzw. $Q_2(R)$. In beiden Fällen ist die Identität die eindeutig bestimmte homomorphe Fortsetzung. Ebenfalls gibt es eindeutige Fortsetzungen α und β, wenn die Definition mit $Q_1(R)$ als Quotientenkörper und $Q_2(R)$ als Körper und vice versa angewendet wird. Folglich sind $\alpha\beta$ bzw. $\beta\alpha$ ebenfalls die eindeutig bestimmten Fortsetzungen. Demzufolge sind α und β invers zueinander, da $\alpha\beta$ und $\beta\alpha$ mit der Identität übereinstimmen müssen.

ad(ii): Der Beweis dieses Teils verbleibt als Rechenübung. Man nutze das Erweiterungsprinzip und das Konzept des Strukturtransports.

ad(iii): Diese Aussage folgt direkt aus Teil (i). $\diamond$

Satz 38 *(Existenz eines Quotientenkörpers zu einem Integritätsbereich) Man kann einen Quotientenkörper $(Q(R); \iota)$ eines Integritätsbereichs R wie folgt konstruieren:*

(i) Auf $M := R \times (R \setminus \{0\})$ ist die Relation $(a; b) \sim (c; d)\quad :\Longleftrightarrow\quad ad = cb$ eine Äquivalenzrelation. Man definiere $Q(R) := M/\!\sim = \left\{ \frac{a}{b} \mid (a; b) \in M \right\}$ – die Menge der Äquivalenzklassen bzgl. $\sim$, wobei $\frac{a}{b}$ die Äquivalenzklasse von $(a; b)$ bzgl. $\sim$ sei.

(ii) Auf $Q(R)$ wird die Addition und Multiplikation vertreterweise wie folgt festgelegt: $\frac{a}{b} + \frac{c}{d} := \frac{ad+cb}{bd}$ und $\frac{a}{b} \cdot \frac{c}{d} := \frac{ac}{bd}$. Insbesondere sind die so definierten Operationen wohldefiniert und von der Wahl der Vertreter unabhängig.

(iii) Der Ring ist nicht der Nullring, enthält also ein Element $a \neq 0$. Das neutrale Element bzgl. der Addition – das Nullelement – ist $\frac{0}{a}$. Das neutrale Element bzgl. der Multiplikation – das Einselement – ist $\frac{a}{a}$. Diese Äquivalenzklassen sind jeweils für alle $a \in R \setminus \{0\}$ identisch.

(iv) Für $\frac{a}{b}$ ist das Inverse bzgl. Addition durch $\frac{-a}{b}$ gegeben. Falls $a \neq 0$ gilt, ist $\frac{a}{b}$ invertierbar bezüglich der Multiplikation mit Inversen $\frac{b}{a}$.

(v) $Q(R)$ bildet mit diesen Verknüpfungen einen Körper. Die Abbildung $\iota\colon R \to Q, a \mapsto \frac{a}{1}$ ist ein injektiver Ringhomomorphismus und stellt die gewünschte Einbettung dar.

Beweis Einige Aussagen verbleiben als Rechenübung, andere werden explizit bewiesen.

Zwei Äquivalenzklassen $\frac{a}{b}$ und $\frac{c}{d}$ sind genau dann identisch, wenn die Elemente $(a; b)$ und $(c; d)$ bzgl. $\sim$ in Relation stehen. Diese Aussage ist genau dann gültig, wenn $ad = bc$ mit $b, d \neq 0$ gilt. Fundamental ist die

$$\textbf{Kürzungsregel } \frac{a}{b} = \frac{ta}{tb}$$

für beliebige $a, b, t \in R$ mit $b, t \neq 0$. Wegen der Kommutativität und Assoziativität in R ist die Gleichung $atb = tab$ gültig. Daraus ergibt sich obige Kürzungsregel.

Es wird folgend bewiesen, daß bzgl. der Addition eine abelsche Gruppe vorliegt. Seien dazu $a, b, c, d, v, w, x, y \in R$ und $b, d, w, y \neq 0$. Für die Wohldefiniertheit der Addition – also der Unabhängigkeit vom konkreten Vertreter – überlegt man sich Folgendes. Es gelten $\frac{a}{b} + \frac{c}{d} = \frac{ad+bc}{bd}$ und $\frac{v}{w} + \frac{x}{y} = \frac{vy+xw}{wy}$. Folglich ist $(ad + bc)wy = (vy + xw)ad$ zu zeigen, wenn $\frac{a}{b} = \frac{v}{w}$ und $\frac{c}{d} = \frac{x}{y}$ gelten. Aus letzterem folgt $aw = vb$ und $cy = xd$. Unter dieser Voraussetzung ist wegen der Kommutativität und Assoziativität in R die Identität $adwy + bcwy = vybd + vwbd$ gültig. Daß die Addition abgeschlossen ist, ist Folge der Nullteilerfreiheit in R. Für zwei Brüche $\frac{a}{b}$ und $\frac{c}{d}$ muss der Nenner in der Additionsdefinition ungleich Null sein. Der Nenner stimmt mit bd überein. Die Elemente b und d sind als ungleich Null vorausgesetzt. Wegen der Nullteilerfreiheit ist ihr Produkt ebenfalls von Null verschieden. Der Beweis der Kommutativität und Assoziativität der Addition verbleibt als Rechenübung. Es gilt $\frac{0}{b} = \frac{0}{d}$, denn $0d = 0 = 0b$ ist erfüllt. Des Weiteren ist $\frac{a}{b} + \frac{0}{1} = \frac{a}{b}$, denn es gilt $a1 + b0 = a$. Demzufolge ist $\frac{0}{1}$ neutral. Weiterhin ist $\frac{a}{b} + \frac{-a}{b} = 0$ erfüllt, denn es gilt $ab + (-a)b = 0$. Analog gilt $\frac{a}{b} + \frac{a}{-b} = 0$. Folglich ist $\frac{-a}{b} = \frac{a}{-b}$ das Inverse von $\frac{a}{b}$ bzgl. der Addition.

Folgend wird gezeigt, daß bzgl. der Multiplikation eine abelsche Gruppe vorliegt. Die Abgeschlossenheit der Multiplikation ist analog eine Folge der Nullteilerfreiheit von R. Es ist $\frac{a}{b}\frac{c}{d} = \frac{ac}{bd}$ und $\frac{v}{w}\frac{x}{y}\frac{vx}{wy}$. Diese Produkte sind gleich genau dann, wenn $acwy = vxbd$ gilt. Setzt man $\frac{a}{b} = \frac{v}{w}$ und damit $aw = vb$ sowie $\frac{c}{d} = \frac{x}{y}$ und damit $cy = xd$ voraus, folgt das gewünschte Ergebnis durch Multiplikation beider Bedingungen sowie der Assoziativität und Kommutativität von R. Dieser Schluss zeigt die Wohldefiniertheit der Multiplikation. Der Beweis der Kommutativität und Assoziativität verbleibt als Rechenübung. Wegen $bd = db$ und $d1 = 1d$ folgt $\frac{b}{b} = \frac{d}{d} = \frac{1}{1}$. Es gilt $\frac{a}{b}\frac{1}{1} = \frac{a}{b}$, denn $a1b = b1a$ ist erfüllt. Für $a \neq 0$ ist die Gleichheit $\frac{a}{b}\frac{b}{a} = \frac{1}{1}$ erfüllt. Grund ist $ab1 = ba1$ wegen der Neutralität von 1 und der Kommutativität von R.

Schließlich wird die Einbettungseigenschaft hergeleitet. Sei α ein Monomorphismus von R in einen Körper K. Es wird gezeigt, daß es höchstens eine Funktion $\hat{\alpha}$ gibt, so daß $\iota\hat{\alpha} = \alpha$ gilt. Seien $r, s \in R$ mit $s \neq 0$. Es gilt $\frac{r}{s}\hat{\alpha} = (\frac{r}{1}\frac{1}{s})\hat{\alpha} = r\alpha s^{-1}\hat{\alpha}$. Nach der Regel zur Erhaltung der Einheiten gilt $r\alpha s^{-1}\hat{\alpha} = r\alpha(s\hat{\alpha})^{-1}$. Letzterer Ausdruck ist identisch zu $r\alpha(\frac{s}{1})\hat{\alpha} = r\alpha(s\alpha)^{-1} = \frac{r\alpha}{s\alpha}$. Es verbleibt zu zeigen, daß die Festlegung $\frac{r}{s}\hat{\alpha} := \frac{r\alpha}{s\alpha}$ der gewünschte Ringmonomorphismus ist. Seien $a, b \in R$ mit $b \neq 0$. Es sei angemerkt, daß aus der Injektivität von α folgt, daß für jedes $s \neq 0$ ebenfalls $s\alpha \neq 0$ gilt. Aus diesem Grund kann die Abbildung $\hat{\alpha}$ wie beschrieben definiert werden. Es muss ihre Wohldefiniertheit hergeleitet werden. Sei $\frac{a}{b} = \frac{r}{s}$. Es gilt $as = br$ und folglich $a\alpha s\alpha = b\alpha r\alpha$, woraus die Wohldefiniertheit abgeleitet wird. Ist $\frac{r}{s}\hat{\alpha} = 0$, gelten $\frac{r\alpha}{s\alpha} = 0$ und $r\alpha = 0$. Es folgt $r = 0$, woraus sich $\frac{r}{s} = 0$ ableitet. Da der Kern der Nullraum ist, folgt die Injektivität von $\hat{\alpha}$. Es gilt $(\frac{r}{s}\frac{a}{b})\hat{\alpha} = \frac{ra}{sb}\hat{\alpha} = \frac{(ra)\alpha}{(sb)\alpha}$. Letzterer Ausdruck ist identisch zu $\frac{r\alpha a\alpha}{s\alpha b\alpha} = \frac{r\alpha}{s\alpha}\frac{a\alpha}{b\alpha}$. Folglich ist $\hat{\alpha}$ mit der Multiplikation verträglich. Ähnlich gilt auch für die Addition $(\frac{r}{s} + \frac{a}{b})\hat{\alpha} = \frac{rb+as}{sb}\hat{\alpha} = \frac{(rb)\alpha+(as)\alpha}{(sb)\alpha}$. Letzterer Term ist identisch zu $\frac{r\alpha b\alpha}{s\alpha b\alpha} + \frac{a\alpha s\alpha}{s\alpha b\alpha}$. Wegen der Kürzungsregel ist $\hat{\alpha}$ mit der Multiplikation verträglich.   ◇

Definitionen und Bemerkungen 4 *(Rationale Zahlen)* Aus Proposition 13 und Satz 38 folgt, daß es zu $\mathbb{Z}$ einen Quotientenkörper gibt, der $\mathbb{Z}$ enthält und der bis auf Körperisomorphie eindeutig bestimmt ist. Diesen bezeichnet man mit $\mathbb{Q}$ und nennt ihn den **Körper der rationalen Zahlen** oder **rationalen Zahlkörper**. Seine Elemente heißen **Brüche** oder **rationale Zahlen**. Man schreibt sie in der Bruch-Form

$$\frac{a}{b},$$

wobei a, b ganze Zahlen sind und $b \neq 0$ gilt. Die Zahl a heißt **Zähler** und b nennt man **Nenner** des Bruches $\frac{a}{b}$.

$\frac{a}{b}$ ist das Urbild unter dem Körperisomorphismus zwischen $\mathbb{Q}$ und $Q(\mathbb{Z})$ der Äquivalenzklasse $(a; b)$ bzgl. der Relation $\sim_{Q(\mathbb{Z})}$ aus Satz 38. Der Isomorphismus erlaubt es, Bruchrechnungen in dieser speziellen Konstruktion des Quotientenkörpers durchzuführen.

Es sollen eine Reihe von Bemerkungen zu rationalen Zahlen formuliert werden. Bei ihrem Beweis rechnet man vorwiegend in $Q(\mathbb{Z})$ mittels der Relation $\sim_{Q(\mathbb{Z})}$. Seien dazu $a, b, c, d, t \in \mathbb{Z}$ und $b, d, t \neq 0$.

(1.) **Bruchformeln:**

Per Definition sind zwei Brüche $\frac{a}{b}$ und $\frac{c}{d}$ genau dann gleich, wenn $ad = bc$ gilt. Demzufolge sind $\frac{0}{b} = 0$ und $\frac{a}{1} = a$ erfüllt. Ein Bruch der Form $\frac{a}{0}$ ist nicht definiert. Ein Teilen durch Null ist nicht erlaubt. Das additiv Inverse zu $\frac{a}{b}$ ist

$$-\frac{a}{b} = \frac{-a}{b} = \frac{a}{-b}.$$

Das multiplikativ Inverse zu $\frac{a}{b}$ – auch **Kehrwert** genannt – ist

$$\left(\frac{a}{b}\right)^{-1} = \frac{b}{a}.$$

Die Addition $+$ von $\frac{a}{b}$ und $\frac{c}{d}$ ist definiert als

$$\frac{a}{b} + \frac{c}{d} = \frac{ad + bc}{bd}.$$

Die Multiplikation $\cdot$ beider Brüche ist

$$\frac{a}{b} \cdot \frac{c}{d} = \frac{ac}{bd}.$$

Die Gleichheit von Brüchen ergibt die Kürzungsregel

$$\frac{a}{b} = \frac{ta}{tb}.$$

Wegen $\frac{c}{1} = c$ erhält man $\frac{a}{b} \cdot c = \frac{ac}{b}$. Ähnlich ergeben sich $\frac{a}{b}/d = \frac{a}{b} \cdot d^{-1} = \frac{a}{bd}$ und

$$\frac{a}{b}\bigg/\frac{c}{d} = \frac{a}{b} \cdot \left(\frac{c}{d}\right)^{-1} = \frac{a}{b} \cdot \frac{d}{c} = \frac{ad}{bc}.$$

(2.) gekürzte Darstellung eines Bruches:

Man betrachte einen Bruch $\frac{a}{b}$. Für jede ganze Zahl t gilt wegen der Bruchformeln in (1.) die Gleichung $\frac{ta}{tb}$. Das bedeutet, daß man jeden gemeinsamen Teiler des Zählers und Nenners eines Bruches kürzen kann. Auf diese Weise entsteht ein identischer Bruch mit teilerfremden Zähler und Nenner. Es gibt folglich ganze Zahlen c, d, so daß

$$\frac{a}{b} = \frac{c}{d} \text{ und } ggT(c, d) = 1$$

gelten. Diesen Bruch nennt man **gekürzte Darstellung** von $\frac{a}{b}$.

Die gekürzte Darstellung verfolgt den Ansatz, den Zähler und Nenner eines Bruches möglichst klein zu wählen. Sie ist die Lösung des Problems, zu einem gegebenen Bruch einen identischen zu finden, bei dem Zähler und Nenner so 'minimal wie möglich' sind. Im Fall $\frac{a}{b} = \frac{c}{d}$ und $ggT(a, b) = 1$ gilt $ad = bc$. Aus Teil (v) von Bemerkung 9 erhält man wegen der Teilerfremdheit von a und b bereits $a \mid c$ und $b \mid d$. Es gibt also $t, r \in \mathbb{Z}$ mit $\frac{c}{d} = \frac{ta}{rb} = \frac{a}{b}$. Daraus folgt $r = t$. Jeder zu $\frac{a}{b}$ identische Bruch besitzt die Form $\frac{ta}{tb}$ mit einem $t \in \mathbb{Z}$. Letzteres nennt man eine **Erweiterung** von $\frac{a}{b}$ um t oder man sagt, man erweitert den Bruch $\frac{a}{b}$ um die Zahl t.

(3.) Hauptnennerbildung:

Man betrachte die Summe $\frac{a}{b} + \frac{c}{d}$. Per Definition ist die Summe genau $\frac{ad+bc}{bd}$, was äquivalent zu $\frac{ad}{bd} + \frac{cb}{bd}$ ist. Der Bruch $\frac{a}{b}$ wurde demnach mit d und $\frac{c}{d}$ mit b erweitert, um den gleichen Nenner bd zu erhalten. Man spricht in diesem Zusammenhang auch von **gleichnamigen Brüchen.** Auf diese Weise können beim Addieren zweier Brüche die Zähler addiert und die Nenner beibehalten werden. Den gemeinsamen Nenner nennt man einen **Hauptnenner.**

Ist es unbedingt notwendig, zur Hauptnennerbildung zweier Brüche das Produkt beider Nenner nehmen zu müssen oder reicht eine kleinere Zahl aus? Man sucht Zahlen t, s, mit denen man $\frac{a}{b}$ um t bzw. $\frac{c}{d}$ um s erweitern kann, so daß ein möglichst kleiner gemeinsamer Nenner $bt = ds$ entsteht. In diesem Fall ist $bt = ds$ ein gemeinsames Vielfaches von b und d. Um dieses Vielfache möglichst klein zu wählen, ist das kleinste gemeinsame Vielfache $kgV(b, d)$ von b, d zu verwenden.

(4.) gemischte Zahlen:

In den rationalen Zahlen kann die Summe

$$c + \frac{a}{b}$$

gebildet werden. Derartige Zahlen nennt man **gemischte Zahlen.** Etwas unscharf – weil eine Verwechslung mit der Multiplikation vorliegen kann – werden diese Zahlen in der Form $c\frac{a}{b}$ notiert. Ein Beispiel wäre etwa $3\frac{1}{2}$. Idee ist, möglichst viel ganzzahlige Anteile aus einem Bruch herauszuziehen. Statt $\frac{7}{2}$ wird die gemischte Zahl $3\frac{1}{2}$ geschrieben. Es besteht ein enger Zusammenhang zum Teilen mit Rest für das Umrechnen eines Bruchs zu einer gemischten Zahl: $7 = 3 \cdot 2 + 1$. Für den umgekehrten Rechenweg von gemischter Zahl zu Bruch muss man die ganzen Anteil mit dem Nenner erweitern und zum Bruch addieren: $3\frac{1}{2} = \frac{3\cdot 2}{2} + \frac{1}{2} = \frac{7}{2}$.

(5.) **Lösungen von Gleichungen:**

In den rationalen Zahlen kann man Gleichungen der Form

$$bx = a \text{ mit } b \neq 0$$

durch $\frac{a}{b}$ eindeutig lösen. Der Leser mag fragen, was genau eine Gleichung der Form $bx = a$ ausmacht. Eine ausweichende Antwort ist, daß man sich nur für die **Lösungsmenge** einer Gleichung interessiert. In diesem Fall ist diese $\{x \mid x \in \mathbb{Q}, bx = a\}$. Auf diese Weise kann das 'Problem' der Definition von Gleichungen umgangen werden. Stattdessen kann gesagt werden, daß die Menge aller Nullstellen des Polynoms $bx - a$ über $\mathbb{Q}$ gesucht wird.

(6.) $\mathbb{Q}$ **ist archimedisch:**

Es wurde gezeigt, daß $\mathbb{Z}$ **archimedisch** bzgl. $\leq$ und $\mathbb{N}$ ist. Definiert ist diese Eigenschaft dadurch, daß es zu jeder ganzen Zahl z eine natürliche Zahl n gibt, so daß $z < n$ gilt. In Lehrbüchern wird archimedisch für rationale Zahlen so definiert, daß es für rationale Zahlen a, b mit $b > 0$ eine natürliche Zahl n gibt, so daß $nb > a$ gilt. Letztere Aussage ist äquivalent zu $n > \frac{a}{b}$. Archimedisch zu sein ist folglich gleichwertig zur Aussage, daß es zu jeder rationalen Zahl q eine natürliche Zahl echt oberhalb von q gibt. Anders ausgedrückt bedeutet diese Aussage, daß $\mathbb{N}$ nicht in $\mathbb{Q}$ beschränkt ist. Anderenfalls wären die natürlichen Zahlen an sich beschränkt. Ist $\frac{a}{b}$ eine obere rationale Schranke mit natürlichen Zahlen a, b (man beachte $1 > 0$), ist ab eine obere Schranke und eine natürlich Zahl, da $ab \geq \frac{a}{b}$ gilt (denn $ab^2 \geq a$ wegen $b^2 \geq 1$) $\mbox{\Large\lightning}$. $\diamond$

Es wird angemerkt, warum die Forderung an R, ein Integritätsbereich zu sein, sinnvoll ist. Da R zu einem Körper erweitert werden soll, muss die Multiplikation kommutativ sein sowie die Nullteilerfreiheit gelten. Beide Eigenschaften sind im Körper $Q(R)$ bereits gültig.

In den rationalen Zahlen können die vier Grundrechenarten Plus, Minus, Mal und Geteilt durchgeführt werden. Es sollen nun **Ordnungseigenschaften** von $\mathbb{Z}$ auf $\mathbb{Q}$ übertragen werden. Zu diesem Zweck seien einige der Ordnungseigenschaften von $\leq$ bzgl. $\mathbb{Z}$ rekapituliert.

(i) $\leq$ ist reflexiv: Für alle $a, b \in \mathbb{Z}$ gilt $a \leq a$.

(ii) $\leq$ ist antisymmetrisch: Für alle $a, b \in \mathbb{Z}$ folgt aus $a \leq b$ und $b \leq a$ bereits $a = b$.

(iii) $\leq$ ist transitiv: Für alle $a, b, c \in \mathbb{Z}$ folgt aus $a \leq b$ und $b \leq c$ bereits $a \leq c$.

(iv) $\leq$ ist komparatorisch: Für alle $a, b \in \mathbb{Z}$ gilt $a \leq b$ oder $b \leq a$.

(v) $\leq$ ist total: reflexiv, antisymmetrisch, transitiv und komparatorisch.

(vi) $\leq$ setzt die Ordnung von $\mathbb{N}$ fort.

(vii) $\leq$ ist trichotomisch um Null: Für alle $a \in \mathbb{Z}$ gilt $a < 0$ oder $a = 0$ oder $a > 0$.

(viii) Die Trichotomie um Null erlaubt die Definition der Signum-Funktion.

(ix) $\leq$ ist mit der Addition verträglich. Es gilt das additive Monotoniegesetz: Für alle $a, b, c \in \mathbb{Z}$ folgt aus $a \leq b$ schon $a + c \leq b + c$.

(x) $\leq$ ist mit der Multiplikation verträglich. Es gilt das multiplikative Monotoniegesetz: Für alle $a, b, c \in \mathbb{Z}$ und $c > 0$ folgt aus $a \leq b$ bereits $ac \leq bc$.

(xi) Es gilt das umgekehrte multiplikative Monotoniegesetz: Für alle $a, b, c \in \mathbb{Z}$ und $c < 0$ folgt aus $a \leq b$ bereits $ac \geq bc$.

(xii) Nach oben bzw. nach unten beschränkte Teilmengen von $\mathbb{Z}$ besitzen ein Maximum bzw. ein Minimum.

(xiii) In $\mathbb{Z}$ sind die Begriffe Endlichkeit und Beschränktheit äquivalent.

(xiv) Ausgehend von $\leq$ sind der Betrag $|\,.\,|$ und die Metrik $d(\cdot; \cdot)$ mit den angegebenen Rechenregeln definiert worden.

(xv) Zu jedem $z \in \mathbb{Z}$ gibt es ein $n \in \mathbb{N}$ – etwa $max\{z, -z\}$ – mit $z \leq n$. Diese Eigenschaft nennt man archimedische Anordnung.

Es sollen diese Rechengesetze und Eigenschaften ebenfalls für rationale Zahlen möglichst bewiesen werden. Die Aussage bzgl. der Beschränktheit und Endlichkeit ist in den rationalen Zahlen nicht mehr gültig. Die Menge $\{\frac{1}{n} \mid n \in \mathbb{N}\}$ ist beschränkt, besitzt aber kein Minimum und ist auch nicht endlich. Die anderen Eigenschaften erweisen sich mit den rationalen Zahlen als verträglich. Zum Nachweis sind weitere Begriffe notwendig.

Definition 38 *(angeordneter Ring und Körper) Einen Ring R zusammen mit einer Relation $\leq$ nennt man* **geordneten Ring,** *wenn $\leq$ eine totale Ordnung auf R ist und sie verträglich mit Addition und Multiplikation ist. R heißt* **archimedisch angeordnet,** *wenn $\leq$ zusätzlich archimedisch ist. Ist R ein Körper, nennt man R einen* **(archimedisch) angeordneten Körper.**

Induktiv sei für einen unitären Ring mit Einselement 1_R die **Summe der Einsen** *definiert durch*

$$1 \cdot 1_R := 1_R \quad und \quad (n + 1)1_R := n1_R + 1_R$$

für alle $n \in \mathbb{N}$. $\diamond$

Eine Reihe von Aussagen ergeben sich bereits als direkte Konsequenz aus diesen Definitionen.

Proposition 14 *(Eigenschaften angeordneter Ringe) Sei R ein bzgl. $\leq$ angeordneter Ring. Es gelten folgende Aussagen:*

   (i) Für alle $a, b, c \in R$ folgt $a \leq b$ aus $a + c \leq b + c$.
  (ii) Für alle $a, b, c \in R$ mit $c \geq 0$ folgt $a \leq b$ aus $ac \leq bc$.
 (iii) Für alle $a, b, c \in R$ mit $c \leq 0$ folgt $a \leq b$ aus $ac \geq bc$.
  (iv) Die multiplikative Verträglichkeit ist äquivalent zu: Für alle $a, b \in R$ mit $a, b \geq 0$ folgt $ab \geq 0$.
   (v) Quadrate sind nicht-negativ: Für alle $r \in R$ gilt $r^2 \geq 0$.
  (vi) $\leq$ ist trichotomisch.
 (vii) Ist R unitär, gilt für alle $n \in \mathbb{N}$ die Aussage $n1_R > 0$. Insbesondere ist R unendlich.
(viii) Ist R ein Körper, enthält R einen zu $\mathbb{Q}$ isomorphen Teilkörper.
  (ix) Ist R ein Körper, ist der kleinste Teilkörper von R isomorph zu $\mathbb{Q}$.

Beweis ad(i): Man wende die Regel aus der Definition mit $-c$ an.

ad(vi): Diese Aussage folgt aus der komparatorischen und antisymmetrischen Eigenschaft von $\leq$.

ad(v): Sei $r \in R$. R ist komparatorisch bzgl. $\leq$. Ist $r \geq 0$, folgt $r^2 \geq 0$ aus der Verträglichkeit der Multiplikation. Für $r < 0$ ist $-r > 0$. Erneut wegen der Verträglichkeit mit der Multiplikation folgt $(-r)^2 = r^2 > 0$.

ad(vii): 1 ist ein Quadrat, da $1^2 = 1$ gilt. Damit ist $1 > 0$ bewiesen, da per Definition $1 \neq 0$ gilt. Aus der Verträglichkeit mit der Addition folgt induktiv bereits Teil (vii).

ad(viii) und (ix): Diese Aussagen verbleiben als Rechenübung.

ad(ii): Seien $a, b, c \in R$ mit $c \geq 0$. Es ist $ac - bc = (a - b)c$. Wegen der Verträglichkeit mit der Multiplikation muss $(a - b) \leq 0$ gelten. Aus der Trichotomie folgt die Behauptung.

ad(iii): Diese Aussage wird analog zu Teil (ii) bewiesen und verbleibt als Rechenübung. Alternativ führe man diese Aussage auf die vorherige zurück.

ad(iv): Es ist $a \leq b$ äquivalent zu $a - b \leq 0$. Daraus folgt die Behauptung. $\diamond$

Für angeordnete Ringe sollen die Signumsfunktion, die Betragsfunktion und die Abstandsfunktion eingeführt sowie ihre bereits für $\mathbb{Z}$ bekannten Eigenschaften allgemeiner formuliert werden. Der Beweis verbleibt als Rechenübung.

Definition 39 *(Betrags- und Signumsfunktion) Sei R ein bzgl. $\leq$ angeordneter Ring. Mittels Trichotomie um den Nullpunkt lassen sich zwei Funktionen definieren. Zum einen ist es die* **Betragsfunktion**

$$| \cdot |: R \longrightarrow \mathbb{N}_0$$

und zum anderen die **Vorzeichen- oder auch Signumsfunktion**

$$sgn(\cdot) : R \longrightarrow \{-1, 0, 1\}.$$

Ist $x \in R$, gilt wegen der Trichotomie um Null genau eine der Aussagen $x > 0$, $x = 0$ oder $x < 0$. Daher definiert man die Signumsfunktion durch

$$sgn(x) := \begin{cases} 1 & f\ddot{u}r \ x > 0 \\ 0 & f\ddot{u}r \ x = 0 \\ -1 & f\ddot{u}r \ x < 0 \end{cases}$$

und die Betragsfunktion durch

$$|x| := \begin{cases} x & f\ddot{u}r \ x > 0 \\ 0 & f\ddot{u}r \ x = 0 \\ -x & f\ddot{u}r \ x < 0. \end{cases}$$

Es sei angemerkt, daß die Betragsfunktion ein Beispiel einer sog. **Normfunktion** *ist, die im Kontext sog. Vektorräume über den reellen oder komplexen Zahlen definiert wird. Mit Hilfe der Betragsfunktion kann eine* **Abstandsfunktion** *oder auch* **Metrik** *definiert werden:*

$$d(\cdot, \cdot) : R \times R \longrightarrow \mathbb{N}_0, \ (x; y) \mapsto d(x; y) := |x - y| \, .$$

◇

Proposition 15 *(Eigenschaften von Betrag, Signum, Abstand) Sei R ein bzgl. $\leq$ angeordneter Ring. Es gelten folgende Aussagen:*

(i) *Für alle $x \in R$ gilt $x = |x| \cdot sgn(x)$. – Darstellung mittels Betrag und Signum*

(ii) *Für alle $x, y \in R$ gilt $sgn(xy) = sgn(x) \cdot sgn(y)$. – Signum ist ein Homomorphismus bzgl. $\cdot$.*

(iii) *Im Allgemeinen gilt nicht für alle $x, y \in R$ die Regel $sgn(x + y) = sgn(x) + sgn(y)$.*

(iv) *Für alle $x \in R$ gilt $sgn(-x) = -sgn(x)$. – Signum ist eine ungerade Funktion.*

(v) *Für alle $x \in R$ gilt $sgn(sgn(x)) = sgn(x)$. – Signum ist idempotent.*

(vi) *Für alle $x, y \in R$ gilt $|x + y| \leq |x| + |y|$. – Dreiecksungleichung*

(vii) *Für alle $x \in R$ gilt $|x| = 0$ genau dann, wenn $x = 0$ gilt. – Kennzeichnung der Null*

(viii) *Für alle $x \in R$ gilt $|x| \geq 0$. – Der Betrag ist positiv definit.*

(ix) *Für alle $x, y \in R$ gilt $|xy| = |x| \cdot |y|$. – Der Betrag ist homogen.*

(x) *Für alle $x \in R$ gilt $|-x| = |x|$. – Betrag einer negativen Zahl*

(xi) Für alle $x, y, z \in R$ gilt $d(x; y) \leq d(x; z) + d(z; y)$. – Dreiecksungleichung der Metrik

(xii) Für alle $x, y \in R$ gilt $d(x; y) \geq 0$. – positive Definitheit der Metrik

(xiii) Für alle $x, y \in R$ gilt $d(x; y) = 0$ genau dann, wenn $x = y$ gilt. – positive Definitheit der Metrik, Teil II

(xiv) Für alle $x, y \in R$ gilt $d(x; y) = d(y; x)$. – Symmetrie der Metrik   ◇

Die Übertragung der Ordnung von $\mathbb{Z}$ auf $\mathbb{Q}$ wird im Rahmen geordneter Ringe und Quotientenkörper durchgeführt. Zu diesem Zweck ist eine Vorüberlegung im Kontext geordneter Ringe R mit totaler Ordnung $\leq$ notwendig. Seien $a, b \in R$ mit $r \neq 0$. Ist $b < 0$, gelten $-b > 0$ und in $Q(R)$ $\frac{a}{b} = \frac{-a}{-b}$. Folglich kann erreicht werden, daß der Nenner eines beliebigen Bruchs als größer Null angenommen werden kann.

Satz 39 *(Ordnungsübertragung auf den Quotientenkörper) Sei R ein bzgl. $\leq_R$ geordneter Ring. Es ist $Q(R)$ ein geordneter Körper bzgl. der Ordnung $\leq_{Q(R)}$ definiert durch*

$$\frac{a}{b} \leq_{Q(R)} \frac{c}{d} := ad \leq_R cb$$

für $a, b, c, d \in R$ und $b, d >_R 0$.

Beweis Seien $a, b, c, d, e, f, u, v, x, y \in R$ und $b, d, f, v, y \neq 0$. Es muss gezeigt werden, daß die Relation auf $Q(R)$ wohldefiniert, reflexiv, antisymmetrisch, transitiv und komparatorisch ist. Im weiteren Verlauf des Beweises sei auf die Indizierung der beiden Ordnungen verzichtet. Der Leser möge den richtigen Index aus dem Kontext erkennen.

Beweis der Wohldefiniertheit: Seien $\frac{a}{b} = \frac{u}{v}$ und $\frac{c}{d} = \frac{x}{y}$. Es muss eingesehen werden, daß $\frac{a}{b} \leq_{Q(R)} \frac{u}{v}$ genau dann gilt, wenn $\frac{c}{d} \leq_{Q(R)} \frac{x}{y}$ erfüllt ist. Aus obigen Gleichheiten folgen $av = ub$ und $cy = xd$. Es wird im Folgenden Proposition 14 verwendet, mit deren Hilfe Ungleichungen mit positiven Faktoren nach dem Kürzen bestehen bleiben und vice versa. Es ist $uy \leq xv$ äquivalent zu $uby \leq xbv$ (wegen $b > 0$). Diese Ungleichung ist wegen $ub = av$ zu $avy \leq xbv$ gleichwertig. Mittels $d > 0$ ergibt sich die Äquivalenz zu $advy \leq xbvd$. Wendet man $cy = xd$ an, ist die Ungleichung gleichwertig zu $advy \leq cybv$. Durch Anwendung von $v, y > 0$ und der Nullteilerfreiheit in R gilt $vy > 0$. Folglich (man verwende die Kommutativität auf R) ist die Ungleichung äquivalent zu $ad \leq cb$.

Folgend der Beweis der Reflexivität. Es ist $\frac{a}{b} \leq_{Q(R)} \frac{a}{b}$ genau dann gültig, wenn $ab \leq_R ba$ gilt. Demzufolge ist die Reflexivität eine Folge derjenigen von R sowie der Kommutativität der Multiplikation auf R.

Es wird gezeigt, daß die Relation auf $Q(R)$ antisymmetrisch ist. Es seien $\frac{a}{b} \leq_{Q(R)} \frac{c}{d}$ und $\frac{c}{d} \leq_{Q(R)} \frac{a}{b}$. Daraus folgen $ad \leq cb$ und $ca \leq bd$. Aus der Kommutativität der Multiplikation auf R und Antisymmetrie von $\leq_R$ folgt bereits $ad = bc$. Das bedeutet $\frac{a}{b} = \frac{c}{d}$.

Zum Nachweis der Transitivität: Seien $\frac{a}{b} \leq_{Q(R)} \frac{c}{d}$ und $\frac{c}{d} \leq_{Q(R)} \frac{e}{f}$ gegeben. Daraus folgen $ad \leq cb$ und $cf \leq ed$. Durch Multiplikation mit $f > 0$ bzw. mit $b > 0$ ergibt sich $adf \leq cbf \leq ebd$. Aus der Transitivität von $\leq_R$ folgt $adf \leq ebd$. Es kann $d > 0$ (wegen Proposition 14) aus der Ungleichung gekürzt werden.

Abschließend der Beweis der komparatorischen Eigenschaft: Es muss $\frac{a}{b} \leq_{Q(R)} \frac{c}{d}$ oder $\frac{c}{d} \leq_{Q(R)} \frac{a}{b}$ gezeigt werden. Diese Aussage ist gleichwertig zu $ad \leq bc$ oder $cb \leq da$. Ihre Gültigkeit folgt aus der Kommutativität der Multiplikation auf R sowie der Komparativität von $\leq_R$.   ◇

Die rationalen Zahlen sind – anders als die natürlichen und ganzen Zahlen, bei denen es stets einen eindeutig bestimmten Vorgänger und Nachfolger gibt – sehr dicht gepackt. Es gilt nämlich z. B. folgende Eigenschaft:

Proposition 16 *(arithmetisches Mittel) Seien $a, b \in \mathbb{Q}$ mit $a < b$. Dann existiert mindestens eine Zahl $c \in \mathbb{Q}$ mit $a < c < b$. Das sog.* **arithmetische Mittel**

$$\frac{a + b}{2}$$

erfüllt diese Bedingung. Es ist die eindeutig bestimmte Zahl $m \in \mathbb{Q}$ mit $a < m < b$ und $m - a = b - m$.

Beweis Aus $m - a = b - m$ folgen $2m = b + a$ und $m = \frac{a+b}{2}$. Wegen $a < b$ gilt $\frac{a}{2} < \frac{b}{2}$. Diese Aussage ergibt $a = \frac{a}{2} + \frac{a}{2} < \frac{b}{2} + \frac{a}{2}$. Analog kann mittels $\frac{a}{2} < \frac{b}{2}$ bereits $\frac{a}{2} + \frac{b}{2} < \frac{b}{2} + \frac{b}{2} = b$ bewiesen werden.   ◇

Auch wenn die rationalen bereits dicht 'gepackt' sind, haben auch sie noch Lücken auf dem Zahlenstrahl. Es gibt tatsächlich Zahlen, die nicht rational sind und **irrational** genannt werden. Die wohl bekannteste ist $\sqrt{2}$. Der Beweis dieser Aussage geht auf **Euklid** zurück und ist einer der ältesten Widerspruchsbeweise der Mathematik. Es soll eine allgemeinere Aussage gezeigt werden, aus der einige Irrationalitäten folgen. Es ist ein grundlegendes Resultat der Zahlentheorie. Gegenstand sind die sog. **ganz-algebraischen Zahlen,** abgekürzt mit $\mathbb{G}$. Sie sind als Nullstellen normierter Polynome über $\mathbb{Z}$ definiert. Streng genommen müsste man an dieser Stelle bereits die reellen Zahlen definieren (siehe nächster Abschnitt), um überhaupt von **Wurzeln** und irrationalen Zahlen sprechen zu können. Zur Erinnerung sei angemerkt, daß die Wurzel einer nicht-negativen Zahl w die eindeutig bestimmte nicht-negative Nullstelle des ganzzahligen Polynoms $t^2 - w$ ist. Man symbolisiert die Wurzel durch $\sqrt{w}$.

Lemma 5 *(Kommasatz)*[1] *Jede ganz-algebraische, rationale Zahl ist ganz:* $\mathbb{G} \cap \mathbb{Q} = \mathbb{Z}$.

---

[1] Dieses Resultat wird auch der Kommasatz genannt. Warum?

Beweis Jedes $z \in \mathbb{Z}$ ist Nullstelle von $t - z \in \mathbb{Z}[t]$ und rational.

Sei $q = \frac{a}{b}$ eine Nullstelle eines Polynoms $f := \sum_{i=0}^{n} z_i t^i$ über $\mathbb{Z}$ mit $z_n = 1$. Es kann angenommen werden (siehe Definition und Bemerkungen 4), daß a und b teilerfremd sind. Da q eine Nullstelle von f ist, folgt $\frac{a^n}{b^n} + \sum_{i=0}^{n-1} z_i \frac{a^i}{b^i} = 0$. Durch Multiplikation mit b^n und Umstellung der Gleichung ergibt sich

$$\sum_{i=0}^{n-1} z_i a^i b^{n-i} = -a^n.$$

Die Zahl b teilt den linken Term, weil man überall b ausklammern kann. Aus diesem Grund teilt b ebenfalls a^n. Jeder Primteiler p von b ist folglich ein Primteiler von a^n und somit – wegen der Prim-Eigenschaft – auch ein Teiler von a. Es ist $ggT(a, b) = 1$ angenommen worden. Somit kann p kein Primteiler von b sein. Es folgen $b = 1$ oder $b = -1$ und $q \in \mathbb{Z}$. $\diamond$

Als Anwendung erhält man:

Folgerung 3 *(Irrationalitäten von Wurzeln natürlicher Zahlen) Die Wurzel einer natürlichen Zahl ist genau dann rational, wenn sie eine Quadratzahl ist. Insbesondere ist die Wurzel einer Primzahl irrational.*

Beweis Sei n eine natürliche Zahl. Die Wurzel von n ist ganz-algebraisch. Nach dem Kommasatz ist $\sqrt{n}$ rational genau dann, wenn die Wurzel ganzzahlig und damit natürlich ist. Durch Quadrieren erhält man die erste Aussage dieser Folgerung. Ist n eine Primzahl, kann n keine Quadratzahl sein: Wäre $n = x^2$ mit $x \in \mathbb{N}$, müsste insbesondere $n \mid x^2$ gelten. Aus der Prim-Eigenschaft folgte dann $n \mid x$. Also gäbe es ein $y \in \mathbb{N}$ mit $ny = x$, was $n = x^2 = n^2 y^2$ bedeuten würde. Also gelte $1 = ny^2$. Aber n ist per Definition der Primzahlen keine Einheit. $\frac{\ell}{\ell}$ $\diamond$

In den folgenden Grafiken werden einige Kern-Aussagen zu rationalen Zahlen zusammengefasst.

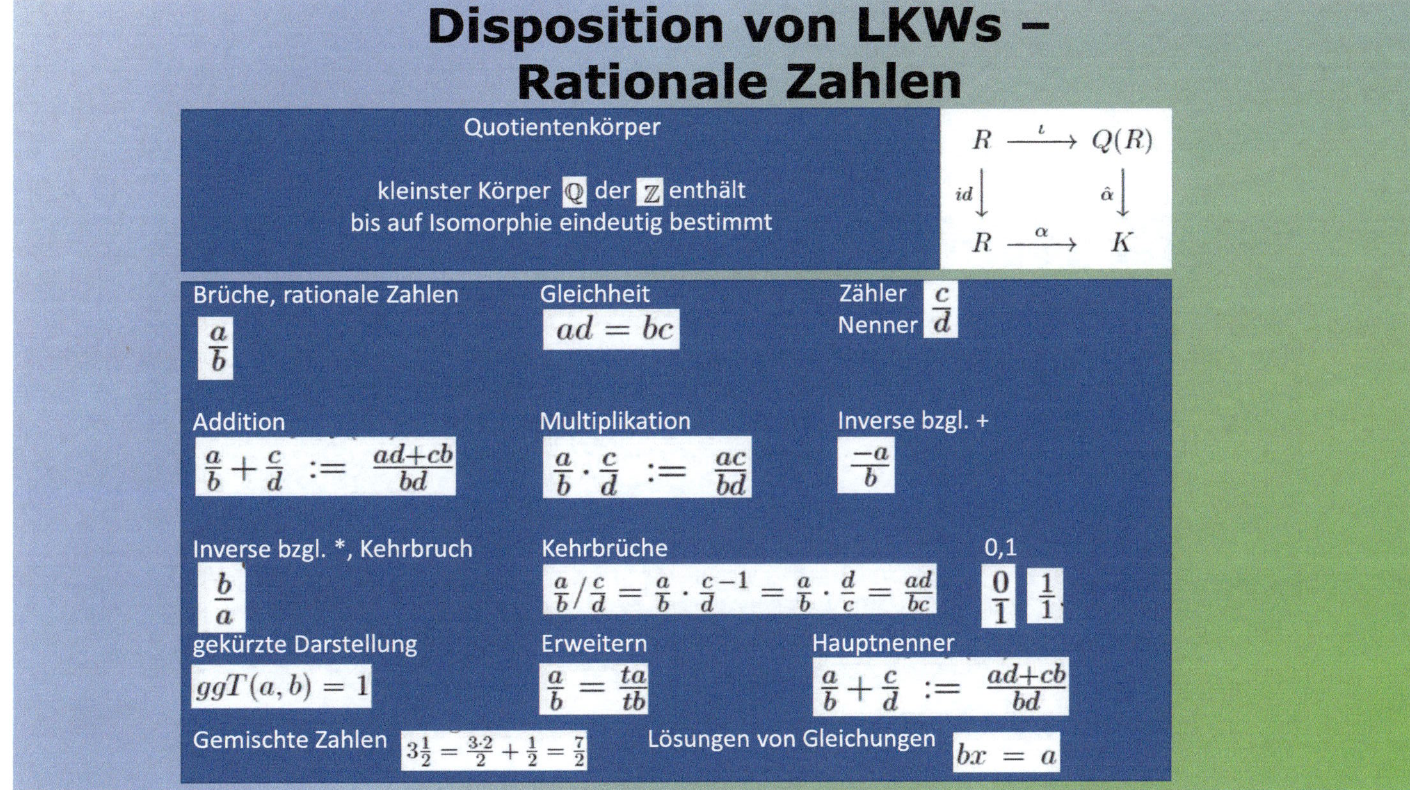

Disposition von LKWs – Rationale Zahlen

Quotientenkörper

kleinster Körper $\mathbb{Q}$ der $\mathbb{Z}$ enthält
bis auf Isomorphie eindeutig bestimmt

$R \xrightarrow{\iota} Q(R)$
$id \downarrow \qquad \hat{\alpha} \downarrow$
$R \xrightarrow{\alpha} K$

Brüche, rationale Zahlen
$\frac{a}{b}$

Gleichheit
$ad = bc$

Zähler
Nenner $\frac{c}{d}$

Addition
$\frac{a}{b} + \frac{c}{d} := \frac{ad+cb}{bd}$

Multiplikation
$\frac{a}{b} \cdot \frac{c}{d} := \frac{ac}{bd}$

Inverse bzgl. +
$\frac{-a}{b}$

Inverse bzgl. *, Kehrbruch
$\frac{b}{a}$

Kehrbrüche
$\frac{a}{b} / \frac{c}{d} = \frac{a}{b} \cdot \frac{c}{d}^{-1} = \frac{a}{b} \cdot \frac{d}{c} = \frac{ad}{bc}$

0,1
$\frac{0}{1}$ $\frac{1}{1}$

gekürzte Darstellung
$ggT(a,b) = 1$

Erweitern
$\frac{a}{b} = \frac{ta}{tb}$

Hauptnenner
$\frac{a}{b} + \frac{c}{d} := \frac{ad+cb}{bd}$

Gemischte Zahlen $3\frac{1}{2} = \frac{3 \cdot 2}{2} + \frac{1}{2} = \frac{7}{2}$

Lösungen von Gleichungen
$bx = a$

Disposition von LKWs – Rationale Zahlen II

Ordnungsübertragung auf Quotientenkörper

$$\frac{a}{b} \leq_{Q(R)} \frac{c}{d} := ad \leq_R cb \qquad b, d >_R 0$$

Rationalen Zahlen sind ein archimedisch angeordneter Körper.

Übertragung von Signum, Betrag und Abstand

weniger Lücken: arithmetisches Mittel $\frac{a+b}{2}$

Kommasatz: Jede ganze, rationale Zahl ist ganz-rational.

Wurzeln aus nicht-Quadratzahlen sind nicht rational – irrational.

6.1.1.4 Reelle Zahlen

Der Körper der rationalen Zahlen vereint die vier bekannten Grundrechenarten 'Plus', 'Minus', 'Mal' und 'Geteilt'. Es wurde bereits angesprochen, daß der rationale Zahlkörper Schwächen besitzt. Es existiert keine rationale Zahl, dessen Quadrat 2 ist. Das Konzept der **Lösungen von Polynomgleichungen** – in diesem Beispiel $t^2 - 2 = 0$ – verlangt nach Zahlen jenseits der rationalen Zahlen, die bereits mit **'irrational'** betitelt worden sind. Auch die reellen Zahlen decken nicht alle Lösungen ab, da etwa das Polynom $t^2 + 1$ keine reellen Nullstellen besitzt. Quadrate sind stets positiv. Aus diesem Grund benötigt man komplexe Zahlen.

Im nächsten Abschnitt zu Folgen und Reihen wird eine weitere Schwäche der rationalen Zahlen offenbart. Das **Heron-Verfahren** bzw. die **Dezimalbruchdarstellung** sind Beispiele von Folgen, deren sämtliche Folgenglieder rational sind, die jedoch gegen einen irrationalen Grenzwert konvergieren. Man sagt, daß die rationalen Zahlen nicht **vollständig** sind. Eng damit verknüpft ist das Verhalten bzgl. oberer Schranken. Die Menge $\{x \mid x \in \mathbb{Q}, x^2 < 2\}$ ist nach oben durch $1,5$ beschränkt. Die kleinste obere Schranke ist nur in den reellen Zahlen durch $\sqrt{2}$ gegeben. Eine kleinste obere Schranke wird **Supremum** genannt. Daß stets ein Supremum für nach oben beschränkte Mengen existiert, fordert man für die reellen Zahlen. Es ist das sog. **Supremumsaxiom.**

Die reellen Zahlen finden ihre Anwendung in zahlreichen Bereichen, wie etwa bei Längen-, Flächen- und Volumenberechnungen in der Geometrie – Wurzel 2 und π –, bei Lösungen von Gleichungen in der Algebra – n-te Wurzeln –, bei Zinsberechnungen in der Finanzmathematik – e –, bei Fragestellungen in der theoretischen Physik π, e – und bei Verhältnisberechnungen in der Natur – der goldene Schnitt –.

Es werden folgend die axiomatische Einführung der reellen Zahlen nebst grundlegenden Resultaten und Gesetzmäßigkeiten dargestellt, ohne jedoch auf Beweise einzugehen. Diese werden erst in Band II gegeben.

Definition 40 *(reeller Zahlkörper) Sei R ein angeordneter Körper bzgl. einer Ordnung $\leq$. R wird* **reeller Zahlkörper** *und seine Elemente* **reelle Zahlen** *genannt, wenn das* **Supremumsaxiom** *erfüllt ist: Jede nicht-leere nach oben beschränkte Teilmenge M reeller Zahlen besitzt ein kleinste obere Schranke. Sie wird* **Supremum** *genannt und mit $sup(M)$ symbolisiert. Man nennt diese Eigenschaft* **Ordnungs-Vollständigkeit.**

Es sei angemerkt, daß es wegen der Antisymmetrie höchstens eine kleinste obere Schranke gibt, was das Symbolisieren rechtfertigt. Sind nämlich s, t zwei kleinste obere Schranken, sind beide insbesondere obere Schranken. Daraus folgen $s \leq t$ und $t \leq s$. Aus der Antisymmetrie ergibt sich $s = t$. Das rechtfertigt den Wortlaut sup für das eindeutig bestimmte Supremum. ◇

Ohne Beweis wird folgend Resultat angegeben:

Hauptsatz 2 *(Existenz und Eindeutigkeit reeller Zahlen) Es gelten folgende Aussagen:*

(i) Es gibt einen reellen Zahlkörper.

(ii) Es gibt einen reellen Zahlkörper, der $\mathbb{Q}$ enthält und die Ordnung von $\mathbb{Q}$ fortsetzt.

(iii) Je zwei reelle Zahlkörper sind isomorph. Der Isomorphismus ist eindeutig bestimmt.

(iv) Die Identität ist der einzige Körperautomorphismus eines reellen Zahlkörpers. (Derartige Körper nennt man auch starr.)

Den bis auf Isomorphie eindeutig bestimmten und $\mathbb{Q}$ enthaltenen Zahlkörper symbolisiert man mit $\mathbb{R}$. ◇

Es sei angemerkt, daß die Signums- und Betragsfunktion wie bereits erwähnt ebenfalls für den angeordneten Körper $\mathbb{R}$ entsprechend definiert sind und deren Eigenschaften analog wie in den rationalen Zahlen gelten.

Es werden nun einige Eigenschaften reeller Zahlen dargestellt.

Satz 40 *(Infimum, ϵ-Kennzeichnung, Zahlengleichheit) In den reellen Zahlen $\mathbb{R}$ gelten folgende Aussagen:*

(i) Jede nicht-leere nach unten beschränkte Teilmenge M reeller Zahlen besitzt eine eindeutig bestimmte grösste untere Schranke, genannt das **Infimum** *von M, in Zeichen $inf(M)$. –* **Infimumsaxiom**

(ii) Seien $M \subseteq \mathbb{R}$ und $s \in \mathbb{R}$. Genau dann gilt $s = sup(M)$, wenn m eine obere Schranke von M ist und es zu jedem $\epsilon > 0$ ein $m \in M$ gibt, so daß $s - \epsilon < m$ gilt.

(iii) Seien $M \subseteq \mathbb{R}$ und $s \in \mathbb{R}$. Genau dann gilt $s = inf(M)$, wenn m eine untere Schranke von M ist und es zu jedem $\epsilon > 0$ ein $m \in M$ gibt, so daß $s + \epsilon > m$ gilt.

(iv) Sei $a \in \mathbb{R}$. Es gilt $inf(\mathbb{R}_{>a}) = a = sup(\mathbb{R}_{<a})$.

(v) Seien $r, s \in \mathbb{R}$. Genau dann ist $r = s$ erfüllt, wenn $| r - s | < \epsilon$ für alle $\epsilon > 0$ gilt.

(vi) Sei $r \in \mathbb{R}$. Genau dann ist $r = 0$ wahr, wenn $| r | < \epsilon$ für alle $\epsilon > 0$ gilt.

Beweis ad(i): Betrachtet man die Menge $-M := \{-m \mid m \in M\}$, ist $-M$ nach oben beschränkt genau dann, wenn M nach unten beschränkt ist. Ist eines der beiden Fälle gegeben, gilt $sup(-M) = -inf(M)$.

ad(ii): Sei $s = sup(M)$. Ist $\epsilon > 0$, ist $s - \epsilon < s$ und damit keine obere Schranke mehr, da s die kleinste obere Schranke ist. Daraus folgt, daß es mindestens ein $m \in M$ gibt, daß grösser als $s - \epsilon$ ist. Sei umgekehrt die ϵ-Eigenschaft bzgl. der oberen Schranke s gegeben und t eine weitere obere Schranke. Es muss $s \leq t$ gezeigt werden. Es sei angenommen, daß $s > t$ gelte. Das arithmetische Mittel von s und t liegt echt zwischen diesen beiden Zahlen. Also gäbe es ein $\epsilon > 0$, so daß $t < s - \epsilon < s$ gilt. Nach Voraussetzung existiert ein $m \in M$ mit $s - \epsilon < m$. In diesem Fall wäre t keine obere Schranke mehr.

ad(iii): Diese Aussage folgt aus Teil (i) mittels der Formel $sup(-M) = -inf(M)$ bzw. $-sup(M) = inf(-M)$.

ad(iv): Diese Aussage folgt aus den Teilen (ii) und (iii), denn: Sei $\epsilon > 0$. Dann ist $a + \epsilon > a + \frac{\epsilon}{2}$ bzw. $a - \epsilon < a - \frac{\epsilon}{2}$.

ad(v): Diese Aussage folgt aus Teil (vi).

ad(vi): Diese Aussage folgt aus Teil (iv). $\diamond$

Das Infimumsaxiom ist kein Axiom, sondern eine Folge des Supremumsaxioms. Es zeigt die Existenz eines Infimums inf. Beide Aussagen sind sogar äquivalent. Mit Hilfe des Supremumsaxioms können die n-ten Wurzeln definiert und damit eine Schwäche der rationalen Zahlen ausgeglichen werden. Zu diesem Zweck werden drei Hilfsaussagen bewiesen, die eigenständig betrachtet ebenfalls bekannte Resultate sind. Der **Binomialsatz**, die **Ungleichung von Bernoulli** und die **Teleskopsummenformel für Potenzen**. Die Darstellung des Binomialsatzes verwendet **Binomialkoeffizienten** $\frac{n!}{k! \cdot (n-k)!}$, die bereits aus den **Multinomialkoeffizienten** $\frac{n!}{\prod_{i=1}^{s} k_i!}$ abgeleitet worden sind.

Satz 41 *Es gelten folgende Aussagen in einem Ring R mit Einselement:*

(i) *Ist R geordnet und $x \geq -1$, gilt für alle $n \in \mathbb{N}$ die Ungleichung $(1 + x)^n \geq 1 + nx$.* – **Ungleichung von Bernoulli**

(ii) *Seien $k, n \in \mathbb{N}$ mit $k \leq n$. Es ist $\binom{n+1}{k}$ die Summe aus $\binom{n}{k-1}$ und $\binom{n}{k}$.* – **Pascalsches Dreieck**

(iii) *Sind $a, b \in R$ und gilt $ab = ba$, gilt $(a + b)^n = \sum_{k=0}^{n} \binom{n}{k} a^k b^{n-k}$.* – **Binomialsatz**

(iv) *Ist $q \in R$, gilt $\left(\sum_{i=0}^{n} q^i\right) \cdot (q - 1) = q^{n+1} - 1$.* – **Teleskopsummenformel für Potenzen**

Beweis ad(i): Der Beweis dieser Aussage erfolgt durch vollständige Induktion nach n, wobei der Fall $n = 1$ offenbar wahr ist. Seien $n \in \mathbb{N}$ und $(1+x)^n \geq 1+nx$. Wegen $x \geq -1$ folgt $(1 + x)^{n+1} \geq (1 + nx)(1 + x) = 1 + nx + x + nx^2$. Da Quadrate stets nicht-negativ sind, ist Teil (i) bewiesen.

ad(ii): Diese Aussage verbleibt als Rechenübung. Die Binomialkoeffizienten können auf diese Weise rekursiv berechnet werden.

ad(iii): Diese Aussage wird ebenfalls per vollständiger Induktion nach n bewiesen. Im Induktionsschritt verwende man zunächst die Induktionsannahme bei $(a + b)^{n+1} = (a + b)^n (a + b)$. Es entstehen folgend nach dem Multiplizieren mit $a + b$ zwei Summen, wobei man von der ersten Summe den Term für $k = n$ und von der zweiten Summe den für $k = 0$ separiert. Die entstehenden Restsummen können mit Teil (ii) zusammengefasst werden. Das Ergebnis ist die zu beweisende Formel. Details möge der Leser als Rechenübung ausführen.

ad(iv): Es gilt

$$\left(\sum_{i=0}^{n} q^i\right) \cdot (q - 1) = \sum_{i=0}^{n} q^{i+1} - \sum_{i=0}^{n} q^i.$$

Die erste Summe stimmt mit $\sum_{i=1}^{n+1} q^i$ überein, woraus die Behauptung folgt. Außer dem ersten Summanden der ersten Summe heben sich alle weiteren mit den Summanden der zweiten Summe teleskopartig auf. Von der zweiten Summe bleibt nur der erste Term erhalten.   ◇

Es kann folgend der **Satz von der n-ten Wurzel** bewiesen werden.

Satz 42 *(n-te Wurzel) Zu jedem $x \in \mathbb{R}_{>0}$ und zu jedem $n \in \mathbb{N}$ gibt es genau ein $w \in \mathbb{R}_{\geq 0}$, so daß die Identität $w^n = x$ gilt. Das eindeutig bestimmte w nennt man die n-te* **Wurzel** *von x, in Zeichen $\sqrt[n]{x}$.*

Beweis Für $n = 1$ oder $x = 0$ ist die Aussage offenbar wahr. Man betrachte die Menge $W := \{y \mid y \in \mathbb{R}_{\geq 0}, y^n \leq x\}$. W ist nicht-leer, denn $0 \in W$ ist erfüllt. Mit Hilfe der Ungleichung von Bernoulli zeigt sich, daß W nach oben durch $1 + x$ beschränkt ist. Sei $y \in W$. Es sei angenommen, daß $y > 1 + x$ gelte. Dann wäre ebenfalls $y^n > (1 + x)^n \geq 1 + nx > x$ erfüllt, was der Wahl $y \in W$ widerspräche. Es kann mittels Supremumsaxiom folglich $w := sup(W)$ definiert werden. Es soll eingesehen werden, daß $w^n = x$ gilt. Dazu führt man beide Annahmen $w^n < x$ und $w^n > x$ zu einem Widerspruch. Wegen der Trichotomie muss $w^n = x$ gelten.

Sei zunächst $w^n < x$ angenommen. Idee ist zu zeigen, daß w doch nicht das Supremum von W ist, in dem ein Element von W konstruiert wird, daß größer als w ist. Sei $\delta > 0$ mit $w^n + \delta = x$. Man definiere $M := \sum_{k=0}^{n-1} \binom{n}{k} w^k$, $\epsilon := min\{\frac{\delta}{2M}, 1\} \leq 1$ und $z := w + \epsilon$. Wegen $\epsilon^n \leq 1$ für alle $n \in \mathbb{N}$ und $\epsilon \leq 1$ sowie den Binomialsatz folgt $z^n = (w + \epsilon)^n = w^n + \sum_{k=0}^{n-1} \binom{n}{k} w^k \epsilon^{n-k} \leq w^n + M\epsilon \leq w^n + \frac{1}{2}\delta < x$. Also ist $z \in W$, aber auch $z > w$ erfüllt, was ein Widerspruch ist ⚡.

Folgend sei $w^n > x$ angenommen. Es ist $\frac{x}{w^n} < 1$ erfüllt. Mit $\delta := 1 - \frac{x}{w^n}$ gibt es ein $\delta > 0$, so daß $x = w^n(1 - \delta)$ wahr ist. Man definiere $0 < \epsilon := min\{\frac{\delta}{2n}, \frac{1}{2}\} < \frac{1}{2}$ sowie $z := w(1 - \epsilon) < w$. Es wird gezeigt, daß z ebenfalls eine obere Schranke von W ist, was der Wahl von w widerspricht. Dazu rechnet man mit der Ungleichung von Bernoulli $z^n = w^n(1 - \epsilon)^n \geq w^n(1 - n\epsilon) = w^n(1 - \frac{\delta}{2}) > x$.

Ist $r^n = x$ mit $r \in \mathbb{R}_{ge0}$ und $r \neq w$, gilt wegen der Trichotomie entweder $w < r$ oder $w > r$. In beiden Fällen ist $x = w^n \neq r^n = x$ wahr, was der Wahl von w, r widerspricht. Folglich ist w eindeutig bestimmt.   ◇

Im Abschnitt über Folgen und Reihen wird eingesehen werden, auf welche Weise Wurzeln mit Hilfe des Heron-Verfahrens angenähert berechnet werden können.

Speziell die zweiten Wurzeln = Quadratwurzeln helfen, **quadratische Gleichungen** zu lösen. Die bekannte *pq*-**Formel** beruht auf dem Trick der **quadratischen Ergänzung** und ist Inhalt des nächsten Satzes. Zuvor sei eine Erinnerung zu Wurzeln und Polynomen angemerkt. Man betrachte zu $a \in \mathbb{R}$ das Polynom $t^2 + a$ und seine Nullstellengleichung $t^2 + a = 0$. Diese Gleichung ist lösbar genau dann, wenn $-a \geq 0$ gilt. Die Lösungen sind $\sqrt{-a}$ und $-\sqrt{-a}$. Beides stellen Lösungen dieser Gleichung dar. Nach den Erkenntnissen zu Polynomen kann es immer nur höchstens so viele Nullstellen geben, wie der Grad vorgibt. In diesem Fall gibt es folglich höchstens 2 Nullstellen.

Satz 43 *(pq-Formel, quadratische Ergänzung) Seien p, q reelle Zahlen und $t_{p,q}$ ein Polynom zweiten Grades definiert durch $t^2 + pt + q$. Nur im Fall $\frac{p^2}{4} - q \geq 0$ besitzt $t_{p,q}$ reelle Nullstellen. Diese sind gegeben durch*

$$\frac{p}{2} + \sqrt{\frac{p^2}{4} - q} \ \text{und} \ \frac{p}{2} - \sqrt{\frac{p^2}{4} - q}.$$

Beweis Es sei an die binomische Formel $(a + b)^2 = a^2 + 2ab + b^2$ erinnert. Es soll $t^2 + pt + q = 0$ gelöst werden. Idee ist das Konzept bzw. der Trick der quadratischen Ergänzung. Ziel ist, den linearen Term pt zu eliminieren. Der Spezialfall $t^2 + q = 0$ kann mittels Wurzeln gelöst werden. Zu diesem Zweck wird versucht, $t^2 + pt$ als Quadrat zu schreiben. Es ist sinnvoll, das Quadrat $(t + \frac{1}{2}p)^2$ zu betrachten, denn dieses ist genau $t^2 + pt + \frac{p^2}{4}$. Folglich ist

$$t^2 + pt + q = \left(t + \frac{1}{2}p\right)^2 - \frac{p^2}{4} + q.$$

Aus diesem Grund ist $t^2 + pt + q = 0$ gleichwertig zu $(t + \frac{1}{2}p)^2 = \frac{p^2}{4} - q$. Diese Gleichung kann mittels Wurzeln in der angegebenen Weise eindeutig gelöst werden. $\diamond$

Es soll angemerkt werden, daß es Formeln für die Lösungen der Nullstellen von Polynomen dritten und vierten Grades gibt, die ggfs. aber erst in den nächsten SMILE-Bänden vorgestellt werden. Die Frage nach Lösungsformeln zu Nullstellen von Polynomen ist eine derjenigen Fragen, die die moderne Algebra eingeläutet haben und die zur Galoistheorie geführt hat. Tatsächlich kann man beweisen, daß es Polynome 5ten Grades gibt, so daß keine Nullstellen-Formel existiert, die allein mit den Grundrechenarten und Wurzeln beschrieben werden kann. Dieses Resultat ist der **Satz von Abel**. Weiterhin ist bemerkenswert, daß $t_{p,q}$ und jedes andere Polynom mit reellwertigen Koeffizienten stets Nullstellen in den komplexen Zahlen besitzt. Diese Einsicht ist als **Hauptsatz der Algebra** bekannt.

Zum Abschluss dieses Abschnittes wird auf die archimedische Anordnung und die Dichtheit der rationalen Zahlen innerhalb der reellen Zahlen eingegangen. Letzteres ist dadurch definiert, daß zwischen zwei reellen Zahlen stets eine rationale Zahl existiert. In den Übungen wird eingesehen, daß es vielmehr reelle als rationale Zahlen gibt. Dennoch sind die rationalen eng mit den reellen Zahlen verwoben. Der Begriff der Dichtheit führt zur allgemeinen

Approximation reeller Zahlen durch rationale Zahlen, was durch die Dezimalbruchentwicklung konkret realisiert wird.

Satz 44 *(archimedisch, dicht) Die reellen Zahlen sind* **archimedisch angeordnet** *und die rationalen Zahlen sind* **dicht** *in den reellen Zahlen. Insbesondere lässt sich jede reelle Zahl durch eine rationale Zahlenfolge* **approximieren.**

Beweis Wie bei den rationalen Zahlen bereits gezeigt, muss zum Beweis der archimedischen Anordnung nur eingesehen werden, daß die natürlichen Zahlen nicht durch eine reelle Zahl beschränkt sein kann. Wäre r reell mit $r \geq n$ für alle $n \in \mathbb{N}$, ist auch $s := sup(\mathbb{N})$ definiert. Folglich wäre $s - 1$ keine obere Schranke. Demzufolge gäbe es eine natürliche Zahl n mit $n \geq s - 1$. Als Konsequenz erhielte man $n + 1 \geq s$. Da $n + 1$ eine natürliche Zahl ist, ergäbe sich ein Widerspruch $\frac{l}{l}$.

Man betrachte zwei reelle Zahlen $a < b$. Wegen der archimedischen Anordnung gibt es eine natürliche Zahl n mit $n > \frac{1}{b-a}$, was gleichwertig zu $\frac{1}{n} < b - a$ ist. Man definiere die Menge $M := \{k \mid k \in \mathbb{N}, \frac{k}{n} > a\}$. Diese Menge ist nicht-leer, da wegen der archimedischen Eigenschaft eine natürliche Zahl k mit $k > na$ existiert. Aus diesem Grund besitzt M ein Minimum m, für welches per Definition $\frac{m}{n} > a$ gilt. Es ergibt sich $\frac{m}{n} = \frac{m-1}{n} + \frac{1}{n} < a + (b - a) = b$.

Sei r eine reelle Zahl. Ist r rational, kann r durch die konstante Folge (r) selbst angenähert werden. Sei r irrational. Dann ist für jede natürliche Zahl der Wert $r - \frac{1}{n}$ irrational. Zwischen $r - \frac{1}{n}$ und r liegt wegen der Dichtheit der rationalen Zahlen stets eine rationale Zahl q_n. Diese ist höchstens $\frac{1}{n}$ von r entfernt. Für große n liegt q_n sehr nahe bei n, weil $\frac{1}{n}$ für große n gegen Null strebt. $\diamond$

Der Begriff der Approximation wird im nächsten Kapitel ausführlich mittels Grenzwertbegriff analysiert. Anschließend wird die Dezimalbruchentwicklung als konkrete Approximationsmethode dargestellt. Die folgenden beiden Schaubilder fassen bisherige Erkenntnisse zu reellen Zahlen zusammen.

Disposition von LKWs – Reelle Zahlen

Disposition von LKWs – Reelle Zahlen II

Ist R geordnet und $x \geq -1$, so gilt für alle $n \in \mathbb{N}$ die Ungleichung $(1+x)^n \geq 1+nx$. (Ungleichung von Bernoulli)

Seien $k, n \in \mathbb{N}$ mit $k \leq n$. Es ist $\binom{n+1}{k}$ die Summe aus $\binom{n}{k-1}$ und $\binom{n}{k}$. (Pascalsches Dreieck)

Sind $a, b \in R$ und gilt $ab = ba$, so gilt $(a+b)^n = \sum_{k=0}^{n} \binom{n}{k} a^k b^{n-k}$.

(Binomialsatz)

Satz 42 *n-te Wurzel Zu jedem $x \in \mathbb{R}_{\geq 0}$ und zu jedem $n \in \mathbb{N}$ gibt es genau ein $w \in \mathbb{R}_{\geq 0}$, so dass die Identität $w^n = x$ gilt. Das eindeutig bestimmte w nennen wir die n-te Wurzel von x, in Zeichen $\sqrt[n]{x}$.*

Satz 43 *$p-q$-Formel, quadratische Ergänzung Seien p, q reelle Zahlen und $t_{p,q}$ ein Polynom zweiten Grades definiert durch $t^2 + pt + q$. Nur in dem Fall $\frac{p^2}{4} - q \geq 0$ besitzt $t_{p,q}$ reelle Nullstellen, und zwar sind diese gegeben durch $\frac{p}{2} + \sqrt{\frac{p^2}{4} - q}$ und $\frac{p}{2} - \sqrt{\frac{p^2}{4} - q}$.*

Satz 44 *archimedisch, dicht Die reellen Zahlen sind archimedisch angeordnet und die rationalen Zahlen sind dicht in den rellen Zahlen. Insbesondere lässt sich jede reelle Zahl durch eine rationale Zahlenfolge approximieren*

6.1.1.5 Folgen und Reihen

Grundlage der Dezimalbruchdarstellung bildet die Theorie der Folgen und Reihen. Sie ist im mathematischen Gebiet der Analysis angesiedelt. Die Ausführungen beruhen auf dem Werk von Barner und Flohr zur Analysis (siehe [2], Kap. 3 zu Folgen und Kap. 5 zu Reihen).

Definition 41 *(Folge) Sei M eine Menge. Eine Funktion $a : \mathbb{N} \longrightarrow M$ nennt man eine* **Folge** *über M und schreibt statt a auch $(a_n)_{n \in \mathbb{N}}$ oder kurz (a_n). Zu jedem $n \in \mathbb{N}$ ist a_n das n-te* **Folgenglied,** *das der Funktionswert $a(n)$ ist. Ist M ein Zahlbereich, wie etwa $\mathbb{N}$, $\mathbb{Z}$, $\mathbb{Q}$ oder $\mathbb{R}$, spricht man von* **Zahlenfolgen.**   ◇

Bei folgenden rationalen Zahlenfolgen wird auf Phänomene aufmerksam gemacht, die nachgelagerte Betrachtungen motivieren sollen.

Beispiele 5

(1) Die Folge (1) ist **konstant** mit dem Wert 1.

(2) Die Folge (n) strebt ins Unendliche und wächst stetig an.

(3) Die Folge $(\frac{1}{n})$ tendiert gegen immer kleinere Werte nahe bei Null. Sie wird **harmonische Folge** genannt.

(4) Die Folge $((-1)^n)$ wechselt zwischen 1 (für gerade n) und -1 (für ungerade n) hin und her.

(5) Die Folge $(n + \frac{1}{n})$ stimmt für große n nahezu mit n überein.

(6) Rekursiv sei die Folge a_n durch $a_1 := 2$ und $a_{n+1} := \frac{1}{2}(a_n + \frac{2}{a_n})$ für alle $n \in \mathbb{N}$ definiert. Das Verhalten dieser Folge ist nicht sofort ersichtlich und muss weiter analysiert werden. Es ist z. B. $a_2 = 1,5$, $a_3 = 1,4166666...$ und $a_4 = 1,4144215$. Die Folgenglieder scheinen kleiner zu werden und gegen einen Wert um 1,4 zu tendieren.

(7) Das Verhalten der Folge $((1 + \frac{1}{n})^n)$ ist ebenfalls nicht offensichtlich. Einsetzen ergibt die ersten Werte 2, 2,25, 2,37, 2,44, 2,49, ... Bei $n = 1000$ erhält man 2,716923932, für $n = 10.000$ den Wert 2,718145927. Die Folgenwerte scheinen anzusteigen und gegen einen Wert um 2,7 zu streben.

(8) Die Folge (2^n) strebt gegen Unendlich.

(9) Die Folge $((\frac{1}{2})^n)$ strebt gegen Null.   ◇

Folgende Begriffe sollen durch die vorherigen Beispiele motiviert werden. Der Grenzwertbegriff, also das Streben gegen eine Zahl im Unendlichen, bedarf einer weiteren Erklärung. Zu diesem Zweck nehme man die Sicht des Grenzwertes a einer Folge (a_n) ein. Er betrachtet die Folgenglieder, die auf ihn in einem begrenztem Gebiet um ihn herum 'zukommen'. Es kann festgestellt werden, daß zunächst nur einige wenige Folgenglieder in dieses Gebiet eindringen. Das Verhalten ändert sich nach einer endlichen Anzahl von Fehlversuchen. Ab diesem Zeitpunkt können alle Folgenglieder von ihm beobachtet werden. Es gibt keine

Ausreißer mehr. Das gleiche Bild zeigt sich, wenn das Beobachtungsgebiet immer kleiner gewählt werden. Bis auf endlich viele Ausnahmen können alle Folgenglieder im Gebiet beobachtet werden. Dieses Gedankenexperiment führt zum Grenzwertbegriff, der allgemein im Kontext metrischer Räume definiert werden. Ein wichtiges Anwendungsbeispiel ist der metrische Raum der reellen Zahlen mit der Abstandsfunktion.

Definition 42 *(Grenzwert, Teilfolge, Beschränktheit, Konvergenz, Monotonie) Seien M eine Menge versehen mit einer Metrik d und (a_n) eine Folge über M. Ist $f : \mathbb{N} \longrightarrow \mathbb{N}$ eine streng monoton wachsende Funktion, nennt man $(a_{f(n)})$ eine* **Teilfolge** *von (a_n). (a_n) heißt* **konvergent** *gegen einen* **Grenzwert** *$a \in M$, wenn für jede reelle Zahl $\epsilon > 0$ ein $m \in \mathbb{N}$ existiert, so daß für alle natürlichen Zahlen $n \geq m$ die Aussage $d(a, a_n) < \epsilon$ erfüllt ist. Nicht konvergente Folgen heißen* **divergent**.

    Konvergiert eine Folge (a_n) gegen einen Grenzwert a, erhält man durch große Werte von n eine **Annäherung** *an den Grenzwert. Zur* **Güte dieser Approximation** *wird keine weitere Analyse durchgeführt.*

    Ist (a_n) eine Zahlenfolge, nennt man sie nach **oben** *bzw.* **unten beschränkt,** *wenn es eine Zahl $s \in \mathbb{R}$ gibt, so daß für alle $n \in \mathbb{N}$ die Aussage $a_n \leq s$ bzw. $s \leq a_n$ gilt. Die Zahlenfolge nennt man* **beschränkt,** *wenn sie sowohl nach oben als auch nach unten beschränkt ist. Gilt für die Zahlenfolge (a_n) die Aussage $a_n \leq a_{n+1}$ bzw. $a_n < a_{n+1}$ für alle natürlichen Zahlen n, heißt die Folge* **monoton** *bzw.* **streng monoton wachsend.** *Entsprechend heißt sie* **monoton** *bzw.* **streng monoton fallend,** *wenn für alle $n \in \mathbb{N}$ die Aussage $a_{n+1} \leq a_n$ bzw. $a_{n+1} < a_n$ gilt. Konvergiert eine Zahlenfolge gegen Null, nennt man sie* **Nullfolge.**   ◇

Satz 45 *(Eindeutigkeit des Grenzwertes, Teilfolgen, Rechenregeln, Monotonie, Beschränktheit, Schachtelung) Seien M eine Menge, (a_n), (b_n) Folgen über M und $c \in M$. Es gelten folgende Aussagen:*

(i) *Ist (a_n) konvergent, ist der Grenzwert eindeutig bestimmt. Man bezeichnet den Grenzwert mit $\lim\limits_{n \to \infty} (a_n)$. –* **Eindeutigkeit des Grenzwertes**

(ii) *Jede Teilfolge einer konvergenten Folge ist konvergent mit demselben Grenzwert. –* **Teilfolgenkonvergenz**

(iii) *Genau dann ist (a_n) eine gegen a konvergente Zahlenfolge, wenn $(a_n - a)$ eine Nullfolge ist. –* **Konvergenz und Nullfolgen**

(iv) *Jede konvergente Zahlenfolge ist beschränkt. –* **Konvergenz und Beschränktheit**

(v) *Ist (a_n) eine Nullfolge und (b_n) eine beschränkte Zahlenfolge, ist $(a_n \cdot b_n)$ eine Nullfolge.*

(vi) *Sind (a_n), (b_n) konvergente Zahlenfolgen, ist $(a_n + b_n)$ gegen die Summe der Grenzwerte von (a_n) und (b_n) konvergent. –* **Summensatz**

(vii) *Sind (a_n), (b_n) konvergente Zahlenfolgen, ist $(a_n \cdot b_n)$ gegen das Produkt der Grenzwerte von (a_n) und (b_n) konvergent. –* **Produktsatz**

(viii) Ist (a_n) eine konvergente Zahlenfolge, ist (ca_n) gegen das c-Vielfache des Grenzwertes von (a_n) konvergent. – **Vielfachensatz**

(ix) Ist (a_n) eine konvergente Zahlenfolge mit Grenzwert $a \neq 0$ und gilt $a_n \neq 0$ für alle $n \in \mathbb{N}$, ist $(\frac{1}{a_n})$ gegen den Kehrwert $\frac{1}{a}$ des Grenzwertes von (a_n) konvergent. – **Kehrwertsatz**

(x) Jede monoton steigende bzw. monoton fallende und nach oben bzw. unten beschränkte Zahlenfolge ist konvergent. – **Satz von der monotonen Konvergenz**

(xi) Seien (a_n), (b_n), (c_n) Zahlenfolgen, wobei $a_n \leq b_n \leq c_n$ für fast alle $n \in \mathbb{N}$ gelte und (a_n), (c_n) beide gegen den Grenzwert a konvergieren. Dann konvergiert (b_n) gegen a. – **Schachtelungssatz, Einkesselungssatz**

Beweis ad(i): Seien a, b Grenzwerte der Folge (a_n). Es soll eingesehen werden, daß $a = b$ gilt. Dazu wird bewiesen, daß $d(a, b) < \epsilon$ für alle $\epsilon > 0$ erfüllt ist. Aus Satz 40 über das Nullsein einer reellen Zahl folgt, daß $d(a, b)$ genau Null ist. Aus den Metrik-Gesetzen ergibt sich $a = b$. Sei $\epsilon > 0$. Wegen der Konvergenz zu a und b gibt es zu $\frac{\epsilon}{2} > 0$ natürliche Zahlen $r, s \in \mathbb{N}$, so daß für alle $m \geq max\{r, s\}$ die Aussagen $d(a, a_m) < \frac{\epsilon}{2}$ und $d(b, a_m) < \frac{\epsilon}{2}$ gelten. Sei $n \geq max\{r, s\}$ eine natürliche Zahl. Mit Hilfe der Dreiecksungleichung und der Symmetrie der Metrik ergibt sich

$$d(a, b) \leq d(a, a_n) + d(a_n, b) = d(a, a_n) + d(b, a_n) < \frac{\epsilon}{2} + \frac{\epsilon}{2} = \epsilon.$$

ad(ii): Sei $(a_{f(n)})$ eine Teilfolge von (a_n) vermöge einer streng monoton wachsenden Funktion $f : \mathbb{N} \longrightarrow \mathbb{N}$. Es lässt sich per vollständiger Induktion beweisen, daß die Ungleichung $f(n) \geq n$ für alle $n \in \mathbb{N}$ erfüllt ist. Seien a der Grenzwert von (a_n) und $\epsilon > 0$. Dann existiert ein $m \in \mathbb{N}$, so daß für alle $n \geq m$ die Abschätzung $d(a_n, a) < \epsilon$ gilt. Wegen $f(n) \geq n$ ergibt sich $d(a_{f(n)}, a) < \epsilon$.

ad(iii): Diese Aussage folgt direkt aus der Definition des Grenzwertes und verbleibt als Rechenübung.

ad(iv): Sei a der Grenzwert der Zahlenfolge (a_n). Zu $\epsilon := 1$ gibt es wegen der Konvergenz von (a_n) ein $m \in \mathbb{N}$, so daß für alle $n \geq m$ die Ungleichung $|a_n - a| < \epsilon = 1$ erfüllt ist. Mit der Dreiecksungleichung folgt

$$|a_n| = |a_n - a + a| < |a_n - a| + |a| < \epsilon + |a| = 1 |a|.$$

Aus diesem Grund sind fast alle Folgenglieder durch $1 + |a|$ beschränkt. Die übrigen endlich-vielen Folgenglieder $a_1, ..., a_{m-1}$ können durch das Maximum der Menge $|a_1|, ..., |a_{m-1}|$ beschränkt werden. Die Summe beider Schranken ist eine obere Schranke für alle Folgenglieder a_n.

ad(v): Sei s eine Schranke von (b_n). Ist $s = 0$, gilt $|b_n| \leq s$ für alle $n \in \mathbb{N}$. Daraus folgt $(b_n) = (0)$ für fast alle $n \in \mathbb{N}$. Demzufolge ist $(a_n b_n)$ eine Nullfolge. Seien also $s > 0$ und $e := \epsilon > 0$. Zu $\frac{e}{s}$ findet man ein $m \in \mathbb{N}$, so daß für alle $n \geq m$ die Ungleichung $|a_n| < \frac{e}{s}$ gilt. Es folgt

$$| a_n b_n | = | a_n | \cdot | b_n | < \frac{e}{s} \cdot s = \epsilon.$$

ad(vi): Sei $\epsilon > 0$. Dann existieren natürliche Zahlen r und s, so daß für alle natürlichen Zahlen $m \geq max\{r, s\}$ die Aussagen $d(a, a_m) < \frac{\epsilon}{2}$ und $d(b, b_m) < \frac{\epsilon}{2}$ gelten. Sei $n \geq max\{r, s\}$ eine natürliche Zahl. Mit Hilfe der Dreiecksungleichung und der Symmetrie der Betragsfunktion ergibt sich

$$| a_n + b_n - (a + b) | \leq | a - a_n | + | b_n - b | < \frac{\epsilon}{2} + \frac{\epsilon}{2} = \epsilon.$$

ad(vii): Wegen Teil (iii) genügt es zu zeigen, daß $(a_n b_n - ab)$ eine Nullfolge ist. Sei $n \in \mathbb{N}$. Es gilt die algebraische Identität

$$a_n b_n - ab = (a_n - a)b_n + a(b_n - b),$$

die man durch Nachrechnen bestätigen kann. Also ist die Folge $(a_n b_n - ab)$ identisch mit der Folge $((a_n - a)b_n + a(b_n - b))$. Wegen (vi) reicht es zu zeigen, daß $((a_n - a)b_n)$ und $(a(b_n - b))$ Nullfolgen sind. Nach (iii) ist $(b_n - b)$ eine Nullfolge. Aus (viii) ergibt sich, daß $(a(b_n - b))$ gegen $a \cdot 0 = 0$ konvergiert. Wiederum aus (iii) folgt, daß $(a_n - a)$ eine Nullfolge ist. Die konvergente Folge (b_n) ist nach (iv) beschränkt. Damit ist nach (v) ebenfalls $((a_n - a)b_n)$ eine Nullfolge.

ad(viii): Dieser Teil folgt aus den Teilen (v) und (iii) durch die Betrachtung der Folge $(ca_n - ca) = (c) \cdot (a_n - a)$. Die erste Folge ist konstant und damit beschränkt. Die zweite Folge ist eine Nullfolge.

ad(ix): Auf Basis von Teil (iii) wird gezeigt, daß $(\frac{1}{a_n} - \frac{1}{a})$ eine Nullfolge ist. Für alle $n \in \mathbb{N}$ gilt durch eine Hauptnennerbetrachtung die Identität

$$\frac{1}{a_n} - \frac{1}{a} = (a_n - a)\frac{1}{aa_n}.$$

Wegen (iii) und (v) muss nur noch eingesehen werden, daß $(\frac{1}{aa_n})$ beschränkt ist. Es genügt, alle bis auf endlich viele der Folgenglieder abzuschätzen. Zu $\epsilon := \frac{|a|}{2}$ gibt es ein $m \in \mathbb{N}$, so daß für alle $n \geq m$ die Ungleichung $| a_n - a | < \epsilon$ gilt. Für jedes $n \geq m$ folgt mit der Dreiecksungleichung

$$| a | = | a - a_n + a_n | \leq | a_n - a | + | a_n | < \epsilon + | a_n |.$$

Also gilt $| a_n | > \frac{|a|}{2}$, woraus man $\frac{1}{|aa_n|} < \frac{2}{|a^2|}$ erhält.

ad(x): Sei (a_n) monoton steigend und nach oben beschränkt. Damit existiert das Supremum s der nach oben beschränkten Menge aller Folgenglieder $\{a_n \mid n \in \mathbb{N}\}$. Es wird eingesehen, daß s der Grenzwert der Folge (a_n) ist. Sei $\epsilon > 0$. Nach der Kennzeichnung des Supremums existiert ein $m \in \mathbb{N}$, so daß $s - \epsilon < a_m \leq s$ gilt. Da (a_n) monoton steigend ist, gilt auch für alle $n \geq m$ die Aussage $s - \epsilon < a_m \leq a_n \leq s$. Es ergibt sich $s - a_n < \epsilon$. Wegen $a_n \leq s$ gilt $s - a_n = | a_n - a |$. Der Beweis der Konvergenz ist erbracht.

Ist (a_n) monoton fallend und nach unten beschränkt, ist $(-a_n)$ monoton steigend und nach oben beschränkt. Wie bereits bewiesen, ist folglich $(-a_n)$ konvergent. Aus Teil (viii) ist demzufolge ebenfalls $(-1)(-a_n) = (a_n)$ konvergent.

ad(xi): Der Beweis des sog. Schachtelungssatz verbleibt als Rechenübung. $\diamond$

Beispiele 6 Es werden die Folgen aus den Beispielen 5 untersucht.

(1) Die Folge (1) konvergiert gegen den Wert 1, denn: Sei $\epsilon > 0$. Man wähle $m = 1$. Dann gilt für alle $n \geq m$ die Beziehung $| a_n - 1 | = | 1 - 1 | = 0 < \epsilon$. Die Folge ist beschränkt, da sie konstant ist. Sie ist monoton steigend und fallend, aber nicht streng monoton steigend bzw. streng monoton fallend. Alle möglichen Teilfolgen sind mit der Ausgangsfolge identisch.

(2) Die Folge (n) ist divergent, da sie nach oben unbeschränkt ist. Anderenfalls wären die natürlichen Zahlen nach oben beschränkt. Nach dem Wohlordnungssatz hätten sie dann ein Maximum m. Es ist aber $m + 1$ eine natürliche Zahl, die größer als m ist $\frac{1}{2}$. Die Folge ist streng monoton steigend. Teilfolgen können viele verschiedene gebildet werden, etwa die Teilfolge der geraden oder ungeraden Zahlen. Die Folge ist nach unten durch 1 beschränkt.

(3) Die Folge $(\frac{1}{n})$ konvergiert gegen Null, denn: Sei $\epsilon > 0$. Da in (2) gezeigt worden ist, daß die natürlichen Zahlen unbeschränkt sind, kann insbesondere $\frac{1}{\epsilon}$ keine obere Schranke sein. Aus diesem Grund kann eine natürliche Zahl $m > \frac{1}{\epsilon}$ gewählt werden. Sei n eine natürliche Zahl mit $n \geq m$. Es gilt $| \frac{1}{n} - 0 | = \frac{1}{n} \leq \frac{1}{m} < \epsilon$. Die Folge ist streng monoton fallend, nach oben durch 1 und nach unten durch 0 beschränkt.

(4) Die Folge $((-1)^n)$ konvergiert gegen 1 – für gerade n – und gegen -1 – für ungerade n. Sie besitzt zwei Teilfolgen, die gegen unterschiedliche Grenzwerte konvergieren. Aus diesem Grund kann sie nicht konvergent sein. Die Folge ist durch 1 nach oben und -1 nach unten beschränkt. Sie ist weder monoton wachsend noch fallend. Da ihre Werte zwischen $+$ und $-$ nach jedem weiteren Folgenglied hin- und herspringen, nennt man sie **alternierend.**

(5) Die Folge $(n + \frac{1}{n})$ stimmt für große n nahezu mit n überein. Ursache ist, daß der Summand $\frac{1}{n}$ gegen Null konvergiert (nach Teil (4)). Die Folge ist streng monoton wachsend und nach oben unbeschränkt. Aus diesem Grund ist sie divergent. Sie ist nach unten durch 2 beschränkt.

(6) Die rekursiv definierte Folge a_n durch

$$a_1 := 2 \text{ und } a_{n+1} := \frac{1}{2}\left(a_n + \frac{2}{a_n}\right)$$

bedarf weiterer Analyse. Es ist vermutet worden, daß sie monoton fallend und nach unten beschränkt ist. Diese Eigenschaft soll folgend gezeigt werden, womit sie nach Satz 45 konvergent ist. Es handelt sich um eine Folge mit positiven Folgengliedern, was man per vollständiger Induktion beweisen kann. Es wird eingesehen, daß für alle $n \geq 1$ das n-te Folgenglied a_n mindestens $\sqrt{2}$ ist. Zum Nachweis zeigt man die äquivalente Ungleichung $a_n^2 - 2 \geq 0$, denn:

$$a_n^2 - 2 = \frac{1}{4} \cdot \left(a_{n-1} + \frac{2}{a_{n-1}} \right)^2 - 2 = \frac{1}{4} \cdot \left(a_{n-1} - \frac{2}{a_{n-1}} \right)^2 \geq 0.$$

Folgend wird abgeleitet, daß (a_n) eine monoton fallende Folge ist, denn:

$$a_{n+1} - a_n = \frac{1}{2} \cdot \left(a_n + \frac{2}{a_n} \right) - a_n = \frac{2}{2a_n} - \frac{a_n}{2} = \frac{2 - a_n^2}{2a_n} \leq 0.$$

Wegen der gezeigten Beschränktheit und Monotonie muss die Folge gegen einen Wert x konvergieren. Die Konvergenz vollzieht sich von oben gegen die Wurzel $\sqrt{2}$, denn es gilt: $x = \frac{1}{2} \cdot (x + \frac{2}{x}) \Leftrightarrow x^2 = 2 \Leftrightarrow x = \sqrt{2}$. Grund sind die Rechengesetze konvergenter Folgen sowie aus der Tatsache, daß die Teilfolge (a_{n+1}) denselben Grenzwert wie die Folge (a_n) besitzt. Ein Grenzwert einer rationalen Zahlenfolge kann irrational sein!

(7) Es soll eingesehen werden, daß die Folge $(f_n) := ((1 + \frac{1}{n})^n)$ monoton steigend und nach oben beschränkt ist. Folglich muss sie konvergent sein. Den eindeutig bestimmten Grenzwert nennt man die **Eulersche Zahl e**. Ohne Beweis sei angemerkt, daß diese Zahl irrational ist. Zum Beweis der Konvergenz betrachtet man zwei Folgen, die beide gegen e konvergieren. Die eine konvergiert von unten monoton wachsend, die andere von oben monoton fallend. Dazu beweist man, daß für alle $n \in \mathbb{N}$ die Aussage $2 \leq (1 + \frac{1}{n})^n \leq (1 + \frac{1}{n})^{n+1} \leq 4$ gilt sowie, daß die Folge $((1 + \frac{1}{n})^n)$ monoton steigend und die Folge $(g_n) := ((1 + \frac{1}{n})^{n+1})$ monoton fallend ist. Es gelten $(1 + \frac{1}{1})^1 = 2 \geq 2$ und $(1 + \frac{1}{1})^2 = 4 \leq 4$. Daher genügt es nachzuweisen, die beschriebenen Monotonien zu beweisen. Sei $n \in \mathbb{N}$. Es gilt durch eine Betrachtung von Brüchen und Potenzen sowie mit Hilfe der dritten binomischen Formel

$$\frac{f_n}{f_{n-1}} = \left(\frac{n+1}{n} \right)^n \cdot \left(\frac{n-1}{n} \right)^{n-1} = \left(\frac{n^2 - 1}{n^2} \right)^n \cdot \frac{n}{n-1} = \left(1 - \frac{1}{n^2} \right)^n \cdot \frac{n}{n-1}.$$

Durch Anwendung der Ungleichung von Bernoulli erhält man

$$\frac{f_n}{f_{n-1}} \geq n(1 - \frac{1}{n^2}) \cdot \frac{n}{n-1} = 1.$$

Diese Aussage zeigt die Monotonie von (f_n). Die Monotonie von (g_n) erschließt man durch eine Äquivalenzumformung. Es gilt $g_{n+1} \leq g_n$ genau dann, wenn $(1 + \frac{1}{n+1})^{n+2} \leq (1 + \frac{1}{n})^{n+1}$ erfüllt ist. Dies ist äquivalent zu $(\frac{n+2}{n+1})^{n+2} \leq (\frac{n+1}{n})^{n+1}$. Eine weitere Bruch- und Potenzumformung führt zur Äquivalenz zu $(\frac{n}{n+2})^{n+1} \cdot (1 + \frac{1}{n+1}) \leq 1$, was wiederum zu $(\frac{n}{n+2})^n \cdot \frac{n}{n+1} \leq 1$ gleichwertig ist. Der letzte Ausdruck ist offensichtlich wahr.

(8) Die Folge (2^n) ist streng monoton wachsend und wegen $2^n \geq n$ (Beweis per vollständiger Induktion) nach oben unbeschränkt. Demzufolge ist sie divergent. Sie ist nach unten durch 2 beschränkt.

(9) Die Folge $((\frac{1}{2})^n)$ konvergiert gegen Null (analog zum Beweis für (3) oder mittels Einkesselungssatz) und ist streng monoton fallend. Sie ist nach oben durch 1 und nach unten durch 0 beschränkt.   ◇

Die Beispiele (8) und (9) werden verallgemeinert, da sie im weiteren Verlauf wichtig sein werden.

Proposition 17 *(Potenzfolgen, geometrische Folge) Seien $q \geq 0$ eine reelle Zahl und $(a_n) := (q^n)$ die sog.* **Potenzfolge zur Basis** *q. Es gelten folgende Aussagen:*

(i) Ist $1 > q \geq 0$, ist (q^n) eine Nullfolge.

(ii) Ist $q = 1$, konvergiert (q^n) gegen 1.

(iii) Ist $q > 1$, ist (q^n) nach oben unbeschränkt und divergent.

Beweis ad(i): Da $1 > q$ ist, existiert ein $h > 0$ mit $\frac{1}{q} = 1+h$. Es gilt mittels der Ungleichung von Bernoulli die Aussage

$$\left(\frac{1}{q}\right)^n = (1 + h)^n \geq 1 + hn > hn.$$

Daraus folgt $q^n < \frac{1}{n} \cdot h$. Wegen des Beispiels 6 ist $(\frac{1}{n})$ eine Nullfolge. Mittels Vielfachensatz konvergiert $(\frac{1}{n} \cdot h)$ ebenfalls gegen Null. Wegen $0 < q^n < \frac{1}{n} \cdot h$ ergibt der Schachtelungssatz die Behauptung.

ad(ii): Für $q = 1$ ist (q^n) die konstante Folge (1), die gegen 1 konvergiert.

ad(iii): Da $q > 1$ gilt, gibt es ein $p > 0$ mit $q = 1 + p$. Mit Hilfe der Ungleichung von Bernoulli folgt für alle $n \in \mathbb{N}$ die Ungleichung $a_n = q^n = (1 + p)^n \geq 1 + np$. Bereits die Werte np mit $n \in \mathbb{N}$ und $p \neq 0$ sind unbeschränkt (Anderenfalls wäre $np \leq x$ oder auch $n \leq \frac{x}{p}$ für eine Schranke x erfüllt und demzufolge die natürlichen Zahlen beschränkt.).   ◇

Folgend wird der Begriff der Reihe auf Basis von Zahlenfolgen eingeführt.

Definition 43 *(Partialsumme, Reihe, Reihenkonvergenz) Sei (a_n) eine Zahlenfolge. Zu jedem $n \in \mathbb{N}$ betrachte man die n-te* **Partialsumme** *von (a_n) definiert durch*

$$(s(a_n)) := \sum_{i=1}^{n} a_i.$$

Auf diese Weise werden die ersten n-Folgenglieder von (a_n) aufsummiert. Als **Reihe** *über (a_n) – in Zeichen $\sum(a_n)$ – bezeichnet man die Folge $(s(a_n))$ der Partialsummen von (a_n).*

Jede Reihe ist folglich per Definition eine Folge. Aus diesem Grund ist die Reihenkonvergenz bereits durch die Folgenkonvergenz definiert. Daß auch jede Zahlenfolge eine Reihe ist, wird u. a. in der nächsten Proposition bewiesen. ◇

Proposition 18 *(Nullfolgen, monotone Konvergenz, Reihe gleich Folge) Sei (a_n) eine Zahlenfolge. Es gelten folgende Aussagen:*

(i) *Ist $\sum(a_n)$ konvergent, ist (a_n) eine Nullfolge.*

(ii) *Ist $a_n \geq 0$ für alle $n \in \mathbb{N}$, ist $\sum(a_n)$ genau dann konvergent, wenn $\sum(a_n)$ beschränkt ist.*

(iii) *Die Folge (a_n) ist als Reihe darstellbar.*

Beweis ad(i): Zu jedem $n \in \mathbb{N}$ betrachte man die n-te Partialsumme von (a_n) definiert durch $s(a_n) = \sum_{i=1}^{n} a_i = s(a_{n-1}) + a_n$. (a_n) ergibt sich als Differenz der Reihen (s_n) und (s_{n-1}), wobei die zweite Reihe eine Teilreihe der ersten Reihe ist. Da Teilfolgen denselben Grenzwert besitzen, konvergiert (a_n) gegen 0.

ad(ii): Diese Aussage folgt direkt aus dem Satz der monotonen Konvergenz für Folgen.

ad(iii): Dieser Teil wird durch ein sog. **Teleskopargument** bewiesen. Das Konzept wurde bereits bei den geometrischen Folgen verwendet. Zu diesem Zweck wird die Folge $b_n := a_n - a_{n-1}$ für alle $n \in \mathbb{N}$ definiert. Das Teleskopargument zeigt, daß $\sum(b_n) = (a_n)$ gilt. ◇

Beispiele 7 *(harmonische Reihe, geometrische Reihe, Abschätzungen)*

(1) Die sog. **harmonische Reihe** $\sum(\frac{1}{n})$ ist divergent, obwohl die Folge $(\frac{1}{n})$ eine Nullfolge ist. Dieses Verhalten sieht man dadurch ein, daß für alle $m \in \mathbb{N}$ die Ungleichung $s(\frac{1}{2^m}) \geq 1 + \frac{m}{2}$ gilt. Zum Beweis fasst man geeignete Brüche zusammen und benutze die Unbeschränktheit der natürlichen Zahlen. Die sog. **alternierende harmonische Reihe** ist hingegen konvergent (ohne Beweis). Sie ist durch $\sum(\frac{(-1^n)}{n})$ definiert .

(2) Folgend betrachte man die **geometrische Reihe**

$$\sum(q^n)$$

für eine reelle Zahl $0 < q < 1$. Die n-te Partialsumme ist bereits mit Hilfe eines Teleskopsummenargumentes berechnet worden. Es gilt

$$\sum_{i=0}^{n} q^i = \frac{q^{n+1} - 1}{q - 1}, \text{ also ist } s(q^n) \text{ genau } \frac{q^{n+1} - 1}{q - 1} - 1.$$

Potenzfolgen wurden bereits analysiert. Für $0 < q < 1$ konvergiert (q^n) gegen Null. Also konvergiert die Reihe gegen

$$\frac{1}{1-q} - 1 = \frac{q}{1-q}.$$

Für $q = \frac{1}{10}$ erhält man etwa als Grenzwert $\frac{1}{9}$ oder auch $0,111111....$ Letzteres soll im nächsten Abschnitt zur **Dezimalbruchentwicklung** genauer betrachtet werden.

(3) Allgemeiner als in (2) dargestellt wird nun eine Reihe der Form

$$\sum \left(d_i \cdot \left(\frac{1}{10} \right)^i \right)$$

betrachtet, wobei (d_i) eine Folge über $\{0, 1, 2, 3, 4, 5, 6, 7, 8, 9\}$ ist. Sei $n \in \mathbb{N}$. Dann gilt

$$0 \leq \sum_{i=1}^{n} d_i \cdot \left(\frac{1}{10} \right)^i \leq 9 \cdot \sum_{i=1}^{n} \left(\frac{1}{10} \right)^i.$$

Der letzte Term ist wegen (2) höchstens so groß wie $9 \cdot \frac{1}{9} = 1$. Daher ist nach dem Satz über der monotone Konvergenz auch diese Reihe konvergent. Ihr Grenzwert ist eine reelle Zahl zwischen 0 und 1. Man könnte diese Reihe auch durch

$$0, d_1 d_2 d_3 ... d_n ...$$

beschreiben: die **Dezimalbruchentwicklung.** ◇

Es soll abschließend ohne Beweis angemerkt werden, daß eine konvergente Folge reeller Zahlen immer einen reellwertigen Grenzwert besitzt. Die rationalen Zahlen besitzen diese Eigenschaft nicht. Es gibt irrationale Grenzwerte rationaler Zahlenfolgen.

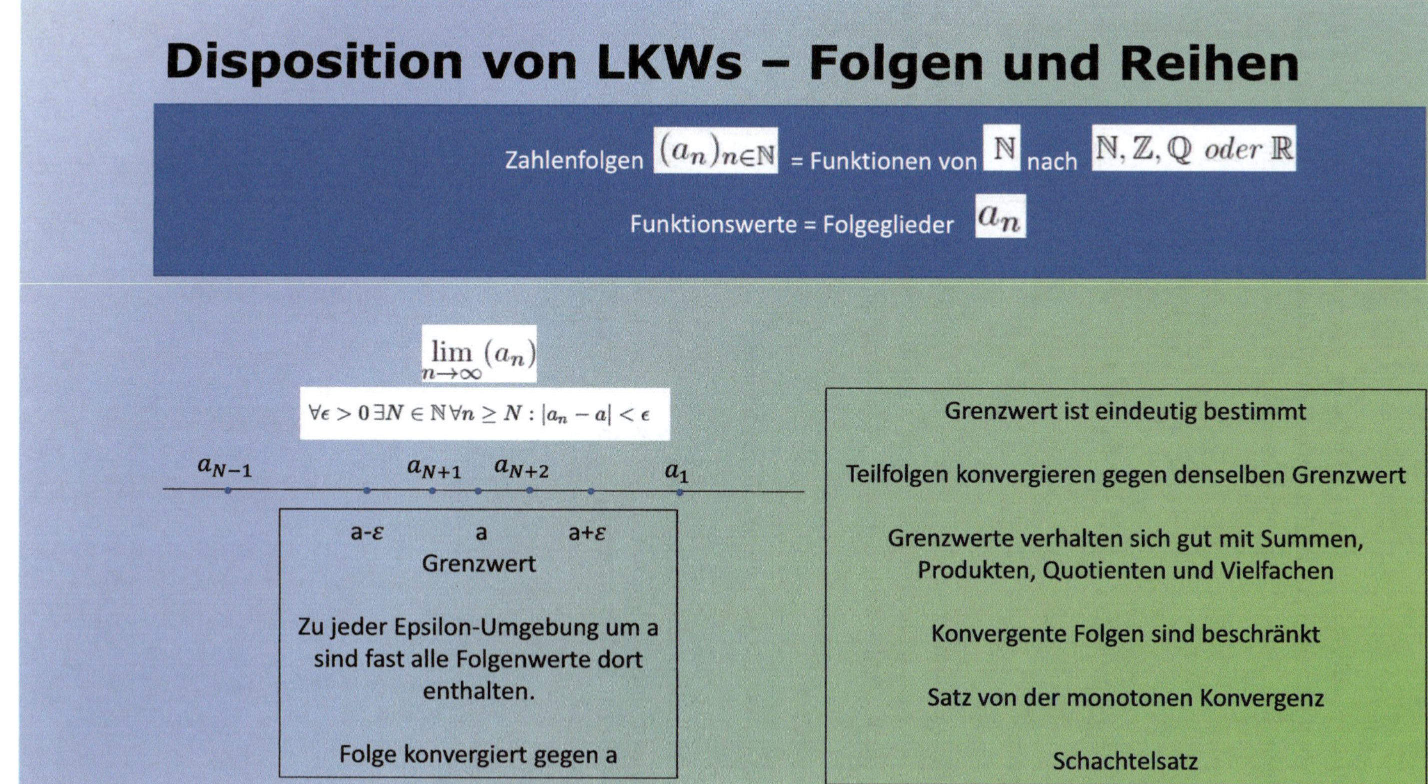

Disposition von LKWs – Folgen und Reihen

Zahlenfolgen $(a_n)_{n\in\mathbb{N}}$ = Funktionen von $\mathbb{N}$ nach $\mathbb{N}, \mathbb{Z}, \mathbb{Q}\ oder\ \mathbb{R}$

Funktionswerte = Folgeglieder a_n

$\lim\limits_{n\to\infty}(a_n)$

$\forall \epsilon > 0\, \exists N \in \mathbb{N}\, \forall n \geq N : |a_n - a| < \epsilon$

a_{N-1}　　a_{N+1}　a_{N+2}　　a_1

a-ε　　a　　a+ε
Grenzwert

Zu jeder Epsilon-Umgebung um a sind fast alle Folgenwerte dort enthalten.

Folge konvergiert gegen a

Grenzwert ist eindeutig bestimmt

Teilfolgen konvergieren gegen denselben Grenzwert

Grenzwerte verhalten sich gut mit Summen, Produkten, Quotienten und Vielfachen

Konvergente Folgen sind beschränkt

Satz von der monotonen Konvergenz

Schachtelsatz

Disposition von LKWs – Folgen und Reihen II

(1) Konvergiert gegen 1

$(\frac{1}{n})$ konvergiert gegen 0

(n) Ist unbeschränkt und daher divergent

(-1^n) hat zwei konvergente Teilfolgen mit unterschiedlichen Grenzwerte 1 und -1 also divergent

$(\frac{1}{n}+n)$ ist divergent da unbeschränkt

$a_1 := 2, a_{n+1} := \frac{1}{2}(a_n + \frac{2}{a_n})$ ist rekursiv definiert und konvergiert gegen $\sqrt{2}$

$(1+\frac{1}{n})^n$ konvergiert gegen e

Ist $1 > q \leq 0$, so ist (q^n) eine Nullfolge.

Ist $q = 1$, so konvergiert (q^n) gegen 1.

Ist $q > 1$, so ist (q^n) nach oben unbeschränkt und divergent.

Disposition von LKWs – Folgen und Reihen III

Folge	Partialsumme	Reihe
(a_n)	$s(a_n) := \sum_{i=1}^{n} a_i.$	$\sum (a_n) = (s(a_n))$
(a_n)		
$b_n := a_n - a_{n-1}$	Teleskopargument	$\sum (b_n) = (a_n)$

Ist $q \in R$, so gilt $(\sum_{i=0}^{n} q^i) \cdot (q-1) = q^{n+1} - 1$. *(Teleskopsummenformel für Potenzen)*

$$\sum (q^n) \longrightarrow \frac{1}{1-q} - 1 = \frac{q}{1-q}$$

(3) Wir betrachten allgemeiner als in (2) eine Reihe der Form $\sum (d_i \cdot \frac{1}{10}^i)$, wobei (d_i) eine Folge über $\{0, 1, 2, 3, 4, 5, 6, 7, 8, 9\}$ ist. Sei $n \in \mathbb{N}$. Dann gilt $0 \leq \sum_{i=1}^{n} d_i \cdot \frac{1}{10}^i \leq 9 \cdot \sum_{i=1}^{n} \frac{1}{10}^i$. Der letzte Term ist wegen (2) höchstens so groß wie $9 \cdot \frac{1}{9} = 1$. Daher ist nach dem Satz über der monotone Konvergenz auch diese Reihe konvergent, und der Grenzwert ist eine reelle Zahle zwischen 0 und 1. Man könnte diese Reihe auch so schreiben: $0, d_1 d_2 d_3 ... d_n ...$, wobei der Zusammenhang zur Dezimalbruchsentwicklung visualisiert wird.◇

6.1.1.6 Rundungsrechnung

In diesem Abschnitt wird auf das **Runden** eingegangen. Themen sind

- (i) die **obere Gaußklammer,**
- (ii) die **untere Gaußklammer,**
- (iii) das **kaufmännische 0,5-Runden** und
- (iv) auf das **kaufmännische Runden auf** 2 **Dezimalstellen.**

Es wird an dieser Stelle bereits die sog. **Dezimalbruchdarstellung** benutzt, also etwa $0,567....$, die erst im nächsten Abschnitt ausführlicher diskutiert wird.

Die obere Gaußklammer oder **Aufrundungsfunktion** $\lceil . \rceil$ ordnet jeder reellen Zahl die minimale ganze Zahl zu, die größer oder gleich als diese reelle Zahl ist. Formal wird für eine reelle Zahl x definiert:

$$\lceil x \rceil := min\{k \in \mathbb{Z} \mid x \leq k\}.$$

Die untere Gaußklammer oder **Abrundungsfunktion** $\lfloor . \rfloor$ bildet zu jeder reellen Zahl die maximale ganze Zahl, die kleiner oder gleich als diese reelle Zahl ist. Daher wird für eine reelle Zahl x definiert:

$$\lfloor x \rfloor := max\{k \in \mathbb{Z} \mid x \geq k\}.$$

Es gelten zum Beispiel $\lceil 0,345 \rceil = 1$, $\lceil 1 \rceil = 1$, $\lceil -1,78 \rceil = -1$, $\lfloor 0,345 \rfloor = 0$, $\lfloor 1 \rfloor = 1$ und $\lfloor -1,78 \rfloor = -2$. Beim Aufrunden negativer Zahlen wird der **Nachkommaanteil** weggelassen. Beim Aufrunden positiver Zahlen wird der Nachkommaanteil entfernt und die Zahl um Eins erhöht. Dieses Verfahren gilt nur dann, wenn Nachkommastellen existieren, also eine reelle und nicht ganze Zahl vorliegt. Ganze Zahlen wiederum bleiben völlig unberührt vom Auf- und Abrunden. Beim Abrunden einer positiven nicht ganzen Zahl wird der Nachkommateil weggelassen. Beim Abrunden einer negativen nicht ganzen Zahl wird nach dem Entfernen des Nachkommaanteils die Zahl um Eins erniedrigt.

Wie wird der Nachkommateil oder **Dezimalanteil** berechnet? Sei x eine reelle Zahl. Es gilt die Formel

$$x = \lfloor x \rfloor + (x - \lfloor x \rfloor).$$

Dabei ist $\lfloor x \rfloor \in \mathbb{Z}$ und $x - \lfloor x \rfloor \in [0, 1[$. Diese Art der Darstellung ist eindeutig bestimmt, denn: Ist $z \in \mathbb{Z}$ und $r \in [0, 1[$, gilt offenbar $z \leq x$. z muss maximal mit dieser Eigenschaft sein. Anderenfalls wäre einerseits $z + 1 \leq x$, aber wegen $0 \leq r < 1$ ebenfalls $x \leq z + 1 > z + r = x$ erfüllt $\lightning$. Die eindeutig bestimmte Zahl $r \in [0, 1[$ wird der Nachkommateil von x genannt und mit frac(x) bezeichnet.

Es seien beispielhaft folgende Darstellungen betrachtet:

$$1{,}7 = 1 + 0{,}7$$
$$1{,}3 = 1 + 0{,}3$$
$$-1{,}7 = -2 + 0{,}3$$
$$-1{,}3 = -2 + 0{,}7.$$

Man erkennt, daß man bei negativen Zahlen eine kleine Rechnung durchzuführen hat, da der Nachkommaanteil als nicht-negativ definiert ist. Der Nachkommateil, das Ab- und Aufrunden erlaubt es, das $0{,}5$-Runden darzustellen. Das $0{,}5$-Runden bedeutet, daß eine positive Zahl auf die nächst größere ganze Zahl aufgerundet wird, wenn der Nachkommateil mindestens $0{,}5$ ist. Anderenfalls wird auf die nächst kleinere ganze Zahl abgerundet. Für negative Zahlen gilt dieselbe Regel, da der Nachkommaanteil als nicht-negativ definiert worden ist. Sei x eine reelle Zahl. Das $0{,}5$-Gerundete von x wird durch

$$R_{0,5}(x) := \begin{cases} \lceil x \rceil, & frac(x) \geq 0{,}5 \\ \lfloor x \rfloor, & frac(x) < 0{,}5 \end{cases}$$

definiert. Zum Beispiel gelten $R_{0,5}(0{,}345) = 0$, $R_{0,5}(1{,}845) = 2$, $R_{0,5}(1) = 1$, $R_{0,5}(-1{,}78) = -2$ und $R_{0,5}(-0{,}345) = 0$. Man spricht ebenfalls vom kaufmännischen Runden auf die nächstliegende ganze Zahl.

Das kaufmännische Runden auf 2 Dezimalstellen kann mit Hilfe der Dezimalbruchentwicklung reeller Zahlen sowie mit Hilfe des Nachkommaanteils beschrieben werden. Sei x eine reelle Zahl. Es wird von der additiven Zerlegung $x = \lfloor x \rfloor + frac(x)$ ausgegangen. Der Nachkommaanteil $frac(x)$ kann als Grenzwert einer Dezimalbruchentwicklung $frac(x) = \sum_{i=1}^{\infty} \frac{a_i}{10^i}$ dargestellt werden, wobei (a_n) eine Folge über $\{0, 1, ..., 9\}$ ist. Die Rundungsregel wird durch folgende Vorschriften definiert: Ist die Ziffer an der dritten Dezimalstelle eine 0, 1, 2, 3 oder 4, wird abgerundet. Ist die Ziffer an der dritten Dezimalstelle eine 5, 6, 7, 8 oder 9, wird aufgerundet. Formal führt man das Symbol $R_{Dez(2)}(x)$ ein:

$$R_{Dez(2)}(x)2 := \begin{cases} \lfloor x \rfloor + 0,a_1 a_2, & a_3 \leq 4 \\ \lfloor x \rfloor + 0,a_1(a_2 + 1), & a_3 \geq 5 \end{cases}$$

Zum Beispiel gelten $R_{Dez(2)}(0{,}345912) = 0{,}35$, $R_{Dez(2)}(1{,}841987) = 1{,}84$, $R_{Dez(2)}(1) = 1$, $R_{Dez(2)}(-1{,}78456) = -1{,}78$ und $R_{Dez(2)}(-0{,}128912) = -0{,}13$. Es kann allgemeiner $R_{Dez(n)}$ für beliebige Dezimalstellen-Rundungen definiert werden. Das Symbol $\approx$ wird statt des R-Symbols verwendet. Weitere Hintergründe zum Runden sind unter

,  und verfügbar.

6.1.1.7 Rationale Zahlen und Dezimalbruchdarstellung

Im vorherigen Abschnitt ist eine beliebige reelle Zahl x mit Hilfe der Gaußklammer additiv durch

$$x = \lfloor x \rfloor + (x - \lfloor x \rfloor)$$

zerlegt worden. In diesem Zusammenhang gelten $\lfloor x \rfloor \in \mathbb{Z}$ und $x - \lfloor x \rfloor \in [0, 1[$. Weiterhin ist bewiesen worden, daß diese Art der Darstellung eindeutig bestimmt ist. Auf den ganzzahligen Anteil kann die eindeutig bestimmte Dezimalzahldarstellung angewendet werden, die im Abschnitt zur b-adischen Zahldarstellung hergeleitet worden ist. Für den Nachkommaanteil, der im Intervall $[0, 1[$ liegt, soll folgend eine ähnliche Darstellung formuliert werden. Sie nennt man **Dezimalbruchdarstellung.** Demzufolge liegt folgend der Fokus auf Zahlen im Intervall $[0, 1[$.

In den Beispielen 7 ist bereits die Dezimalbruchentwicklung reeller Zahlen zwischen Null und Eins eingeführt worden. Basis waren konvergente Reihen der Form

$$\sum \left(d_i \cdot \left(\frac{1}{10} \right)^i \right),$$

wobei (d_i) eine Folge über $\{0, 1, 2, 3, 4, 5, 6, 7, 8, 9\}$ ist. Der Grenzwert dieser Reihen liegt im Intervall zwischen 0 und 1. Er wird durch

$$0, d_1 d_2 d_3 \ldots d_n \ldots$$

symbolisiert und ist eine sog. **Dezimalzahl.** Im Folgenden werden ohne Beweis zahlreiche Ergebnisse zur Dezimalbruchentwicklung angegeben. Die Beweise werden in Band II zu SMILE ergänzt.

Es wurde bereits hergeleitet, daß die Dezimalbruchentwicklung gewisse reelle Zahlen im Intervall $[0, 1[$ darstellt. Tatsächlich gilt diese Darstellung sogar für alle Zahlen in diesem Intervall. Die Reihenglieder sind Brüche und damit rationale Zahlen. Aus diesem Grund liefert diese Darstellung einen neuen Beweis für die Dichtheit der rationalen in den reellen Zahlen.

Satz 46 *(Existenz der Dezimalbruchentwicklung reeller Zahlen) Sei a eine reelle Zahl im Intervall $[0, 1[$. Es gibt es eine Dezimalbruchentwicklung zu a. Insbesondere lässt sich x durch eine rationale Zahlenfolge approximieren und die rationalen liegen dicht in den reellen Zahlen.*

Genauer gilt: Seien $a_0 := a$ und für alle $n \in \mathbb{N}$: $z_n := \lfloor 10^n a_{n-1} \rfloor$ sowie $a_n := a - \sum_{k=1}^{n} \frac{z_k}{10^k}$. Dann ist (a_n) eine Nullfolge und $a = 0, z_1 z_2 z_3 z_4 \ldots$. Die Folge (z_n) ist eine Dezimalbruchentwicklung von a. ◇

Obiger Satz liefert sogar ein Verfahren, um die Dezimalbruchentwicklung ausrechnen zu können. Es wird als **Dezimalbruch-Algorithmus** bezeichnet. In der Schule spricht man vom

Disposition von LKWs – Rundungsrechnung

obere Gaußklammer	$\lceil x \rceil := min\{k \in \mathbb{Z} \mid x \leq k\}$	$\lceil 0,345 \rceil = 1, \lceil 1 \rceil = 1, \lceil -1,78 \rceil = -1$
untere Gaußklammer	$\lfloor x \rfloor := max\{k \in \mathbb{Z} \mid x \geq k\}$	$\lfloor 1 \rfloor = 1 \text{ und } \lfloor -1,78 \rfloor = -2$
0,5-Runden $x = \lfloor x \rfloor + frac(x)$	$R_{0,5}(x) :=:= \begin{cases} \lceil x \rceil, & frac(x) \geq 0,5 \\ \lfloor x \rfloor, & frac(x) < 0,5 \end{cases}$	$R_{0,5}(0,345) = 0, R_{0,5}(1,845) = 2.$
kaufmännisches Runden $x = \lfloor x \rfloor + frac(x)$ $frac(x) = \sum\limits_{i=1}^{\infty} \frac{a_i}{10^i}$	$R_{Dez(2)}(x) :=:= \begin{cases} \lfloor x \rfloor + 0,a_1 a_2, & a_3 \leq 4 \\ \lfloor x \rfloor + 0,a_1(a_2+1), & a_3 \geq 5 \end{cases}$	$R_{Dez(2)}(0,345912) = 0,35, R_{Dez(2)}(1,841987) = 1$

schriftlichen Dividieren. Das Verfahren häufig dazu verwendet, um Brüche – also rationale Zahlen – in Dezimalbrüche umzuwandeln. Die Berechnung wird an den Beispielen $\frac{1}{2}, \frac{1}{3}$ und $\frac{1}{6}$ durchgeführt. Es sei mit $\frac{1}{2}$ begonnen.

$$
\begin{array}{r|l}
1 & 2 \\
1\ 0 & 0{,}5 \\
0 &
\end{array}
$$

Es ist $z_1 = \lfloor 10^1 a_0 \rfloor = \lfloor \frac{10}{2} \rfloor = 5, a_1 = \frac{1}{2} - \frac{5}{10} = 0$. Folglich sind alle anderen z_n für $n \geq 2$ identisch mit 0. Für $\frac{1}{3}$ ergibt sich

$$
\begin{array}{r|l}
1 & 3 \\
1\ 0 & 0{,}3\ 3\ 3\ 3\ 3\ 3\ 3\ 3\ 3 \\
1\ 0 & \\
1\ 0 & \\
1\ 0 & \\
1\ 0 & \\
1\ 0 & \\
1\ 0 & \\
1\ 0 & \\
1 &
\end{array}
$$

In diesem Fall ist $z_1 = \lfloor \frac{10}{3} \rfloor = 3, a_1 = \frac{1}{3} - \frac{3}{10} = \frac{1}{30}$ und damit $z_2 = \lfloor \frac{100}{30} \rfloor = 3 = z_1$. Es wiederholen sich die Glieder z_k sofort. Für $\frac{1}{6}$ gilt

$$
\begin{array}{r|l}
1 & 6 \\
1\ 0 & 0{,}1\ 6\ 6\ 6\ 6\ 6\ 6\ 6 \\
4\ 0 & \\
4\ 0 & \\
4\ 0 & \\
4\ 0 & \\
4\ 0 & \\
4\ 0 & \\
4\ 0 & \\
4 &
\end{array}
$$

Es ist $z_1 = \lfloor \frac{10}{6} \rfloor = 1$, woraus $a_1 = \frac{1}{6} - \frac{1}{10} = \frac{2}{30}$ folgt. Dies führt zu $z_2 = \lfloor \frac{200}{30} \rfloor = 6$ und damit zu $a_2 = \frac{2}{30} - \frac{6}{100} = \frac{2}{300}$. Daraus folgt erneut $z_3 = \lfloor \frac{2000}{300} \rfloor = 6$. z_n ist für alle folgenden Werte von n genau 6.

Ist eine Dezimaldarstellung unzweideutig? Es wird zunächst angemerkt, daß die konstante Folge (9) zur Zahl $x = 0,9999999\ldots$ führt. Diese Zahl ist tatsächlich 1, denn es gilt $10x = 9,999999\ldots$. Daher sind $10x - 9 = x$ und $x = 1$ erfüllt. Es gilt also

$$1 = 0,9999999\ldots$$

Betrachtet man die Zahl $y = 0,19999999\ldots$, gilt $10y = 1,9999999\ldots$ und damit $10y - 1 = 0,999999\cdots = 1$ und $y = \frac{2}{10} = 0,2$. Es ist z. B.

$$0,2 = 0,19999999\ldots$$

Folglich ist die Dezimalbruchdarstellung nicht eindeutig bestimmt. Es sind zwei verschiedene Dezimalbruchdarstellungen von $\frac{1}{5}$ gefunden worden. Tatsächlich muss man nur das Vorhandensein unendlich vieler Neunen in der Darstellung ausschließen, um die Eindeutigkeit zu erhalten. Es gilt folgender Satz:

Satz 47 *(Eindeutigkeit der Dezimalbruchdarstellung) Sei a eine reelle Zahl im Intervall* $[0, 1[$. *Dann gibt es genau eine Dezimalbruchentwicklung* (z_n) *zu a, wobei* $z_n \neq 9$ *für alle bis auf endlich viele* $n \in \mathbb{N}$ *gilt.*   ◇

Im Folgenden wird die Dezimalbruchdarstellung rationaler Zahlen genauer analysiert. In den Beispielen zur Bestimmung der Dezimalbruchdarstellung von $\frac{1}{2}$, $\frac{1}{3}$ und $\frac{1}{6}$ sind bereits alle möglichen Fälle zur Darstellung rationaler Zahlen aufgetreten.

Definition und Bemerkung 16 *(endlich, rein-periodisch, gemischt-periodisch)* Sei a eine reelle Zahl im Intervall $[0, 1[$. Ist (z_n) eine Dezimalbruchentwicklung zu a, heißt diese **endlich,** wenn es ein $v \in \mathbb{N}$ gibt, so daß für alle $r \geq n$ die Bedingung $z_r = 0$ gilt. In diesem Fall wird die Darstellung als

$$0, z_1 \ldots z_v$$

notiert. Die Nullen werden weggelassen. v ist genau die Anzahl der Ziffern ungleich Null in der Darstellung und wird **Länge der (Vor)-Periode** genannt. Z. B. ist $0,123456789$ eine endliche Dezimalbruchentwicklung. In den Beispielen ist $\frac{1}{2} = 0,5$ eine endliche Dezimalbruchentwicklung.

Bei einer **rein-periodischen** Dezimalbruchentwicklung beginnt nach dem Komma sofort eine sog. **Periode,** die sich bis ins Unendliche wiederholt. Formal gibt es ein $l \in \mathbb{N}$ – die sog. **Periodenlänge** – und Ziffern $p_1, \ldots, p_l \in \{0, \ldots, 9\}$, so daß folgende Eigenschaften erfüllt sind:

(i) $p_i = z_i$ für alle $1 \le i \le l$ (Periodenbeginn hinter dem Komma) und

(ii) $z_{sl+i} = z_i$ für alle $1 \le i \le l$ und $s \in \mathbb{N}$ (Periodenwiederholung).

Notiert wird diese Art der Dezimalbruchentwicklung als

$$0,\overline{p_1 \ldots p_l}.$$

In obigen Beispielen ist $\frac{1}{3}$ rein-periodisch und mit $0,\overline{3}$ identisch. Auch $0,\overline{123456789}$ ist von dieser Art.

Setzt man beide Fälle zusammen, erhält man die sog. **gemischt-periodische** Dezimalbruchentwicklung. Sie wird in der Form

$$0, z_1 \ldots z_v \overline{p_1 \ldots p_l}$$

notiert. Dieses Phänomen wurde bereits am Beispiel $\frac{1}{6} = 0,1\overline{6}$ geschildert. Dabei ist v die Länge der Vorperiode. l ist die Länge der Periode, die nicht direkt hinter dem Komma, sondern erst bei z_{v+1} beginnt. Auch $0,123456789\overline{123456789}$ ist gemischt-periodisch. $\diamond$

Mit diesen Bezeichnungen gilt folgender Satz:

Satz 48 *(Charakterisierung rationaler Zahlen innerhalb der Dezimalbrüche) Sei a eine reelle Zahl im Intervall $[0, 1[$ mit Dezimalbruchentwicklung (z_n). Genau dann ist a rational, wenn die Dezimalbruchentwicklung endlich, rein-periodisch oder gemischt-periodisch ist.* $\diamond$

Auf Basis dieser Charakterisierung können relativ einfach irrationale Zahlen notiert werden, wie etwa $0,1234567\ldots\ldots$ In diesem Fall werden alle natürlichen Zahlen hinter dem Komma der Größe nach aufgelistet. Diese irrationale Zahl heißt **Champernowne-Zahl.**

Durch den Dezimalbruch-Algorithmus können Zahlen in Dezimalbrüche umgewandelt werden. Wie gelangt man von der Dezimaldarstellung zur 'Zahl' zurück? Für rationale Zahlen können folgende **Umrechnungsformeln** benutzt werden.

Satz 49 *(Umrechnungsformeln für rationale Dezimalbrüche) Sei a eine reelle Zahl im Intervall $[0, 1[$ und (z_n) eine Dezimalbruchentwicklung zu a. Es gelten folgende Aussagen:*

(i) Ist die Dezimalbruchentwicklung endlich, gilt

$$0, z_1 \ldots z_v = \frac{\sum\limits_{i=1}^{v} z_i\, 10^i}{10^v}.$$

(ii) Ist die Dezimalbruchentwicklung rein-periodisch, gilt

$$0,\overline{p_1 \dots p_l} = \frac{\sum\limits_{i=1}^{l} p_i \, 10^i}{10^l - 1}.$$

(iii) Ist die Dezimalbruchentwicklung gemischt-periodisch, gilt

$$0, z_1 \dots z_v \overline{p_1 \dots p_l} = \frac{\left(\sum\limits_{i=1}^{v} z_i \, 10^i \right) (10^l - 1) + \left(\sum\limits_{i=1}^{l} p_i \, 10^i \right)}{10^v \cdot (10^l - 1)}.$$

$\diamond$

Z. B. gelten

$$0,12345 = \frac{12345}{10^5}, \; 0,\overline{12345} = \frac{12345}{10^5 - 1}$$

und

$$0,12345\overline{12345} = \frac{12345(10^5 - 1) + 12345}{10^5(10^5 - 1)}.$$

Wie erkennt man an einem gekürztem Bruch $\frac{a}{b} > 0$, wobei $a \leq b$ gelten möge, welcher der drei möglichen Fälle der Dezimalbruchdarstellung vorliegt? Man könnte den Dezimalbruch-Algorithmus anwenden und das Ergebnis auswerten. Es ist aber auch möglich, den Fall vor der eigentlichen Rechnung bzw. Umwandlung zu bestimmen. Grundlage dieser Erkenntnis ist die **Primfaktorzerlegung.**

Satz 50 *(Erkennung endlich, rein- oder gemischt-periodisch, Berechnung der (Vor-) Periodenlängen) Sei $\frac{a}{b} > 0$ gekürzt, $a \leq b$ und $\prod\limits_{k=1}^{n} p_k^{v_b(p_k)}$ die Primfaktorzerlegung von b. Es gelten folgende Aussagen:*

(i) Genau dann ist die Dezimalbruchdarstellung endlich, wenn die Primfaktorzerlegung von b die Form $2^z \cdot 5^f$ besitzt. Die Länge der Vorperiode bzw. die Anzahl der Ziffern in der Dezimalbruchentwicklung ist $m = max\{z, f\}$. Es gilt $\frac{a}{b} = \frac{a2^{m-z}5^{m-f}}{10^m}$.

(ii) Genau dann ist die Dezimalbruchdarstellung rein-periodisch, wenn in der Primfaktorzerlegung von b weder eine 2 noch eine 5 als Primfaktor auftauchen. Die Periodenlänge l ist die kleinste natürliche Zahl, für die b ein Teiler von $10^l - 1$ ist. $\frac{a}{b}$ besitzt die Form $\frac{x}{10^l - 1}$, woraus die Periodenziffern ermittelt werden können.

(iii) Genau dann ist die Dezimalbruchdarstellung gemischt-periodisch, wenn die Primfaktorzerlegung von b neben der 2 oder 5 mindestens noch eine weitere Primzahl (ungleich 2 und 5) enthält. Hat b die Form $2^z \cdot 5^f \cdot r$, wobei r zu 2 und 5 teilerfremd ist, gilt: Die Länge der Vorperiode beträgt $s = max\{z, f\}$, und die Länge l der Periode ist die kleinste Zahl k, für die gilt: r ist ein Teiler von $10^k - 1$. $\diamond$

Folgend werden Beispiele zu diesem Satz betrachtet. Der Bruch $\frac{7}{20}$ hat eine endliche Dezimalbruchdarstellung, denn der Nenner 20 hat die Primfaktorzerlegung $20 = 2^2 \cdot 5$. Es tauchen nur die Primzahlen 2 und 5 auf. Das Maximum der Vielfachheiten in der Primfaktorzerlegung ist 2. Demzufolge besitzt die Dezimalbruchdarstellung die Länge 2. Es gilt $\frac{7}{20} = \frac{x}{10^2}$, woraus $x = 35$ und damit $\frac{7}{20} = 0{,}35$ folgen. Man beachte, daß keine schriftliche Division : bzw. \mehr durchgeführt werden muss.

Im zweiten Beispiel sei $\frac{4}{21}$ betrachtet. Es ist $21 = 3 \cdot 7$ die Zerlegung von 21 in Primzahlen. Daher ist in diesem Fall der rein-periodische Fall eingetreten. Zur Periodenlängenbestimmung muss die kleinste Zahl k gefunden werden, so daß 21 die Zahl $10^k - 1$ teilt. Nachrechnen führt zu $k = 6$, da 21 nicht die Zahlen 9, 99, 999, 9999 und 99999 teilt. Folglich ist die Periodenlänge genau 6. Der Ansatz $\frac{4}{21} = \frac{x}{999999}$ führt zu $x = 190476$ und damit zu $\frac{4}{21} = 0{,}\overline{190476}$. Auch in diesem Fall muss keine schriftliche Division durchgeführt werden, um die Dezimaldarstellung bestimmen zu können.

Das letzte Beispiel zeigt den gemischt-periodischen Fall mittels $\frac{3}{210}$. Die Primfaktorzerlegung von 210 ist $2^1 \cdot 5^1 \cdot 3^1 \cdot 7^1$. Folglich ist die Vorperiode von der Länge $1 = max\{1, 1\}$. Die Länge der Periode ist die kleinste Zahl k, so daß 21 ein Teiler von $10^k - 1$ ist. Diese Zahl ist oben als 6 berechnet worden. Damit hat $\frac{3}{210}$ die Darstellung $0{,}z_1\overline{p_1 \ldots p_6}$. In diesem Fall liegen zwei Unbekannte vor, so daß diese Rechnung nicht durchgeführt werden kann, oder doch? Wie trotzdem beide Unbekannte bestimmt werden können, wird dem Leser im Übungsband präsentiert.

Im folgenden Schaubild sind die Aussagen zur Dezimalbruchdarstellung dargestellt.

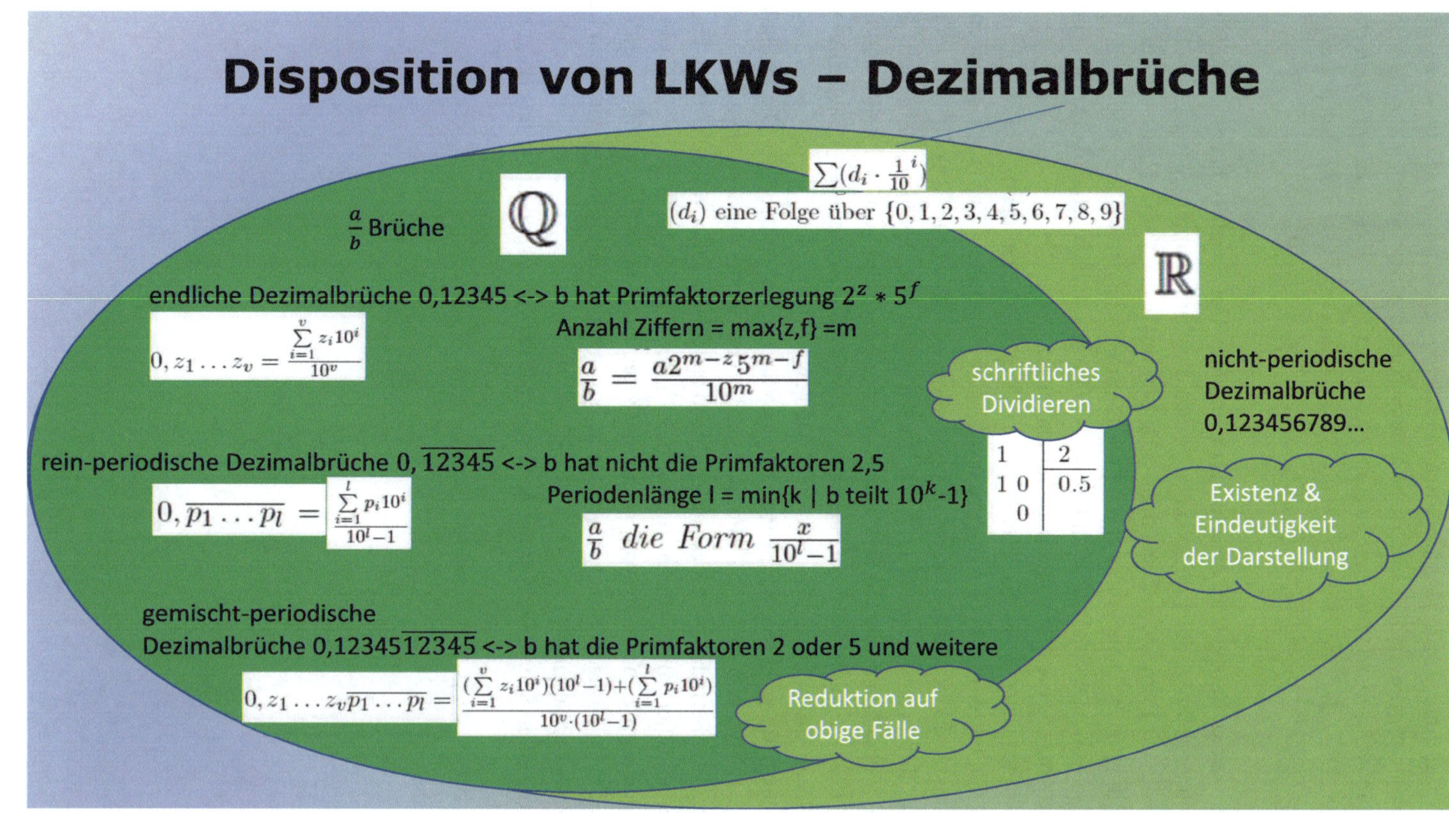

Disposition von LKWs – Dezimalbrüche
$\mathbb{Q}$
$\frac{a}{b}$ Brüche
$\sum (d_i \cdot \frac{1}{10}^i)$
(d_i) eine Folge über $\{0,1,2,3,4,5,6,7,8,9\}$
$\mathbb{R}$
endliche Dezimalbrüche 0,12345 <-> b hat Primfaktorzerlegung $2^z * 5^f$
Anzahl Ziffern = max{z,f} =m
$0, z_1 \ldots z_v = \frac{\sum_{i=1}^{v} z_i 10^i}{10^v}$
$\frac{a}{b} = \frac{a2^{m-z}5^{m-f}}{10^m}$
schriftliches Dividieren
nicht-periodische Dezimalbrüche 0,123456789...
rein-periodische Dezimalbrüche $0,\overline{12345}$ <-> b hat nicht die Primfaktoren 2,5
Periodenlänge l = min{k | b teilt 10^k-1}
$0, \overline{p_1 \ldots p_l} = \frac{\sum_{i=1}^{l} p_i 10^i}{10^l - 1}$
$\frac{a}{b}$ die Form $\frac{x}{10^l - 1}$
1 | 2
1 0 | 0.5
0
Existenz & Eindeutigkeit der Darstellung
gemischt-periodische
Dezimalbrüche $0,12345\overline{12345}$ <-> b hat die Primfaktoren 2 oder 5 und weitere
$0, z_1 \ldots z_v \overline{p_1 \ldots p_l} = \frac{(\sum_{i=1}^{v} z_i 10^i)(10^l-1)+(\sum_{i=1}^{l} p_i 10^i)}{10^v \cdot (10^l-1)}$
Reduktion auf obige Fälle

6.1.1.8 Was ist Mathematik?

Es soll in diesem Abschnitt die Frage '**Was ist Mathematik**' an Brüchen der Form $\frac{a}{b} + \frac{b}{a}$ für natürliche Zahlen a, b erneut aufgegriffen werden.

Ausgangsphänomen: Es gilt $\frac{a}{b} + \frac{b}{a} \geq 2$ für alle $a, b \in \mathbb{N}$.

Es wird ein Beweis in den rationalen Zahlen geführt. Zunächst werden die Brüche auf einen Hauptnenner gebracht.

$$\frac{a}{b} + \frac{b}{a} = \frac{a^2}{ab} + \frac{b^2}{ba} = \frac{a^2 + b^2}{ab}.$$

Damit ist obige Ungleichung wegen $ab > 0$ äquivalent zu $a^2 + b^2 \geq 2ab$. Durch Addition mit $-2ab$ erfolgt eine Umformung zu $a^2 + b^2 - 2ab \geq 0$. Der linke Term ist ein bimonischer Ausdruck:

$$(a - b)^2 = a^2 - 2ab - b^2.$$

Also ist die Ungleichung äquivalent zu $(a - b)^2 \geq 0$. Diese Aussage ist wahr, denn es wurde für geordnete Körper bewiesen, daß Quadrate ≥ 0 sind. Damit ist das Ausgangsphänomen in den rationalen Zahlen bewiesen worden. Ist es ebenfalls in den reellen Zahlen wahr? Im Beweis wurde nicht benutzt, daß a und b ganze Zahlen sind. Eine allgemeinere Aussage mit $x := \frac{a}{b}$ ist für $x > 0$ die Ungleichung:

allgemeineres Phänomen: Es gilt $x + \frac{1}{x} \geq 2$ für alle $x \in \mathbb{R}$ mit $x > 0$.

Diese allgemeinere Aussage wird folgend innerhalb der reellen Zahlen bewiesen. Sei $x \in \mathbb{R}$ mit $x > 0$. Es ist $x + \frac{1}{x} \geq 2$ gleichwertig zu $x^2 + 1 \geq 2x$ und damit – nach Anwendung der 2ten binomischen Formel – zu $(x - 1)^2 \geq 0$. Quadrate sind nicht-negativ und folglich ist diese Aussage wahr.

Es soll folgendes überlegt werden:

Untersuchung: Ist $F : \mathbb{R}_{>0} \longrightarrow \mathbb{R}_{\geq 2}, x \mapsto x + \frac{1}{x}$ injektiv, surjektiv oder bijektiv?

Es wird gezeigt, daß die Funktion nicht injektiv und damit nicht bijektiv ist. Es gilt die Formel

$$f(x) = f\left(\frac{1}{x}\right)$$

für alle $x \neq 0$, da der Kehrwert von $\frac{1}{x}$ genau x ist. Daher ist etwa $f(2) = 2{,}5 = f(0{,}5)$ erfüllt. Daraus folgt, daß f nicht injektiv ist. Es bleibt ungeklärt, alle oder weitere Beispiele von Funktionen h zu finden, für die ebenfalls die Identität $h(x) = h(\frac{1}{x})$ gilt. Es soll folgend eingesehen werden, daß die Funktion f surjektiv ist. Zum Beweis kann die pq-Lösungsformel für quadratischen Gleichungen benutzt werden. Sei $y \geq 2$ eine reelle Zahl. Es wird eine reelle Zahl $x > 0$ gesucht, so daß

$$x + \frac{1}{x} = y$$

gilt. Durch Multiplikation mit x und Umformung erhält man die Aussage $x^2 - yx + 1 = 0$. Wegen $y \geq 2$ ist $\frac{y^2}{4} \geq 1$ erfüllt. Demzufolge besitzt diese spezielle quadratische Gleichung mindestens eine Lösung. Die Lösungen lauten

$$\frac{y}{2} + \sqrt{\frac{y^2}{4} - 1} \text{ und } \frac{y}{2} - \sqrt{\frac{y^2}{4} - 1}.$$

f ist folglich eine Surjektion.

Folgend werden **Konvergenz- und Divergenzfragen** betrachtet:

Im Zusammenhang mit dem Ausdruck $\frac{a}{b} + \frac{b}{a}$ werden konkrete Zahlenfolgen betrachtet. Es sind

$$\left(\frac{n+1}{n} + \frac{n}{n+1} \right) \text{ und } \left(\frac{n}{1} + \frac{1}{n} \right).$$

Jedes Folgenglied der ersten Folge ist für beliebiges $n \in \mathbb{N}$ gegeben durch

$$\frac{n^2 + (n+1)^2}{n(n+1)} = 2 + \frac{1}{n^2 + n}.$$

Also konvergiert diese Folge gegen 2. 2 ist ein Grenzwert einer Folge der Form $(\frac{a_n}{b_n} + \frac{b_n}{a_n})$, wobei (a_n) und (b_n) Folgen natürlicher Zahlen sind. Die zweite Folge ist unbeschränkt, da bereits die Folge (n) unbeschränkt ist. Daher kann sie nicht konvergent sein. Für große Werte von n ist die Folge fast identisch mit (n). Man sagt, daß sie **asymptotisch** wie (n) ist oder, daß (n) eine **Asymptote** für $(n + \frac{1}{n})$ ist. Dieses Verhalten ist darin begründet, daß $(\frac{1}{n})$ gegen Null konvergiert. Allgemein wird für zwei Zahlenfolgen (a_n), (b_n) definiert, daß (a_n) eine Asymptote für (b_n) ist oder, daß (b_n) asymptotisch wie (a_n) ist, wenn $(b_n - a_n)$ eine Nullfolge ist.

Es ist gezeigt, daß 2 ein Grenzwert einer Folge rationaler Zahlen der Form $(\frac{a_n}{b_n} + \frac{b_n}{a_n})$ ist, wobei die verwendeten Brüche sämtlich positiv sind. Welche Grenzwerte können auf diese Weise erhalten werden? Man muss sich auf Zahlen ≥ 2 beschränken, da die Brüche $\frac{a}{b} + \frac{b}{a}$ bereits ≥ 2 sind. Es soll eingesehen werden, daß tatsächlich alle reellen Zahlen ≥ 2 als Grenzwert derartiger Bruch-Kehrbruch-Folgen darstellbar sind. Das Resultat soll **Bruch-Kehrbruch-Darstellung** genannt werden.

Aus den Grenzwertsätzen ist bekannt, daß mit der Konvergenz der Folge $\frac{a_n}{b_n}$ gegen eine Zahl x auch ihr Kehrwert gegen den Kehrwert $\frac{1}{x}$ konvergiert. Die Summe dieser Grenzwerte ist genau $x + \frac{1}{x}$. Oben wurde überlegt, daß jede Zahl ≥ 2 in der Form $x + \frac{1}{x}$ (Surjektivität von f) mit geeignetem $x > 0$ dargestellt werden kann. Es genügt folglich zu zeigen, daß jede reelle Zahl > 0 ein Grenzwert einer positiven rationalen Zahlenfolge ist. Das leistet bereits die Dezimalbruchdarstellung.

Zum Thema $\mathbb{Q}$ **vs.** $\mathbb{R}$:

Erneut sei die Funktion $x \mapsto x + \frac{1}{x}$ betrachtet, allerdings eingeschränkt von $\mathbb{Q}_{>0}$ nach $\mathbb{Q}_{\geq 2}$. In diesem Kontext ist die Funktion ebenfalls nicht injektiv und bijektiv. Bleibt sie surjektiv? Das würde bedeutet, daß sich jeder Bruch ≥ 2 in der Form $\frac{a}{b} + \frac{b}{a}$ darstellen lässt. Letztere Frage soll genauer analysiert werden. Zu diesem Zweck wird der Ansatz

$$\frac{a}{b} + \frac{b}{a} = \frac{p}{q}$$

durchgeführt, wobei alle Zahlen natürliche Zahlen > 0 sind. Es sind p und q gegeben, und es müssen a und b gefunden werden. Statt a und b zu suchen, vereinfacht man den Ansatz, ein $x \in \mathbb{Q}$ zu bestimmen, für das

$$\frac{x}{1} + \frac{1}{x} = \frac{p}{q}$$

gilt. Durch Multiplikation mit x und Umformung ergibt sich daraus die äquivalente Gleichung

$$x^2 - \frac{p}{q}x + 1 = 0.$$

Es ist zu untersuchen, unter welchen Bedingungen diese quadratische Gleichung mindestens eine **rationale** Lösung besitzt. Die Lösungen der quadratischen Gleichung in $\mathbb{R}$ sind genau dann vorhanden, wenn $\frac{p^2}{4q} - 1 \geq 0$ erfüllt ist. Diese Aussage ist äquivalent zu $p^2 \geq 4q$. Allerdings sind nur rationale Lösungen von Bedeutung. Aus diesem Grund müssen die Lösungsformeln genauer betrachtet werden. Die reellen Lösungen lauten – wenn sie existieren –

$$\frac{p}{2q} + \sqrt{\frac{p^2}{4q^2} - 1} \quad \text{und} \quad \frac{p}{2q} - \sqrt{\frac{p^2}{4q^2} - 1}.$$

Die Wurzel ist identisch zu

$$\sqrt{\frac{p^2}{4q^2} - 1} = \sqrt{\frac{p^2 - 4q^2}{4q^2}} = \frac{\sqrt{p^2 - 4q^2}}{2q}.$$

Die Zahl $p^2 - 4q^2$ ist natürlich, da $\frac{p}{q} \geq 2$ und damit $p^2 \geq 4q^2$ vorausgesetzt ist. Nach der Einsicht zur Irrationalität von Wurzeln zu natürlichen Zahlen ('Die Zahl unter Wurzel muss eine Quadratzahl sein.') ist folglich genau dann eine Lösung in $\mathbb{Q}$ gegeben, wenn $p^2 - 4q^2$ eine Quadratzahl etwa z^2 ist. Diese Aussage ist gleichbedeutend damit, daß es eine natürliche Zahl z gibt, so daß

$$p^2 = (2q)^2 + z^2$$

gilt. Ein derartiges Tripel $(p, 2q, z)$ von Zahlen nennt man in Anlehnung an den Satz von Pythagoras für rechtwinklige Dreiecke ein **pythagoräisches Zahlentripel.**

Es folgen einige Beispiele. Kann man $\frac{5}{2}$ wie oben beschrieben darstellen? Ja, denn es gilt $5^2 = (2 \cdot 2)^2 + 3^2$. Für die Zahl $\frac{5}{1}$ ist keine rationale Darstellung vorhanden, denn $5^2 - 2^2 = 21$ ist keine Quadratzahl. Für $\frac{1}{3}$ wiederum gilt $10^2 = (2 \cdot 3)^2 + 8^2$, bei $\frac{7}{3}$ ist hingegen $7^2 - 6^2 = 13$ keine Quadratzahl. Bemerkenswert ist an dieser Stelle, daß ein Bruch $\frac{p}{q}$ genau dann als Summe eines Bruches und seines Kehrwertes dargestellt werden kann, wenn $p, 2q$ zu einem pythagoräischen Tripel ergänzbar ist. Addiert man also einen beliebigen Bruch und seinen Kehrbruch, muss die entstehende rationale Zahl zwangsläufig diese Eigenschaft besitzen. Diese Einsicht kann man wie folgt ausnutzen. Sei n eine natürliche Zahl. Es gilt

$$\frac{n}{1} + \frac{1}{n} = \frac{n^2 + 1}{n}.$$

Für diesen Bruch ist automatisch die pythagoräische Eigenschaft erfüllt. Es muss $(n^2+1)^2 - 4n^2$ eine Quadratzahl sein. Mittels binomischer Formeln wird der Ausdruck berechnet.

$$(n^2 + 1)^2 - 4n^2 = n^4 + 2n^2 + 1 - 4n^2 = n^4 - 2n^2 + 1 = (n^2 - 1)^2.$$

Somit ist bereits eine bekannte Rechenvorschrift gefunden worden, wie pythagoräische Zahlentripel erzeugt werden können: $(n^2+1; 2n; n^2-1)$ für beliebiges $n \in \mathbb{N}$. Ein berühmtes mathematisches Problem, der im Zusammenhang mit den pythagoräischen Zahlentripel steht, ist der **große Satz von Fermat.** Er ist erst 1995 von Andrew Wiles bewiesen worden. Er geht der Frage nach, ob die Gleichung

$$a^n + b^n = c^n$$

für natürliche Zahlen a, b, c, n mit $n \geq 3$ Lösungen besitzt. Das ist tatsächlich nicht der Fall. Es zeigt sich, daß der Satz von Wiles auf einer tiefer liegenden Vermutung basiert. Es die sog. **abc-Vermutung.**

Der Abschnitt wird mit Untersuchungen zur **Symmetrie** abgeschlossen:

Hinter dem Ausdruck $\frac{a}{b} + \frac{b}{a}$ verbirgt sich eine Symmetrie-Eigenschaft, da a und b vertauscht werden können, ohne daß sich der Wert $\frac{a}{b} + \frac{b}{a} = \frac{b}{a} + \frac{a}{b}$ ändert. Zu diesem Zweck ist es sinnvoll, die Funktion

$$f : \mathbb{N} \times \mathbb{N} \longrightarrow \mathbb{Q}_{\geq 2}, \ (a; b) \mapsto \frac{a}{b} + \frac{b}{a}$$

zu definieren. Für für alle $a, b \in \mathbb{N}$ gilt die Symmetrie-Regel

$$f((a; b)) = f((b; a)).$$

Für eine Verallgemeinerung sollte überlegt werden, was Symmetrie für mehr als drei Elemente bedeuten kann. Für den Fall $n = 2$ ist obige Funktion unverändert gegenüber Vertauschungen der Komponenten der Urbilder. Eine mögliche Interpretation ist, daß die symmetrische Gruppe von 2 Elementen agiert und keine Änderung bewirkt. Es gibt zwei Permutationen der Zahlen 1 und 2. Es sind die Identische und die Vertauschende. Aus diesem Grund nennt man für ein $n \in \mathbb{N}$ und Mengen $X_1, ..., X_n, Y$ eine Funktion

$$f : X_1 \times X_2 \times ... \times X_n \longrightarrow Y$$

symmetrisch, wenn für alle Permutationen $\alpha \in S_n$ und für alle $(x_1, ..., x_n)$ die Identität

$$f(x_1, ..., x_n) = f(x_{1\alpha}, ..., x_{n\alpha})$$

gilt. Für den Fall $n = 3$ sei obiger Kontext betrachtet. Eine natürliche Erweiterung ist die Funktion

$$f : \mathbb{N} \times \mathbb{N} \times \mathbb{N} \longrightarrow \mathbb{Q}_{\geq 6},$$

wobei

$$(a; b; c) \mapsto \frac{a}{b} + \frac{b}{a} + \frac{a}{c} + \frac{c}{a} + \frac{b}{c} + \frac{c}{b}$$

definiert wird. Diese Funktion ist tatsächlich symmetrisch. Für allgemeines $n \in \mathbb{N}$ könnte man

$$f : \mathbb{N}^n \longrightarrow \mathbb{Q}_{\geq 2n} \text{ durch } (x_1, ..., x_n) \mapsto \sum_{1 \leq i < j \leq n} \frac{x_i}{x_j} + \frac{x_j}{x_i}$$

definieren. Diese Funktion ist ebenfalls symmetrisch. Unter welchen Gesichtspunkten man diese Funktion analysieren sollte, bleibt an dieser Stelle offen. ◇

Disposition von LKWs – Was ist Mathematik?

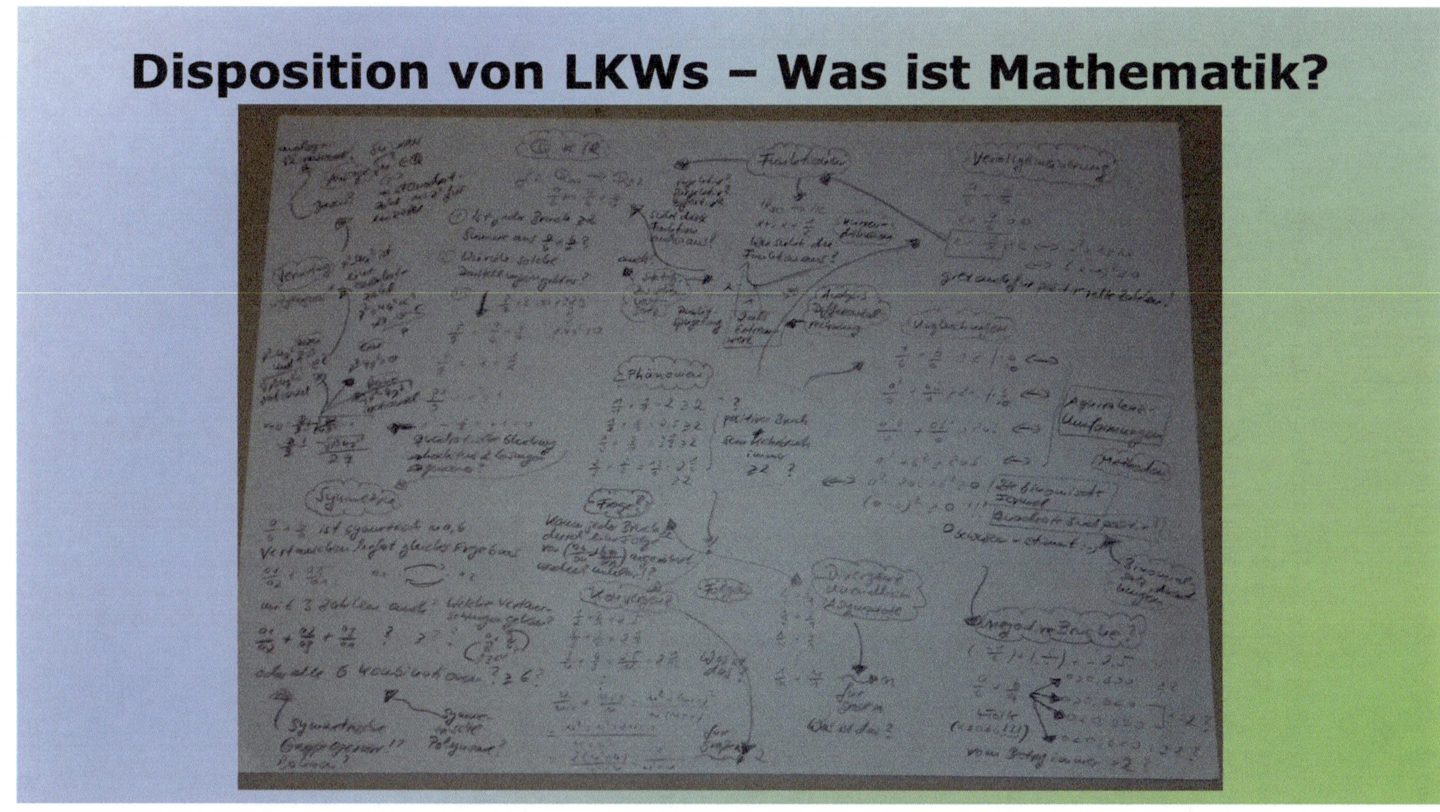

6.1.1.9 Prozente

Man betrachte eine nicht-negative reelle Zahl G, etwa $G := 30$ und eine weitere nicht-negative reelle Zahl V, etwa $V := 10$. Es soll beziffert werden, was der Anteil von V an G ist. Dieser Anteil wird nicht durch die Differenz $G - V = 20$ angegeben, denn sie ist die Abweichung voneinander. Für Anteile benötigt man die Bruchrechnung. Der Anteil von V an G ist gegeben durch den Bruch $\frac{V}{G}$, was im Beispiel $\frac{V}{G} = \frac{10}{30} = 0{,}3$ ist. Der Wert könnte ≥ 1 sein, wenn man $V \geq G$ gewählt hätte. In der Prozentrechnung nennt man

- G den **Grundwert,**
- V den **Prozentwert** und
- das Verhältnis $p := \frac{V}{G}$ den **Prozentsatz.**

Es ist gebräuchlich, das Verhältnis $\frac{V}{G}$ mit 100 zu multiplizieren und die Einheit % an das Ergebnis anzuhängen. Im konkreten Fall ergibt sich auf diese Weise $0{,}3 \cdot 100\,\% = 30\,\%$. Zu diesem Zweck wird das Symbol $p(\%)$ verwendet. Wird der Prozentsatz in % angegeben und möchte man daraus das einheitenlose Verhältnis ermitteln, muss man nur durch 100 teilen und die Einheit % wieder weglassen. Im Beispiel gelangt man auf diese Weise von $30\,\%$ durch Dividieren mit 100 zu $\frac{30}{100} = 0{,}3$ zurück.

Es gelten folgende **Umrechnungsformeln:**

$$p = \frac{V}{G} \text{ und } p(\%) = \frac{V}{G} \cdot 100\,\% = p \cdot 100\,\%.$$

Diese Formeln kann man je nach Vorliegen von G, V, p, $p(\%)$ entsprechend – durch Multiplizieren oder Dividieren – umwandeln, wie etwa zu $V = pG$, $V = p(\%) \cdot 100 \cdot G$ oder auch zu $G = \frac{V}{p}$, $G = \frac{V}{p(\%)} \cdot 100\,\%$.

Es ist immer wichtig zu erkennen, auf welchen Grundwert sich der Prozentsatz bezieht!

Der Leser mag sich mit Hilfe von ,  und
zusätzliche Aspekte der Prozentrechnung erarbeiten. Weitergehende Fragestellungen zu Prozenten werden in der sog. **Prozentrechnung** behandelt. An dieser Stelle reichen die Definition und die Umrechnungsformeln aus. ◇

6.1.1.10 Durchschnittsrechnung

In Proposition 16 wurde der Begriff des arithmetischen Mittels $\frac{a+b}{2}$ zweier reellen Zahlen a, b definiert und analysiert. Ist $a < b$, liegt $\frac{a+b}{2}$ genau in der Mitte zwischen a und b, was dem Begriff seinen Namen verleiht. Deswegen spricht man auch von der Hälfte der beiden Zahlen. Den Begriff kann man analog auf endlich viele Zahlen $a_1, ..., a_n$ erweitern, in dem man

$$\overline{a} := \frac{\sum\limits_{i=1}^{n} a_i}{n} = \frac{1}{n} \sum\limits_{i=1}^{n} a_i$$

berechnet. Diese Zahl heisst **arithmetischer Mittelwert** des Tupels $a = (a_1, ..., a_n)$. Sie ist die eindeutig bestimmte Zahl, die n-mal aufaddiert genau die Summe der Werte $a_1, ..., a_n$ ist. Anders ausgedrückt: Möchte man die n-Zahlen durch genau eine Zahl ersetzen, deren n-fache Summe genau die Summe der Zahlen $a_1, ..., a_n$ entspricht, ist diese Zahl genau das arithmetische Mittel dieser Zahlen. Man spricht auch vom **Durchschnitt** der Zahlen $a_1, ..., a_n$.

Das arithmetische Mittel lässt sich mit Hilfe von Gewichten veranschaulichen. Dazu kann man sich ein Brett vorstellen, von dessen Mitte aus ein Zahlenstrahl bei 0 beginnend nach rechts (ins Positive) und nach links (ins Negative) aufgetragen ist. Auf diese Leiste werden nun identische Gegenstände gleicher Maße an die jeweiligen Stellen der gegebenen Zahlenwerte platziert. Das arithmetische Mittel der Zahlen liefert genau die Stelle des Schwerpunkts der Leiste. D.h. es ist diejenige Stelle, an der man das Brett abstützen kann, ohne daß sich der linke oder rechte Teil nach oben oder unten bewegt: der austarierte Gleichgewichtszustand.

Ein Lieferant hat vom Material 4711 am Montag 10EPAL, am Dienstag 20*EPAL*, am Mittwoch 30*EPAL*, am Donnerstag 40*EPAL* und am Freitag 50*EPAL* geliefert. Der Durchschnitt pro Wochentag ist $\frac{10+20+30+40+50}{5}$*EPAL* $= 30$*EPAL*. Der Durchschnitt kann auch für den Füllgrad eines LKWs berechnet werden.

Der Leser mag mit Hilfe von  weitere Themen zum arithmetischen Mittel studieren.

6.1.1.11 Einheiten

Einheiten sind vorwiegend in physikalischen Kontexten anzutreffen. Beim Umgang mit **Einheiten** benötigt man die Mathematik. Eine **physikalische Größe** beschreibt eine messbare physikalische Eigenschaft. Jede physikalische Größe wird in einer bestimmten **Maßeinheit** angegeben. Es gibt eine Vielzahl physikalischer Größen und Einheiten. Nur 7 **Basisgrößen** bzw. **Basiseinheiten** sind bekannt, aus denen alle anderen Größen zusammengesetzt sind. Eine Übersicht zu Einheiten zeigt nachfolgende Tab. 6.1.

Zusammengesetzte physikalische Größen sind etwa die Geschwindigkeit in der Einheit $\frac{m}{s}$, die Kraft in der Einheit $\frac{kg \cdot m}{s^2}$, die Fläche in m^2 oder das Volumen in m^3.

Wie gliedern sich die in SMILE vorkommenden Größen 'Palettenzahl', 'Anzahl Container', 'Anzahl Boxen' etc. in dieses Konzept ein? Diese Fragestellung führt auf den Begriff der **Anzahl.** Die Anzahl ist eine physikalische Größe oder ein Rechenwert als Maß dafür, aus wie vielen Objekten eine Menge besteht. Sie wird durch Zählen bestimmt und ist eine Angabe der **Quantität.** Eine **zählbare Größe** ist eine physikalische Größe, für die sich eine Anzahl als Maß feststellen lässt. Nur bei derartigen Größen kann der wahre Wert exakt gemessen werden. Die Voraussetzung der Abzählbarkeit hat zur Folge, daß die Größe nur ganzzahlige Werte größer oder gleich 0 annehmen kann. Der physikalischen Größe 'Anzahl' ist als Größe der Dimension Zahl im **SI-Einheitensystem** keine Maßeinheit zugeordnet. Die Beifügung eines Hilfsworts, beispielsweise 'st', 'Einheiten', 'Paar', 'Satz' oder die Bezeichnung der gezählten Objekte/Subjekte – wie etwa 12 Paletten, 3 Container, 5 Boxen etc. wird jedoch toleriert. Es wäre demnach unzulässig, von 12,5 Paletten zu sprechen, falls es sich um eine Anzahl-Größe handelt.

Tab. 6.1 Einheiten

Basisgröße	Symbol	Basiseinheit	Symbol	Definition
Länge	l	Meter	m	Das Meter ist die Länge der Strecke, die Licht im Vakuum während der Dauer von $\frac{1}{299792458}$ s durchläuft
Masse	m	Kilogramm	kg	Das Kilogramm ist die Masse des Urkilogramms des internationalen Kilogrammprototyps
Zeit	t	Sekunde	s	Die Sekunde ist das 9.192.631.770-fache der Periodendauer der Strahlung, die dem Übergang zwischen den beiden Hyperfeinstrukturniveaus des Grundzustandes von Atomen des Caesiumnuklids 133Cs entspricht
Elektrische Stromstärke	I	Ampere	A	Das Ampere ist die Stärke eines konstanten elektrischen Stromes durch zwei geradlinige, parallele, unendlich lange Leiter von vernachlässigbarem

(Fortsetzung)

Tab. 6.1 (Fortsetzung)

Basisgröße	Symbol	Basiseinheit	Symbol	Definition
				Querschnitt, die den Abstand 1 m haben und zwischen denen
				die durch den Strom elektrodynamisch hervorgerufenen Kraft
				im Vakuum je 1 m Länge der Doppelleitung $210 - 7$N beträgt
Temperatur	T	Kelvin	K	Das Kelvin ist der $273, 16$te Teil der thermodynamischen
				Temperatur des Tripelpunktes des Wassers
Stoffmenge	n	Mol	mol	Das Mol ist die Stoffmenge eines Systems, das
				aus ebensoviel Einzelteilchen besteht, wie Atome
				in $0,012\,kg$ des Kohlenstoffnuklids 12C enthalten sind
Lichtstärke	I (Iv)	Candela	cd	Die Candela ist die Lichtstärke in einer
				bestimmten Richtung einer Strahlungsquelle, die
				monochromatische Strahlung der Frequenz $5401012\,Hz$
				aussendet und deren Strahlstärke in dieser Richtung
				$1/683$ W pro Steradiant beträgt

Also benötigt man für Größen andere Einheiten, deren Wert nicht nur eine Anzahl, sondern sogar eine rationale oder reelle (oder auch komplexe) Zahl sein kann. Maßeinheiten können für alle Größenarten definiert werden, auch für nicht physikalische Größen, etwa Währungen oder die wahrnehmungsbezogenen Größen Tonheit oder Lautheit. Der Wert einer Größe ist im Allgemeinen das Produkt aus einer Zahl und einer Einheit.

Möchte man zwei Größen vergleichen, müssen sie in derselben Einheit dargestellt sein. Weichen die Einheiten voneinander ab, können sie nicht verglichen werden. Was ist grösser: $12\,kg$ von Material 4711 oder $13t$ von Material 4712? Aus diesem Grund gibt es Umrechnungen zwischen Einheiten. Diese Umrechnungen sind fest definiert. Gibt es keine Umrechnung zwischen Einheiten zweier Größen, können sie nicht verglichen werden. Im Beispiel können $13t$ zu $13.000\,kg$ umgerechnet werden. Da 13.000 grösser als 12 ist, muss $12\,kg$ von Material 4711 echt kleiner als 13 t von Material 4712 sein.

Allgemein besitzt eine **Größe** G neben ihrer Beschreibung den **Wert** v_G in der **Einheit** e_G, wobei $v_G \in \mathbb{R}$ gilt. Im Warenausgangsbereich 1 eines Lagers liegen $12EPAL$. Nach einer

Stunde haben sich die Palettenzahlen in diesem Bereich verdoppelt. Die Größe 'Palettenzahl im Warenausgangsbereich 1' beträgt folglich $2 \cdot (12EPAL)$. Die reellen Zahl fungieren in diesem Kontext als **Operator** auf dem Wert mit Einheit bzw. auf der Größe. Der Wert mit Einheit ist im Beispiel $(2 \cdot 12)EPAL = 24EPAL$. Allgemein werden

$$r \cdot (v_G e_G) := (r \cdot v_G)e_G$$

und

$$v_G e_G + u_H e_G := (v_G + u_H)e_G$$

definiert. Zwei Größen in derselben Einheit werden folglich bzgl. ihres Wertes addiert. Durch diesen Vorgang entsteht eine neue Größe. Gibt es im Warenausgangsbereich 2 genau $13EPAL$, sind im gesamten Warenausgangsbereich $25EPAL$ vorhanden. Ebenso kann man Größen mit identischer Einheit **voneinander abziehen** oder **vergleichen.**

Beim **Umrechnen** von Größen in andere Einheiten mittels Addition, Vergleichen etc. gibt es fest definierte **Umrechnungsgrößen.** Sind zwei Größen G und H mit Werten r_G und r_H in den Einheiten e_G und e_H gegeben, ist eine **Umrechnungsformel** eine Gleichung der Form $u_G e_G = u_H e_H$, wobei u_G, u_H Zahlen sind. Möchte man $r_G e_G$ in die Einheit e_H umrechnen, gilt folgende Umrechnungsformel:

$$r_g e_G = \left(r_g \cdot \frac{u_H}{u_G} \right) e_H.$$

Beispielsweise ist $1RPAL = 2EPAL$. Damit gilt $25EPAL = 25 \cdot \frac{1}{2}RPAL = 12{,}5RPAL$.

In Logistik-IT-Systemen ist eine der wichtigsten Größen der Bestandsquant. Er zeigt, wie der Bestand im Lager vorliegt und ist durch sog. bestandstrennende Merkmale gekennzeichnet. Das bedeutet, wenn 'Bestand' sich in mindestens einem dieser Merkmale unterscheidet, gibt es mehrere Bestandsquanten. Die Merkmale sind neben dem Material, der Charge, dem Besitzer, dem Wareneingangsdatum etc. ebenfalls Menge mit Einheit. Es kann sogar sinnvoll sein, von negativen Beständen zu reden. Negative Quanten liegen oft im Wareneingangsprozess vor. Der negative Bestand deutet darauf hin, daß der WE noch einzulagern ist und verbucht werden muss. Bei dieser Buchung gleicht sich der negative Quant im Wareneingangsbereich aus. Der positive Bestand liegt im eingelagerten Platz.

Die im Abschnitt 'Rundungsrechnung' definierten Rundungsoperatoren werden bei Größen auf den Wert der Größe angewendet.

6.1.1.12 Heuristik

Der Begriff der **Heuristik** ist in diesem Band bereits benutzt worden. Zusammenhang waren Verfahren, um eine **Näherungslösung** für ein Problem zu erhalten. Heuristik bezeichnet ganz allgemein die Kunst, mit begrenztem Wissen bei unvollständiger Information in kur-

Disposition von LKWs – Prozente, Durchschnitte, Einheiten

Bezeichnung	Symbol/Formel
Grundwert	G
Prozentwert	V
Prozentsatz	$p = \dfrac{V}{G}$
Prozentsatz in %	$p(100\%) = \dfrac{V}{G}\,100\%$
arithmetisches Mittel	$\dfrac{1}{n}\sum\limits_{i=1}^{n} a_i$
Größe, Wert, Einheit	G, v_G, e_G
Einheiten vervielfachen	$r(v_G e_G) = (r v_G)e_G$
Einheiten addieren	$w_G e_G + v_G e_G = (w_G + v_G)e_G$
Umrechnungsformel	$u_G e_G = u_H e_H$
Einheiten umrechnen	$r_G e_G = r_G \dfrac{u_H}{u_G} e_H$

zer Zeit dennoch zu wahrscheinlichen und praktikablen nicht-optimalen Aussagen für eine Problemstellung zu gelangen.

Nicht zu verwechseln ist der Begriff der Heuristik mit dem des **Algorithmus,** der bereits angesprochen wurde. Ein Algorithmus ist eine eindeutige Handlungsvorschrift zur (angenäherten) Lösung eines Problems oder einer Klasse von Problemen bestehend aus endlich vielen, wohldefinierten Einzelschritten. Insofern könnte eine Heuristisch praktisch mit Hilfe eines Algorithmus umgesetzt werden. Möglicherweise existiert ein anderer Algorithmus, der dasselbe Problem sogar optimal löst. Eine Heuristik muss nicht immer mit einem Algorithmus verknüpft sein, wenn man beispielsweise intuitiv über einen Sachverhalt entscheidet.

Der Unterschied der Heuristik zur **Approximation (Annäherung, Näherungsverfahren)** ist, daß eine Approximation eine quantifizierbare Güte (d. h. eine Aussage über den zu erwartenden Fehler) enthält und meist auf einem Algorithmus oder einer anderen mathematischen oder logischen Methode basiert. Die Approximation sollte in einem Zusammenhang zur Lösung des Problems stehen. Im Idealfall konvergiert das Approximations-Verfahren gegen den exakten Lösungswert. Ein Abbrechen des zugehörigen **Approximationsalgorithmus** liefert daher eine gute Annäherung für den exakten Lösungswert. Eine Approximation ist eine algorithmische güteorientierte Verfeinerung einer Heuristik.

Beispiele für Heuristiken sind in vielen Bereichen vorzufinden.

   (i) Raten (zum Beispiel einer Nullstelle eines Polynoms)
  (ii) Schätzen (Welche Stadt hat mehr Einwohner: Berlin oder Frankfurt?)
 (iii) Anwendung einer Faustregel (π ist ungefähr $3,14.$)
  (iv) Newton-Verfahren zur Bestimmung von Nullstellen von Funktionen (ein Approximationsverfahren basierend auf differenzierbaren Funktionen)
   (v) mentale Strategien (bei Stress atme ich immer fünfmal tief durch)
  (vi) Rekognitionsheuristiken, die auf Wiedererkennung basieren (Hat Heidelberg oder Busan mehr Einwohner?)
 (vii) Take-the-Best-Heuristik, der Entscheidung auf Basis von Merkmalen (Hat Heidelberg oder Berlin mehr Einwohner? Berlin, weil es eine Hauptstadt ist.)
(viii) Verfügbarkeitsheuristik, bei der auf Basis verfügbarer Beispiele entschieden wird (Wird es heute regnen? Nein, da es letzte Woche am Samstag auch nicht geregnet hat.)
  (ix) Vogel'sche Approximationsmethode für das klassische Transportproblem (Beim klassischen Transportproblem hat man einen kostenminimalen Transportplan zu erstellen, der von Angebotsquellen die Nachfragenden komplett befriedigt.)
   (x) Nordwesteckenregel für das klassische Transportproblem

(xi) Trial and error (Versuch und Irrtum)
(xii) Entscheidung auf Basis von Erfahrung (Morgen regnet es, da es keine Abenddämmerung gab.).

Warum werden Heuristiken angewendet? Häufig genannte Gründe sind:

(i) Es gibt (noch) kein exaktes Lösungsverfahren für ein Problem (Beim sog. Collatz-Problem ist unklar, ob jede natürliche Zahl unter der Collatz-Konstruktion in den 4-2-1-Zyklus gelangt. Ist die Zahl n gerade, teile man sie durch 2. Ist sie ungerade, bilde man $3n + 1$. Mit dem Ergebnis der Berechnung wird analog weiter verfahren. Es ist unbekannt, wie lange die Berechnung dauern wird. Eine Heuristik könnte z. B. sein, daß dafür höchstens n^n-Schritte benötigt werden. Ob diese Heuristik gut oder schlecht ist, kann bisher nur an Beispielen überprüft werden.).

(ii) Es gibt ein exaktes Verfahren, das zu lange Rechenzeit benötigt (z. B. das TSP, also das Problem des Handlungsreisenden, für das es exakte Lösungsverfahren gibt. Diese sind sehr zeitintensiv, weswegen auf Heuristiken zurückgegriffen wird. Die Aufgabe besteht darin, eine Reihenfolge für den Besuch mehrerer Orte derart zu wählen, daß keine Station außer der ersten mehr als einmal besucht wird. Die gesamte Reisestrecke des Handlungsreisenden soll möglichst kurz und die erste Station gleich der letzten Station sein.).

(iii) Heuristiken werden als Startwert für die eigentliche Lösungsstrategie herangezogen (Ein guter Startwert für das Heron-Verfahren zur Bestimmung von $\sqrt{2}$ liefert schnell eine gute Abschätzung.).

(iv) Eine Heuristik kann leicht und verständlich vermittelt werden.

(v) Eine Heuristik kann ohne IT-Unterstützung auskommen (z. B. die Nutzung einer einfacher Faustregel).

(vi) Es kann kein optimales Verfahren für ein Problem geben (Wetterbestimmung in der Zukunft, Lottozahlen vom Samstag. Für derartige Probleme helfen Simulationen oder Statistiken weiter).

(vii) Eine Heuristik ist besser als ein exaktes Verfahren (weil es gar kein optimales Verfahren gibt oder etwa bei der Produktionsplanung bei revidierender oder auch rollierender Planung zur Bestimmung von Losgrößen ein Problem mit einem sich stetig erweiternden Planungshorizont vorliegt).

Was macht eine Heuristik aus? Zur Beantwortung werden folgende Merkmale herangezogen:

(i) Nutzung in kurzer Zeit
(ii) Nutzung unter wenig Speicherplatz
(iii) Nähe zur exakten Lösung
(iv) Unwahrscheinlichkeit des Vorliegens einer schlechten Lösung
(v) leichte Verständlichkeit

(vi) Vorliegen einer möglichst universellen Methode.

6.1.2   Transfer zur Praxis

In diesem Abschnitt wird eine Heuristik zur Ermittlung des **Gewichtes** und des **Stellplatzverbrauches** einer Tour dargestellt und durch ein konkretes Beispiel erläutert. Diese Heuristik ist im SMILE-Prototypen umgesetzt. Im folgenden Schaubild werden zunächst die heuristischen Berechnungen für Auslieferungen visualisiert.

Im oberen Bereich des Schaubildes sind Stammdaten zum Material und zum Ladehilfsmittel (LHM) aufgeführt. Es sind diejenigen Spalten grün markiert, die für die Berechnungen benötigt werden. Beim Material sind es seine Basismengeneinheit (BME), das zum Palettenbilden benutzte LHM, das Materialgewicht pro BME und die Palettenmenge in BME (pro LHM, das dem Material zugeordnet ist). Beim LHM sind das Eigengewicht sowie der Stellplatzverbrauch in EPAL von Bedeutung.

Im unteren Schaubild-Bereich sind die Lieferpositionen nach LHM sortiert, das der Materialposition zugeordnet ist. Material und Menge sind je Lieferungsposition vorgegeben. Daraus kann durch Multiplikation der Menge mit dem Materialgewicht das Brutto-Materialgewicht der Lieferungsposition ermittelt werden. Die LHM-Menge, also die notwendige Anzahl an Paletten für die Materialposition, ist der Quotient aus der vorliegenden Menge und der Palettenmenge aus dem Materialstamm. Die Palettenmenge ist diejenige Menge, die typischerweise eine Palette aufweist. Die LHM-Menge zu gleichen LHMs einer Lieferung werden summiert und das Ergebnis aufgerundet. Mit der aufgerundeten LHM-Menge kann folgend einerseits der Stellplatzverbrauch als Produkt dieser Menge mit dem Stellplatzverbrauches des LHMs sowie andererseits das LHM-Gewicht berechnet werden. Folgend müssen alle Gewichte addiert und die Stellplatzverbräuche aufsummiert werden. Diese beiden Zahlen sind im Schaubild je Lieferung schwarz hinterlegt.

Für die Disposition ist das zweit-folgende Schaubild relevant.

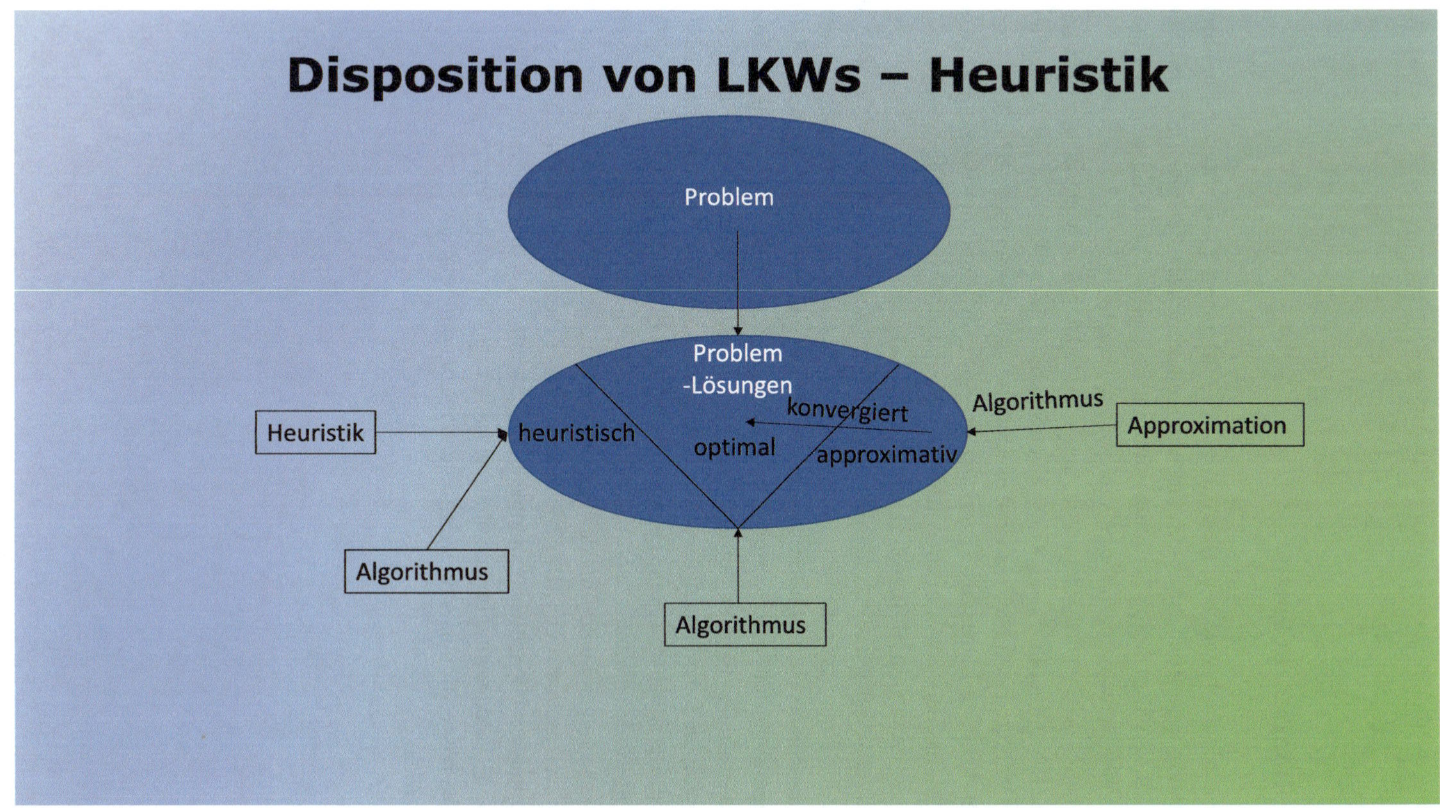
Disposition von LKWs – Heuristik
Problem
Problem -Lösungen
heuristisch
optimal
konvergiert
approximativ
Heuristik
Algorithmus
Algorithmus
Algorithmus
Approximation

Disposition von LKWs – Transfer zur Praxis I

	A	B	C	D	E	F	G	H	I	J	K	L	M
1	Material	Labor	Split00	BME	Chargenpflicht	Kuehlpflicht	vonTemp	bisTemp	Einlstrat	Einltyp	LHM	Gewicht in KG	Palettenmenge
2	M000	LAB000	JA	ST	JA	JA	1	4	LEERAB	KUEHL	EPAL	0,1	1000
3	M001	LAB001	NEIN	ST	JA	NEIN			LEERAUF	HRL	EPAL7	10	100
4	M002	LAB002	JA	ST	JA	NEIN			LEERAB	HRL	EPALG	100	2
5	M004	LAB004	JA	L	JA	JA	-2	1	LEERAUF	KUEHL	EPAL2	0,5	10
6	M005	LAB005	NEIN	ST	NEIN	NEIN			LEERAUF	BLOCK	EPAL	13	5
7													

	A	B	C	D	E
				Eigengewicht	
8	LHM	Name	Stellplatz in EPAL	in KG	Bilddatei
9	EPAL	Europalette	1	25	EPAL.JPEG
10	EPAL7	Gitterbox	1	70	EPAL7.JPEG
11	EPALG	Halbpalette	0,5	10	EPALG.JPEG
12	EPAL3	Industriepalette	1,5	30	EPAL3.JPEG
13	EPAL2	Industriepalette	1,5	35	EPAL2.JPEG
14					

	Lieferung	Position	Material	Menge in BME	Gewicht des Materials in KG = Menge in BME x Gewicht pro BME	Menge in LHM = Menge / Palettenmenge summiert und aufgerundet pro LHM	LHM	LHM-Gewicht = aufgerundete LHM-Menge x Eigengewicht	Gesamtgewicht	EPAL = aufgerundete summierte LHM-Menge x Stellplatz in EPAL
16	1	1	M001	102	1020	1,02	EPAL7			
17	pro LHM-Art->				1020	2	EPAL7	140	1160	2
18	1	2	M002	11	1100	5,5	EPALG			
19	pro LHM-Art->				1100	6	EPALG	60	1160	3
20	1	3	M000	2	0,2	0,002	EPAL			
21	1	4	M005	12	156	2,4	EPAL			
22	pro LHM-Art->				156,2	3	EPAL	75	231,2	3
23	pro Lieferung-->								**2551,2**	**8**
24	2	1	M005	3	39	0,6	EPAL			
25	2	2	M000	1	0,1	0,001	EPAL			
26	pro LHM-Art->				39,1	1	EPAL	25	64,1	1
27	pro Lieferung-->								64,1	1

Disposition von LKWs – Transfer zur Praxis I

	A	B	C	D	E	F	G	H	I	J	K	L	M
1	Material	Labor	Split00	BME	Chargenpflicht	Kuehlpflicht	vonTemp	bisTemp	Einlstrat	Einltyp	LHM	Gewicht in KG	Palettenmenge
2	M000	LAB000	JA	ST	JA	JA	1	4	LEERAB	KUEHL	EPAL	0,1	1000
3	M001	LAB001	NEIN	ST	JA	NEIN			LEERAUF	HRL	EPAL7	10	100
4	M002	LAB002	JA	ST	JA	NEIN			LEERAB	HRL	EPALG	100	2
5	M004	LAB004	JA	L	JA	JA	-2	1	LEERAUF	KUEHL	EPAL2	0,5	10
6	M005	LAB005	NEIN	ST	NEIN	NEIN			LEERAUF	BLOCK	EPAL	13	5
7													

	A	B	C	D	E
8	LHM	Name	Stellplatz in EPAL	Eigengewicht in KG	Bilddatei
9	EPAL	Europalette	1	25	EPAL.JPEG
10	EPAL7	Gitterbox	1	70	EPAL7.JPEG
11	EPALG	Halbpalette	0,5	10	EPALG.JPEG
12	EPAL3	Industriepalette	1,5	30	EPAL3.JPEG
13	EPAL2	Industriepalette	1,5	35	EPAL2.JPEG
14					

	Lieferung	Position	Material	Menge in BME	Gewicht des Materials in KG = Menge in BME x Gewicht pro BME	Menge in LHM = Menge / Palettenmenge summiert und aufgerundet pro LHM	LHM	LHM-Gewicht = aufgerundete LHM-Menge x Eigengewicht	Gesamtgewicht	EPAL = aufgerundete summierte LHM-Menge x Stellplatz in EPAL
15										
16	1	1	M001	102	1020	1,02	EPAL7			
17	pro LHM-Art->				1020	2	EPAL7	140	1160	2
18	1	2	M002	11	1100	5,5	EPALG			
19	pro LHM-Art->				1100	6	EPALG	60	1160	3
20	1	3	M000	2	0,2	0,002	EPAL			
21	1	4	M005	12	156	2,4	EPAL			
22	pro LHM-Art->				156,2	3	EPAL	75	231,2	3
23	pro Lieferung-->								2551,2	8
24	2	1	M005	3	39	0,6	EPAL			
25	2	2	M000	1	0,1	0,001	EPAL			
26	pro LHM-Art->				39,1	1	EPAL	25	64,1	1
27	pro Lieferung-->								64,1	1

Im oberen Schaubild-Bereich sind die Daten zur LKW-Flotte aufgeführt, wobei die grün markierten Spalten 'Zuladung' (mit Einheit), 'Stellplätze' (mit Einheit) und der Status in die Berechnungen einfließen. Nur bei den grün markierten Status können eine oder mehrere Lieferungen dem LKW noch zugeordnet werden. Ist der LKW abgefahren, ist ein Zuordnen von Auslieferungen nicht mehr möglich (Status 'unterwegs'). Im unteren Bereich der Grafik sind links die zu disponierenden Lieferungen mit den Gesamtgewicht und Stellplatzverbrauch dargestellt. Je LKW werden diese entsprechend der maximal möglichen Zuladung und dem maximal möglichen Stellplatzkontingent entgegengestellt. Die verbleibende Zuladung ist die Differenz aus der Kapazität des LKWs und der Lieferungsgewichte. Ist die Differenz negativ, ist der LKW theoretisch überladen. Diesen Zustand deutet der Füllgrad 'Zuladung' an, wenn er oberhalb von 100 % liegt. Der Füllgrad wird berechnet durch

$$(\textit{Zuladung des LKWs})/\textit{Lieferungsgesamtgewicht} * 100.$$

Analog wird für Stellplätze vorgegangen. Im Beispiel ist der obere LKW nicht, die beiden unteren LKWs aber sehr wohl zur Disposition geeignet.

Möchte man Touren auswerten, kann die Durchschnittsrechnung benutzt werden. Größen wie

(i) durchschnittliche Anzahl Lieferungen pro Tour

(ii) durchschnittliche Auslastung der LKWs hinsichtlich Stellplätze und Gewicht

(iii) durchschnittliche Anzahl Versandpaletten je Tour

(iv) durchschnittliche Anzahl Materialien je Tour

(v) durchschnittliche Anzahl Chargen je Tour

können mit dieser Methodik berechnet werden. Hat man zum Beispiel n Touren vorliegen, wobei diese jeweils l_i Lieferungen zugeordnet sind für $1 \leq i \leq n$, ist $\frac{l_1 + \ldots + l_n}{n}$ die durchschnittliche Anzahl Lieferungen pro Tour. Entsprechende Rechnungen muss man für die anderen Fragestellungen durchführen.

Es soll abschließend dargestellt werden, welche theoretischen Grundlagen bei obiger Heuristik benutzt werden. Die Auflistung stellt den Bezug zu den mathematischen Themen dieses Kapitels her.

Disposition von LKWs – Transfer zur Praxis III

Schema Heuristik	Mathematik	Hintergrund Mathematik
Berechnung der Gewichte und Stellplätze	Heuristik	Rechnen mit reellen Zahlen (meist reichen die rationalen Zahlen aus) inkl. Dezimalzahldarstellung
Materialgewicht	Mengen und Einheiten	Brüche, Paare
Palettenmengen	Mengen und Einheiten	natürliche Zahlen
LHM-Gewichte	Mengen und Einheiten	Brüche, Paare
LHM-Stellplatzverbräuche	Mengen und Einheiten	Brüche, Paare
Materialgewicht pro Position	Multiplikation Mengen und Einheiten	Rechnungen in reellen Zahlen
LHM-Mengen	Division Mengen und Einheiten	Rechnungen in reellen Zahlen
Gerundete LHM-Mengen	Rundungsrechnungen	Gaußklammer
LHM-Gewichte pro Lieferung	Summierung Mengen und Einheiten	Rechnungen in reellen Zahlen
Gewichte pro Lieferung	Summierung Mengen und Einheiten	Rechnungen in reellen Zahlen
Stellplätze der LHM	Multiplikation Mengen und Einheiten	Rechnungen in reellen Zahlen
Stellplätze der Lieferung	Summierung Mengen und Einheiten	Rechnungen in reellen Zahlen
LKW-Stammdaten	Mengen und Einheiten	Brüche, Paare
Füllgrade	Differenzen- und Prozentrechnung	Rechnungen in reellen Zahlen

Literatur

1. Martin Aigner, Günter M. Ziegler, Karl H. Hofmann, Das Buch der Beweise, Springer-Verlag, 2018
2. Martin Barner, Friedrich Flohr, Analysis I, 4. Auflage, de Gruyter, 1991
3. Barth, Barth, Fachrechnen, Berufe der Lagerlogistik, Bildungsverlag EINS, Westermann, 16. Auflage, 2018
4. Baumann et al., Wirtschafts und Sozialprozesse, Berufe der Lagerlogistik, Bildungsverlag EINS Gruppe, 12. Auflage, 2018
5. Baumann et al., Logistische Prozesse, Berufe der Lagerlogistik, Arbeitsheft mit praktischen Übungen, Bildungsverlag EINS Gruppe, 9. Auflage, 2018
6. Baumann et al., Logistische Prozesse, Berufe der Lagerlogistik, Westermann, 21. Auflage, 2020
7. Albrecht Beutelspacher, Heike B. Neumann, Thomas Schwarzpaul, Kryptografie in Theorie und Praxis, Vieweg+Teubner, 2. Auflage, 2010
8. Dieter Blessenohl, Einführung in die mathematische Logik, Universität Kiel, Wintersemester 2002/03
9. Dieter Blessenohl, Manfred Schocker, Noncommutative Character Theory Of The Symmetric Group, Imperial College Press, März 2005
10. Dieter Blessenohl, Einführung in die moderne Mathematik, Das Werkzeug der Algebra, CAU zu Kiel, Sommersemester 2000
11. Robert S. Boyer, J. Strother Moore, A fast string searching algorithm, Communication of the ACM, Volume 20, Number 10, 1977
12. Georg Cantor, Beiträge zur Begründung der transfiniten Mengenlehre, Mathematische Annalen 46, S. 481, 1895
13. Bhaskar Chaudhary, Tkinter GUI Application Development Blueprints, Second Edition, Packt Publishing, 2018
14. Juliane Cron, Graphische Benutzeroberflächen interaktiver Atlanten, Konzept zur Strukturierung und praktische Umsetzung der Funktionalität, Diplomarbeit, Fachbereich Vermessungswesen/Kartographie, Hochschule für Technik und Wirtschaft Dresden(FH), Zürich, Oktober 2006
15. Matthieu Deru, Alassane Ndiaye, Deep Learning, 2019
16. Stephan Dreiseitl, Mathematik für Software Engineering, Springer Verlag, 2018

17. Hartmut Ehrig, Bernd Mahr, Felix Cornelius, Martin Große-Rhode, Philipp Zeitz, Mathematisch-strukturelle Grundlagen der Informatik, 2. Auflage, Springer-Verlag, Berlin, 2001
18. Stephan Elter, Schrödinger programmiert Python: Das etwas andere Fachbuch. Durchstarten mit Python!, Rheinwerk, 2021
19. Hartmut Ernst, Jochen Schmidt, Gerd Beneken, Grundkurs Informatik, 6. Auflage, Springer Vieweg-Verlag, 2016
20. Andreas Filler, Euklidische und nicht euklidische Geometrie, http://didaktik.math.hu-berlin.de/files/filler_eukl_nichteukl_geometrie.pdf, letzter Seitenaufruf: 20.03.2026
21. Jörg Frochte, Maschinelles Lernen, Hanser-Verlag, 2. Auflage, 2019
22. Tim Gudehus, Logistik: Grundlagen Strategien Anwendungen, Springer-Verlag, 2010
23. Hans-Otto Günther, Horst Tempelmeier, Produktion und Logistik, 6. Auflage, Springer-Verlag, 2004
24. Willibald A. Günthner, Janina Durchholz, Eva Klenk, Julia Boppert, Tobias Knössl, Markus Klevers, Schlanke Logistikprozesse: Handbuch für den Springer Verlag, 2013
25. Peter Hartmann, Mathematik für Informatiker, Ein praxisbezogenes Lehrbuch, 6. Auflage, Springer Verlag, 2015
26. Godfrey H. Hardy, Edward M. Wright, et al., An introduction to the theory of numbers, Sixth Edition, Oxford University Press, 2008
27. Tobias Häberlein, Praktische Algorithmik mit Python, Oldenbourg Verlag, 2012
28. Horst Hischer, Harald Scheid, Grundbegriffe der Analysis, Genese und Beispiele aus didaktischer Sicht, Spektrum-Verlag, Heidelberg-Berlin-Oxford, 1995
29. R. Nigel Horspool, Practical fast searching in strings, SOFTWARE-PRACTICE AND EXPERIENCE, VOL. 10, pp. 501–506,1980
30. Nathan Jacobson, Basic Algebra 1, 2nd edition, Dover publications, Inc., New York, 2009
31. Jens Kappauf, Matthias Koch, Bernd Lauterbach, Logistik mit SAP, GalileoPress, 2012
32. Bernd Klein, Numerisches Python, Hanser-Verlag, 2019
33. Köbberling et al., Alles auf Lager, Fachkräfte für Lagerlogistik, Fachqualifikation, Trainingsbuch, Westermann, 3. Auflage, 2019
34. Köbberling et al., Alles auf Lager, Fachkräfte für Lagerlogistik, Grundqualifikation, Trainingsbuch, Westermann, 1. Auflage, 2017
35. Köbberling et al., Alles auf Lager, Fachkräfte für Lagerlogistik, Fachqualifikation, Informationsband, Westermann, 4. Auflage, 2019
36. Köbberling et al., Alles auf Lager, Fachkräfte für Lagerlogistik, Grundqualifikation, Trainingsbuch, Teil 2, Westermann, 1. Auflage, 2017
37. Köbberling et al., Alles auf Lager, Fachkräfte für Lagerlogistik, Grundqualifikation, Informationsband, Westermann, 4. Auflage, 2018
38. Horst Krampe, Hans-Joachim Lucke, Michael Schenk, Grundlagen der Logistik, Huss-Verlag, 2012
39. Lange, Bauer, Persich, Dalm, Sanchez, Warehouse Management mit SAP EWM, Galileo Press, 2013
40. Hartmut Laue, Entgiftungssatz und Erweiterungsprinzip, http://www.math.uni-kiel.de/algebra/laue/homepagetexte/entgifterw.pdf, letzter Seitenaufruf: 20.03.2026
41. Hartmut Laue, Freie algebraische Strukturen, Universität Kiel, Wintersemester 2003/04, http://www.math.uni-kiel.de/algebra/laue/vorlesungen/frei/freiealgstr.pdf, letzter Seitenaufruf: 20.03.2026
42. Hartmut Laue, Polynomials, Universität Kiel, 2015, http://www.math.uni-kiel.de/algebra/laue/vorlesungen, letzter Seitenaufruf: 20.03.2026
43. Frank Loose, Einführung in die Fachdidaktik Mathematik, Universität Tübingen, Sommersemester 2013, https://www.math.uni-tuebingen.de/user/loose/studium/Skripten.html

44. Wolfgang Rautenberg, Messen und Zählen – Eine einfache Konstruktion der reellen Zahlen, Berliner Studienreihe zur Mathematik, Band 18, Heldermann-Verlag, September 2007
45. Christian Spannagel, Die Folge der natürlichen Zahlen, http://www.youtube.com/watch?v=73ZxJ_NIXUY, letzter Seitenaufruf: 20.03.2026
46. Oscar Zariski, Pierre Samuel, Commutative Algebra, Volume I, Springer-Verlag, New York-Heidelberg-Berlin, 1958
47. http://www.math.uni-leipzig.de/~wuschke, letzter Seitenaufruf: 19.01.2025
48. https://wiki.zum.de/wiki/PH_Heidelberg/Arithmetik/Logik, letzter Seitenaufruf: 20.03.2026
49. https://de.wikipedia.org/wiki/Mengenlehre, letzter Seitenaufruf: 20.03.2026

Stichwortverzeichnis

A

Algebra, bilineare
  affine Abbildung, 220
  bilinear, 218
  Bilinearform, 218
  Geraden, 220
  Grundlagen, 218
  Kongruenzabbildung, 220
  Kosinussatz, 219
  Länge, 218
  orthogonal, 218
  orthogonale Strecken, 220
  positiv-definit, 218
  Rechteck, 220
  Satz von Pythagoras, 219
  Skalarprodukt, 219
  Strecken, 220
  Streckenlänge, 220
  symmetrisch, 218
  Translation, 220
  Verschieben, 220
Algebra, lineare
  Assoziativgesetz, 206
  Basis, 207
  Basis-Kennzeichnung, 208
  Bild, 211
  Bildebene, 203
  Dimension, 210
  Distributivgesetz, 206
  endlich-erzeugt, 207

  Epimorphismus, 211
  Ergänzungssatz, 210
  Erzeugendensystem, 207
  Existenz von Basen, 209
  Freiheit, 212
  Grundlagen, 203
  isomorph, 211
  Isomorphie in endlicher Dimension, 214
  Isomorphismus, 211
  Körper, 203
  Kern, 211
  Kern-Bild-Formel, 212
  linear abhängig, 207
  linear unabhängig, 207
  lineare Abbildung, 211
  Linearkombination, 207
  Monomorphismus, 211
  Neutralität der Eins, 206
  Shnitte von Unterräumen, 207
  Skalare, 206
  Skalarmultiplikation, 206
  Teilraumkriterium, 207
  Unterraum, 207
  Vektoraddition, 206
  Vektorraum, 206
Äquivalenzrelation
  Aquivalenzklasse, 128
  Auswahlaxiom, 128
  Definition, 125
  Eigenschaften von Äquivalenzklassen, 128

© Der/die Herausgeber bzw. der/die Autor(en), exklusiv lizenziert an Springer-Verlag   341
GmbH, DE, ein Teil von Springer Nature 2026
S. Wirsing, *SMILE - Vertiefungsband Mathematik für die Logistik*,
Schule für Mathematik, Informatik, Logistik und Erfolg,
https://doi.org/10.1007/978-3-662-72678-5